VDE-Schriftenreihe **203**

Zum Autor

Dipl.-Ing. Dipl.-Wirtsch.-Ing. **Rolf Rüdiger Cichowski**, MBA ist als Autor und Herausgeber tätig. Die ersten Jahre seiner beruflichen Laufbahn war er bei den Vereinigten Elektrizitätswerken AG in Dortmund (im Jahr 2000 fusioniert mit RWE AG, heute integriert in E.ON SE) in verschiedensten Funktionen im Bereich „Elektrische Verteilungsnetze" aktiv. Nach der politischen Wende in Deutschland unterstützte er für einen Zeitraum von fünf Jahren die Entwicklungsprozesse ostdeutscher Unternehmen, und zwar als Leiter der elektrischen Verteilungsnetze bei der Mitteldeutschen Energieversorgung AG, MEAG in Halle/Saale und als Geschäftsführer der damals neu gegründeten Energieversorgung Industriepark Bitterfeld/Wolfen GmbH, ein Unternehmen, das den Industriestandort mit Strom, Gas, Wasser und Fernwärme versorgte.

Mitte der 1990er-Jahre stiegen die Energieversorgungsunternehmen in das Geschäftsfeld Telekommunikation ein, und Rolf Rüdiger Cichowski gründete und leitete als Geschäftsführer für VEW das Tochterunternehmen VEW TELNET, ein Regional-Carrier in Dortmund. Nachdem VEW dieses Tochterunternehmen 1999 an die damalige versatel (heute 1&1 versatel) verkaufte, schied der Autor nach 30 Jahren aus dem Konzern aus und war danach ein Jahr als Leitender Consultant bei der Detecon in Bonn, einem Tochterunternehmen der Deutschen Telekom, tätig.

Von 2001 bis zum Frühjahr 2011 war er Geschäftsführer der SSS Starkstrom- und Signal-Baugesellschaft mbH in Essen, einem mittelständischen Dienstleistungsunternehmen für Strom, Daten, Gas und Wasser mit 30 Standorten und etwa 600 Mitarbeitern.

Im Rahmen des BDEW Bundesverband der Energie- und Wasserwirtschaft und der DKE Deutsche Kommission Elektrotechnik Elektronik Informationstechnik in DIN und VDE arbeitete er in Ausschüssen und Komitees mit. Als Autor und Herausgeber hat Rolf Rüdiger Cichowski in den letzten Jahrzehnten Fachaufsätze und Fachbücher veröffentlicht und sich als Referent in Seminaren und Kongressen betätigt. Darüber hinaus war er über mehrere Jahre Lehrbeauftragter an den Fachhochschulen Dortmund und Berlin. Rolf Rüdiger Cichowski ist u. a. auch Initiator und Herausgeber der Buchreihe „Anlagentechnik für elektrische Verteilungsnetze", die seit mehr als 30 Jahren im VDE VERLAG erscheint.

Kontakt zum Autor: E-Mail: rolf@cichowski.de, Internet: www.cichowski.de.

VDE-Schriftenreihe Normen verständlich **203**

Wärmepumpen für Gebäude gemäß DIN VDE 0100

Planung, Errichtung, Betrieb, unter Berücksichtigung von DIN VDE 0100, DIN VDE 0100-802, DIN EN 60335-2-40 (VDE 0700-40), DIN EN 378, VDE-Anwendungsregel VDE-AR-N 4100, VDI 4645 u.v.m.

Dipl.-Ing. Dipl.-Wirtsch.-Ing. Rolf Rüdiger Cichowski, MBA

VDE VERLAG GMBH

ICS 27.080.50; 29.240.01; 91.140.65

Die zusätzlichen Erläuterungen geben die Auffassung der Autoren wieder. Maßgebend für das Anwenden der Normen sind deren Fassungen mit dem neuesten Ausgabedatum, die bei der VDE VERLAG GMBH, Bismarckstr. 33, 10625 Berlin, www.vde-verlag.de erhältlich sind.

Bibliografische Information der Deutschen Nationalbibliothek
Die Deutsche Nationalbibliothek verzeichnet diese Publikation in der Deutschen Nationalbibliografie; detaillierte bibliografische Daten sind im Internet über https://portal.dnb.de abrufbar.

ISBN 978-3-8007-6397-9 (Buch)
ISBN 978-3-8007-6398-6 (E-Book)
ISSN 0506-6719

Satz: Text- und Software-Service Manuela Treindl, Fürth
Druck: Buch- und Offsetdruckerei H. Heenemann GmbH & Co. KG
Printed in Germany 2024-08

Vorwort

Willkommen zu einer spannenden Reise in die Welt der Wärmepumpen! In den letzten Jahren hat diese innovative Technologie erheblich an Bedeutung gewonnen und bietet eine umweltfreundliche und nachhaltige Alternative zu herkömmlichen Heizsystemen. Wärmepumpen tragen nicht nur zur Reduktion von CO_2-Emissionen bei, sondern sind auch eine der effizientesten Methoden zur Wärmegewinnung.

Dieses Buch ist Ihre Eintrittskarte zu einem tiefen Verständnis dieser faszinierenden Technik. Egal, ob Sie ein Fachmann aus der Elektro- und Energietechnik oder SHK-Handwerkstechnik sind oder ein technisch interessierter Laie, hier finden Sie alles, was Sie wissen müssen. Wir beginnen mit den Grundlagen und der Funktionsweise verschiedener Wärmepumpentypen und begleiten Sie Schritt für Schritt durch die Auswahl des optimalen Wärmepumpentyps und des entsprechenden Standorts innerhalb des geplanten Objekts, die Planung, die Installation, den Betrieb und die Instandhaltung. Aber Wärmepumpen sind nicht nur für Neubauten geeignet, sondern Sie erfahren auch, was es bei ihrem Einsatz in Bestandsbauten zu beachten gilt. Auch gesetzliche Rahmenbedingungen und aktuelle Markttrends kommen nicht zu kurz.

Besonderen Wert legen wir auf die gesetzlichen Vorgaben, DIN-VDE-Normen, VDI-Richtlinien, und DGUV-Vorschriften, die für den sicheren und effizienten Betrieb von Wärmepumpen unerlässlich sind. Außerdem beleuchten wir die technischen und praktischen Herausforderungen, die bei der Integration dieser Systeme in bestehende Gebäude und Netzwerke auftreten können.

Unser Ziel ist es, Ihnen nicht nur theoretisches Wissen zu vermitteln, sondern auch praktische Tipps und bewährte Standardverfahren, die Ihnen bei der erfolgreichen Umsetzung Ihrer Projekte helfen. Dieses Buch soll Ihnen als wertvolle Ressource dienen und Sie auf Ihrem Weg zur Implementierung von Wärmepumpen unterstützen. Hilfreich dazu können sicherlich auch die ausführlichen Erläuterungen über die DIN-VDE-Normen, Richtlinien, Leitfäden und Unfallverhütungsvorschriften im Anhang A dieses Buches, die ausführlichen Begriffserläuterungen im Anhang B und weiteren nützlichen Informationen in den weiteren Anhängen sein.

Noch ein redaktioneller Hinweis: An etlichen Stellen innerhalb des Buches wird durch einen Pfeil → auf Querverweise zu anderen Kapiteln des Buches, zu DIN-VDE-Normen oder anderen Richtlinien hingewiesen.

Der Lektor des VDE VERLAGs, Herr Dipl.-Ing. *Michael Kreienberg* hat erneut meine Idee, ein Buch über Wärmepumpenanlagen in der VDE-Schriftenreihe schreiben zu wollen, tatkräftig unterstützt und mich bei der Erstellung des Manuskripts durch seine fachmännischen und jahrzehntelangen Erfahrungen beraten. Dafür und für die jahrelange, hervorragende Zusammenarbeit möchte ich mich an dieser Stelle herzlich bei Herrn *Kreienberg* bedanken. Für die gelungene satztechnische Umsetzung dieses Werks gebührt Frau *Manuela Treindl* ein besonderer Dank.

Ach, und noch eins: Um den technisch geprägten Lesestoff für Sie nicht nur effektiver, sondern auch unterhaltsamer zu gestalten, habe ich das Maskottchen „Öko-Wärme-Willi" kreiert. Öko-Wärme-Willi wird Ihnen an verschiedenen Stellen des Buches mit hilfreichen Tipps, Erläuterungen und Empfehlungen zur Seite stehen.

Bereiten Sie sich darauf vor, nicht nur zu lernen, sondern auch inspiriert zu werden. Öko-Wärme-Willi wird Sie dabei unterstützen, die faszinierenden Möglichkeiten und Anwendungen von Wärmepumpen zu entdecken. Gemeinsam mit ihm werden Sie die komplexen Themen auf einfache und anschauliche Weise verstehen lernen.

Tauchen Sie ein in die Welt der Wärmepumpen und lassen Sie sich von den spannenden Inhalten begeistern. Ich wünsche Ihnen viel Erfolg und Freude beim Lesen und Anwenden der Erkenntnisse aus diesem Buch.

Holzwickede, im Juli 2024 *Rolf Rüdiger Cichowski*

Inhalt

In dem Vorwort ist das Maskottchen ***„Öko-Wärme-Willi“*** *bereits kurz vorgestellt worden, aber noch einige kurze Erläuterungen zum besseren Verständnis und für die Leser, die das Vorwort überschlagen haben:*

Wer ist Öko-Wärme-Willi?

Öko-Wärme-Willi ist Ihr freundlicher Begleiter durch die Welt der Wärmepumpen. Als Maskottchen dieses Buches hilft Willi dabei, komplexe technische Konzepte verständlich und anschaulich zu erklären. Er ist nicht nur ein Symbol für nachhaltige Energietechnik, sondern auch ein hilfreicher Erklärer, der Ihnen an verschiedenen Stellen des Buches mit nützlichen Tipps und verständlichen Erläuterungen zur Seite steht. Egal ob Sie sich mit den Grundlagen der Wärmepumpentechnologie beschäftigen oder tiefere Einblicke in spezialisierte Themen erhalten möchten – Willi ist immer da, um Ihnen zu helfen.

Zweck von Öko-Wärme-Willi:

Willis Aufgabe ist es, die technischen Inhalte dieses Buches auf eine einfache, verständliche und unterhaltsame Weise zu präsentieren. Mit seinen humorvollen Einwürfen und praktischen Ratschlägen sorgt er dafür, dass das Lernen über Wärmepumpen nicht nur lehrreich, sondern auch inspirierend ist. Willi wird in den einzelnen Kapiteln schwierige Themen aufschlüsseln und praktische Anwendungstipps geben. Durch seine Hilfe wird der komplexe Stoff zugänglicher und nachvollziehbarer.

Wo im Buch ist Öko-Wärme-Willi zu finden?

Willi taucht in verschiedenen Kapiteln des Buches auf, überall dort, wo eine zusätzliche Erklärung oder ein hilfreicher Tipp besonders nützlich ist. Ob es um die Funktionsweise von Wärmepumpen, ihre Installation oder ihre Wartung und den Kältekreislauf bzw. die Kältemittel geht – Willi ist da, um die wichtigsten Punkte hervorzuheben und Ihnen das Verständnis zu erleichtern. Außerdem begleitet er Sie in den Anhängen, wo er komplizierte Normen durch Schnellübersichten und Begriffe jeweils mit kurzen Erläuterungen verständlich macht.

„Hallo, ich bin ***Öko-Wärme-Willi****! Gemeinsam werden wir die Grundlagen der Wärmepumpentechnologie erkunden und herausfinden, warum sie so effizient und umweltfreundlich ist. Na, dann los ...“*

1 Einführung in die Technologie der Wärmepumpen

Wärmepumpen sind eine innovative und umweltfreundliche Lösung, um Wärme aus natürlichen Quellen wie dem Erdreich, der Luft oder dem Grundwasser zu gewinnen. Sie können diese Wärme zum Heizen, zur Warmwasserbereitung oder sogar zur Kühlung von Gebäuden verwenden. Dies macht sie zu einem zentralen Bestandteil moderner Heizsysteme, insbesondere im Zusammenhang mit Energieeffizienz und nachhaltigem Bauen.

1.1 Grundlagen der Wärmepumpentechnologie

1.1.1 Historische Entwicklung der Wärmepumpentechnologie

Die Entwicklung der Wärmepumpentechnologie ist eine faszinierende Reise durch die Zeit, die bereits im 19. Jahrhundert beginnt. Der Grundstein für moderne Wärmepumpensysteme wurde 1852 von dem britischen Physiker *Lord Kelvin* (1824–1907) mit der Theorie des thermodynamischen Zyklus gelegt. Die erste praktische Umsetzung dieser Theorie erfolgte jedoch erst 1912 durch den Schweizer Ingenieur *Heinrich Zoelly* (1862–1937), der ein Patent für eine geothermische Heizpumpe anmeldete.

In den 1940er-Jahren erlebten Wärmepumpen in den USA eine erste Blütezeit, getrieben durch die steigenden Energiekosten und die Verfügbarkeit von elektrischer Energie. Diese frühen Systeme waren jedoch oft ineffizient und teuer in der Anschaffung, was ihre Verbreitung begrenzte. Ein bedeutender Fortschritt wurde in den 1970er-Jahren erzielt, als die Ölkrise eine weltweite Suche nach alternativen Energiequellen auslöste. Diese Periode markierte den Beginn intensiver Forschungs- und Entwicklungsarbeiten im Bereich der Wärmepumpentechnologien, die bis heute andauern.

Die 1980er- und 1990er-Jahre brachten bedeutende technologische Verbesserungen, wie die Einführung von effizienteren Kompressoren und die Optimierung der Kältemittel, die eine breitere Akzeptanz und Anwendung dieser Technologie ermöglichten. In Europa und insbesondere in Skandinavien nahm die Popularität von Wärmepumpen zu, angetrieben durch staatliche Förderprogramme und das wachsende Umweltbewusstsein.

Im 21. Jahrhundert hat sich die Wärmepumpe als eine Schlüsseltechnologie im Bereich der erneuerbaren Energien etabliert. Sie spielt eine zentrale Rolle in den Strategien zur Reduzierung von CO_2-Emissionen und zur Erreichung der Klimaziele.

Die ständige Weiterentwicklung in Bereichen wie der Verbesserung der Energieeffizienz, der Reduktion von Kosten und der Nutzung umweltfreundlicher Kältemittel zeigt, dass die historische Entwicklung der Wärmepumpen noch lange nicht abgeschlossen ist.

1.1.2 Prinzip der Wärmepumpentechnologie

Wärmepumpen nutzen ein thermodynamisches Verfahren, um Wärme aus einer natürlichen Quelle (wie Erdreich, Luft oder Grundwasser) zu extrahieren und auf ein höheres Temperaturniveau zu bringen, welches für Heizzwecke oder zur Warmwasserbereitung ausreichend ist (**Bild 1.1**). Sie funktionieren auf der Grundlage des Prinzips der Wärmeübertragung, verstärkt durch den Einsatz von mechanischen Komponenten wie Kompressoren und Wärmetauschern.

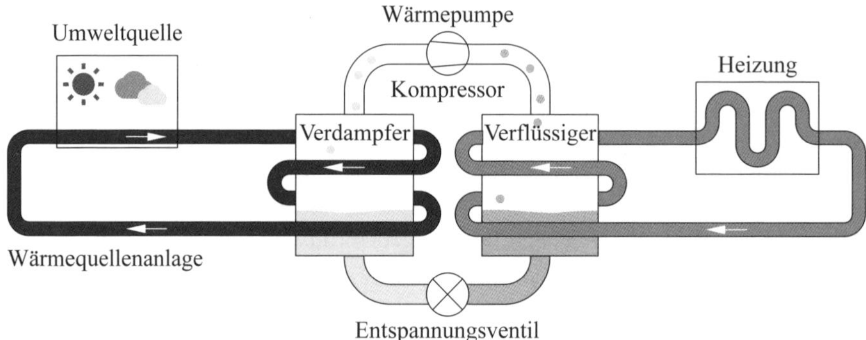

Bild 1.1 Prinzip der Wärmepumpe

Hallo! Ich bin Öko-Wärme-Willi, und an dieser Stelle erkläre ich Ihnen die magische Welt der Wärmepumpen. Was wäre, wenn ich Ihnen sage, dass Sie die Wärme aus der kalten Winterluft zaubern können? Klingt verrückt, oder? Aber genau das macht eine Wärmepumpe – sie ist wie ein magischer Heizstab, der aus der kühlen Umgebung Wärme extrahiert und das jeweilige Objekt damit gemütlich aufheizt.

Stellen Sie sich vor, Sie sind in einer eiskalten Küche und wollen, dass das Lieblingsgetränk, das im Kühlschrank steht, trotzdem warm bleibt. Das schaffen Sie, indem Sie die Kälte aus dem Kühlschrank herausnehmen und die Wärme hineinbringen. Eine Wärmepumpe arbeitet nach einem ähnlichen Prinzip, nur viel raffinierter.

Im Zentrum der Wärmepumpe steht der Kompressor, der das Herzstück der ganzen Operation ist. Der Kompressor pumpt ein spezielles Kältemittel ins Objekt. Das Kältemittel agiert wie ein kleiner Spion – es schleicht sich nach draußen, nimmt die Umgebungswärme auf und bringt diese ins Objekt. Egal, ob diese Wärme aus der Luft, dem Erdreich oder dem Grundwasser stammt, das Kältemittel packt sie ein und transportiert sie durch die Pumpe. Dabei wird die gesammelte Wärme komprimiert und auf ein höheres Temperaturniveau gebracht, sodass sie unsere Heizungen und unser Warmwasser versorgen kann.

Aber warum ist das wichtig? Nun, herkömmliche Heizsysteme verbrennen fossile Brennstoffe, die begrenzt sind und die Umwelt belasten. Die Wärmepumpe dagegen ist ein echter Umweltheld. Sie nutzt die natürliche Energie aus der Umgebung, die kostenlos und nahezu unbegrenzt verfügbar ist. Und das Beste daran? Sie verbraucht viel weniger Strom, als sie an Wärme liefert. Das ist Effizienz in ihrer besten Form!

Stellen Sie sich die Wärmepumpe also als einen superintelligenten Tausendsassa vor, der aus der kalten Winterluft Wärme schöpft und sie direkt in Ihr Objekt bringt. Egal, ob es draußen schneit oder stürmt, dank der Wärmepumpe bleibt es drinnen immer warm und gemütlich. Und das auf eine Weise, die unsere Umwelt schont.

Öko-Wärme-Willi weiß, dass die Zukunft in solchen nachhaltigen Technologien liegt. Also, wenn Sie das nächste Mal den Thermostat hochdrehen, denken Sie daran, wie clever Ihre Wärmepumpe für Sie persönlich oder für Ihre Kunden arbeitet, um die natürliche Wärme zu Ihnen nach Hause oder in das zu beheizendes Objekt zu bringen. Ein Hoch auf die Magie der Wärmepumpentechnologie!

Ihr Öko-Wärme-Willi

1.1.3 Hauptkomponenten einer Wärmepumpenanlage

Eine Wärmepumpenanlage besteht im Wesentlichen aus drei Hauptbestandteilen. Der Wärmequellenanlage (WQA), der Wärmepumpe (WP) und der Wärmenutzungsanlage (WNA) bzw. den Heizflächen (Wärmesenke).

- **Wärmequellenanlage (WQA):** Die Wärmequellenanlage ist dafür verantwortlich, die Wärme aus der Umgebung zu extrahieren. Diese Wärme kann aus verschiedenen Quellen stammen, darunter:
  1. *Erdreich:* Mithilfe von Erdwärmesonden oder Erdkollektoren wird die im Boden gespeicherte Wärme aufgenommen.

2. *Grundwasser:* Hierbei wird das Wasser aus einem Brunnen gefördert, dessen Wärmeenergie entzogen und danach wieder zurückgeleitet wird.
3. *Luft:* Bei Luftwärmepumpen wird die Außenluft als Wärmequelle genutzt.)

Diese Anlagen bestehen typischerweise aus Wärmeübertragern, Pumpen und gegebenenfalls Bohrungen oder Verrohrungen, die die Wärme zur Wärmepumpe transportieren.

- **Wärmepumpe (WP):** Die Wärmepumpe ist das Herzstück der Anlage. Sie nutzt den thermodynamischen Kreisprozess, um die aus der Wärmequelle gewonnene Wärme auf ein höheres Temperaturniveau zu bringen, das zur Beheizung oder zur Warmwasserbereitung ausreichend ist. Eine Wärmepumpe (WP) besteht aus vier Hauptkomponenten:
  1. *Verdampfer:* Hier verdampft das Kältemittel durch die aufgenommene Wärme aus der Wärmequellenanlage.
  2. *Kompressor:* Der Verdampfer produziert Dampf, der durch den Kompressor komprimiert wird, wodurch seine Temperatur und sein Druck steigen.
  3. *Kondensator:* Der heiße Dampf wird im Kondensator an das Heizsystem abgegeben, wobei das Kältemittel kondensiert, und Wärme freisetzt.
  4. *Expansionsventil:* Nach dem Kondensator wird der Druck des Kältemittels durch das Expansionsventil reduziert, wodurch es abkühlt und der Kreislauf von Neuem beginnen kann.
- **Wärmenutzungsanlage (WNA)/Heizflächen (Wärmesenke):** Die Wärmenutzungsanlage, auch bekannt als Wärmesenke, ist der Teil der Anlage, der die von der Wärmepumpe gelieferte Wärme an das Gebäude oder die zu beheizende Räume abgibt. Zu den Komponenten der Wärmenutzungsanlage gehören:
  1. *Heizkörper oder Fußbodenheizungssysteme:* Diese Systeme verteilen die Wärme im Gebäude.
  2. *Warmwasserspeicher:* Dieser speichert warmes Wasser, das von der Wärmepumpe erwärmt wurde, für die Nutzung in Haushalt oder Industrie.

Die effektive Planung und Dimensionierung dieser Komponenten ist entscheidend für die Leistung und Effizienz der gesamten Wärmepumpenanlage.

1.2 Typen (Bauarten) von Wärmepumpen und ihre Anwendungsbereiche

Öko-Wärme-Willis Vergleich der Typen: *„Lassen Sie uns die verschiedenen Typen von Wärmepumpen anschauen. Jede hat ihre speziellen Einsatzbereiche, und ich werde Ihnen helfen, die beste Lösung für unterschiedliche Anwendungen zu verstehen."*

Die Wärmepumpentechnologie bietet vielfältige Lösungen zur effizienten Beheizung und Kühlung von Gebäuden. Um die Funktionsweise und den Einsatz dieser Technologie zu verstehen, ist es hilfreich, sich mit den verschiedenen Typen von Wärmepumpen und ihren spezifischen Anwendungsbereichen vertraut zu machen. Wärmepumpen lassen sich hauptsächlich nach der Art der Energiequelle, die sie nutzen klassifizieren. Die verschiedenen Bauarten – Erd-, Luft- oder Grundwasser-Wärmepumpen – sind nicht nur durch ihre Bezeichnungen, sondern auch durch ihre spezifischen Einsatzgebiete und Technologien charakterisiert.

1.2.1 Erdwärme: Sole-Wasser-Wärmepumpen

Sole-Wasser-Wärmepumpen nutzen die im Erdreich gespeicherte Wärme effizient. Ein Wärmeträgerfluid, oft als Sole bezeichnet, zirkuliert durch Erdkollektoren oder Erdsonden. Diese Sole absorbiert die Erdwärme und transportiert sie über einen Wärmetauscher zum Heizungskreislauf. In einer separaten Schleife wird diese Wärme dann verwendet, um Trinkwasser zu erwärmen. Dieser Prozess sorgt dafür, dass das Trinkwasser niemals direkt mit der Sole in Berührung kommt, wodurch die Wasserqualität geschützt wird. Sole-Wasser-Wärmepumpen eignen sich sowohl für Neubauten als auch für die Modernisierung bestehender Gebäude. Die Entscheidung zwischen dem Einsatz von Erdkollektoren oder Erdsonden hängt hauptsächlich von den lokalen Gegebenheiten, wie der verfügbaren Fläche und den Bodenbedingungen, ab.

1.2.2 Luft: Luft-Wasser-Wärmepumpen

Sie nutzen die Wärme der Umgebungsluft. Diese Technologie ist besonders kostengünstig in der Anschaffung, da keine aufwendigen Tiefenbohrungen erforderlich sind. Luft-Wasser-Wärmepumpen extrahieren Wärme aus der Außenluft und übertragen diese auf ein Wassersystem, welches die Wärme im Gebäude verteilt.

Diese Pumpen sind besonders wegen ihrer einfachen Installation und der Fähigkeit, bei einer Vielzahl von Außentemperaturen effizient zu arbeiten, beliebt. Allerdings kann ihre Effizienz durch starke Temperaturschwankungen beeinträchtigt werden. Dennoch eignen sie sich hervorragend für Neubauten und können in bestehenden Gebäuden als Teil einer Modernisierung eingesetzt werden. In Regionen mit milderem Klima bieten sie eine kosteneffiziente Alternative zu herkömmlichen Heizsystemen. Außerdem werden sie häufig in einem bivalenten Betrieb eingesetzt, bei dem sie die vorhandene Heizungsanlage unterstützen.

1.2.3 Luft: Luft-Luft-Wärmepumpen

Luft-Luft-Wärmepumpen ziehen Wärme aus der Außenluft und geben diese direkt als Warmluft in das Gebäudeinnere ab. Diese Wärmepumpen sind also eine spezielle Form, bei der die gewonnene Wärme direkt über Lüftungskanäle in die Räume geleitet wird. Diese Systeme sind ideal für Gebäude, die keine umfangreichen Wasserverteilsysteme benötigen, und sie können zudem zur Kühlung im Sommer umgeschaltet werden. Luft-Luft-Systeme sind oft günstiger in der Anschaffung und Installation als andere Wärmepumpentypen und eignen sich besonders für kleinere Wohnräume, für Gebäude mit sehr niedrigem Wärmebedarf, wie hochgedämmten Niedrigenergie- oder Passivhäusern oder als Ergänzung zu bestehenden Heizsystemen.

1.2.4 Grundwasser: Wasser-Wasser-Wärmepumpe

Wasser-Wasser-Wärmepumpen (oder Geothermie-Wärmepumpen) nutzen die konstante Temperatur des Erdreichs oder des Grundwassers, um Heizung und gegebenenfalls Kühlung für Gebäude zu liefern. Für ihren Betrieb sind zwei Brunnen notwendig: einer zur Wasserentnahme und einer zur Rückführung des abgekühlten Wassers. Diese Systeme zeichnen sich durch eine hohe Effizienz aus, da das Grundwasser konstante, relativ hohe Temperaturen aufweist. Die Installation ist jedoch kostenintensiv, da Bohrungen oder das Verlegen von Erdkollektoren notwendig sind. Außerdem erfordert dieses System zudem entsprechende Genehmigungen, wobei auch die Qualität des Grundwassers berücksichtigt werden muss. Andererseits bieten diese Wärmepumpen jedoch langfristig erhebliche Einsparungen durch ihre hohe Effizienz. Sie sind besonders geeignet für Neubauten oder bei umfassenden Renovierungen und können in Kombination mit Fußbodenheizungssystemen eine sehr gleichmäßige und komfortable Raumtemperatur schaffen.

Ein weiterer Hinweis: Wasser-Wasser-Wärmepumpen verwenden Oberflächenwasser oder Grundwasser als Wärmequelle bzw. -senke. Diese Pumpen sind äußerst effizient, da Wasser eine höhere spezifische Wärmekapazität als Luft besitzt. Ihre Anwendung ist jedoch geografisch eingeschränkter, da sie Zugang zu einer ausreichenden Wassermenge benötigen. Sie eignen sich besonders für Gebäude in der Nähe von Gewässern oder mit gut zugänglichem Grundwasser.

1.2.5 Hybridwärmepumpen

Hybridwärmepumpen kombinieren die fortschrittliche Wärmepumpentechnologie mit traditionellen Heizsystemen, wie Gas- oder Ölbrennern. Diese innovative Kombination ermöglicht es, bei extrem kalten Temperaturen oder Spitzenlastzeiten effizient zu heizen. Während die Wärmepumpe bei milden bis moderaten Temperaturen die primäre Heizquelle ist, schaltet sich der konventionelle Brenner nur dann hinzu, wenn die Außentemperaturen stark sinken oder der Heizbedarf besonders hoch ist. Diese Systeme optimieren den Energieeinsatz und minimieren die Betriebskosten.

Hybridsysteme sind eine ausgezeichnete Lösung für Regionen mit stark variierenden Temperaturen, da sie die Vorteile mehrerer Heizquellen nutzen und so eine hohe Zuverlässigkeit und Effizienz gewährleisten. Sie bieten die Flexibilität, jederzeit die kostengünstigste und effizienteste Heizquelle zu nutzen, was besonders in wechselhaften Klimazonen von Vorteil ist.

Diese verschiedenen Technologien machen Wärmepumpen zu einer vielseitigen und effizienten Lösung für unterschiedliche Anforderungen und Gegebenheiten, was sie zunehmend zu einer bevorzugten Alternative gegenüber konventionellen Heizsystemen macht. In Regionen wie Schweden sind Erdwärmepumpen bereits fest etabliert, und auch in Deutschland gewinnen sie immer mehr an Beliebtheit. Obwohl die Anschaffungskosten für Wärmepumpenanlagen in der Regel höher sind als für konventionelle Heizsysteme, bieten sie langfristig betrachtet erhebliche finanzielle Vorteile durch niedrigere Betriebskosten und die Möglichkeit, staatliche Förderungen zu nutzen. Diese ökologischen und langfristigen finanziellen Vorteile tragen dazu bei, dass Wärmepumpen eine attraktive Option für Hausbesitzer werden.

Im **Bild 1.2** ist eine Hybridheizung mit einer Gasheizung aus dem Bestand des Objekts und einem Speicher als Puffer dargestellt.

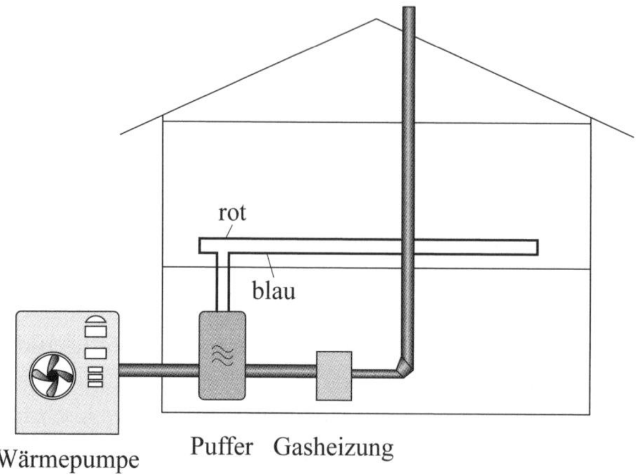

Bild 1.2 Hybridheizungssystem: Wärmepumpe mit einer Gasheizung aus dem Bestand des Objekts mit einem Speicher als Puffer (Speicher ist ein Wasserbehälter)

Tabelle 1.1 und **Tabelle 1.2** zeigen zusammengefasst die Vor- und Nachteile von Hybridheizungssystemen.

Vorteile	Erläuterungen
Energieeffizienz	Wärmepumpen nutzen erneuerbare Energiequellen (Luft, Erde, Wasser), um mehr Wärme zu erzeugen, als sie an Strom verbrauchen.
Kosteneffizienz	Trotz höherer Anschaffungskosten bieten Wärmepumpen durch geringere Betriebskosten und mögliche staatliche Förderungen langfristig finanzielle Vorteile.
Umweltfreundlichkeit	Wärmepumpen reduzieren den CO_2-Ausstoß, da sie weniger fossile Brennstoffe verwenden und hauptsächlich erneuerbare Energiequellen nutzen.
Flexibilität bei Hybridsystemen	Hybridsysteme kombinieren Wärmepumpen mit traditionellen Heizsystemen, um den Energieverbrauch zu optimieren und eine zuverlässige Heizlösung für alle Temperaturbereiche zu bieten.
Anpassungsfähigkeit	Wärmepumpen sind in verschiedenen Ausführungen verfügbar (Luft-, Wasser-, Erdwärmepumpen) und können an unterschiedliche klimatische Bedingungen angepasst werden.

Tabelle 1.1 Vorteile von Hybridheizungssystemen, Wärmepumpe mit einer konventionellen Heizungsanlage in Kombination

Nachteile	Erläuterungen
Hohe Anschaffungskosten	Die Installationskosten für Wärmepumpen und insbesondere für Hybridsysteme sind oft höher als für traditionelle Heizsysteme.
Abhängigkeit von Strom	Wärmepumpen benötigen Strom, der nicht immer aus erneuerbaren Quellen stammt. Dies kann die Umweltbilanz beeinträchtigen, wenn der Strom aus fossilen Brennstoffen erzeugt wird.
Leistungsabfall bei niedrigen Temperaturen	Besonders Luft-Wärmepumpen verlieren an Effizienz bei extrem kalten Temperaturen, was den Einsatz zusätzlicher Heizquellen erforderlich macht.
Komplexe Installation	Die Installation von Wärmepumpen und Hybridsystemen erfordert spezielle Kenntnisse und kann komplexer sein als die von konventionellen Heizsystemen.
Platzbedarf	Insbesondere Erdwärmepumpen benötigen eine größere Fläche oder Bohrungen, was in städtischen Gebieten oder kleinen Grundstücken problematisch sein kann.

Tabelle 1.2 Nachteile von Hybridheizungssystemen, Wärmepumpe mit einer konventionellen Heizungsanlage in Kombination

1.2.6 Anwendungsbereiche des optimalen Wärmepumpentyps

Die Auswahl des passenden Wärmepumpentyps ist stark von den spezifischen Gegebenheiten des Standorts, den klimatischen Bedingungen, den baulichen Voraussetzungen des Gebäudes sowie den regionalen und örtlichen Einflussfaktoren abhängig. In der Praxis bedeutet dies, dass für jedes Gebäude individuell bewertet werden muss, welcher Wärmepumpentyp die effizienteste und kosteneffektivste Lösung bietet. Wärmepumpentechnologien können flexibel an unterschiedliche Anforderungen angepasst werden, von Einfamilienhäusern über große Wohnkomplexe bis hin zu gewerblichen Gebäuden.

Die frühzeitige Einbeziehung einer Elektrofachkraft in die Auswahl und Planung des Wärmepumpentyps ist unerlässlich. Dabei müssen elektrotechnische Kenngrößen ermittelt und der Leistungsbedarf festgestellt werden. Auch der Platzbedarf und die Zugänglichkeit für die elektrischen Anlagen sind zu bedenken. Die Dimensionierung der elektrischen Anlagen sowie der Betriebs- und Verbrauchsmittel, einschließlich Kabel- und Leitungsanlagen, muss auf Machbarkeit und die Einhaltung geltender Normen überprüft werden.

Ein weiterer wichtiger Faktor ist die Integration in bestehende Heizsysteme. Bei der Modernisierung älterer Gebäude müssen vorhandene Heizkörper eventuell angepasst oder ausgetauscht werden, um die optimale Leistung der Wärmepumpe sicherzustellen. Die Verfügbarkeit von passiven Kühlungsfunktionen, die bei einigen Wärmepumpen vorhanden sind, erweitert das Spektrum der Einsatzmöglichkeiten, besonders in Regionen mit variablen Sommer- und Winterbedingungen.

Auch die vorhandenen elektrischen Anlagen im Gebäudebestand müssen überprüft werden und notwendige Anpassungen, Erneuerungen und Ergänzungen geplant werden.

Die Planung und Installation einer Wärmepumpenanlage erfordern eine sorgfältige Analyse der örtlichen Gegebenheiten, einschließlich Bodenbeschaffenheit, Grundwasserstand und Platzverfügbarkeit. Professionelle Energieberater und Fachplaner spielen eine entscheidende Rolle in diesem Prozess, um sicherzustellen, dass die gewählte Anlage nicht nur den aktuellen Bedarf deckt, sondern auch langfristig energie- und kosteneffizient arbeitet.

1.3 Vorteile und Grenzen von Wärmepumpensystemen

Übersicht durch Öko-Wärme-Willi: *„Wärmepumpen sind großartig, aber sie haben auch ihre Grenzen. Ich werde Ihnen zeigen, wie Sie die Vorteile maximieren und die Herausforderungen meistern können."*

Wärmepumpen sind als zukunftsträchtige Lösung für die Heizungs- und Kühlanforderungen moderner Gebäude anerkannt. Sie nutzen die in der Umwelt vorhandene Wärmeenergie, um effizient und umweltfreundlich Heiz- oder Kühlleistungen zu erbringen. Diese Technologie steht im Zentrum der Diskussionen über nachhaltiges Bauen und Energieeffizienz und wird zunehmend als wesentlicher Bestandteil der Energiestrategien für neu errichtete und sanierte Gebäude betrachtet.

Einer der größten Vorteile von Wärmepumpen liegt in ihrer Energieeffizienz. Sie sind in der Lage, mehr Heizenergie zu liefern, als sie an elektrischer Energie verbrauchen. Dieses Prinzip der Energieumwandlung macht sie zu einer umweltfreundlichen Alternative zu herkömmlichen Heizsystemen, die oft auf fossilen Brennstoffen basieren. Zudem bieten Wärmepumpen durch ihre Vielseitigkeit die Möglichkeit, sowohl zu heizen als auch zu kühlen, was sie besonders attraktiv für Regionen mit schwankenden Klimabedingungen macht. Langfristige Kosteneinsparungen und Förderfähigkeit durch staatliche Subventionen sind weitere Argumente, die für die Installation einer Wärmepumpe sprechen.

Allerdings gibt es auch Herausforderungen und Grenzen, die es zu berücksichtigen gilt. Die hohen Anfangskosten für die Anschaffung und Installation können eine bedeutende Investition darstellen und die Amortisationszeiten können je nach Energiepreisentwicklung und individuellen Gegebenheiten variieren. Die Effektivität einer Wärmepumpe ist zudem stark von den klimatischen Bedingungen abhängig.

In Regionen, in denen extrem niedrige Temperaturen vorherrschen, kann ihre Effizienz eingeschränkt sein. Zusätzlich erfordert die Installation einer Wärmepumpe oft signifikanten Platzbedarf und eine komplexe Planung, um die optimale Leistungsfähigkeit zu gewährleisten. In **Tabelle 1.3** und **Tabelle 1.4** sind die Vorteile und die Grenzen von Wärmepumpen mit kurzen Erläuterungen aufgelistet.

Energieeffizienz	Wärmepumpen sind für ihre hohe Effizienz bekannt, da sie mehr Energie als Wärme liefern, als sie in Form von elektrischem Strom verbrauchen. Dies führt zu einer Reduktion der Gesamtenergiekosten und zu einer effizienten Nutzung der verfügbaren Ressourcen.
Umwelt-freundlichkeit	Da Wärmepumpen hauptsächlich Umgebungswärme nutzen und weniger fossile Brennstoffe verbrauchen, tragen sie zur Reduktion von Treibhausgasemissionen bei. Dies macht sie zu einer umweltfreundlichen Alternative zu konventionellen Heizsystemen.
Vielseitigkeit	Wärmepumpen können für Heizung, Kühlung und Warmwasserbereitung eingesetzt werden. Dies macht sie zu einer vielseitigen Lösung für unterschiedliche klimatische Bedingungen und vielfältige Anwendungsbereiche.
Langfristige Kosten-einsparungen	Trotz höherer Anfangsinvestitionen können Wärmepumpen durch ihre hohe Effizienz und die Nutzung erneuerbarer Energien langfristige Kosteneinsparungen bieten.
Förderfähigkeit	In vielen Ländern gibt es finanzielle Anreize und Förderprogramme, die den Einbau von Wärmepumpen unterstützen, um den Übergang zu erneuerbaren Energien zu fördern.

Tabelle 1.3 Vorteile von Wärmepumpensystemen

Hohe Anfangs-kosten	Die Installation einer Wärmepumpe kann kostspielig sein, vor allem wenn große bauliche Anpassungen nötig sind, wie etwa das Bohren für Erdwärmesonden oder die Installation umfangreicher Luftkanäle.
Abhängigkeit von Außen-bedingungen	Die Effizienz einer Wärmepumpe kann durch die äußeren Temperaturen beeinflusst werden, besonders bei Luftwärmepumpen, die in extrem kalten Klimazonen weniger effizient sein können.
Platzbedarf:	Einige Arten von Wärmepumpen benötigen erheblichen Platz für die Installation der notwendigen Komponenten, wie z. B. Erdkollektoren oder große Außeneinheiten.
Komplexität der Installation	Die Planung und Installation einer Wärmepumpe erfordern Fachwissen und Erfahrung, was die Auswahl an qualifizierten Installateuren einschränken kann.
Lange Amorti-sationszeiten	Abhängig von den Energiepreisen und den Betriebsbedingungen können Wärmepumpen lange Amortisationszeiten haben, bevor die Einsparungen die anfänglichen Investitionen übersteigen.

Tabelle 1.4 Grenzen von Wärmepumpensystemen

2 Technische Details von Wärmepumpen

2.1 Funktionsweise

Öko-Wärme-Willi erklärt den Kreislauf: *„Stellen Sie sich vor, ich nehme Sie mit auf eine Reise durch den Kältekreislauf. So funktioniert das Herzstück einer Wärmepumpe!"*

Das Grundprinzip der Wärmepumpe ist es, Wärme durch Verdampfung bei relativ niedriger Temperatur aufzunehmen und auf einem höheren Temperaturniveau durch Kondensation wieder abzugeben. Da diese Phasenübergänge bei gleichbleibendem Druck aber ohne Temperaturänderung (isotherm) erfolgen würden, muss der Druck mithilfe von mechanischer Energie erhöht werden, um ein höheres Temperaturniveau erreichen zu können. Die Idee der Wärmepumpe besteht also darin, der Umgebung, also der Luft, der Erde oder dem Grundwasser Wärme zu entziehen und diese Wärme dann über ein Verteilungssystem, das in dem zu beheizenden Objekt installiert wird, als Heizwärme oder zur Brauchwassererwärmung wieder abzugeben.

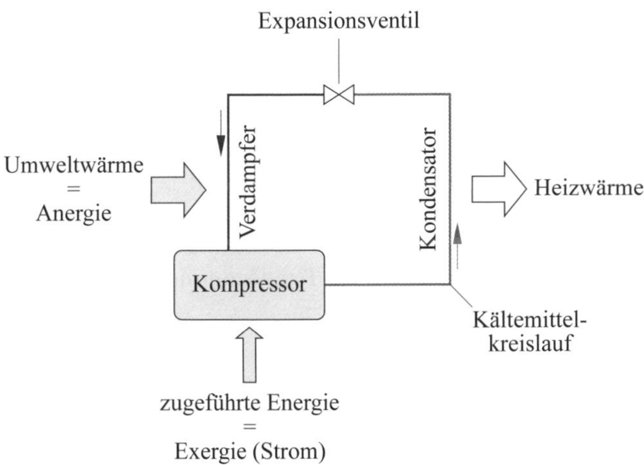

Bild 2.1 Prinzip einer Wärmepumpe

2.1.1 Kältekreislauf einer Wärmepumpenanlage, einfach erklärt

Der Kältekreis ist das Herzstück der Wärmepumpe und gleichzeitig die wichtigste, die komplizierteste und teuerste Baugruppe der Wärmeerzeuger. Der Vorteil des Kältekreislaufs besteht darin, dass das Kältemittel bei der Verdampfung noch kälter wird als die Umgebung. Dadurch kann es von dieser Umgebung Wärme aufnehmen. Im Kompressor wird diese Wärme dann auf ein für die Heizungsanlage nutzbares Niveau angehoben, also gepumpt. Eine wichtige Feststellung ist, dass der Energieaufwand für den Kompressor viel kleiner ist als die nutzbare Wärmeenergie, sodass der Betreiber einer Wärmepumpe davon ausgehen kann, mit einer Kilowattstunde vom Netzbetreiber eingekauften oder sogar selbst mit einer Solaranlage produzierten Stroms, drei bis fünf Kilowattstunden Wärme erzeugen zu können.

Tipp von Öko-Wärme-Willi: *Damit die Wärmepumpe richtig und gut funktioniert, spielt das Kältemittel eine wichtige und entscheidende Rolle. Bei der Umgebungstemperatur ist es gasförmig, im Kreislauf der Wärmepumpe unter hohem Druck aber flüssig. Bei den Kältemitteln handelt es sich um verschiedene und unterschiedlich wirkende Chemikalien. Der Unterschied besteht darin, bei welcher Temperatur und bei welchem Druck die Übergänge zwischen dem gasförmigen und flüssigen Zustand stattfinden.*

Außerdem Achtung: Die Kältemittel sind unterschiedlich giftig, brennbar und beim Entweichen schädlich für die Atmosphäre. Daher ist der Einsatz einiger Kältemittel inzwischen verboten, aber es lässt sich auf andere Kältemittel, die weniger schädlich sind ausweichen. *→ Kapitel 2.6*

Bild 2.1 stellt den Aufbau eines Kältekreislaufs mit den wichtigsten darin enthaltenen Bauteilen dar: Verdampfer, Verdichter (Kompressor), Verflüssiger (Kondensator) und Expansionsventil. Das Kältemittel verdampft bei niedrigen Temperaturen und nimmt dabei Wärme auf. Das Verdichten erhöht die Temperatur des Dampfes und durch Kondensation wird die Wärme wieder abgegeben.

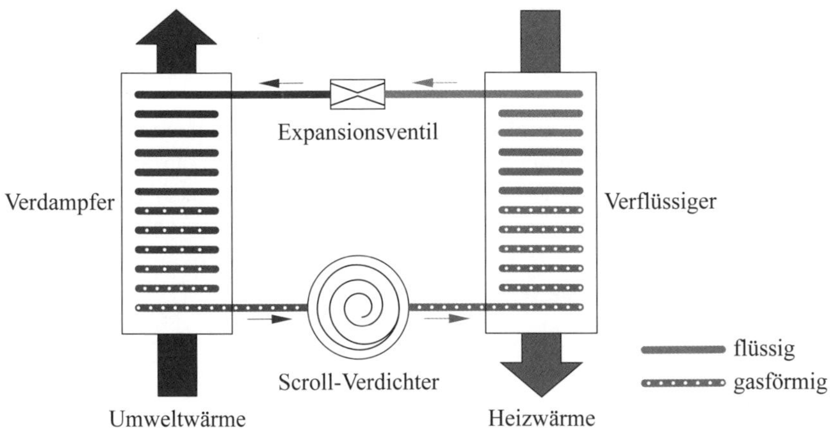

Bild 2.2 Aufbau eines Kältekreislaufs einer Kompressionswärmepumpe (Quelle: Vaillant)

2.1.1.1 Verdampfen: Wärmeaufnahme durch das Kältemittel

Leitsatz: Der erste Schritt zur Wärmegewinnung – Energieaufnahme im Verdampfer

Ein spezielles Kältemittel, das bei niedrigen Temperaturen verdampft, absorbiert Wärme aus der Umgebung. Diese Wärmeaufnahme ermöglicht es dem Kältemittel, vom flüssigen in den gasförmigen Zustand überzugehen. Dieser Prozess ist entscheidend, da hier die Umweltenergie in das System eingebracht wird.

2.1.1.2 Verdichten: Erhöhung von Druck und Temperatur

Leitsatz: Die Kraft des Kompressors – Verdichtung für höhere Effizienz

Der Kompressor verdichtet das gasförmige Kältemittel, wodurch dessen Temperatur und Druck ansteigen. Dieser Schritt ist zentral, um die im Kältemittel gespeicherte Wärme auf ein nutzbares Niveau zu bringen, damit sie im nächsten Schritt effektiv abgegeben werden kann.

2.1.1.3 Verflüssigen: Wärmeübertragung an das Heizsystem

Leitsatz: Vom Gas- zum Flüssigzustand – Wärmeabgabe im Kondensator

Das heiße, verdichtete Kältemittel wird durch den Wärmetauscher geleitet, wo es seine Wärme an das Heizsystem abgibt. Durch den Wärmeübergang kondensiert das Kältemittel und wird wieder flüssig. Dieser Schritt ermöglicht die Nutzung der aufgenommenen Umweltenergie zur Beheizung von Räumen oder zur Erwärmung von Wasser.

2.1.1.4 Entspannen: Rückführung in den Ausgangszustand

Leitsatz: Der Kreislauf schließt sich – Druckabbau im Expansionsventil

Durch ein Expansionsventil wird der Druck des flüssigen Kältemittels reduziert, wodurch es sich abkühlt und der Zyklus von vorne beginnen kann. Dieser Druckabbau ist notwendig, um das Kältemittel wieder auf den Ausgangszustand für den Verdampfungsprozess zu bringen, wodurch der Kältekreislauf geschlossen wird.

2.1.2 Komponenten einer Wärmepumpe

Kurz vorweg:

- **Verdampfer:** nimmt die Umweltwärme auf und verdampft das Kältemittel,
- **Verdichter (Kompressor):** erhöht den Druck und die Temperatur des gasförmigen Kältemittels,
- **Kondensator:** gibt die aufgenommene Wärme an das Heizsystem ab und kondensiert das Kältemittel,
- **Expansionsventil:** senkt den Druck und die Temperatur des Kältemittels und bereitet es für den nächsten Zyklus im Verdampfer vor.

Im **Bild 2.3** wird gezeigt, wie ein Kältemittel für den Transport von der Wärmequellenanlage (WQA) bis in die Wärmenutzungsanlage (WNA) hineinwirkt.

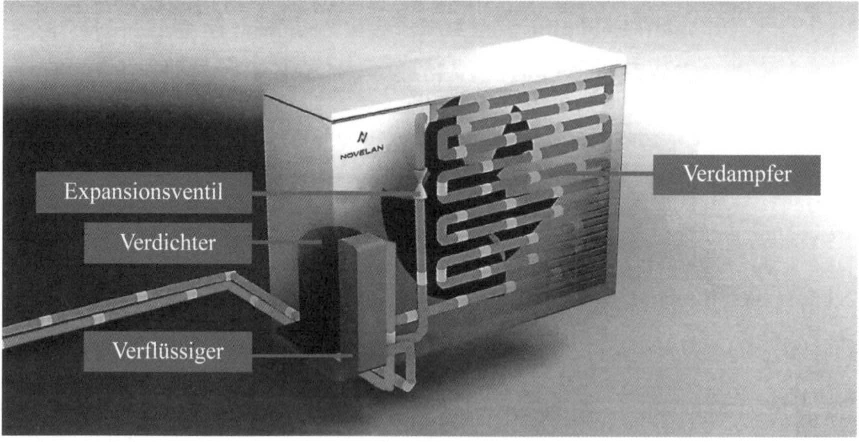

Bild 2.3 Kältemittelkreislauf

2.1.2.1 Verdampfer

Der Verdampfer – effizienter Wärmeübertrager

Der Verdampfer ist ein wesentlicher Bestandteil des Kältekreislaufs einer Wärmepumpe und fungiert als Wärmeübertrager. Hier treffen auf der einen Seite ein Kältemittel und auf der anderen Luft, Wasser oder Sole zusammen. Die Materialien für Verdampfer variieren je nach Typ der Wärmepumpe. Bei Luftwärmepumpen werden meistens Verdampfer mit Aluminium-Kupfer-Lamellen verwendet, die eine hohe Wärmeleitfähigkeit bieten. Sole/Wasser- und Wasser/Wasser-Wärmepumpen nutzen oft Wärmeübertrager aus kupfergelötetem Edelstahl. Diese sind besonders langlebig und korrosionsbeständig.

Im Betrieb strömen das Kältemittel und das Übertragungsmedium (Luft, Wasser oder Sole) in entgegengesetzten Richtungen aneinander vorbei. Das Kältemittel, das zunächst in flüssiger Form in den Verdampfer eintritt, nimmt während dieses Prozesses Umweltenergie auf. Diese Energiezufuhr bewirkt, dass das Kältemittel die nötige Wärme aufnimmt und in einen dampfförmigen Zustand übergeht.

Für spezielle Anwendungen, wie bei Wasser/Wasser-Wärmepumpen in Regionen mit besonders aggressivem Wasser, werden Verdampfer aus Titan verwendet, da dieses Material noch resistenter gegen Korrosion ist. Einfache Reinigung und Wartung werden durch die Konstruktion der Verdampfer, wie beispielsweise geschraubte oder Spiralwärmeübertrager, gewährleistet. Bei der Verwendung von sehr kaltem Wasser (unter 13 °C), wie es bei manchem Wasser/Wasser-Wärmepumpen der Fall ist, sind Korrosionsanalysen des Wassers normalerweise nicht erforderlich. Es ist allerdings wichtig, die Grenzwerte für Eisen und Mangan zu beachten, um eine lange Lebensdauer des Verdampfers zu sichern.

Der Verdampfer ist ein effizienter und anpassungsfähiger Bestandteil der Wärmepumpe, optimiert für die jeweilige Anwendung und die vorherrschenden Umweltbedingungen.

2.1.2.2 Kompressor

Der Kompressor – Herzstück des Kältekreislaufs

Der Kompressor, auch Verdichter genannt, spielt eine zentrale Rolle im Kältekreislauf der Wärmepumpe. Seine Hauptaufgabe ist es, das im Verdampfer in Dampfform übergegangene Kältemittel anzusaugen, zu verdichten und somit auf ein höheres Temperatur- und Druckniveau zu bringen. Diese Verdichtung ist entscheidend, da hierdurch das Kältemittel die nötige Temperatur erreicht, um später im System Wärme abgeben zu können.

In den Kältekreisen von Wärmepumpen, die typischerweise in Ein-, Zwei- und Mehrfamilienhäusern zum Einsatz kommen, werden vor allem hermetisch geschlossene Verdichter verwendet. Zu den gängigen Typen gehören Scroll-Verdichter, Rollkolbenverdichter und Hubkolbenverdichter. Scroll-Verdichter, die aus einer feststehenden und einer rotierenden Spirale bestehen, sind besonders beliebt, da sie weniger verschleißanfällige Teile haben, eine längere Lebensdauer aufweisen und leiser sind als andere Verdichterarten. Diese Eigenschaften machen sie weniger anfällig gegenüber Flüssigkeitseinträgen im Kältemittel, einem Problem, das bei Hubkolbenverdichtern häufiger auftritt.

Moderne Scroll-Verdichter können bis zu 60 000 Betriebsstunden erreichen. Viele Hersteller bieten aufgrund dieser Zuverlässigkeit lange Garantiezeiten an, wie z. B. 10 Jahre Materialgarantie auf den Scroll-Verdichter, wenn gewisse Bedingungen, wie die Freigabe des Wärmepumpenreglers über das Internet, erfüllt sind.

Die Entwicklung in der Verdichtertechnologie hat sich in den letzten Jahren stark verändert. Früher dominierten Verdichter mit fester Drehzahl die Branche, doch mittlerweile setzt sich die Inverter-Technologie durch, vor allem bei Luftwärmepumpen. Diese Technologie passt die Geschwindigkeit des Verdichters an den aktuellen Bedarf an, was zu einer effizienteren Leistung und Energieeinsparung führt. Bei Sole/Wasser-Wärmepumpen gibt es noch einige Hersteller, die keine Inverter-Technik verwenden, was oft mit der Ausrichtung und den Absatzzahlen des jeweiligen Unternehmens zusammenhängt.

Die Erläuterung der Funktion macht die Bedeutung des Kompressors in der Wärmepumpe deutlich und erklärt die verschiedenen Typen sowie die technologischen Fortschritte, die zu einer effizienteren und langlebigeren Nutzung führen.

2.1.2.3 Kondensator

Der Kondensator – effiziente Wärmeabgabe

Der Kondensator, auch Verflüssiger genannt, ist eine zentrale Komponente im Kältekreislauf einer Wärmepumpe, die direkt auf den Verdichter folgt. Seine Hauptaufgabe besteht darin, dass vom Verdichter kommende dampfförmige Kältemittel zu kondensieren, also in flüssigen Zustand zurückzuführen. Dies geschieht in einem Wärmeübertrager, meist aus Edelstahl, wo das Kältemittel durch Heizungswasser, das eine niedrigere Temperatur als das Kältemittel hat, abgekühlt wird. Das Heizungswasser fließt im Gegenstrom zum Kältemittel, wodurch dieses effektiv seine Wärme abgibt und sich verflüssigt.

Um höhere Temperaturen für Warmwasser zu erzielen, wird häufig ein Enthitzer vor den Verflüssiger geschaltet. Diese Technik wird als Heißgasauskopplung bezeichnet.

Dabei wurde früher das heiße Gas durch eine Heißgaslanze, die aus flexiblen Kupferrohren bestand, in die Warmwasserzone eines Speichers geleitet, um ohne elektrische Zusatzheizung höhere Wassertemperaturen zu erreichen. Aktuell wird der Enthitzer direkt in die Wärmepumpe integriert, und das erwärmte Heizungswasser wird mithilfe einer Umwälzpumpe in den Kombispeicher geführt, um die gewünschten höheren Temperaturen zu liefern.

Eine weitere gängige Maßnahme ist die Installation eines Unterkühlers nach dem Verflüssiger. Der Unterkühler hat die Aufgabe, sicherzustellen, dass das Kältemittel vollständig kondensiert ist, bevor es das Expansionsventil erreicht, um zu vermeiden, dass Dampf in den nächsten Zyklus eingeschleust wird.

Die Funktionsweise des Verflüssigers innerhalb der Wärmepumpe verdeutlicht, wie wichtig er für die Effizienz des gesamten Systems ist, indem er das Kältemittel effektiv kondensiert und für den nächsten Zyklus vorbereitet.

2.1.2.4 Expansionsventil

Das Expansionsventil – präzise Regelung des Kältemittelstroms

Das Expansionsventil ist ein entscheidender Bestandteil im Kältekreislauf einer Wärmepumpe. Seine Hauptaufgabe besteht darin, den Fluss des Kältemittels zum Verdampfer so zu regeln, dass eine effiziente und vollständige Verdampfung sichergestellt wird. Dabei wird der Druck und die Temperatur des Kältemittels reduziert, um es auf das Ausgangsniveau für den Verdampfungsprozess zu bringen.

In der Vergangenheit wurde diese Aufgabe häufig durch thermostatische Expansionsventile (TEV) erledigt, die auf der Grundlage von Temperaturänderungen automatisch regulieren. Heutzutage setzen die meisten Hersteller jedoch auf elektronische Expansionsventile (EEV). Diese bieten eine deutlich präzisere Steuerung des Kältemittelstroms, was zu einer schnelleren Anpassung an die Bedürfnisse des Verdampfers führt und die Gesamteffizienz der Wärmepumpe verbessert. Tatsächlich kann die Nutzung eines EEV die Leistungszahl der Wärmepumpe um 10 % bis 20 % steigern.

Zusätzlich zu den Hauptbauteilen wie Verdampfer, Verdichter und Verflüssiger enthält der Kältekreis weitere wichtige Komponenten wie Filtertrockner, Schaugläser, Druckwächter, Flüssigkeitssammler, Schraderventile und Druck- sowie Temperatursensoren. Diese Komponenten tragen zur effizienten und sicheren Funktion des Systems bei. Der Filtertrockner beispielsweise schützt das Expansionsventil vor Schmutz und Feuchtigkeit, während durch das Schauglas der Feuchtigkeitsgehalt im Kältemittel überprüft werden kann.

Ein Niederdruckwächter alarmiert, wenn nicht genügend Wärmeenergie am Verdampfer übertragen wird, und ein Hochdruckwächter spricht an, wenn die abgegebene

Wärmeenergie nicht ausreichend ist. In reversiblen Luftwärmepumpen, die sowohl zum Heizen als auch zum Kühlen eingesetzt werden können, wird ein 4-Wege-Umschaltventil verwendet, das je nach Bedarf den Verdampfer in einen Verflüssiger umwandelt und umgekehrt.

In **Bild 2.4** ist ein reversibler Kältekreislauf dargestellt, der zeigt, wie moderne Wärmepumpen durch die Verwendung von Zwischenwärmeübertragern und spezialisierten Komponenten wie den elektronischen Expansionsventilen optimiert werden, um sowohl effiziente Heiz- als auch Kühlleistungen zu ermöglichen.

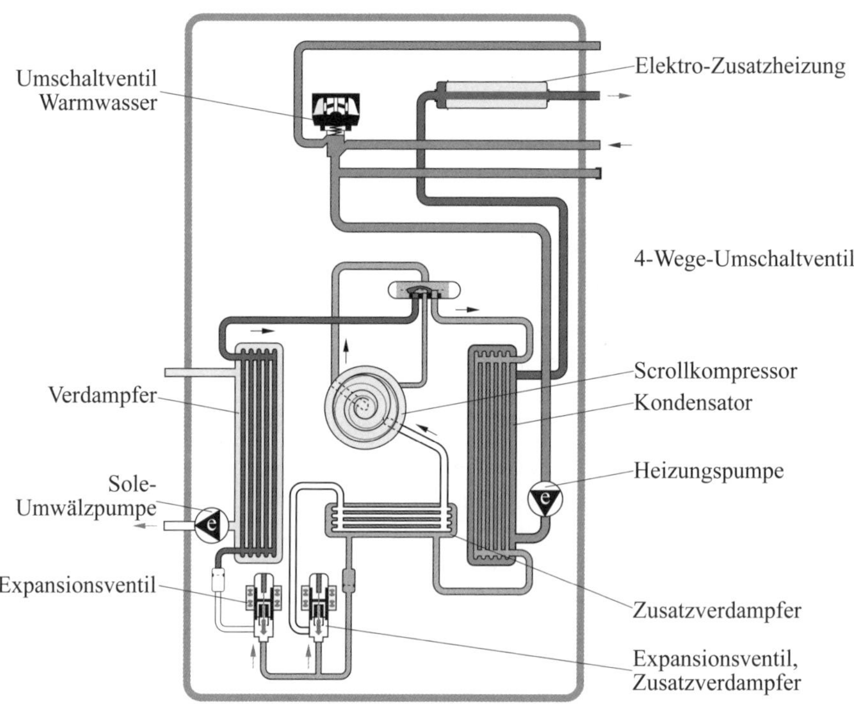

Bild 2.4 Aufbau einer erdgekoppelten Wärmepumpe, Quelle: Vaillant

Damit der Kältemittelkreislauf reibungslos funktionieren kann, werden vollständigkeitshalber noch Rohrleitungen, Schraderventile, Filter, Sammler, Schaugläser, Druck- und Temperatursensoren, Sicherheitsdruckschalter (Hochdruck- und Niederdruck-Pressostat) und ein Regler benötigt. Diese Bauteile werden in der Regel mit Kupferrohren und Löten unter Schutzgas zu einem hermetisch geschlossenen Kreislauf verbunden.

Kurze Zusammenfassung von Öko-Wärme-Willi über die Funktionsweise der Erdwärmepumpe: *Das Erdreich unterhalb der Frostgrenze hält die Sonnenenergie in Form von Wärme fest, die aus direkter Sonneneinstrahlung oder aus der Wärme von Luft und Regen stammt. Diese konstanten Temperaturen von etwa 7 °C bis 12 °C bieten eine zuverlässige Wärmequelle. Durch den Prozess der Verdampfung und Kondensation wird diese Erdwärme effektiv für Heizzwecke genutzt.*

In **Tabelle 2.1** sind weitere Bauteile und ihre Aufgaben im Kältekreislauf kurz zusammengefasst.

Bauteile im Kältekreis	Aufgaben
Filtertrockner	Schmutz und Feuchtigkeit vom Expansionsventil fernhalten
Schaugläser	Kontrollmöglichkeit, ob sich Schmutz und Feuchtigkeit im Expansionsventil befinden
Niederdruck- und Hochdruckwächter	Kontrolle ob, genügend Wärmeenergie am Verdampfer übertragen werden kann und Kontrolle ob, die erzeugte Wärmeenergie ausreichend an die Heizflächen abgegeben wird (Hochdruckwächter)
Flüssigkeitssammler	gleicht den in den einzelnen Betriebsphasen unterschiedlichen Kältemittelbedarf aus
Schraderventile	je nach Bauart werden diese für die Messung von Druck und Temperatur benötigt
Regelung, Steuerung und Überwachung	der angeschlossenen Bauteile erfolgt über einen Wärmepumpenregler

Tabelle 2.1 Aufgaben weiterer Bauteile im Kältekreislauf

Abschließend wird der Kältekreis strengen Dichtheitsprüfungen unterzogen, um Umweltbelastungen durch Kältemittelverluste zu vermeiden und die langfristige Integrität und Effizienz des Systems zu gewährleisten. Dieser Prozess des Kältekreislaufs ermöglicht eine effiziente Wärmeübertragung und -nutzung, die wesentlich zur Energieeffizienz des Gebäudes beiträgt.

Im nächsten Abschnitt werden die verschiedenen Bauarten von Wärmepumpen, die sich nach der Art ihrer Wärmequellen unterscheiden, betrachtet.

2.2 Verschiedene Typen von Wärmepumpen

Vertiefung durch Öko-Wärme-Willi: *„Nachdem wir die Grundlagen kennen, gehen wir jetzt ins Detail und betrachten die verschiedenen Wärmepumpentypen genauer.“*

Im → *Kapitel 1* dieses Buches sind verschiedene Ausführungsvarianten der Wärmepumpen und ihre Anwendungsbereiche bereits kurz dargestellt worden. In den folgenden Erläuterungen sollen die hauptsächlichen Typen der Wärmepumpen technisch erklärt und unterschieden werden.

2.2.1 Luft-Wasser-Wärmepumpen

2.2.1.1 Effiziente Nutzung von Luft als Wärmequelle

Luft-Wasser-Wärmepumpen nutzen die Umgebungsluft als Wärmequelle, was eine besonders einfache Erschließung ermöglicht. Dabei wird die Luft angesaugt, im Verdampfer der Wärmepumpe abgekühlt und anschließend wieder an die Umwelt abgegeben. Zwei wesentliche Eigenschaften der Luft müssen bei der Planung solcher Systeme berücksichtigt werden: die jahreszeitlich bedingte Temperaturschwankung und die Geräuschemission durch die notwendigen Ventilatoren. Im Sommer ist die Luft wärmer als im Winter, was die Effizienz der Wärmepumpe beeinflusst. Zudem erfordert die Geräuschentwicklung der Ventilatoren eine sorgfältige schalltechnische Beurteilung des Installationsorts.

2.2.1.2 Typen der Luft-Wasser-Wärmepumpen

Werden Wärmepumpen neu installiert, so lag der Markt-Anteil der Luft-Wasser-Wärmepumpen im Jahr 2023 nach den Angaben des Bundesverbandes der Wärmepumpen e. V. bei etwa 87 %.

Die Verteilung der Prozentangaben für nachfolgende Typen können nach **Bild 2.5** abgeschätzt werden.

- Luftwärmepumpen in Monoblock-Bauweise
- Luftwärmepumpen in Split-Bauweise
- Erdwärmepumpen
- Grundwasserwärmepumpen

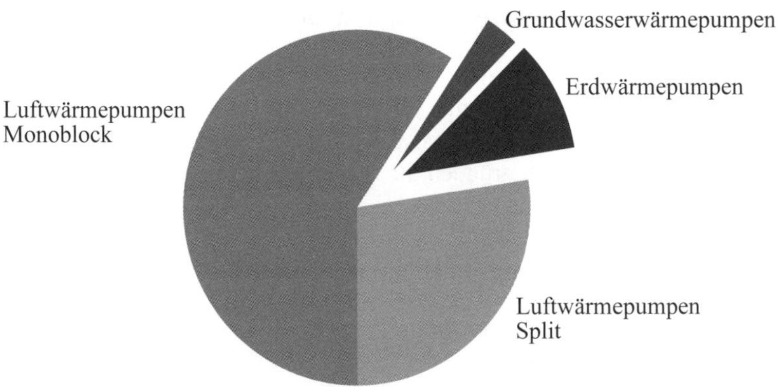

Bild 2.5 Typenverteilung der 2022 in Deutschland verkauften Heizungswärmepumpen (Quelle: Bundesverband Wärmepumpe e. V.)

2.2.1.3 Luft-Wasser-Wärmepumpen mit ungeregeltem Verdichter

Im Gebäudebeheizungsbereich kommen sowohl leistungsgeregelte als auch ungeregelte Verdichter zum Einsatz. Fixspeed-Verdichter, die nicht leistungsgeregelt sind, erreichen unter bestimmten Bedingungen eine bessere Jahresarbeitszahl. Bei konstanten Quellentemperaturen oder hohem Wärmebedarf im Sommer kann auf geregelte Verdichter verzichtet werden. Allerdings benötigen diese Wärmepumpen in der Regel einen Pufferspeicher für einen effizienten Betrieb.

2.2.1.4 Marktentwicklung und Effizienzsteigerungen

Die Installation von Luftwärmepumpen hat in den letzten Jahren zugenommen. Verbesserungen bei den Leistungszahlen (COP) und eine Verringerung der Geräuschentwicklung haben dazu beigetragen. Durch die verschärften Anforderungen an den Wärmeschutz und die Energieeinsparverordnung, die nun im Gebäudeenergiegesetz zusammengefasst sind, sind die Heizlast sowie der Primär- und Endenergiebedarf deutlich gesunken. Dies hat die Akzeptanz dieser Technologie erhöht, insbesondere im Ein- und Zweifamilienhausbereich.

2.2.1.5 Herausforderungen bei bestimmten Wetterbedingungen

Bei spezifischen Außentemperaturen und Luftfeuchtigkeiten kann der Verdampfer vereisen und muss in regelmäßigen Abständen abgetaut werden. Dies geschieht meist durch eine Kreislaufumkehr mittels eines 4-Wege-Umschaltventils. Während des Abtauprozesses kann es zu Veränderungen im Luftdurchsatz und in der Geräuschentwicklung kommen. Auch das Aufsteigen von Wasserdampf als Nebel ist unter bestimmten Bedingungen möglich.

2.2.1.6 Einsatzgrenzen und zusätzliche Heizsysteme

In strengen Klimazonen mit Temperaturen unter –20 °C ist es wichtig, dass Nutzer über die Einsatzgrenzen der Wärmepumpe informiert sind. Überschreitet die Temperatur diese Grenze, muss ein Elektroheizstab die Wärmeversorgung übernehmen. Kritisch wird es, wenn aus Kostengründen die Sicherungen für die Zusatzheizung entfernt wurden.

2.2.1.7 Luft-Wasser-Wärmepumpe in Kompaktbauweise

Monoblock-Bauweise für Innenaufstellung

Die Monoblock-Bauweise ist ideal für die Installation von Geräten im Innenbereich (siehe **Bild 2.6**). Bei diesem Konzept sind alle wesentlichen Komponenten, wie Verdichter, Wärmetauscher und Steuerungseinheit, in einem einzigen, kompakten Gehäuse untergebracht. Diese Integration erleichtert die Installation und reduziert den Platzbedarf erheblich. Für die Innenaufstellung bietet die Monoblock-Bauweise den Vorteil, dass das Gerät vor äußeren Einflüssen wie Witterung und Temperaturschwankungen geschützt ist. Zudem wird die Geräuschentwicklung minimiert, da das Gerät in einem geschlossenen Raum betrieben wird. Diese Bauweise eignet sich hervorragend für Räume, in denen Platz und Effizienz eine große Rolle spielen.

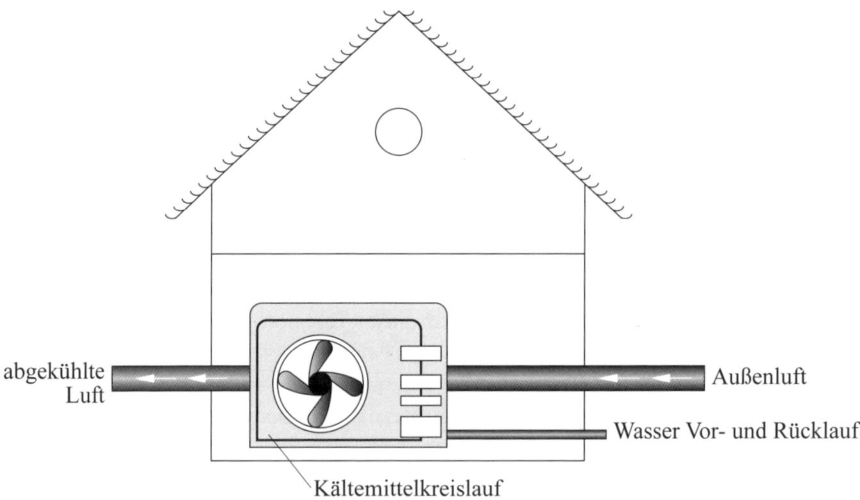

Bild 2.6 Schema Luft-Wasser-Wärmepumpe in Monoblock-Bauweise, Innenaufstellung

Monoblock-Bauweise für Außenaufstellung

Die Monoblock-Bauweise ist besonders vorteilhaft für die Installation im Außenbereich (siehe **Bild 2.7**). In dieser Bauform sind alle notwendigen Funktionen in einem einzigen, robusten Gehäuse integriert, was die Aufstellung und Wartung vereinfacht. Dank ihres kompakten Designs lässt sich das Gerät leicht an nahezu jedem Außenbereich installieren, ohne dass umfangreiche bauliche Anpassungen erforderlich sind. Die Monoblock-Bauweise ist wetterfest und widerstandsfähig gegenüber Umwelteinflüssen, was sie ideal für den Einsatz im Freien macht. Sie bietet eine effiziente und platzsparende Lösung, die sowohl die optische als auch die praktische Integration in den Außenbereich erleichtert. Diese Bauweise ermöglicht eine Installation durch den Heizungsbauer ohne kältetechnische Qualifizierung. Nachteile sind der Frostschutzbedarf und mögliche Schäden bei Stromausfällen. Lösungen wie Zwischen-Wärmeübertrager können helfen, jedoch mit Effizienzeinbußen.

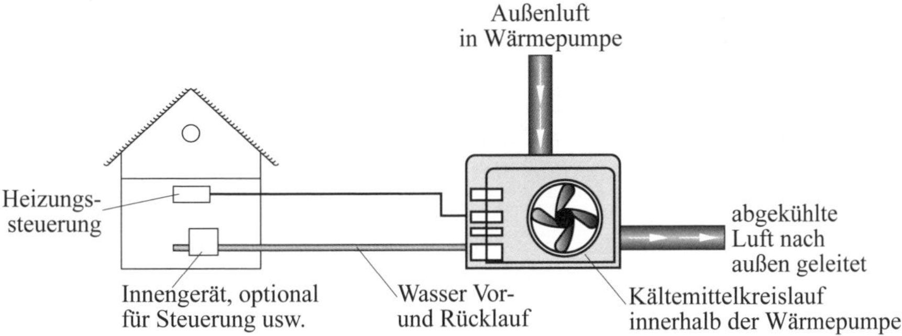

Bild 2.7 Schema Luft-Wasser-Wärmepumpe in Monoblock-Bauweise, Außenaufstellung

2.2.1.8 Luft-Split-Wärmepumpen

Luft-Split-Wärmepumpen sind im Neubau weit verbreitet. Hierbei befindet sich der Verflüssiger im Gebäude und der Verdampfer mit Verdichter außen. In den Verbindungsleitungen zwischen den Einheiten zirkuliert Kältemittel. Diese Systeme arbeiten in der Regel mit einer modulierenden Heizleistung und erfordern für die Installation einen Fachmann mit entsprechendem Kältesachkundennachweis. Ein besonderer Frostschutz für die Außeneinheit ist nicht erforderlich.

2.2.1.9 Zusammenfassend für Luft-Wasser-Wärmepumpen

- Sie nutzen die Umgebungsluft zur Wärmeerzeugung, was eine einfache und kostengünstige Installation ermöglicht.

- Sie arbeiten mit ungeregelten oder geregelten Verdichtern, wobei Fixspeed-Verdichter unter bestimmten Bedingungen effizienter sind.
- Die Technologie hat sich durch Verbesserungen bei Leistungszahlen (COP) und Geräuschentwicklung weiterentwickelt und wird besonders in Ein- und Zweifamilienhäusern geschätzt.
- Herausforderungen bestehen in der Vereisung des Verdampfers bei bestimmten Wetterbedingungen und den Einsatzgrenzen in extrem kalten Klimazonen, wo zusätzliche Heizsysteme erforderlich sein können.
- Kompaktbauweise und Split-Systeme bieten flexible Installationsmöglichkeiten, wobei Split-Systeme eine kältetechnische Fachqualifikation erfordern.

Eine **Erklärung von Öko-Wärme-Willi** zu der Frage nach dem Begriff **Heizungswärmepumpe:** *„Heizungswärmepumpen? Klar, das ist ein Begriff, den man oft hört. Im Grunde genommen handelt es sich dabei um Luftwärmepumpen, die nicht nur Ihr Haus heizen, sondern auch warmes Wasser zum Waschen, Duschen und Baden liefern. Stellen Sie sich das so vor: Diese cleveren Geräte nehmen die Wärme aus der Luft draußen – selbst bei kalten Temperaturen – und nutzen sie, um Ihr Zuhause zu wärmen. Gleichzeitig sorgen sie dafür, dass immer genug heißes Wasser für die Badewanne oder die Dusche bereitsteht.*

Also, eine Heizungswärmepumpe ist wie ein Allrounder für Wärme: Sie hält nicht nur die Räume gemütlich warm, sondern sorgt auch dafür, dass Sie jederzeit heißes Wasser zur Verfügung haben. Das macht sie zu einer perfekten Lösung für alle, die effizient und umweltfreundlich heizen wollen."

2.2.2 Wasser-Wasser-Wärmepumpen

Effiziente Nutzung von Wasser als Energiequelle

Wasser-Wasser-Wärmepumpen sind eine effiziente Möglichkeit, Umgebungswärme zu nutzen. Diese Systeme verwenden Grundwasser oder Oberflächenwasser als primäre Energiequelle. Besonders das Grundwasser bietet ganzjährig stabile Temperaturen von 7 °C bis 12 °C, was es zu einer zuverlässigen Wärmequelle macht.

2.2.2.1 Nutzung von Grundwasser

Grundwasser wird über einen Förderbrunnen entnommen und zur Wärmepumpe transportiert. Nach der Wärmeentnahme wird das abgekühlte Wasser über einen Schluckbrunnen zurück in das Erdreich geleitet. Für den effizienten Betrieb ist eine konstante Fördermenge von etwa 250 l/h pro kW Kälteleistung notwendig. Diese Menge sollte durch einen Pumpversuch verifiziert werden. Zudem darf die Temperaturveränderung des Grundwassers maximal ±6 K betragen. Bei der Planung und Umsetzung sind verschiedene Aspekte zu beachten:

- *Menge und Verfügbarkeit:* Die verfügbare Wassermenge muss dauerhaft gesichert sein.
- *Wasserqualität:* Eine chemische Analyse ist erforderlich, um die elektrische Leitfähigkeit sowie den Gehalt an Sauerstoff, Eisen und Mangan zu bestimmen. Diese Parameter sind wichtig, um Korrosions- und Verockerungsrisiken zu minimieren.
- *Genehmigungspflicht:* Die Nutzung von Grundwasser ist nach dem Wasserhaushaltsgesetz genehmigungspflichtig und muss durch ein zugelassenes Brunnenbauunternehmen erfolgen.

2.2.2.2 Nutzung von Oberflächenwasser

Oberflächenwasser kann ebenfalls als Energiequelle genutzt werden, allerdings unterliegt es stärkeren jahreszeitlichen Temperaturschwankungen. Daher ist die direkte Nutzung nur in speziellen Fällen geeignet. Auch hier ist eine Genehmigung durch das zuständige Wasserwirtschaftsamt erforderlich.

2.2.2.3 Zwischenkreis zur Systemschutz

Aufgrund der variierenden Wasserqualitäten ist der Einsatz eines Zwischenkreis-Wärmetauschers empfehlenswert. Dieser schützt die Plattenwärmetauscher innerhalb der Wärmepumpe vor Korrosion und Ablagerungen. Geschraubte Edelstahl-Wärmetauscher haben sich hierbei als besonders zuverlässig erwiesen.

2.2.2.4 Effizienz und Leistungsfähigkeit

Wasser-Wasser-Wärmepumpen können bei ordnungsgemäßer Planung und Ausführung hohe Jahresarbeitszahlen erreichen. Dies ist auf die hohen Primärtemperaturen des Wassers zurückzuführen. Für eine optimale Effizienz sollte die Temperaturdifferenz im Primärkreis 3 K betragen, maximal jedoch 6 K. Eine zu hohe Temperaturdifferenz kann insbesondere im Winter zu Gefrierproblemen am Wärmetauscher führen.

2.2.2.5 Zusammenfassend für Wasser-Wasser-Wärmepumpen

- Sie bieten eine nachhaltige und effiziente Möglichkeit zur Nutzung von Umweltwärme.
- Die konstante Temperatur des Grundwassers sorgt für eine hohe Systemeffizienz.

- Wichtig ist jedoch, die Wasserqualität zu überwachen und geeignete Maßnahmen zum Schutz der Wärmepumpe zu ergreifen.
- Eine sorgfältige Planung und die Einhaltung gesetzlicher Vorgaben sind unerlässlich, um die Vorteile dieser Technologie voll ausschöpfen zu können.

2.2.3 Sole-Wasser-Wärmepumpen

2.2.3.1 Optimale Wärmegewinnung aus der Erde für nachhaltiges Heizen

Die Sole-Wasser-Wärmepumpe (**Bild 2.8**), oft auch Erdwärmepumpe genannt, nutzt die im Erdreich gespeicherte Wärmeenergie zur Beheizung von Gebäuden. Diese Systeme werden hauptsächlich in Innenräumen installiert und verwenden Erdsonden oder Flächenkollektoren als Wärmequellen. Alternative Systeme wie Erdwärmekörbe, kurze Erdsonden und Grabenkollektoren werden weniger häufig eingesetzt. Eisspeichersysteme (→ *Anhang B*) gewinnen an Bedeutung, besonders in Regionen, wo der Einsatz von Erdsonden und Flächenkollektoren aus Platz- oder rechtlichen Gründen eingeschränkt ist.

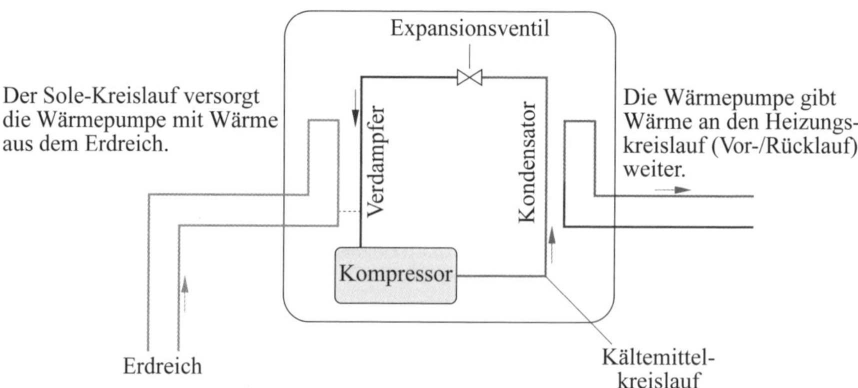

Bild 2.8 Funktionsprinzip einer Sole-Wasser Wärmepumpe

2.2.3.2 Die Funktionsweise der Erdwärmepumpe

Das Erdreich unterhalb der Frostgrenze hält die Sonnenenergie in Form von Wärme fest, die aus direkter Sonneneinstrahlung oder aus der Wärme von Luft und Regen stammt. Diese konstanten Temperaturen von etwa 7 bis 12 °C bieten eine zuverlässige Wärmequelle. Durch einen Prozess der Verdampfung und Kondensation wird diese Erdwärme effektiv für Heizzwecke genutzt.

Das Erdreich bietet eine stabile und zuverlässige Wärmequelle. In einer Tiefe von etwa 2 m bleiben die Temperaturen das ganze Jahr über relativ konstant zwischen 7 °C und 13 °C. Die im Erdreich gespeicherte Wärme wird mittels eines Wärmetauschers, der horizontal oder vertikal im Boden verlegt wird, gewonnen. Ein Wärmeträgermedium, die Sole (ein Gemisch aus Wasser und Frostschutzmittel), transportiert diese Wärme zum Verdampfer der Wärmepumpe.

2.2.3.3 Wärmequelle Erdreich – Erdkollektoren

Erdkollektoren bestehen aus Kunststoffrohren, die in einer Tiefe von 1,2 m bis 1,5 m im Erdreich verlegt werden (siehe **Bild 2.9**). Diese Tiefe bietet eine ausreichende und stabile Temperatur, ohne die Notwendigkeit eines größeren baulichen Aufwands. Die Rohre werden in gleich langen Strängen verlegt, um identische Druckverluste und gleichmäßige Durchströmungsbedingungen zu gewährleisten. Die Länge der Rohrstränge sollte 100 m nicht überschreiten, um hohe Pumpenleistungen zu vermeiden. Die Sole wird durch eine Umwälzpumpe durch die Rohre gepumpt und nimmt dabei die Wärme aus dem Erdreich auf.

Eine zeitweilige Vereisung des Erdreichs um die Rohre beeinträchtigt weder die Funktion der Anlage noch den darüber liegenden Pflanzenbewuchs. Es ist jedoch wichtig, tief wurzelnde Pflanzen im Bereich der Erdkollektoren zu vermeiden, um die Rohre zu schützen. Die Fläche oberhalb der Erdkollektoren sollte unbebaut und unversiegelt bleiben, um die natürliche Regeneration des Erdreichs durch Sonneneinstrahlung und Niederschläge zu ermöglichen.

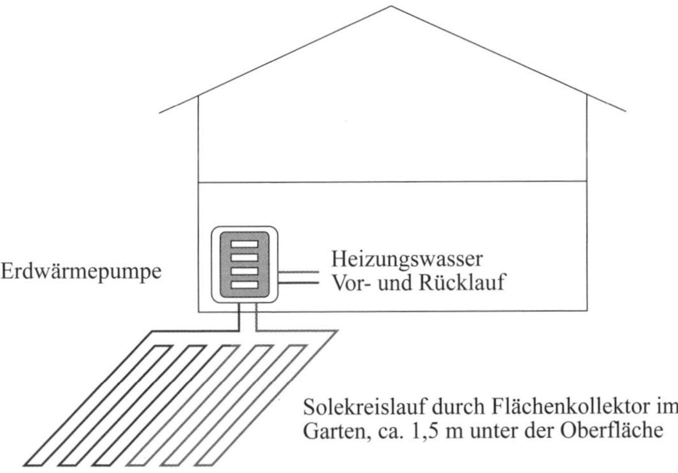

Bild 2.9 Erdwärmepumpe mit Flächenkollektor

2.2.3.4 Effizienz und Umgebungsbedingungen:

Die Effizienz der Erdkollektoren hängt stark von den thermophysikalischen Eigenschaften des Erdreichs und den klimatischen Bedingungen ab. Wichtige Faktoren sind der Wasseranteil, die mineralischen Bestandteile wie Quarz oder Feldspat und die Größe der luftgefüllten Poren. Ein höherer Wasser- und Mineralgehalt sowie geringere Porenanteile verbessern die Speicherfähigkeit und Wärmeleitfähigkeit des Erdreichs. Die Wärmeentzugsleistung des Erdreichs variiert zwischen 10 und 35 W/m^2.

2.2.3.5 Zusammenfassend für Sole-Wasser-Wärmepumpen:

- Sie bieten eine effektive und nachhaltige Möglichkeit zur Beheizung von Gebäuden, insbesondere in Kombination mit Erdsonden und Erdkollektoren.
- Sie profitieren von stabilen und konstanten Temperaturen im Erdreich und tragen zur Erfüllung der Anforderungen des Gebäudeenergiegesetzes bei.
- Trotz anfänglicher Installationskosten und potenzieller Preiserhöhungen bei Bohrungen bleibt die langfristige Wirtschaftlichkeit und Umweltfreundlichkeit dieser Systeme ein überzeugendes Argument für ihre Nutzung.

2.3 Betriebsmodi und Steuerungstechnologien

Öko-Wärme-Willi erklärt die Modi: *„Es gibt verschiedene Betriebsmodi und Steuerungstechnologien für Wärmepumpen. Ich zeige Ihnen, wie Sie das Beste aus Ihrer Anlage herausholen können."*

2.3.1 Betriebsmodi

Wärmepumpen arbeiten in verschiedenen Betriebsmodi, die sich je nach Anwendung und Umgebung unterscheiden können. Die Hauptbetriebsmodi sind der Heizbetrieb, der Kühlbetrieb und der Warmwasserbetrieb. Diese Modi sind entscheidend für die Anpassung der Wärmepumpe an die spezifischen Anforderungen des Nutzers und der Umgebung.

Im Heizbetrieb entzieht die Wärmepumpe der Außenluft, dem Erdreich oder dem Wasser Wärme und gibt diese an das Heizungssystem ab. Dieser Modus ist besonders effizient in gemäßigten Klimazonen, wo die Außentemperaturen nicht extrem niedrig sind. Moderne Wärmepumpen können jedoch auch bei Minusgraden effizient arbeiten, indem sie spezielle Technologien wie Inverter-Kompressoren und Enteisungsmechanismen nutzen.

Der Kühlbetrieb funktioniert nach dem umgekehrten Prinzip: Die Wärmepumpe entzieht dem Innenraum Wärme und gibt diese an die Umgebung ab. Dieser Modus ist in wärmeren Klimazonen oder während der Sommermonate nützlich. Es ist wichtig zu beachten, dass nicht alle Wärmepumpen für den Kühlbetrieb ausgelegt sind. Daher sollte bei der Auswahl der Wärmepumpe auf diese Funktion geachtet werden, wenn sie benötigt wird.

Der Warmwasserbetrieb ermöglicht die Erwärmung von Brauchwasser für den täglichen Gebrauch. Dieser Modus kann unabhängig oder in Kombination mit den anderen Betriebsmodi genutzt werden. Einige Wärmepumpen sind speziell für die Warmwasserbereitung optimiert und bieten eine hohe Effizienz und Leistung.

2.3.2 Steuerungstechnologien:

Die Steuerungstechnologien von Wärmepumpen haben in den letzten Jahren erhebliche Fortschritte gemacht. Moderne Systeme sind oft mit intelligenten Steuerungen ausgestattet, die eine präzise Regelung und Überwachung ermöglichen. Diese Steuerungen können über Benutzeroberflächen wie Thermostate, mobile Apps oder sogar Sprachsteuerungen bedient werden. Intelligente Steuerungen bieten Funktionen wie zeitgesteuerte Betriebsmodi, Fernzugriff und Systemdiagnose. Darüber hinaus ermöglichen sie die Integration in Smart-Home-Systeme, wodurch eine noch bessere Energieeffizienz und Benutzerfreundlichkeit erreicht werden.

2.4 Wichtige Kennzahlen der Wärmepumpe

Kennzahlen verstehen: *„Kennzahlen können verwirrend sein, aber ich helfe Ihnen, sie zu verstehen und zu nutzen, um die Effizienz einer Wärmepumpe zu bewerten.“*

Die Bewertung und Optimierung von Wärmepumpenanlagen erfolgen anhand mehrerer Kennzahlen. Diese Kennzahlen können entscheidend sein, um die Effizienz und Leistung der Anlagen zu beurteilen und somit eine fundierte Auswahl sowie Planung zu ermöglichen. Sie sind auch von Anlage zu Anlage und im vielfältigen Angebot der Hersteller unterschiedlich. Im Folgenden werden die wichtigsten Kennzahlen erläutert.

2.4.1 Jahresarbeitszahl (JAZ)

Die Jahresarbeitszahl (JAZ) ist eine entscheidende Kennzahl für die Effizienz von Wärmepumpenanlagen. Sie gibt das Verhältnis der abgegebenen Wärmeenergie zur aufgenommenen elektrischen Energie über ein Jahr hinweg an. Eine hohe JAZ weist auf eine energieeffiziente Anlage hin. Berechnet wird die JAZ folgendermaßen:

$$\text{JAZ} = \frac{\text{aufgenommene elektrische Energie (kWh)}}{\text{abgegebene Wärmeenergie (kWh)}}$$

Je höher die Jahresarbeitszahl (JAZ) einer Wärmepumpe ist, desto weniger Strom verbraucht sie. Effiziente Anlagen erreichen eine JAZ von mindestens 3,0 und qualifizieren sich somit für staatliche Förderungen. → *Kapitel 4.3*

Die tatsächliche JAZ einer Wärmepumpe (siehe **Bild 2.10**) hängt von verschiedenen Faktoren ab:

- **Energieeffizienz des Gebäudes:** Gebäude mit geringerem Wärmeverlust benötigen weniger Energie zum Heizen, was die JAZ verbessert. Gut isolierte Gebäude sind ideal, aber auch unsanierte Altbauten können hohe JAZ-Werte erreichen. In Deutschland sind bereits über sechs Millionen Bestandsbauten für den effizienten Betrieb mit Wärmepumpen geeignet, ohne dass zusätzliche Sanierungsmaßnahmen erforderlich sind.
- **Richtige Dimensionierung:** Die Effizienz einer Wärmepumpe hängt stark von ihrer Dimensionierung ab. Zu klein dimensionierte Anlagen müssen länger heizen, um die gewünschte Temperatur zu erreichen, was den Stromverbrauch erhöht und die JAZ senkt. Überdimensionierte Anlagen können dagegen Leerlaufzeiten verursachen, die ebenfalls ineffizient sind und den Verschleiß beschleunigen. Optimal ist ein durchgehend gleichmäßiger Betrieb.
- **Hydraulischer Abgleich:** Ein hydraulischer Abgleich ist entscheidend für die optimale Funktion einer Wärmepumpe. Dabei werden die Vorlauftemperaturen an die vorhandenen Heizkörper angepasst. Dies sorgt für eine gleichmäßige Wärmeverteilung und verbessert die Effizienz der Anlage.
- ***Hinweis:*** Auch das Nutzungsverhalten beeinflusst den Stromverbrauch. Nutzt man die Wärmepumpe nur zur Heizung oder auch zur Warmwasserbereitung? Die Größe des Gebäudes und die Anzahl der Bewohner spielen ebenfalls eine Rolle.

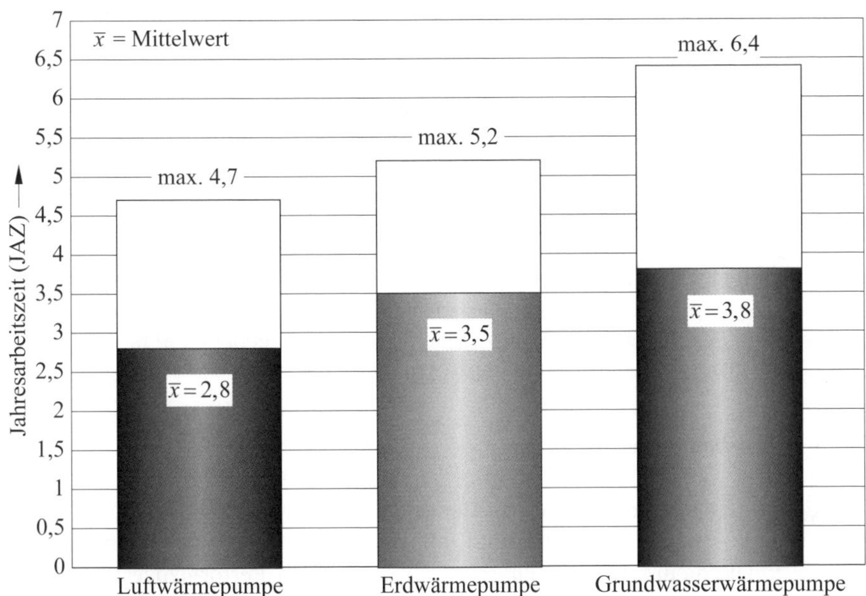

Bild 2.10 Tatsächliche JAZ von Wärmepumpentypen im Betrieb (Quelle: Verbraucherzentrale NRW)

2.4.2 Leistungszahl (COP)

Die Leistungszahl, auch Coefficient of Performance (COP) genannt, beschreibt das Verhältnis der abgegebenen Wärmeleistung zur zugeführten elektrischen Leistung unter definierten Testbedingungen. Der COP ist eine Momentaufnahme und variiert mit den Betriebsbedingungen, insbesondere der Quell- und Senkentemperatur. Die Formel zur Berechnung des COP lautet:

$$\mathrm{COP} = \frac{\text{Wärmeleistung (kW)}}{\text{elektrische Leistung (kW)}}$$

2.4.3 Heizleistung

Die Heizleistung einer Wärmepumpe gibt die maximale Menge an Wärmeenergie an, die die Anlage pro Zeiteinheit liefern kann. Diese Leistung wird meist in Kilowatt (kW) angegeben und variiert je nach Außentemperatur und Betriebsbedingungen.

2.4.4 Elektrische Leistungsaufnahme

Die elektrische Leistungsaufnahme bezeichnet die Menge an elektrischer Energie, die die Wärmepumpe für den Betrieb benötigt. Diese Kennzahl ist für die Berechnung der Betriebskosten und die Auslegung der elektrischen Infrastruktur relevant.

2.4.5 Vorlauftemperatur

Die Vorlauftemperatur ist die Temperatur des Heizwassers, das von der Wärmepumpe in das Heizsystem des Gebäudes eingespeist wird. Eine niedrigere Vorlauftemperatur verbessert in der Regel die Effizienz der Wärmepumpe, da der COP mit sinkender Temperaturdifferenz zwischen Quelle und Senke steigt.

2.4.6 Quellentemperatur

Die Quellentemperatur ist die Temperatur der genutzten Umweltenergiequelle (Luft, Wasser, Erde). Sie hat einen direkten Einfluss auf die Effizienz der Wärmepumpe. Höhere Quellentemperaturen führen zu einer besseren Performance und einem höheren COP.

2.4.7 Betriebsstunden

Die Anzahl der Betriebsstunden gibt an, wie viele Stunden die Wärmepumpe in Betrieb ist. Diese Zahl ist wichtig für die Wartungsplanung und die Abschätzung der Lebensdauer der Anlage.

2.4.8 Wärmemenge (Q)

Die insgesamt abgegebene Wärmemenge über einen bestimmten Zeitraum, typischerweise ein Jahr, ist eine wichtige Kennzahl zur Beurteilung der Anlagenleistung. Sie wird in Kilowattstunden (kWh) gemessen.

2.4.9 Anlaufhäufigkeit

Die Anlaufhäufigkeit gibt an, wie oft die Wärmepumpe innerhalb eines bestimmten Zeitraums startet. Eine zu hohe Anlaufhäufigkeit kann die Lebensdauer der Anlage verringern und die Effizienz negativ beeinflussen.

2.4.10 Schallleistungspegel

Der Schallleistungspegel ist eine wichtige Kennzahl, um die Lärmbelastung durch die Wärmepumpe zu bewerten. Sie wird in Dezibel (dB) angegeben und sollte bei der Standortwahl der Anlage berücksichtigt werden, um Lärmbelästigungen zu vermeiden.

Diese Kennzahlen sind wichtig und entscheidend für die Planung, Installation und den Betrieb von Wärmepumpenanlagen. Sie ermöglichen eine fundierte Bewertung der Effizienz und Wirtschaftlichkeit sowie die Optimierung der Anlagenleistung. Durch das Verständnis und die Anwendung dieser Kennzahlen können Elektrofachkräfte sicherstellen, dass Wärmepumpenanlagen optimal ausgelegt und betrieben werden. → *Anhang B*

2.5 Betriebsweisen von Wärmepumpenanlagen

Öko-Wärme-Willi: *„Lassen Sie uns die verschiedenen Betriebsweisen durchgehen und herausfinden, welche am besten zu Ihrer Anwendung passt."*

2.5.1 Monovalente Betriebsweise

Bei der monovalenten Betriebsweise übernimmt die Wärmepumpe allein die gesamte Wärmeversorgung eines Gebäudes. Diese Betriebsweise ist vor allem bei Erdwärmeanlagen und Wasser-Wasser-Wärmepumpenanlagen üblich, da die Temperatur der Wärmequelle weitgehend unabhängig von der Außentemperatur bleibt. Durch diese Konstanz kann die Wärmepumpe effizient arbeiten und die notwendige Wärme kontinuierlich bereitstellen.

2.5.2 Monoenergetische Betriebsweise

Die monoenergetische Betriebsweise bezeichnet den Betrieb einer Wärmepumpenanlage, bei dem ein zusätzlicher Wärmeerzeuger auf gleicher Energiebasis, wie beispielsweise ein Elektroheizstab, die Spitzenlast abdeckt, die durch die Wärmepumpe nicht gedeckt werden kann. Diese Betriebsweise wird häufig bei Luftwärmepumpen eingesetzt, da deren Heizleistung bei sinkenden Außentemperaturen abnimmt.

In der Regel übernimmt der elektrische Zusatzheizer maximal 5 % bis 15 % der Jahresheizarbeit. Der sogenannte Bivalenzpunkt ist der Punkt, bei dem der zusätzliche Wärmeerzeuger zugeschaltet wird, um die benötigte Heizleistung zu gewährleisten.

2.5.3 Bivalente Betriebsweise

Bei der bivalenten Betriebsweise arbeitet die Wärmepumpe mit einem zweiten Wärmeerzeuger zusammen. Es wird zwischen bivalent alternativer und bivalent paralleler Betriebsweise unterschieden. Diese Betriebsweise wird besonders bei größeren Heizleistungen und in der Warmwasserbereitung von Großanlagen eingesetzt.

2.5.4 Bivalent-alternative Betriebsweise

In der bivalent-alternativen Betriebsweise arbeitet entweder die Wärmepumpe oder der zweite Wärmeerzeuger, aber nicht beide gleichzeitig. Die Umschaltung erfolgt abhängig von der Außentemperatur oder dem Wärmebedarf. Diese Methode kann effizient sein, wenn die Wärmepumpe bei moderaten Temperaturen die Hauptarbeit übernimmt und bei sehr niedrigen Temperaturen auf den alternativen Wärmeerzeuger umgeschaltet wird.

2.5.5 Bivalent-parallele Betriebsweise

Bei der bivalent-parallelen Betriebsweise arbeiten sowohl die Wärmepumpe als auch der zweite Wärmeerzeuger gleichzeitig. Dies ist besonders dann von Vorteil, wenn ein hoher Wärmebedarf besteht, der von einer einzelnen Wärmepumpe nicht gedeckt werden kann. Durch die parallele Nutzung beider Systeme können höhere Heizleistungen erreicht werden, ohne dass eine Überdimensionierung der Wärmepumpe notwendig ist.

2.6 Kältemittel

Kältemittel sind eine zentrale Komponente in der Funktionalität von Wärmepumpen. Sie spielen eine entscheidende Rolle im Prozess der Wärmeübertragung und -erzeugung.

2.6.1 Definition von Kältemitteln

Ein Kältemittel ist laut der Deutschen Industrie-Norm (DIN) als ein fluides Medium definiert, das in einem thermodynamischen Kreislauf verwendet wird, um Wärme zu transportieren. In einem solchen Kreislauf wechselt das Kältemittel zwischen flüssigem und gasförmigem Zustand, wobei es Wärme aus einer Umgebung aufnimmt und an eine andere abgibt.

2.6.2 Einsatzorte von Kältemitteln in Wärmepumpen

Kältemittel kommen in Wärmepumpen zum Einsatz, um die Umweltwärme zu absorbieren und diese auf ein höheres Temperaturniveau zu bringen, das für Heizzwecke genutzt werden kann. In der Wärmepumpe durchläuft das Kältemittel einen geschlossenen Kreislauf, der die folgenden Hauptkomponenten nach → *Kapitel 2.1* dieses Buches umfasst.

2.6.3 Typen von Kältemitteln: FCKW, HFCKW, HFKW und natürliche Kältemittel

- **FCKW (Fluorchlorkohlenwasserstoffe):** Früher weit verbreitet, sind FCKW-Kältemittel heute aufgrund ihrer schädlichen Wirkung auf die Ozonschicht weitgehend verboten.
- **HFCKW (Hydrochlorfluorkohlenwasserstoffe):** Diese Kältemittel haben eine geringere Ozonabbauwirkung als FCKW, sind jedoch ebenfalls umweltschädlich und werden schrittweise aus dem Verkehr gezogen.
- **HFKW (Hydrofluorkohlenwasserstoffe):** Diese Kältemittel enthalten kein Chlor und zerstören die Ozonschicht nicht. Allerdings haben sie ein hohes Treibhauspotenzial (GWP – Global Warming Potential) und tragen somit erheblich zum Klimawandel bei.
- **Natürliche Kältemittel:** Diese umfassen Substanzen wie Ammoniak, Kohlendioxid (CO_2) und Kohlenwasserstoffe (wie Propan). Sie haben in der Regel ein niedriges GWP und sind daher umweltfreundlicher.

2.6.4 Aktuelle und zukünftige Kältemittel: Bezug zu GWP

Der Trend in der Kältemittelindustrie geht hin zu umweltfreundlicheren Alternativen mit niedrigem GWP (→ *Anhang B*). Hier werden einige der gängigen Kältemittel genannt:

- **R134a (HFKW):** ein häufig verwendetes Kältemittel mit einem moderaten GWP, das jedoch zunehmend durch andere Substanzen ersetzt wird.
- **R410A (HFKW):** weit verbreitet in Wärmepumpen, aber aufgrund seines hohen GWP kritisch zu betrachten.
- **R32 (HFKW):** hat ein niedrigeres GWP als R410A und gewinnt an Popularität als Übergangslösung.

- **R290 (Propan):** ein natürliches Kältemittel mit sehr niedrigem GWP, das als zukunftsträchtige Lösung betrachtet wird.
- **R744 (CO_2):** ein natürliches Kältemittel mit null GWP und hervorragenden thermodynamischen Eigenschaften, besonders in Hochdruckanwendungen.

Die Wahl des Kältemittels beeinflusst die Umweltfreundlichkeit der Wärmepumpe direkt durch das GWP, welches das Potenzial des Kältemittels zur globalen Erwärmung misst.

Kältemittel	Chemische Bezeichnung	GWP*) (100 Jahre)	Bemerkungen
R134a	Tetrafluorethan	1430	HFKW, moderates GWP, in PKWs und Wärmepumpen verwendet
R410A	Mischung aus R32 und R125	2088	HFKW, hohes GWP, häufig in Klimaanlagen
R32	Difluormethan	675	HFKW, niedrigeres GWP, als Ersatz für R410A
R290	Propan	3	natürliches Kältemittel, sehr niedriges GWP
R744	Kohlendioxid (CO_2)	1	natürliches Kältemittel, null GWP, Hochdruckanwendungen

*) **Anmerkung:** Das Global Warming Potential (GWP) gibt an, wie stark ein Treibhausgas zur Erwärmung der Erde beiträgt, verglichen mit Kohlendioxid (CO_2) über einen bestimmten Zeitraum, normalerweise 100 Jahre. Das GWP wird häufig über einen Zeitraum von 100 Jahren berechnet, da dies eine übliche Maßgröße ist, die die langfristigen Auswirkungen eines Gases auf die globale Erwärmung beschreibt. Ein GWP von 100 bedeutet, dass das betreffende Gas über einen Zeitraum von 100 Jahren 100-mal mehr zur globalen Erwärmung beiträgt als die gleiche Menge CO_2. Die Verwendung von GWP (100 Jahre) hilft, die relative Klimawirkung verschiedener Kältemittel besser zu verstehen und zu vergleichen.

Tabelle 2.2 Bezeichnungen von Kältemitteln

Öko-Wärme-Willi meldet sich bei diesem wichtigen Thema auch mit Beispielen zu Wort → *Öko-Wärme-Willi erklärt das GWP*:

Öko-Wärme-Willi erklärt das GWP: *Hallo zusammen! Hier ist wieder Öko-Wärme-Willi. Jetzt geht es um Kältemittel und ich möchte Ihnen erklären, was das Global Warming Potential (GWP) ist und warum es für die Auswahl von Kältemitteln so wichtig ist.*

Das GWP zeigt, wie stark ein Kältemittel die Erde erwärmt, verglichen mit Kohlendioxid (CO_2). Sie wissen vielleicht, dass CO_2 ein Treibhausgas ist, das zur Erwärmung unseres Planeten beiträgt. Das GWP gibt uns eine Zahl, die sagt, wie viel mehr oder weniger ein anderes Gas im Vergleich zu CO_2 die Erde aufheizt.

Schauen wir uns zwei Beispiele an:

- **Propan (R290):** *hat ein GWP von 3. Das bedeutet, dass es dreimal so viel zur Erderwärmung beiträgt wie die gleiche Menge CO_2, und das über einen Zeitraum von 100 Jahren. Das ist ziemlich gering und daher gut für unsere Umwelt.*
- **R134a (Tetrafluorethan):** *hat ein GWP von 1 430. Das ist 1 430-mal mehr als CO_2! Das zeigt uns, dass dieses Gas viel mehr zur globalen Erwärmung beiträgt und warum wir nach besseren Alternativen suchen.*

Also, je niedriger das GWP, desto besser ist es für unseren Planeten. Bei der Auswahl eines Kältemittels sollten wir immer versuchen, solche mit einem niedrigen GWP zu wählen, um die Umwelt zu schützen. Deshalb schauen wir uns heute immer häufiger natürliche Kältemittel wie Propan an, weil sie weniger schädlich für das Klima sind.

Öko-Wärme-Willi

2.6.5 Das Kältemittel der Zukunft: Propan?

Propan (R290) wird aufgrund seines sehr niedrigen GWP und seiner ausgezeichneten thermodynamischen Eigenschaften als das Kältemittel der Zukunft betrachtet. Es ist ein natürliches Kältemittel, das in der Natur vorkommt und keine ozonabbauenden Substanzen enthält. Obwohl es leicht entflammbar ist und daher besondere Sicherheitsvorkehrungen erfordert, bietet es eine umweltfreundliche Alternative zu den herkömmlichen HFKW. Propan wird zunehmend in Wärmepumpen eingesetzt, da es sowohl effizient als auch nachhaltig ist. Die wachsende Akzeptanz und die fortschreitende Technologieforschung unterstützen den Trend hin zu Propan als bevorzugtem Kältemittel in modernen Heizsystemen.

2.7 Wärmepumpen und Klimaanlagen

Wärmepumpen und Klimaanlagen sind zwei Systeme, die oft in Haushalten und Gewerbegebäuden installiert werden, um das Raumklima zu regulieren. Obwohl sie unterschiedliche primäre Funktionen haben – Wärmepumpen hauptsächlich zur Heizung und Klimaanlagen zur Kühlung – gibt es Überschneidungen in ihren technischen und betrieblichen Eigenschaften. Wärmepumpen und Klimaanlagen können integriert werden (Bild 2.10) und das bietet Vorteile für Elektrofachkräfte und ihre Kunden.

2.7.1 Technische Grundlagen

Beide Systeme nutzen den Kreislauf von Kältemitteln, um Wärme zu transportieren. Während Klimaanlagen Wärme aus dem Innenraum nach außen abführen, können Wärmepumpen den Prozess umkehren, um Wärme zuzuführen. Moderne Wärmepumpen sind oft so konzipiert, dass sie sowohl Heiz- als auch Kühlfunktionen übernehmen können (**Bild 2.11**). Diese duale Funktionalität bietet eine wirtschaftliche Lösung für das gesamte Jahr. Die Integration von Wärmepumpen und Klimaanlagen erfordert eine ausgeklügelte Steuerungstechnik, die sicherstellt, dass beide Systeme effizient arbeiten. Hier können Elektrofachkräfte durch optimierte Steuerungssysteme, wie intelligente Thermostate oder Gebäudeautomationssysteme, einen Mehrwert bieten.

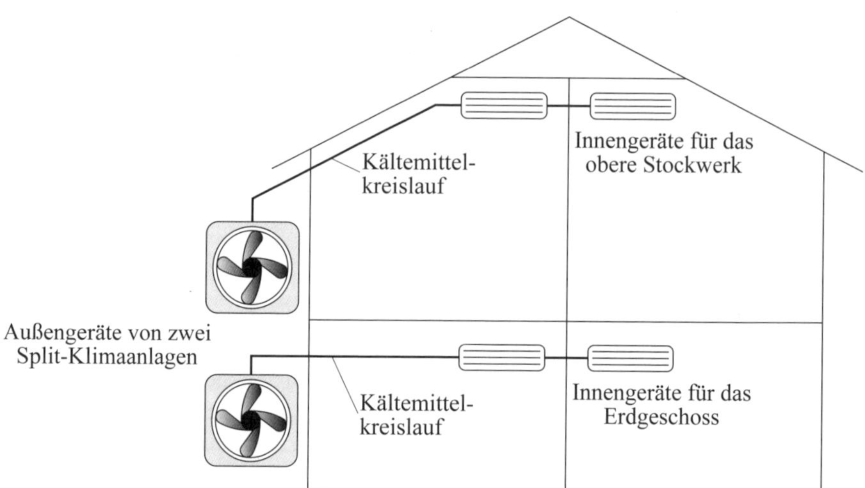

Bild 2.11 Luft-Luft-Wärmepumpen auch mit Klimaanlagen

2.7.2 Praktische Anwendung

Bei der Installation von kombinierten Systemen müssen Elektrofachkräfte darauf achten, dass die Platzierung und Auslegung der Geräte den spezifischen Anforderungen sowohl für Heizung als auch für Kühlung gerecht werden. Die Wartung integrierter Systeme erfordert Kenntnisse sowohl der Heizungs- als auch der Kältetechnik. Regelmäßige Überprüfungen der Kältemittelstände und der Systemdichtheit sind entscheidend für die Betriebssicherheit und Effizienz. Durch die Nutzung eines einzigen Systems für Heizung und Kühlung können Kosten und Energieverbrauch reduziert werden. Elektrofachkräfte sollten Kunden auf die Möglichkeit hinweisen, durch die Kombination beider Funktionen in einer Wärmepumpe Energie und Kosten zu sparen.

2.7.3 Nutzen für Elektrofachkräfte

Elektrofachkräfte können ihren Kunden eine umfassende Lösung anbieten, die sowohl Heizung als auch Kühlung umfasst. Mit der steigenden Nachfrage nach energieeffizienten und umweltfreundlichen Lösungen können Elektrofachkräfte durch das Angebot von Wärmepumpen-Klimaanlagen-Kombinationen ihre Wettbewerbsfähigkeit erhöhen.

2.8 Wärmepumpen mit eigener PV-Anlage

Die Kombination von Wärmepumpen mit Photovoltaikanlagen (PV-Anlagen) stellt eine hochgradig effiziente und nachhaltige Lösung dar, um den Energiebedarf für Heizung und Warmwasserbereitung zu decken. Diese Synergie nutzt erneuerbare Energiequellen optimal und reduziert die Betriebskosten erheblich. Wie diese Systeme zusammenarbeiten und welche Vorteile dies für Elektrofachkräfte und ihre Kunden bietet, müssen Sie für sich herausfinden und das Wissen können Sie dann Ihren Kunden anbieten.

2.8.1 Technische Grundlagen

Eine PV-Anlage erzeugt Strom aus Sonnenlicht, der direkt genutzt oder in einem Energiespeicher für spätere Verwendung gespeichert werden kann. Wärmepumpen nutzen diesen Strom zur Erzeugung von Wärmeenergie. Die effiziente Nutzung einer PV-Anlage in Verbindung mit einer Wärmepumpe erfordert eine sorgfältige Planung und Abstimmung der Komponenten. Hierbei spielt die Dimensionierung der PV-Anlage und die Anpassung der Wärmepumpenleistung an den erzeugten Strom eine entscheidende Rolle. Ein intelligentes Energiemanagementsystem kann den Eigenverbrauch des erzeugten PV-Stroms maximieren und die Effizienz der Wärmepumpe optimieren. Elektrofachkräfte können durch den Einsatz von Energiemanagementsystemen, die Prioritäten für den Stromverbrauch setzen (z. B. Heizen, Warmwasser, Haushaltsgeräte), den Nutzen für den Kunden erheblich steigern.

2.8.2 Praktische Anwendung

Elektrofachkräfte sollten die Größe der PV-Anlage so bemessen, dass sie den typischen Energiebedarf der Wärmepumpe decken kann. Dabei müssen saisonale Schwankungen und der spezifische Heizbedarf berücksichtigt werden. Die Verwendung von Batteriespeichern kann den Nutzen einer PV-Wärmepumpen-Kombination weiter erhöhen, indem überschüssiger Strom gespeichert und bei Bedarf genutzt wird. Dies reduziert die Abhängigkeit vom Stromnetz und optimiert die Betriebskosten.

Elektrofachkräfte sollten Kunden über mögliche Förderungen und Finanzierungsmöglichkeiten für die Installation solcher Systeme informieren, um die Anfangsinvestitionen zu erleichtern und die Rentabilität zu verbessern.

2.8.3 Nutzen für Elektrofachkräfte

Durch die Kombination von PV-Anlagen und Wärmepumpen können Elektrofachkräfte ihren Kunden eine umweltfreundliche und kosteneffiziente Lösung anbieten, Stichwort: Nachhaltigkeit.

Mit der steigenden Nachfrage nach nachhaltigen Energielösungen können Elektrofachkräfte ihre Dienstleistungen erweitern und neue Marktchancen erschließen.

Die Implementierung solcher Systeme erfordert spezialisiertes Wissen, das Elektrofachkräften die Möglichkeit bietet, sich als Experten auf diesem Gebiet zu positionieren und sich von der Konkurrenz abzuheben.

2.9 Warmwassererwärmung mit Wärmepumpen

Wärmepumpen sind nicht nur eine effiziente Lösung zur Beheizung von Wohnräumen, sondern auch zur Erwärmung von Trinkwasser. Es ist wichtig, hierbei zwischen Warmwasser und Brauchwasser zu unterscheiden, da Brauchwasser häufig für industrielle Zwecke genutzt wird und nicht zum Trinken bestimmt ist. Warmwasser, wie es hier beschrieben wird, bezieht sich auf Wasser, das für den täglichen Gebrauch, wie Duschen und Abwaschen, erwärmt wird.

2.9.1 Heizungswärmepumpen und Warmwasser

Eine Heizungswärmepumpe arbeitet, indem sie Wärme aus der Umgebung aufnimmt und diese zur Beheizung von Innenräumen oder zur Erwärmung von Wasser nutzt (siehe **Bild 2.12**). Diese Technologie wird immer beliebter, da sie eine umweltfreundliche und kosteneffiziente Möglichkeit bietet, sowohl Heizung als auch Warmwasser bereitzustellen.

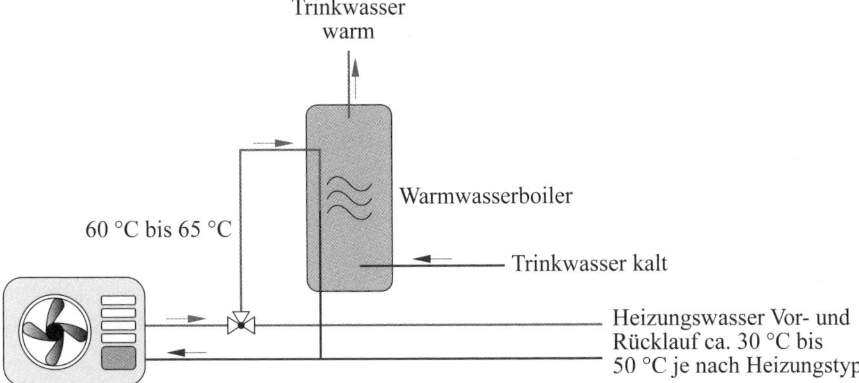

Bild 2.12 Heizung und Warmwassererwärmung mittels Wärmepumpe

2.9.2 Minimalkonzept: Drei-Wege-Ventil

Der einfachste Weg, eine Wärmepumpe sowohl für die Raumheizung als auch für die Warmwasserbereitung zu nutzen, ist die Verwendung eines Drei-Wege-Ventils, auch als Vorrangumschaltventil bekannt. Dieses Ventil steuert den Fluss des erhitzten Wassers entweder zu den Heizkörpern oder zur Warmwasseraufbereitung.

Funktionsweise: Wenn der Warmwasserbedarf steigt, leitet das Drei-Wege-Ventil das erhitzte Wasser von der Wärmepumpe in einen Warmwasserspeicher. Sobald der Bedarf gedeckt ist, schaltet das Ventil wieder auf die Heizungsfunktion um. Diese Priorisierung sorgt dafür, dass immer ausreichend Warmwasser zur Verfügung steht, ohne die Heizungsleistung zu beeinträchtigen.

2.9.3 Effizienz und Temperaturanforderungen

Wärmepumpen arbeiten am effizientesten bei niedrigen Wassertemperaturen. Für die Raumheizung reichen oft Temperaturen von etwa 35 °C aus, um eine angenehme Wärme zu erzeugen. Dies entspricht den Bedingungen, unter denen die Wärmepumpe ihre höchste Leistungszahl (COP → *Kapitel 2.4* und *Anhang B*) erreicht.

Für die Warmwasserbereitung hingegen ist eine höhere Temperatur erforderlich. Um hygienische Standards zu gewährleisten, sollte das Warmwasser mindestens 60 °C erreichen können. Diese Diskrepanz zwischen den idealen Temperaturen für Heizung und Warmwasser kann Herausforderungen darstellen:

Lösungen: Viele moderne Wärmepumpensysteme sind so konzipiert, dass sie mit integrierten elektrischen Heizstäben oder anderen Zusatzheizungen arbeiten, um die notwendige Temperaturerhöhung für Warmwasser zu erreichen. Dies ermöglicht es, die Effizienz der Wärmepumpe bei niedrigen Heizungstemperaturen beizubehalten, während gleichzeitig die höheren Temperaturen für Warmwasser erreicht werden.

2.9.4 Legionellen und Sicherheitsaspekte

Ein weiteres wichtiges Thema bei der Warmwassererwärmung ist die Vermeidung von Legionellen. Legionellen sind Bakterien, die in warmem Wasser wachsen und bei Einatmen von Wassertropfen schwere Lungenentzündungen verursachen können.

Problem: Warmwassersysteme, insbesondere solche mit Speichern oder Boilern, die regelmäßig nicht auf mindestens 60 °C erhitzt werden, bieten ein Risiko für das Wachstum von Legionellen.

Lösungen: Um dieses Risiko zu minimieren, sollte das System regelmäßig auf höhere Temperaturen erhitzt werden (Thermische Desinfektion), um die Bakterien abzutöten. Ein weiteres gängiges Verfahren ist die Verwendung von Zirkulationssystemen, die sicherstellen, dass das Wasser ständig bewegt wird und so das Wachstum von Bakterien verhindert wird.

2.10 Technische Herausforderungen und Lösungsansätze für Wärmepumpen

Der Einsatz von Wärmepumpen bringt verschiedene technische Herausforderungen mit sich, die jedoch durch innovative Lösungsansätze überwunden werden können. Hier sind die wichtigsten Herausforderungen und ihre potenziellen Lösungen:

2.10.1 Effizienz bei extremen Temperaturen

Wärmepumpen sind in gemäßigten Klimazonen sehr effizient. Ihre Effizienz nimmt jedoch bei extrem niedrigen oder hohen Temperaturen ab. Um diese Herausforderung zu meistern, können spezielle Kältemittel und optimierte Wärmetauscher eingesetzt werden, die für eine höhere Effizienz in extremen Temperaturbereichen sorgen.

Moderne Inverter-Kompressoren tragen ebenfalls dazu bei, die Leistung in einem breiteren Temperaturbereich aufrechtzuerhalten.

Ein weiterer Ansatz ist die Verwendung von Erdwärme- oder Wasserquellen-Wärmepumpen, die weniger anfällig für Temperaturschwankungen sind. Außerdem können zusätzliche Heizsysteme, wie elektrische Widerstandsheizungen, bei extremen Bedingungen als Backup dienen.

2.10.2 Geräuschpegel bei Luft-Wärmepumpen

Luft-Wärmepumpen erzeugen während des Betriebs Geräusche, die insbesondere in Wohngebieten als störend empfunden werden können. Zur Lösung dieses Problems wurden leisere Kompressoren entwickelt, und Schalldämmungsmaßnahmen werden eingesetzt, um den Geräuschpegel zu reduzieren. Die optimale Platzierung der Wärmepumpe an einem gut belüfteten, aber abgeschirmten Ort ist ebenfalls entscheidend, um die Geräuschemissionen zu minimieren.

Zusätzlich können spezielle Gehäuse oder Schalldämpfer installiert werden, um die Geräusche weiter zu reduzieren. Die Wahl der Betriebszeiten kann auch helfen, die Lärmbelästigung zu minimieren, insbesondere in den Nachtstunden.

2.10.3 Integration in bestehende Heizsysteme

Die Integration von Wärmepumpen in ältere Gebäude stellt eine besondere Herausforderung dar, da viele bestehende Heizsysteme nicht für Wärmepumpen ausgelegt sind. Hybride Systeme, die Wärmepumpen mit herkömmlichen Heizkesseln kombinieren, bieten hier eine flexible Lösung. Diese Systeme ermöglichen eine schrittweise Umstellung auf erneuerbare Energien, ohne den Komfort zu beeinträchtigen.

Darüber hinaus können modulare Systeme, die sich leicht an die bestehende Infrastruktur anpassen lassen, den Übergang erleichtern. Anpassungen an der Gebäudeisolierung und der Heizungsverteilung können ebenfalls notwendig sein, um die Effizienz der Wärmepumpe zu maximieren.

2.10.4 Dimensionierung und Installation

Eine korrekt dimensionierte Wärmepumpe ist entscheidend für einen effizienten Betrieb. Eine Über- oder Unterdimensionierung kann zu ineffizientem Betrieb und erhöhten Kosten führen. Daher sind eine sorgfältige Planung und Beratung durch Fachkräfte unerlässlich. Software-Tools und Simulationen können dabei helfen, die optimale Größe und Konfiguration der Wärmepumpe zu bestimmen.

Die richtige Installation spielt ebenfalls eine Schlüsselrolle. Dies umfasst die korrekte Platzierung, die Installation von Wärmetauschern und Rohrleitungen sowie die Sicherstellung einer ordnungsgemäßen elektrischen Verbindung.

2.10.5 Wartung und Inspektion

Regelmäßige Wartung und Inspektion sind erforderlich, um die Leistungsfähigkeit und Lebensdauer der Wärmepumpe sicherzustellen. Dazu gehören die Überprüfung und Reinigung von Filtern, die Kontrolle des Kältemittelstands und die Inspektion der elektrischen Komponenten. Eine gut gewartete Wärmepumpe arbeitet effizienter und hat eine längere Lebensdauer.

Moderne Überwachungssysteme können helfen, Wartungsintervalle zu optimieren und potenzielle Probleme frühzeitig zu erkennen. Dies reduziert Ausfallzeiten und Wartungskosten.

2.10.6 Integration mit Photovoltaikanlagen und Warmwasserbereitung

Die Kombination von Wärmepumpen mit Photovoltaikanlagen (PV) bietet die Möglichkeit, den Betrieb der Wärmepumpe mit selbst erzeugtem Strom zu unterstützen. Dies erhöht die Energieunabhängigkeit und kann die Betriebskosten erheblich senken. Die Steuerungssysteme müssen jedoch in der Lage sein, den PV-Strom effizient zu nutzen und den Betrieb der Wärmepumpe entsprechend zu optimieren.

Auch die Warmwasserbereitung kann durch Wärmepumpen effizient erfolgen. Durch die Integration von Speichern und intelligenten Steuerungen kann die Nutzung erneuerbarer Energien maximiert und die Betriebskosten weiter reduziert werden. In der **Tabelle 2.3** werden die Herausforderungen und möglichen Lösungsansätze für Wärmepumpenanlagen zusammengefasst kurz beschrieben.

Herausforderung	Beschreibung und Lösungsansatz
Effizienz bei extremen Temperaturen	Spezielle Kältemittel, optimierte Wärmetauscher und moderne Inverter-Kompressoren verbessern die Effizienz. Die Auswahl des optimalen Typs der Wärmepumpe ist klimabedingt stark abhängig von der jeweiligen Region des Einsatzorts und damit auch die Effizienz der gesamten Wärmepumpenanlage
Geräuschpegel bei Luft-Wärmepumpen	Leisere Kompressoren, Schalldämmungsmaßnahmen und optimale Platzierung reduzieren den Geräuschpegel. Die Luft-Wärmepumpe ist aktuell die am häufigsten eingesetzte Wärmepumpenart. Vor der Installation bzw. während der Planung der optimalen Wärmepumpe muss dringend der genaue Standort in Abhängigkeit des Geräuschpegels berücksichtigt werden, ansonsten kann es für den Betreiber oder seine Nachbarschaft zum Problem werden.
Integration in Bestandsanlagen	Hybride Systeme und modulare Anpassungen erleichtern die Integration in ältere Gebäude. Die Wärmepumpe soll zukünftig die herkömmlichen Heizungsanlagen ersetzen, daher wird der Einsatz in Bestandsanlagen unumgänglich. Hersteller und Zulieferer haben bereits neue Techniken entwickelt und arbeiten weiterhin an optimale Einsatzmöglichkeiten für Wärmepumpenanlagen in Bestandsanlagen → *Kapitel 11* dieses Buches.
Dimensionierung und Installation	Sorgfältige Planung, Beratung durch Fachkräfte und Einsatz von Software-Tools für optimale Dimensionierung. Um diese optimale Effizienz der jeweiligen Wärmepumpenanlagen zu garantieren, ist es unumgänglich, sie so an die Region, den Einsatzort, die Wünsche und Notwendigkeiten des Nutzers anzupassen und den dafür optimalen Wärmepumpentyp auszuwählen.
Wartung und Inspektion	Regelmäßige Wartung, Reinigung von Filtern und Überwachung der Komponenten verlängern die Leistungsfähigkeit und Lebensdauer der Wärmepumpenanlagen.
Integration mit PV-Anlagen	Nutzung von selbst erzeugtem Strom zur Unterstützung des Betriebs der Wärmepumpe, was die Kosten senkt.
Warmwasserbereitung	Effiziente Warmwasserbereitung durch Integration von Speichern und intelligenten Steuerungen.

Tabelle 2.3 Herausforderungen und Lösungsansätze für Wärmepumpenanlagen

3 Gesetze, DIN-VDE-Normen und Richtlinien zur Wärmepumpentechnik

Gesetzliche Grundlagen mit Öko-Wärme-Willi: *„Wussten Sie, dass es viele Gesetze und Normen gibt, die dafür sorgen, dass Wärmepumpen sicher und umweltfreundlich sind? Ich erkläre Ihnen die wichtigsten Inhalte.“*

Im nachfolgenden Kapitel werden die wichtigsten Gesetze, DIN-VDE-Normen, VDI-Richtlinien sowie weitere Vorschriften und Sicherheitsstandards, die für die Planung, Errichtung, den Betrieb und die Wartung von Wärmepumpensystemen relevant sind, beleuchtet. Diese rechtlichen und normativen Grundlagen sind notwendig, um den sicheren und effizienten Betrieb von Wärmepumpen zu gewährleisten. Zusätzlich finden sich im → *Anhang A* wichtige Tabellen zu diesen Normen und Richtlinien. Diese Tabellen bieten einen schnellen Überblick und enthalten hilfreiche Erläuterungen.

3.1 Gesetze und Regelungen für mehr klimafreundliche Heizungen

Öko-Wärme-Willis Gesetzes-Guide: *„Ein Überblick über die Gesetze und Normen, die Sie kennen sollten, um rechtlich auf der sicheren Seite zu sein. In der Welt der Heiz- und Klimatechnik ist es unerlässlich, die aktuellen gesetzlichen Vorschriften zu verstehen und einzuhalten. Diese Gesetze gewährleisten nicht nur die Sicherheit und Effizienz Ihrer Anlagen, sondern tragen auch zum Umweltschutz bei. Ob es um die Energieeinsparverordnung (EnEV) oder das Erneuerbare-Energien-Gesetz (EEG) geht oder weitere Verordnung – ich zeige Ihnen, welche Bestimmungen für Sie besonders relevant sind und wie Sie sicherstellen können, dass Ihre Wärmepumpeninstallation allen Anforderungen gerecht wird.“*

Im Zuge der Wärmewende spielt die Umstellung auf erneuerbare Energiequellen eine zentrale Rolle. Das „Gesetz für Erneuerbares Heizen“, auch bekannt als Gebäudeenergiegesetz (GEG), markiert einen wesentlichen Schritt hin zu klimafreundlichen Heizlösungen. Hierbei sind seit dem 1. Januar 2024 für Neubauten nur noch Heizsysteme zulässig, die mindestens 65 % Erneuerbare Energie nutzen (siehe auch

Bild 3.1). Diese Regelung wird durch staatliche Förderungen unterstützt, um den Heizungstausch wirtschaftlich attraktiv zu gestalten.

Weitere gesetzliche Richtlinien und Vorschriften wurden letzter Zeit erarbeitet und der Öffentlichkeit vorgestellt, um sowohl die Umwelt als auch Personen zu schützen. Es ist notwendig und bedeutsam, die Emission von gasförmigen oder flüssigen Substanzen, die potenziell die Umwelt belasten, zu vermeiden. Nicht erneuerbare Brennstoffe werden zunehmend teurer und sind auf dem Weg zur Ausmusterung. In Kühlsystemen, einschließlich Wärmepumpen, dürfen ausschließlich FCKW-freie Kältemittel verwendet werden. Anlagen mit mehr als 3 kg Kältemittel müssen, jährlich auf Dichtigkeit geprüft werden, während für Systeme mit über 30 kg kürzere Prüfintervalle vorgeschrieben sind. Druckschalter zur Sicherheitsdruckbegrenzung sind zudem erforderlich, um das unkontrollierte Austreten von Kältemittel zu verhindern und gleichzeitig den Personenschutz zu gewährleisten. Weiterhin ist das Eindringen von Frostschutzmitteln wie Glykol in das Erdreich durch adäquate Maßnahmen zu unterbinden.

3.1.1 Kurzer Überblick über wichtige Gesetze und Verordnungen

Beim Neubau und der Modernisierung von Gebäuden sind gesetzliche Regelungen einzuhalten, die darauf abzielen, Wärmeverluste zu minimieren und erneuerbare Energien zu fördern. Die Errichtung und der Betrieb von Wärmepumpen unterliegen zahlreichen Richtlinien und Normen, die als technische Regeln gelten und bei Rechtsstreitigkeiten als Referenz herangezogen werden können. Wesentliche Gesetze umfassen:

- **EnEG (Energieeinsparungsgesetz):** Ursprünglich 1977 als Reaktion auf die Ölkrise verabschiedet, ermöglicht dieses Gesetz die Erstellung weiterführender Verordnungen zur Steigerung der Energieeffizienz von Gebäuden, darunter die Wärmeschutzverordnung (WSchVO), die 2002 durch die EnEV abgelöst wurde.
- **EnEV (Energieeinsparverordnung):** Diese wurde 2020 durch das neue GEG (Gebäudeenergiegesetz) ersetzt, das strengere Anforderungen an die Wärmedämmung und die Nutzung erneuerbarer Energien stellt.
- **GEG (Gebäudeenergiegesetz):** Seit November 2020 in Kraft, legt es fest, dass Neubauten und Modernisierungen den Wärmeverlust durch verbesserte Isolierung und Haustechnik minimieren müssen. Seit Januar 2024 gilt das neue GEG → *Kapitel 3.1.1* dieses Buches.
- **EEWärmeG (Erneuerbare-Energien-Wärme-Gesetz):** Seit dem 1. Januar 2009, in Verbindung mit dem EEWärmeG, werden für Neubauten und Modernisierungen Anforderungen gestellt, einen Teil der benötigten Wärmeenergie aus

erneuerbaren Quellen zu beziehen. Diese Regelungen umfassen: mindestens 15 % der Wärme aus Solarenergie, mindestens 30 % der Wärme aus gasförmiger Biomasse, mindestens 50 % der Wärme aus flüssiger oder fester Biomasse und mindestens 50 % der Wärme aus Geothermie oder Umweltwärme. Zugelassen sind auch gleichwertige Maßnahmen, die den Verbrauch fossiler Brennstoffe und den CO_2-Ausstoß ebenso reduzieren. Diese Bestimmungen des EEWärmeG gelten grundsätzlich für alle Neubauten, wobei die Bundesländer die Möglichkeit haben, diese auch auf Bestandsbauten anzuwenden. Das EEWärmeG (Erneuerbare-Energien-Wärme-Gesetz) umfasst nicht nur Vorschriften zur Nutzung erneuerbarer Energien, sondern regelt auch die Zuweisung von Fördermitteln.

3.1.2 Zielsetzung des Gebäudeenergiegesetzes (GEG)

Das GEG ist ein zentraler Baustein zur Erreichung der klimapolitischen Ziele und zur Reduzierung der Abhängigkeit von fossilen Energien. Mit einem Anteil von über einem Drittel am gesamten Energiebedarf Deutschlands spielt die Wärmeversorgung eine entscheidende Rolle. Die schrittweise Umstellung auf erneuerbare Heizlösungen soll nicht nur den CO_2-Ausstoß reduzieren, sondern auch langfristig stabile und kostengünstige Energieversorgung gewährleisten. Die Bundesregierung verfolgt mit dem GEG das Ziel, Deutschland bis 2045 klimaneutral zu machen und die Abhängigkeit von fossilen Brennstoffen zu beenden. Rund 75 % der derzeitigen Heizungen basieren noch auf fossilen Energieträgern wie Gas oder Öl. Um diesen Anteil zu reduzieren, müssen neue Heizsysteme nachhaltiger gestaltet werden. Für alle neuen Heizungen, die ab Mitte 2028 in Betrieb genommen werden, ist die Nutzung von mindestens 65 % erneuerbarer Energie vorgeschrieben. Dies soll in enger Abstimmung mit der kommunalen Wärmeplanung erfolgen. Ab 2045 müssen alle Heizungen vollständig mit erneuerbaren Energien betrieben werden.

3.1.3 Anforderungen und Förderungen beim Heizungstausch

Das GEG unterstützt nicht nur den Neubau, sondern fördert auch den Austausch bestehender Heizungen durch Systeme, die einen hohen Anteil erneuerbarer Energien nutzen. Bürgerinnen und Bürger, die ihre Heizung austauschen, können auf staatliche Zuschüsse zurückgreifen. Die Bundesförderung für effiziente Gebäude (BEG) bietet dabei auch Anreize für die energetische Sanierung von Bestandsgebäuden (**Bild 3.1**).

Weitere Informationen über Förderungen: → *Kapitel 4.3, Bild 4.1* und *Bild 4.2*

Klimafreundliches Heizen
Das gilt ab 1. Januar 2024

Neubau
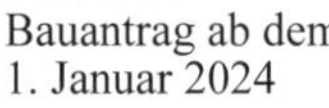
Bauantrag ab dem
1. Januar 2024

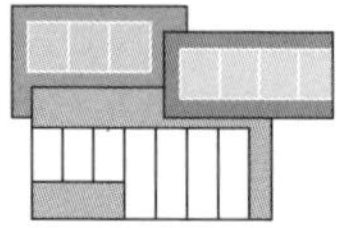

Bestand

Im Neubaugebiet
Heizung mit mindestens 65 % erneuerbaren Energien

Heizung funktioniert oder lässt sich reparieren
kein Heizungstausch vorgeschrieben

Außerhalb eines Neubaugebiets
Heizung mit mindestens 65 % erneuerbaren Energien frühestens ab 2026

Heizung ist kaputt – keine Reparatur möglich
Es gelten pragmatische Übergangslösungen.

Bereits jetzt auf Heizung mit erneuerbaren Energien umsteigen und Förderung nutzen.

Bild 3.1 Anforderungen beim Neubau und beim Gebäudebestand (Quelle: BMWK)

3.1.4 Technologische Vielfalt für klimafreundliches Heizen

Das GEG ermöglicht eine technologieoffene Herangehensweise bei der Wahl der Heizungssysteme. Folgende Optionen stehen zur Verfügung, um die Anforderungen an die Nutzung erneuerbarer Energien zu erfüllen:

- **Anschluss an ein Wärmenetz:** Nutzung bestehender oder neuer Wärmenetze, die erneuerbare Energiequellen verwenden,
- **Elektrische Wärmepumpe:** nutzt Umweltwärme aus Luft, Wasser oder Erde,
- **Stromdirektheizung:** aufgrund geringer Energieeffizienz nicht förderfähig,
- **Hybridheizung:** Kombination aus erneuerbaren Energien und fossilen Brennstoffen,
- **Solarthermie:** Heizungen, die den Wärmebedarf vollständig durch Solarenergie decken,
- **„H_2-Ready"-Gasheizungen:** Systeme, die auf 100 % Wasserstoff umgerüstet werden können.

Für Bestandsgebäude können auch Biomasseheizungen oder Gasheizungen, die zu mindestens 65 % erneuerbare Gase wie Biomethan, biogenes Flüssiggas oder Wasserstoff nutzen, in Betracht gezogen werden.

3.1.5 Übergangslösungen bei Heizungsausfällen

Das GEG sieht pragmatische Lösungen für den Fall vor, dass bestehende Heizungen ausfallen. Defekte Gas- oder Ölheizungen können weiterhin repariert werden. Ist eine Heizung irreparabel beschädigt, bieten mehrjährige Übergangsfristen und flexible Regelungen den Eigentümern Zeit, auf erneuerbare Energien umzustellen. In Härtefällen können Ausnahmen von der Verpflichtung zur Nutzung erneuerbarer Energien gewährt werden.

3.2 Überblick über DIN-VDE-Normen, VDE-Anwendungsregeln, VDI-Richtlinien, Leitfäden und DGUV-Vorschriften und Sicherheitsstandards

Öko-Wärme-Willi: Normen leicht gemacht: *„Die Vielzahl an Normen kann einschüchternd sein. Ich helfe Ihnen, den Durchblick zu behalten und die wichtigsten Standards zu verstehen. Normen wie die DIN VDE 0100 sind für Elektrofachkräfte entscheidend, um die Sicherheit und Zuverlässigkeit von Niederspannungsanlagen zu gewährleisten und dazu zählt auch eine Wärmepumpenanlage. Sie und weitere DIN-EN-IEC- bzw. DIN-VDE-Normen legen fest, wie elektrische Systeme korrekt und sicher installiert werden sollten. Gemeinsam werfen wir einen Blick auf die wesentlichen Punkte dieser Normen, damit Sie sicherstellen können, dass Ihre Projekte immer auf dem neuesten Stand der Technik sind. Lassen Sie uns die Welt der Normen entmystifizieren und sicherstellen, dass Ihre Anlagen den höchsten Qualitätsstandards entsprechen. Zusätzlich zu diesem Kapitel 3.2 hat mein Initiator, der Autor dieses Buches, einen umfangreichen → Anhang A erarbeitet, in dem Sie alle wichtigen Normen in Form von Schnellübersichten und weiteren Erläuterungen finden können. Dieser Anhang bietet Ihnen eine praktische Referenz, um schnell und einfach die relevantesten Normen nachzuschlagen und die wichtigsten Details auf einen Blick zu erfassen. So bleiben Sie immer informiert und können die höchsten Sicherheits- und Qualitätsstandards in Ihren Projekten sicherstellen."*

Ihr Öko-Wärme-Willi

3.2.1 VDI 4640: Thermische Nutzung des Untergrunds

Die VDI-Richtlinienreihe 4640, zuletzt 2018/2019 überarbeitet, behandelt die thermische Nutzung des Untergrunds und umfasst:

- Blatt 1: Grundlagen, Genehmigungen, Umweltaspekte
- Blatt 2: Erdgekoppelte Wärmepumpenanlagen
- Blatt 3: Unterirdische Thermische Energiespeicher, z. B. Eisspeicher
- Blatt 4: Direkte Nutzung

Blatt 2 der VDI 4640 widmet sich speziell erdberührenden Wärmepumpenanlagen, die aufgrund ihrer Bodennähe ein potenzielles Risiko für das Grundwasser darstellen. Hierzu zählen:

- Wasser-Wasser-Wärmepumpenanlagen,
- Sole-Wasser-Wärmepumpenanlagen mit Erdsonden oder Erdkollektoren,
- Wärmepumpenanlagen mit Direktverdampfer oder Energiepfählen (Gründungspfähle).

Ein Druckwächter, der die Wärmepumpe bei Druckabfall abschaltet, ist vorgeschrieben, bietet jedoch keinen vollständigen Grundwasserschutz. Diese Richtlinien berücksichtigen auch Systemkomponenten wie Verteiler und Verbindungsleitungen sowie die Notwendigkeit, bei der Stilllegung von Wärmepumpenanlagen den Rückbau eingebauter Komponenten sicherzustellen. Hinweis: Einige Teile der VDI-Richtlinie VDI 4640 sind noch in Bearbeitung. → *Anhang A.15*

3.2.2 VDI 4645: Heizungsanlagen mit Wärmepumpen in Ein- und Mehrfamilienhäusern

Diese Richtlinie, ähnlich der DIN EN 15450, bietet umfassende Anleitungen für die Planung von Wärmepumpenanlagen und ist ein wichtiger Leitfaden für Planer, Praktiker und Anwender.

3.2.3 VDI 4650 Blatt 1: Berechnung von Wärmepumpenanlagen

Dieses Blatt bietet ein Kurzverfahren zur Berechnung der Jahresnutzungsgrade von Wärmepumpen und ist insbesondere für Planungsbüros und Handwerksbetriebe von Bedeutung. Die Warmwasserbereitung ist derzeit noch nicht in dieser Richtlinie berücksichtigt, sie wird aber aktuell überarbeitet. → *Anhang A.16*

3.2.4 DIN EN 387-1, DIN EN 1264, DIN 8901

- **DIN EN 378-1:2021-06:** Diese Norm legt sicherheitstechnische und umweltrelevante Anforderungen für Kälteanlagen und Wärmepumpen fest, einschließlich Dichtigkeitsprüfungen. → *Anhang A.8*
- **DIN EN 1264:2021-08:** Diese Normenreihe legt Regelungen für Flächenheizungs- und Kühlsysteme, wie Fußbodenheizungen fest, einschließlich der Beschreibungen der integrierten Systeme und Komponenten.
- **DIN 8901:2002-12:** Vorschriften zum Schutz des Erdreichs sowie des Grund- und Oberflächenwassers. Ein Druckwächter in Sole-Wasser-Wärmepumpenanlagen ist vorgeschrieben und schaltet die Anlage bei Unterschreitung eines Mindestdrucks ab. Im Falle einer Havarie wird durch den Druckwächter lediglich die Wärmepumpe abgeschaltet, ein weiteres Auslaufen von Substanzen wie Glykol wird durch den „Geo-Protector“ verhindert.

3.2.5 Historische Entwicklung der Wärmebedarfsberechnung: DIN 4701

Die Normenreihe DIN 4701, die zwischen den ‚Jahren 1929 und 2004 die Wärmebedarfsberechnung für Gebäude standardisierte, unterlag verschiedenen Anpassungen im Laufe der Jahre. Die Berechnungsmethoden blieben von den Herausgaben 1929, 1944/47 bis 1959 weitestgehend gleich, mit nur geringfügigen Anpassungen der Randwerte. Diese Norm wurde letztendlich durch die modernere DIN EN 12831-1:2017-09 abgelöst, die heute für die Normheizlastberechnung maßgeblich ist. → *Anhang A.9*

3.2.6 DIN EN 12263: Kälteanlagen und Wärmepumpen – Sicherheitsschalteinrichtungen zur Druckbegrenzung – Anforderungen und Prüfungen

DIN EN 12263:1999-01 regelt die Anforderungen und Prüfverfahren für interne Sicherheitsschalteinrichtungen zur Druckbegrenzung, bekannt als Hochdruckschalter, in Wärmepumpen und Kältemaschinen.

3.2.7 DIN EN 12831: Energetische Bewertung von Gebäuden – Verfahren zur Berechnung der Norm-Heizlast

3.2.7.1 DIN EN 12831-1: Raumheizlast, Modul M3-3

Die aktuelle DIN-Norm DIN 12831-1:2017-09 beschreibt ein detailliertes Verfahren zur Berechnung der Raumheizlast von Gebäuden, angepasst an spezifische Anwender- und Gebäudebedingungen. Seit 2020 wurden die Norm-Außentemperaturen aufgrund globaler Klimaveränderungen aktualisiert und präziser klassifiziert. Diese Norm ist ein unverzichtbares Werkzeug für Planer, wird jedoch häufig übersehen, was schwerwiegende Folgen haben kann. → *Anhang A.9*

3.2.7.2 DIN EN 12831-3: Trinkwassererwärmungsanlagen, Heizlast und Bedarfsbestimmung, Module M8-2, M8-3

Die DIN EN 12831-3:2017-09 berücksichtigt speziell die Warmwasserbereitung.

3.2.8 DIN 4708-2: Zentrale Wassererwärmungsanlagen – Regeln zur Ermittlung des Wärmebedarfs zur Erwärmung von Trinkwasser in Wohngebäuden

Die DIN 4708-2:1994-04 fokussiert sich auf die Heizleistungsberechnung für die Warmwasserbereitung. Sie ist essenziell für die korrekte Auslegung von Wärmepumpenanlagen, da besonders in modernen, gut gedämmten Gebäuden der Heizbedarf sinkt, während der Warmwasserbedarf steigt. Dies erhöht das Verhältnis zwischen der Leistung für Warmwasserbereitung und Gebäudeheizung signifikant.

3.2.9 DIN EN 15450: Heizungsanlagen in Gebäuden – Planung von Heizungsanlagen mit Wärmepumpen

Die DIN EN 15450:2007-12 gibt wichtige Richtlinien zur Planung von Heizungsanlagen mit Wärmepumpen vor und hebt insbesondere die Effizienz von Wärmepumpenanlagen hervor. Wichtige Aspekte sind:

1. Die Planung einer Wärmepumpenanlage sollte eine hohe Jahresarbeitszahl (SPF) anstreben, ohne dass elektrische Zuheizung notwendig ist. Dies gilt vor allem für Sole-Wasser- und Wasser-Wasser-Wärmepumpen, da diese aufgrund ihrer stabilen Wärmequellen technisch einfacher effizient geplant werden können im Vergleich zu Luft-Wasser-Wärmepumpenanlagen.
2. Die Jahresarbeitszahl sollte mindestens den in nationalen Normen-Anhängen festgelegten Mindestwerten entsprechen.
3. Wärmepumpenanlagen sollten so geplant und geregelt werden, dass häufige Anlaufzyklen vermieden werden, um die Effizienz und Lebensdauer der Anlage zu maximieren.
4. Wärmepumpenanlagen mit Zusatzheizern sollten so ausgelegt sein, dass die Energie vom Zusatzsystem minimal ist, insbesondere wenn die Energiequelle des Zusatzheizers nicht erneuerbar ist.

Hinweis zur Norm:

Aktuell darf der Stromanteil für Elektroheizstäbe in Wärmepumpenanlagen maximal 5 % der Gesamtheizarbeit betragen. Diskussionen und eine geplante Überarbeitung der Norm stehen jedoch an, um diese Regelung zeitgemäß zu adjustieren. → *Anhang A.11*

3.2.10 DIN EN 14825: Leistungsbemessung von Klimaanlagen und Wärmepumpen

Die DIN EN 14825:2023-10 bestimmt die jahreszeitbedingten Leistungszahlen und Prüfungen unter Teillastbedingungen für Luftkonditionierer, Flüssigkeitskühlsätze und Wärmepumpen mit elektrisch angetriebenen Verdichtern.

3.2.11 Zurückgezogene Normen: DIN 1988-3 und VDI/DVGW 6023

Die DIN 1988-3 deckte technische Regeln für Trinkwasserinstallationen ab, ergänzt durch die Anforderungen der jeweils gültigen Trinkwasserverordnung, insbesondere im Bereich der Warmwasserbereitung.

3.2.12 Trinkwasserverordnung

Die Trinkwasserverordnung gibt vor, dass insbesondere in Mehrfamilienhäusern regelmäßige labortechnische Untersuchungen durchgeführt werden müssen.

3.2.13 DVGW-Arbeitsblatt W 551(A):2024-04

Dieses Arbeitsblatt legt Maßnahmen zur Vermeidung von Legionellenbildung fest und unterscheidet dabei zwischen Klein- und Großanlagen, basierend auf dem Speicher- und Rohrinhalt → *Kapitel 2.9.4* dieses Buches.

3.2.14 DIN EN 14511: Luftkonditionierer und Wärmepumpen

Diese Normenreihe definiert in vier Teilen die Anforderungen an Luftkonditionierer und Wärmepumpen:

- Teil 1: Definition der Begriffe
- Teil 2: Festlegung der Prüfbedingungen
- Teil 3: Beschreibung der Prüfverfahren
- Teil 4: Mindestanforderungen für die Leistung

→ *Anhang A.10*

3.2.15 Wasserhaushaltsgesetz (WHG) und Bundesberggesetz (BBergG)

Das WHG regelt seit 2009 die Genehmigungsverfahren für wasserwirtschaftliche Nutzung, inklusive der spezifischen Landeswassergesetze. Das BBergG ordnet ab einer Tiefe von mehr als 10 m Erdwärme den bergfreien Bodenschätzen zu und verlangt ein bergrechtliches Verfahren.

3.2.16 Chemikalien-Klimaschutz-Verordnung (ChemKlimaschutzV) und F-Gase-Verordnung

Die ChemKlimaschutzV und die F-Gase-Verordnung regeln den Umgang mit fluorhaltigen Kältemitteln und schreiben vor, dass Wartung und Dichtigkeitsprüfungen von zertifizierten Unternehmen durchgeführt werden müssen. Die Verordnungen zielen darauf ab, den Austritt von Treibhausgasen zu minimieren.

3.2.17 Ökodesign-Richtlinie

Seit dem 26. September 2015 müssen alle Wärmeerzeuger und Heizungsanlagen gemäß der Ökodesignrichtlinie 2009/125/EG mit einem Energielabel versehen werden. Diese Richtlinie stellt Anforderungen an die Energieeffizienz und die Umweltauswirkungen von Heizgeräten.

3.2.18 Wasserwirtschaftliche Anforderungen in NRW

Die LANUV-Richtlinie NRW stellt spezifische Anforderungen an die Nutzung von oberflächennaher Erdwärme, insbesondere im Hinblick auf Bohr- und Verpressarbeiten, die nur von zertifizierten Unternehmen durchgeführt werden dürfen. Die Vorgaben dienen dem Schutz des Grundwassers und schreiben umfassende Sicherheits- und Überwachungsmaßnahmen vor, einschließlich der sofortigen Benachrichtigung der Behörden bei Unregelmäßigkeiten.

3.2.19 Energielabel für Wärmepumpen

Seit 2010 werden zunehmend mehr neue Energieeffizienzklassen für verschiedene Produktgruppen wie Kühl- und Gefriergeräte, Geschirrspüler, Waschmaschinen, Wäschetrockner, Klimaanlagen, Effizienzpumpen und viele andere Haushaltsgeräte eingeführt. Seit dem 26. September 2016 ist gemäß der Ökodesign-Richtlinie der Europäischen Union vorgeschrieben, verbindlich ein Energielabel für alle Wärmeerzeuger und damit auch für Wärmepumpen und Warmwasserspeicher anzugeben.

Diese Energielabel sind von den jeweiligen Herstellern der Geräte bereitzustellen und dienen dazu, den Verbrauchern bei der Auswahl energieeffizienter Produkte zu helfen. Statt nur auf den Preis zu achten, sollen Verbraucher durch die Label ermutigt werden, sich für effizientere Lösungen zu entscheiden. Für Wärmepumpen stellt dies eine besondere Chance dar, da viele dieser Geräte in die Effizienzklassen „A" bis „A+++" eingestuft werden können.

Jedoch ist eine gute Wärmepumpe allein nicht die General- oder Komplettlösung. Eine hochqualitative Wärmepumpe garantiert nicht automatisch eine effizient arbeitende Wärmepumpenanlage. Hierbei spielt die Jahresarbeitszahl (JAZ) eine entscheidende Rolle, die den realen Betrieb der Anlage über das Jahr hinweg bewertet. Die JAZ gibt einen besseren Einblick in die Effizienz der gesamten Anlage und ist vergleichbar mit dem Energielabel für Wärmepumpen.

Um die Effizienz von Verbundanlagen besser beurteilen zu können, ist seit dem 26. September 2016 ein Energielabel auch für diese Anlagen verpflichtend. Handwerksbetriebe, die Wärmepumpen installieren, müssen daher bereits bei der Angebotsabgabe ein entsprechendes Energielabel für die geplante Wärmepumpenanlage bereitstellen. Da dies zusätzlichen Aufwand bedeutet, bieten die Hersteller von Wärmeerzeugern oft Unterstützung an. Auch unabhängige Organisationen wie das VdZ – Forum für Energieeffizienz in der Gebäudetechnik e. V. oder die ErP-Richtlinie Heizung und andere bieten Unterstützung an.

Der Installateur oder Händler muss ein entsprechendes Datenblatt für die Verbundanlagen ausfüllen und dem Angebot beifügen. Die erforderlichen Daten sind in den technischen Unterlagen der einzelnen Hersteller zu finden. Anhand dieser Informationen kann das Label rechnerisch erstellt werden.

Im **Bild 3.2** ist ein Energielabel für Wärmepumpen beispielhaft dargestellt.

Anmerkung: Weitere DIN-EN-IEC-, DIN-VDE-Normen, VDE-Anwendungsregeln, VDI-Richtlinien, Leitfäden und DGUV-Vorschriften und Sicherheitsstandards finden Sie im → *Anhang A* mit zusätzlichen Ergänzungen, Erläuterungen und jeweils einer Übersichtstabelle zur schnellen Information.

Öko-Wärme-Willis Hinweis: *Im Anhang A dieses Buches sind viele DIN-VDE-Normen, VDI-Richtlinien, VDE-Anwendungsregeln, Leitsätze und DGUV-Vorschriften aufgeführt, schnelle Infos gegeben und erläutert.*

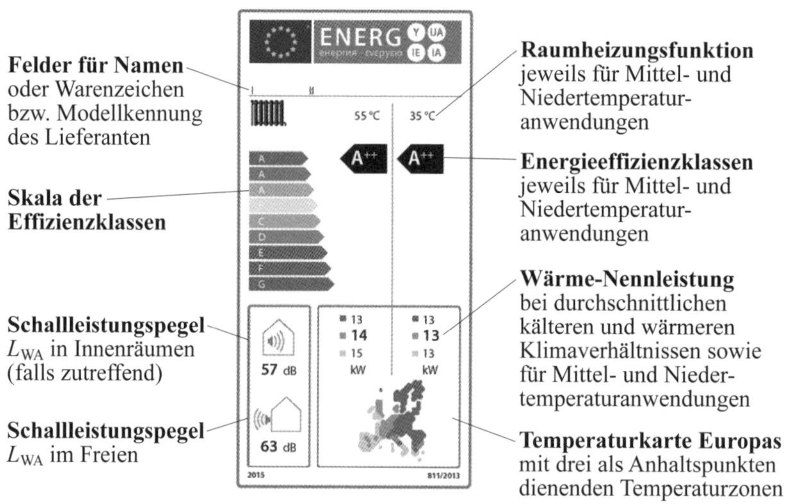

Bild 3.2 Energielabel für Wärmepumpen beispielhaft dargestellt und erläutert.

- Energieeffizienzklasse (A+++ bis D): Diese Klassifizierung zeigt, wie effizient die Wärmepumpe im Betrieb ist. Je höher die Klasse, desto niedriger der Energieverbrauch,
- Schallpegel (dB): gibt an, wie laut die Wärmepumpe im Betrieb ist. Dies ist besonders wichtig für Installationen in Wohngebieten,
- Heizleistung (kW): zeigt die maximale Heizleistung der Wärmepumpe an,
- Jahresarbeitszahl (JAZ): reflektiert die Effizienz der Wärmepumpe über das ganze Jahr hinweg, basierend auf dem realen Energieverbrauch und der Wärmeproduktion,
- Symbole für verschiedene Betriebsmodi: Einige Label enthalten auch Symbole für den Einsatz in unterschiedlichen Klimazonen oder Betriebsarten (Heizung, Kühlung, Warmwasserbereitung).

4 Energieeffizienz und Umweltaspekte

Öko-Wärme-Willis Effizienzvergleich: *„Wie schneiden Wärmepumpen im Vergleich zu anderen Heizsystemen ab? Lassen Sie uns das herausfinden!“*

In Zeiten steigender Energiekosten und zunehmender Umweltbelastungen rückt die Bedeutung der Energieeffizienz und Umweltfreundlichkeit von Heizsystemen immer mehr in den Fokus. Wärmepumpen bieten hier eine vielversprechende Alternative zu traditionellen Heizsystemen, da sie nicht nur hohe Effizienzwerte aufweisen, sondern auch einen erheblichen Beitrag zur Reduktion von CO_2-Emissionen leisten. Dieses Kapitel beleuchtet die Energieeffizienz von Wärmepumpensystemen, auch im Vergleich zu anderen Heizsystemen und untersucht die Umweltvorteile sowie die möglichen Förderungen und Subventionen, die ihre Nutzung unterstützen.

Zunächst eine kurze Erläuterung zu den Begriffen *Energieeffizienz* und *Effektivität*, weil diese beiden Begriffen häufig gleichbedeutend genannt werden, es aber nicht sind:

Energieeffizienz: Die Energieeffizienz beschreibt das Verhältnis von eingesetzter Energie zu der tatsächlich genutzten oder erzielten Energie, ein *Maß also für die Wirtschaftlichkeit*. Bei einer Wärmepumpe bedeutet das, wie viel Heizenergie aus einer bestimmten Menge an elektrischer Energie gewonnen wird.

Effektivität: Die Effektivität misst, wie gut ein System seine angestrebten Ziele erreicht, unabhängig davon, wie viel Energie dafür verbraucht wird, ein *Maß also für die Wirksamkeit*. Bei einer Wärmepumpe bezieht sich das darauf, wie gut sie ein Gebäude auf die gewünschte Temperatur bringt.

Erläuterung des Unterschieds der Begriffe am Beispiel einer Wärmepumpe:

Energieeffizienz: Eine Wärmepumpe, die 4 kW Heizleistung mit nur 1 kW elektrischer Energie erzeugt, hat eine hohe Energieeffizienz (→ *COP* von 4). Sie nutzt die eingesetzte Energie optimal.

Effektivität: Wenn die Wärmepumpe das Haus zuverlässig auf die gewünschte Temperatur heizt, ist sie effektiv. Selbst wenn sie dabei mehr Energie verbraucht als eine andere, die das gleiche Ziel erreicht, wird sie als effektiv bezeichnet.

Energieeffizienz

Öko-Wärme-Willi: *„Hey Leute, stellt euch vor, ich bin ein magischer Koch, der aus einer winzigen Energieportion riesige Portionen Wärme zaubern kann – das ist Energieeffizienz! So wie eine Wärmepumpe, die aus einem winzigen Watt Strom eine große Portion Wärme herbeizaubert. Viermal so viel, wie ihr reingesteckt habt! Das ist, als ob ich aus einem kleinen Kartoffelstück vier große Pommes mache. Energieeffizienz ist echt Zauberei, Leute!"*

Spruch von Öko-Wärme-Willi: *„Energieeffizienz ist wie mit einem Liter Sprit den Weg nach Rom zu schaffen – wenn schon heizen, dann mit Magie und ohne Verschwendung!"*

Effektivität

Öko-Wärme-Willi: *„Und wenn ich unser Haus ordentlich warm kriege, selbst wenn ich dafür ein bisschen mehr Holz verbrennen muss, dann bin ich effektiv! Es ist, wie wenn ich mit einem großen Hammer jeden Nagel treffe – Hauptsache, es wird warm und gemütlich. Diese effektive Wärmepumpe ist vielleicht nicht die sparsamste, aber sie schafft's!"*

Spruch von Öko-Wärme-Willi: *„Effektivität ist wie ein Hammer, der selbst die dicksten Bretter trifft – Hauptsache, es wird schön warm, egal wie viele Holzscheite!"*

Eine Wärmepumpe kann also hoch energieeffizient sein, indem sie wenig Energie für viel Heizleistung verwendet. Ihre Effektivität zeigt sich darin, wie gut sie das Gebäude heizt, unabhängig davon, wie viel Energie sie dabei verbraucht. Idealerweise sollte eine Wärmepumpe sowohl effizient als auch effektiv sein.

Heizungs-, Lüftungs- und Klimaanlagen (HLK) sind allgemein bekannt dafür, einen erheblichen Energieverbrauch zu benötigen. Eine zentrale Rolle bei der Effizienzsteigerung dieser Systeme spielt die intelligente Regelung, die auf Echtzeitdaten basiert. Diese Regelsysteme nutzen Innen- und Außentemperaturen sowie die relative Luftfeuchtigkeit, um die Raumtemperatur optimal zu steuern und dadurch die Betriebskosten signifikant zu senken.

Intelligente Anpassung an Umweltbedingungen: Eine moderne HLK-Regelung geht über die bloße Anpassung an aktuelle Temperatur- und Feuchtigkeitswerte hinaus. Sie berücksichtigt auch saisonale Schwankungen und Wettervorhersagen, um auf bevorstehende Wetteränderungen vorbereitet zu sein. Dadurch bleibt die Temperaturregelung auch bei plötzlichen Wetterumschwüngen stabil und effizient.

Berücksichtigung der Nutzergewohnheiten: Ein weiterer Schritt zur Optimierung des Energieverbrauchs ist die Anpassung an die spezifischen Nutzungsgewohnheiten der Bewohner. Typischerweise unterscheiden sich diese zwischen Werktagen und Wochenenden sowie in Abhängigkeit von der Tageszeit. Durch die Integration dieser Muster in das Steuerungssystem wird der Energieverbrauch auf das tatsächlich benötigte Minimum reduziert.

Noch effizienter wird das System, wenn es durch automatische Anwesenheitserfassung erkennt, wann Räume genutzt werden. Hierbei muss jedoch sichergestellt werden, dass das gewünschte Raumklima schnell erreicht wird, sobald die Anwesenheit festgestellt wird.

Integration von CO_2-Sensoren: Moderne Lüftungssysteme nutzen zunehmend CO_2-Sensoren, um die Luftqualität überwachen und entsprechend zu regulieren. Diese Sensoren sorgen dafür, dass die Belüftung automatisch angepasst wird, um ein gesundes Raumklima zu gewährleisten.

Reaktion auf manuelle Eingriffe: Ein effizienter Betrieb erfordert auch eine intelligente Reaktion auf manuelle Eingriffe. Ein typisches Beispiel ist das Öffnen von Fenstern. In solchen Fällen sollten die Systeme automatisch die Heizung oder Klimaanlage abschalten, um unnötigen Energieverbrauch zu vermeiden. Voraussetzung dafür ist die Ausstattung aller relevanten Fenster mit entsprechenden Sensoren, die mit dem Steuerungssystem vernetzt sind.

Die Integration fortschrittlicher Regeltechniken und die Berücksichtigung von Nutzerverhalten und Umweltfaktoren sind entscheidend, um den Energieverbrauch von HLK-Systemen zu minimieren. Elektrofachkräfte spielen eine Schlüsselrolle bei der Installation und Optimierung dieser Systeme, um eine nachhaltige und kosteneffiziente Lösung zu gewährleisten.

4.1 Effizienzvergleich mit anderen Heizsystemen

Die Energieeffizienz von Heizsystemen ist ein entscheidender Faktor bei der Auswahl und Planung von Heizanlagen. Wärmepumpen zeichnen sich durch ihre Fähigkeit aus, aus einer geringen Menge an elektrischer Energie eine deutlich größere Menge an Wärmeenergie zu erzeugen. Dies wird durch die Nutzung von Umgebungswärme aus der Luft, dem Erdreich oder dem Wasser ermöglicht.

4.1.1 Effizienzkennzahlen

Ein wesentlicher Maßstab für die Effizienz eines Heizsystems ist der Coefficient of Performance (COP). Der COP einer Wärmepumpe gibt das Verhältnis der abgegebenen Wärmeleistung zur aufgenommenen elektrischen Leistung an (→ *Anhang B*). Beispielsweise bedeutet ein COP von 4, dass die Wärmepumpe viermal mehr Wärmeenergie liefert, als sie elektrische Energie verbraucht. Im Vergleich dazu haben traditionelle Heizsysteme wie Öl- oder Gasheizungen typischerweise einen Wirkungsgrad von unter 100 %, da ein Teil der Energie bei der Verbrennung verloren geht.

4.1.2 Vergleich der Heizsysteme

- **Ölheizungen:** Traditionelle Ölheizungen haben Wirkungsgrade von etwa 85–95 %. Die Verbrennung von Heizöl erzeugt nicht nur CO_2, sondern auch andere Schadstoffe wie Schwefeldioxid, was ihre Umweltbilanz negativ beeinflusst.
- **Gasheizungen:** Moderne Gasbrennwertheizungen erreichen Wirkungsgrade von bis zu 98 %. Sie sind effizienter als Ölheizungen, jedoch ebenfalls auf fossile Brennstoffe angewiesen und tragen zur CO_2-Belastung bei.
- **Elektroheizungen:** Direkte Elektroheizungen wandeln elektrische Energie nahezu verlustfrei in Wärme um, jedoch sind die Betriebskosten hoch, und ihre Umweltbilanz hängt stark vom Strommix ab.

4.1.3 Vorteile der Wärmepumpen

Wärmepumpen nutzen erneuerbare Energiequellen und können, abhängig von der Art der Wärmepumpe, Jahresarbeitszahlen (JAZ) von 3 bis 5 erreichen. Das bedeutet, dass sie über ein Jahr betrachtet, 3- bis 5-mal mehr Wärmeenergie liefern, als sie elektrische Energie verbrauchen. Bei optimalen Bedingungen können Wärmepumpen sogar noch höhere Effizienzwerte erzielen.

Umweltfreundlichkeit: Wärmepumpen emittieren keine Schadstoffe vor Ort und können bei Nutzung von Ökostrom nahezu CO_2-neutral betrieben werden.

Kostenersparnis: Trotz höherer Anfangsinvestitionen amortisieren sich Wärmepumpen durch geringere Betriebskosten und mögliche staatliche Förderungen innerhalb weniger Jahre.

Vielseitigkeit: Wärmepumpen können sowohl zum Heizen, zur Brachwassererwärmung als auch zum Kühlen eingesetzt werden und bieten damit eine flexible Lösung für verschiedene Klimazonen.

Für Elektrofachkräfte ist es wichtig und notwendig, bei der Planung und Installation von Heizsystemen die langfristigen Effizienz- und Umweltvorteile von Wärmepumpen zu berücksichtigen. Neben den energetischen Vorteilen tragen Wärmepumpen maßgeblich zur Reduktion von Treibhausgasemissionen bei und stellen somit eine zukunftsfähige Lösung im Heizungssektor dar.

4.2 Umweltvorteile von Wärmepumpen

Öko-Wärme-Willi betont die Umweltfreundlichkeit: *„Wärmepumpen sind nicht nur effizient, sondern auch umweltfreundlich. Ich zeige Ihnen, wie sie helfen, die Umwelt zu schützen.“*

Wärmepumpen bieten zahlreiche Umweltvorteile, die sie zu einer attraktiven Alternative zu herkömmlichen Heizsystemen machen. Einer der größten Vorteile ist die Reduktion von CO_2-Emissionen. Da Wärmepumpen die Wärme aus der Umwelt nutzen, benötigen sie weniger fossile Brennstoffe und tragen somit weniger zur globalen Erwärmung bei.

Umweltvorteile im Detail:

- *Reduktion der CO_2-Emissionen:* Durch die Nutzung erneuerbarer Energiequellen wie Luft, Wasser und Erde verursachen Wärmepumpen im Betrieb kaum CO_2-Emissionen. Dies ist ein bedeutender Vorteil gegenüber Öl- und Gasheizungen, die große Mengen an CO_2 freisetzen.
- *Einsatz von umweltfreundlichen Kältemitteln:* Moderne Wärmepumpen verwenden umweltfreundliche Kältemittel mit geringem Treibhauspotenzial, was die Umweltbelastung weiter reduziert.
- *Reduktion anderer Schadstoffe:* Neben CO_2 reduzieren Wärmepumpen auch die Emission von anderen Schadstoffen wie Schwefeldioxid und Stickoxiden, die bei der Verbrennung von fossilen Brennstoffen entstehen.
- *Nachhaltigkeit:* Wärmepumpen nutzen die unerschöpflichen Energiequellen der Umwelt und tragen somit zur nachhaltigen Energieversorgung bei.

Zu dem letzten Punkt der obigen Aufzählung, der „Nachhaltigkeit“, hat Öko-Wärme-Willi Ihnen noch etwas zu sagen:

Hier ist wieder Öko-Wärme-Willi, *und ich möchte Ihnen ein Lied singen, kein gewöhnliches Lied, sondern ein* ***Loblied auf die Nachhaltigkeit der Wärmepumpe****. Gerne möchte ich Ihnen mit meinen Worten, in meinem Loblied, erläutern warum Wärmepumpen nicht nur äußerst effizient, sondern auch außerordentlich nachhaltig sind. Wärmepumpen sind wie die stillen Umwelthelden in der Welt der Heizungstechnologien. Sie nutzen die unerschöpflichen Ressourcen der Natur und verwandeln diese in wohltuende Wärme für Ihr Zuhause bzw. für das Objekt Ihrer Kunden.*

Stellen Sie sich vor, Sie könnten die Energie der Erde, der Luft und des Wassers anzapfen – und das alles, ohne diese Ressourcen zu verbrauchen. Genau das tun Wärmepumpen. Sie entziehen der Umwelt ihre Energie, ohne sie zu erschöpfen oder zu zerstören. Im Gegensatz zu herkömmlichen Heizsystemen, die fossilen Brennstoffe wie Öl oder Gas verbrennen, sind Wärmepumpen wahre Meister der erneuerbaren Energien. Sie arbeiten effizient und sauber, ohne schädliche Emissionen zu erzeugen, die unsere Atmosphäre belasten.

Die Wärmepumpe ist ein wahres Wunderwerk der Technologie. Sie benötigt weniger elektrische Energie, um eine erhebliche Menge an Wärmeenergie zu erzeugen. Das bedeutet, dass sie für jede Kilowattstunde Strom, die sie verbraucht, bis zu vier oder mehr Kilowattstunden Wärme liefert. Das ist eine beeindruckende Effizienz!

Doch die Nachhaltigkeit der Wärmepumpe geht noch weiter. Indem sie die natürliche Wärme nutzt, reduziert sie den Bedarf an fossilen Brennstoffen und trägt erheblich zur Verringerung der CO_2*-Emissionen bei. Dies macht sie zu einer der umweltfreundlichsten Heizlösungen, die derzeit verfügbar sind. Wärmepumpen unterstützen nicht nur die Energiewende, sondern tragen auch aktiv zum Klimaschutz bei.*

Wenn Sie also an Ihre Heizung denken, erinnern Sie sich daran, dass eine Wärmepumpe nicht nur Ihr Zuhause erwärmt, sondern auch unseren Planeten schützt. Jeder Einsatz einer Wärmepumpe ist ein kleiner Schritt hin zu einer saubereren, grüneren Zukunft. Lassen Sie uns gemeinsam die Wärmepumpen feiern – die Helden der Nachhaltigkeit!

Natürlich gibt es auch kritische Stimmen, die darauf hinweisen, dass Wärmepumpen Strom benötigen. Dieser Strom ist nicht immer aus grünen Quellen erzeugt. Ähnlich wie bei Elektroautos hängt die tatsächliche Umweltfreundlichkeit der Wärmepumpe stark davon ab, wie der benötigte Strom produziert wird. Wenn der Strom aus fossilen Brennstoffen kommt, kann dies die ökologische Bilanz der Wärmepumpe beeinträchtigen. Um die volle Nachhaltigkeit zu erreichen, sollte der Strom aus erneuerbaren Energiequellen stammen – wie Wind-, Solar- oder

Wasserkraft. Nur dann kann die Wärmepumpe ihr volles Potenzial als grüner Energieheld entfalten.

Aber hier noch ein weiterer Tipp von mir: Wir sollten nicht immer nur reden, viel zerreden, wissend wie dringend die Klimaveränderungen zurückgedrängt werden müssen, kommen immer wieder Sprüche, tolle Weisheiten, Gegenargumente von Kritikern gegen neue Techniken auf, sondern wir sollten die neuen Techniken egal, ob in der Mobilität oder der Wärmetechnik für unseren großen Gebäudebestand in Deutschland endlich auf die Straße bzw. in die Häuser bringen!

Ihr Öko-Wärme-Willi

Zur Ergänzung der Aussagen zu Energieeffizienz und Umweltaspekte und vor der Erläuterung zu den Förderungen und Subventionen sollen in der **Tabelle 4.1** die wesentlichen Argumente zur Nachhaltigkeit der Wärmepumpen kurz zusammengefasst werden:

Schonung natürlicher Ressourcen	Wärmepumpen nutzen die Umweltwärme aus der Luft oder dem Erdreich zur Beheizung. Diese natürliche Energiequelle entlastet die begrenzten Ressourcen der Erde. Dank ihrer hohen Effizienz – gemessen durch die Leistungszahl (COP) oder das Jahresarbeitszahl (JAZ) – wandeln Wärmepumpen die eingesetzte Energie optimal in Wärme um.
Langfristige Einsetzbarkeit und Recycling	Wärmepumpen sind langlebige Systeme, die über viele Jahre zuverlässig Wärme liefern. Am Ende ihrer Lebensdauer können die Komponenten fachgerecht recycelt werden, was ihre Nachhaltigkeit zusätzlich erhöht.
Umwelt- und Klimaverträglichkeit	Wärmepumpen sind so konzipiert, dass sie keine schädlichen Emissionen freisetzen. Am Standort der Anlage entstehen keine Schadstoffe. Durch die Verwendung regenerativer Energiequellen wird die Umweltfreundlichkeit weiter verbessert.
Vertretbare Gesamtkosten	Die Investitions- und Betriebskosten von Wärmepumpen sind in einem akzeptablen Rahmen. Dank staatlicher Förderprogramme sind sie für viele Haushalte erschwinglich.
Vielseitige Nutzungsmöglichkeiten	Wärmepumpen bieten nicht nur Heizwärme, sondern können auch zur Kühlung und Warmwasserbereitung eingesetzt werden. Dadurch wird die Lebensqualität gesteigert.
Steigerung der Nachhaltigkeit durch Digitalisierung	Durch den Einsatz moderner digitaler Technologien kann die Effizienz und damit die Nachhaltigkeit von Wärmepumpensystemen weiter gesteigert werden.

Tabelle 4.1 Kurze Zusammenfassung der Nachhaltigkeit von Wärmepumpensystemen

4.3 Förderungen und Subventionen

Öko-Wärme-Willi hat Fördermöglichkeiten entdeckt: *„Wussten Sie, dass Sie für die Installation von Wärmepumpen Förderungen erhalten können? Ich zeige Ihnen, welche Möglichkeiten es gibt und wie das geht.“*

Der Einbau von Wärmepumpen wird in vielen Ländern durch staatliche Förderungen und Subventionen unterstützt, um den Übergang zu erneuerbaren Energien zu fördern und die CO_2-Emissionen zu reduzieren. Diese Förderungen können die Anschaffungskosten erheblich senken und die Rentabilität von Wärmepumpenanlagen steigern.

Überblick über Fördermöglichkeiten

- *Staatliche Förderprogramme:* In vielen Ländern gibt es spezielle Programme, die den Einbau von Wärmepumpen finanziell unterstützen. Diese Programme bieten Zuschüsse oder zinsgünstige Darlehen für Privatpersonen, Unternehmen und öffentliche Einrichtungen.
- *Steuerliche Anreize:* In einigen Ländern können die Kosten für den Einbau von Wärmepumpen steuerlich abgesetzt werden. Dies kann die finanzielle Belastung für Hausbesitzer und Unternehmen weiter reduzieren.
- *Lokale und regionale Förderungen:* Neben den nationalen Programmen gibt es oft auch lokale oder regionale Förderungen, die zusätzliche finanzielle Unterstützung bieten.
- *Förderung durch Energieversorger:* Einige Energieversorger bieten spezielle Programme an, um den Einsatz von Wärmepumpen zu fördern. Diese können in Form von Rabatten auf den Strompreis oder durch technische Unterstützung erfolgen.

Förderung durch die Bundesrepublik Deutschland ab Januar 2024

Wärmepumpen werden vom Bund über die „Bundesförderung für effiziente Gebäude (BEG)“ gefördert. Dadurch lassen sich die Anschaffungsausgaben für eine Wärmepumpe stark reduzieren. Der Antrag für eine Wärmepumpe als Einzelmaßnahme kann beim Bundesamt für Wirtschaft und Ausfuhrkontrolle (BAFA) gestellt werden. Der Austausch von Heizungen wird auch über Landesprogramme und von einigen Kommunen gefördert, dadurch ist ein noch höherer Zuschuss möglich. Die Bedingungen der einzelnen Förderprogramme können aber abweichen. Voraussetzung für viele Förderungen ist ein bestimmtes Maß an Effizienz der Anlage. Wichtig: Anträge müssen immer vor Beginn einer Maßnahme gestellt werden.

Die entsprechenden Förderrichtlinien wurden zuletzt im Januar 2024 reformiert und an die neuen Vorgaben des „Heizungsgesetz“ (Gebäudeenergiegesetz) angepasst. Für die Nachrüstung einer Wärmepumpe im Bestandsbau ist aktuell eine Maximalförderung von 70 % möglich. Entscheidend für die Förderung der Wärmepumpe ist eine gewisse Effizienz. Dafür muss die errechnete Jahresarbeitszahl (JAZ) im Jahr 2024 mindestens 3,0 betragen. Neben der Jahresarbeitszahl ist auch die jahreszeitbedingte Raumheizungseffizienz (ETA) → *Anhang B* ausschlaggebend. Von der Förderung Gebrauch machen, können Eigenheimbesitzer, die Ihre mindestens zwei Jahre alte Heizung auf eine Wärmepumpe umrüsten möchten:

Wenn diese Voraussetzungen erfüllt sind, haben Sie folgende Förderoptionen:

- *Basisförderung:* Die Grundförderung beträgt 30 %.
- *Klimageschwindigkeits-Bonus:* Für den frühzeitigen Austausch der alten Öl- oder Gasheizung bzw. Biomasseheizung kann man zusätzlich 20 % erhalten.
- *Einkommens-Bonus:* weitere 30 % für Hauseigentümer mit einem zu versteuernden Jahreshaushaltseinkommen bis max. 40 000 €.
- *Effizienz-Bonus:* 5 % für Wärmepumpen, die ein natürliches Kältemittel (z. B. Propan) oder als Wärmequelle Erd-, Wasser- oder Abwasserwärme nutzen.

Die verschiedenen Förderkomponenten können miteinander kombiniert werden, sind jedoch auf max. 70 % Förderung begrenzt. Wichtig: Dieser aktuelle Stand der Förderungen kann sich jederzeit ändern, daher sollte sich die Elektrofachkraft immer über die Veränderungen informieren, damit auch der potenzielle Kunde optimal beraten werden kann.

Bild 4.1 enthält einen guten Überblick über die erhöhte Förderung für den Heizungsaustausch und das **Bild 4.2** einen Gesamtüberblick über staatlichen die Förderungen ab Januar 2024.

Ab 2024: erhöhte Förderung für den Heizungstausch

Die Bundesförderung für effiziente Gebäude (BEG) wird neu aufgestellt. Ab 2024 gelten höhere Fördersätze mit bis zu 70 % für den Heizungstausch. Weitere Effizienzmaßnahmen werden auch künftig mit bis zu 20 % gefördert.

Wo beantragen?

Die Förderung für den Heizungstausch kann bei der KfW beantragt werden. Einzelne Effizienzmaßnahmen, wie Fenstertausch oder Dämmung, beim BAFA.

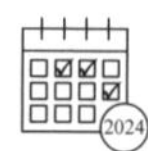

Ab wann beantragen?

Heizungstausch:
Ab 27. Februar 2024: für Einfamilienhäuser

Zeitlich gestaffelt für Mehrfamilienhäuser sowie für Vermieter, Kommunen und Unternehmen

Einzelne Effizienzmaßnahmen:
Ab 1. Januar 2024: für alle Antragsteller

Übergangsregelung beim Heizungstausch

Der Heizungstausch kann ab sofort beauftragt und der Förderantrag nachgereicht werden. So profitieren Sie schon jetzt von den neuen Fördersätzen. Diese Übergangsregelung gilt für Vorhaben, die bis zum 31. August 2024 begonnen werden. Der Antrag muss bis zum 30. November 2024 gestellt werden.

Bild 4.1 Förderungen für den Heizungstausch (Quelle BMWK)

So fördern wir klimafreundliches Heizen: Das gilt seit 2024

30 % Grundförderung
Für den Umstieg auf erneuerbares Heizen.
Das hilft dem Klima und die Betriebskosten bleiben stabiler im Vergleich zu fossil betriebenen Heizungen.

30 % Einkommensabhängiger Bonus
Für selbstnutzende Eigentümerinnen und Eigentümer mit einem zu versteuernden Gesamteinkommen unter 400 000 € pro Jahr.

20 % Geschwindigkeitsbonus
Für den frühzeitigen Umstieg auf erneuerbare Energie bis Ende 2028. Gilt z. B. für den Austausch von Öl-, Kohle- oder Nachtspeicher-Heizungen sowie von Gasheizungen (mindestens 20 Jahre alt).

Bis zu 70 % Gesamtförderung
Für Förderungen können auf bis zu 70 % Gesamtförderung addiert werden und ermöglichen so eine attraktive und nachhaltige Investition.

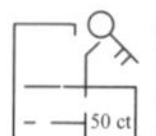

Schutz für Mieter
Mit einer Deckelung der Kosten für den Heizungstausch auf 50 Cent pro Quadratmeter und Monat. Damit alle von der klimafreundlichen Heizung profitieren.

Bild 4.2 Förderungsrichtlinien für klimafreundliches Heizen ab Januar 2024 (Quelle: BMWK)

4.4 Langzeitstudien und Lebenszyklusanalysen

Öko-Wärme-Willi berichtet über Langzeitbetrachtungen: *„Langzeitstudien zeigen, dass Wärmepumpen eine nachhaltige Investition sind. Lassen Sie uns einen Blick darauf werfen."*

Langzeitstudien und Lebenszyklusanalysen (LCA) sind entscheidend, um die langfristige Effizienz und Nachhaltigkeit von Wärmepumpen zu beurteilen. Diese Studien betrachten nicht nur die Betriebskosten, sondern auch die Umweltbelastungen über den gesamten Lebenszyklus einer Wärmepumpe, von der Herstellung bis zur Entsorgung.

Ergebnisse aus Langzeitstudien

- *Betriebskosten und Energieeinsparungen:* Langzeitstudien zeigen, dass Wärmepumpen im Vergleich zu herkömmlichen Heizsystemen signifikante Energieeinsparungen und niedrigere Betriebskosten bieten.
- *Langlebigkeit und Wartung:* Wärmepumpen haben eine hohe Lebensdauer und erfordern nur minimale Wartung. Regelmäßige Inspektionen und Wartungen können die Lebensdauer weiter verlängern und die Effizienz erhalten.
- *Umweltbelastung über den Lebenszyklus:* Lebenszyklusanalysen zeigen, dass Wärmepumpen über ihre gesamte Lebensdauer hinweg eine deutlich geringere Umweltbelastung aufweisen als fossile Heizsysteme. Dies gilt sowohl für die CO_2-Emissionen als auch für andere Umweltaspekte wie die Nutzung von Ressourcen und die Entsorgung.

5 Auswahl und Planung von Wärmepumpenanlagen

Die Planung einer Wärmepumpenanlage ist eine interdisziplinäre Aufgabe, die eine enge Zusammenarbeit zwischen Architekten, Fachplanern, Brunnen- oder Tiefbauunternehmen, Heizungs- und Elektrofachkräften sowie den Bauherren erfordert. Zu Beginn sollte geprüft werden, ob die geplante Anlage von den örtlichen Umwelt- oder Wasserbehörden genehmigt wird. Diese Schritte sind entscheidend, um sicherzustellen, dass die Anlage den gesetzlichen Anforderungen entspricht.

Der Architekt muss den Heizungsraum so planen, dass er genügend Platz für die Wärmepumpenanlage und eventuell benötigte Speicher bietet. Hier können kompakte Systeme mit integriertem Warmwasserspeicher von Vorteil sein, wenn Platz eine kritische Rolle spielt. Die Wahl der Wärmequelle, seien es Erdsonden, Erdkollektoren oder Wasser-Wasser-Systeme, hängt von den spezifischen Gegebenheiten des Grundstücks ab und sollte sorgfältig geprüft werden.

Für die Projektierung ist es wesentlich, die Leistung der Wärmepumpe genau zu bestimmen, um sicherzustellen, dass der Heizbedarf vollständig durch die Pumpe gedeckt wird. Ein unzureichend dimensioniertes System kann dazu führen, dass Elektroheizstäbe häufiger einspringen, was die Betriebskosten erhöht und die Effizienz mindert. Daher ist eine präzise Dimensionierung entscheidend, um den monovalenten Betrieb zu gewährleisten, bei dem die Wärmepumpe den gesamten Heizwärmebedarf deckt.

In Fällen, in denen eine Zusatzheizung erforderlich ist, spricht man von einem bivalenten Betrieb (→ *Kapitel 2.3* dieses Buches). Dies ist oft bei Luft-Wasser-Wärmepumpen der Fall, die bei besonders niedrigen Außentemperaturen Unterstützung benötigen. Alternativ kann eine monoenergetische Betriebsweise genutzt werden, bei der ausschließlich Strom als Energiequelle dient, was jedoch durch den Einsatz zusätzlicher elektrischer Heizungen teuer werden kann.

Elektrofachkräfte spielen eine zentrale Rolle in der Installation und Inbetriebnahme der Anlage und müssen sicherstellen, dass die Systeme gemäß den technischen Spezifikationen des Fachplaners und der Hersteller korrekt installiert werden. Eine sorgfältige Planung und Koordination sind unerlässlich, um eine optimale Funktionsweise und Effizienz der Wärmepumpenanlage zu gewährleisten.

5.1 Auswahl und Dimensionierung

Planung mit Öko-Wärme-Willi: *„Die richtige Auswahl und Dimensionierung einer Wärmepumpe ist entscheidend. Ich helfe Ihnen dabei, die besten Entscheidungen zu treffen."*

Die Auswahl und Dimensionierung von Wärmepumpenanlagen ist ein entscheidender Schritt, um sicherzustellen, dass die Anlage effizient und zuverlässig arbeitet. Die richtige Dimensionierung minimiert Betriebskosten und maximiert die Lebensdauer der Anlage. Bei der Auswahl und Dimensionierung von Wärmepumpenanlagen müssen verschiedene Faktoren berücksichtigt werden, einschließlich des Wärmebedarfs des Gebäudes, der klimatischen Bedingungen und der spezifischen Eigenschaften der Wärmepumpe. Eine genaue Wärmebedarfsanalyse ist unerlässlich, um die passende Wärmepumpe auszuwählen.

Auswahl des richtigen Wärmepumpentyps

Die Auswahl einer Wärmepumpenanlage erfordert eine sorgfältige Analyse mehrerer Faktoren, um sicherzustellen, dass die Anlage optimal auf die spezifischen Anforderungen des Gebäudes und seiner Bewohner abgestimmt ist. Hier sind die wichtigsten Punkte, die bei der Auswahl der richtigen Wärmepumpe berücksichtigt werden sollten:

- **Leistungsbedarf:** Die Wärmepumpe muss auf den spezifischen Wärmebedarf des Gebäudes abgestimmt sein, um Effizienz und ausreichende Heizleistung sicherzustellen. Der Wärmebedarf hängt von verschiedenen Faktoren ab, darunter die Größe des Gebäudes, die Wärmedämmung, die Anzahl der Bewohner und die klimatischen Bedingungen des Standorts. Eine genaue Berechnung des Wärmebedarfs ist entscheidend, um die richtige Wärmepumpe auszuwählen und sicherzustellen, dass sie weder überdimensioniert noch unterdimensioniert ist → *Anhang A.9* und *Kapitel 6* dieses Buches.
- **COP (Coefficient of Performance):** Der COP-Wert einer Wärmepumpe gibt an, wie effizient die Anlage arbeitet. Er definiert das Verhältnis von erzeugter Wärmeenergie zu eingesetzter elektrischer Energie. Eine Wärmepumpe mit einem hohen COP ist effizienter und reduziert die Betriebskosten. Bei der Auswahl der Wärmepumpe sollte darauf geachtet werden, dass der COP unter den Betriebsbedingungen, die dem tatsächlichen Einsatzort entsprechen, möglichst hoch ist → *Kapitel 2.4* dieses Buches und *Anhang B*.

- **Kältemittel:** Das in der Wärmepumpe verwendete Kältemittel hat einen wesentlichen Einfluss auf die Umweltverträglichkeit und Effizienz der Anlage. Kältemittel mit niedrigem Treibhauspotenzial (GWP) sind umweltfreundlicher. Zudem sollte die Effizienz des Kältemittels berücksichtigt werden, da diese die Leistungsfähigkeit und den Energieverbrauch der Wärmepumpe beeinflusst. Die Wahl des richtigen Kältemittels kann auch langfristige Auswirkungen auf die Wartungsanforderungen und die Lebensdauer der Anlage haben → *Kapitel 2.6* dieses Buches.
- **Systemkompatibilität:** Die Wärmepumpe muss mit den bestehenden Heizsystemen und anderen elektrischen Geräten im Gebäude kompatibel sein. Dies umfasst die Integration in das bestehende Rohrnetz, die Steuerungssysteme und die Energieversorgung des Gebäudes. Eine Wärmepumpe, die nicht vollständig kompatibel ist, kann zusätzliche Kosten für Anpassungen und möglicherweise auch Effizienzverluste verursachen. Es ist wichtig, die technischen Spezifikationen der Wärmepumpe mit den vorhandenen Systemen abzugleichen, um eine nahtlose Integration zu gewährleisten → *Kapitel 9* und *Kapitel 2.10.3* dieses Buches.
- **Einsatzbereich:** Abhängig von den geografischen und klimatischen Bedingungen des Einsatzorts sollte der geeignete Wärmepumpentyp ausgewählt werden. Die drei Haupttypen sind Luft-Wasser-, Wasser-Wasser- und Sole-Wasser-Wärmepumpen. Luft-Wasser-Wärmepumpen sind in gemäßigten Klimazonen weit verbreitet, während Wasser-Wasser- und Sole-Wasser-Wärmepumpen in kälteren Klimazonen effizienter sein können, da sie eine konstante Wärmequelle nutzen. Die Bodenverhältnisse und die Verfügbarkeit von Wasserquellen spielen ebenfalls eine Rolle bei der Auswahl des geeigneten Wärmepumpentyps. In der **Tabelle 5.1** sind die Wärmepumpentypen kurz erläutert. Eine detaillierte Erläuterung der Wärmepumpentypen: → *Kapitel 2.2*

Luft-Wasser-Wärmepumpen	Sie nutzen die Außenluft als Wärmequelle. Sie sind in der Regel einfacher und kostengünstiger zu installieren als andere Typen, da keine aufwendigen Erdarbeiten erforderlich sind. Ihre Effizienz kann jedoch bei sehr niedrigen Außentemperaturen abnehmen.
Wasser-Wasser-Wärmepumpen	Sie verwenden Grundwasser als Wärmequelle. Diese Systeme sind in der Regel sehr effizient, da das Grundwasser ganzjährig relativ konstante Temperaturen aufweist. Die Installation ist jedoch teurer und erfordert eine Genehmigung zur Nutzung von Grundwasser.
Sole-Wasser-Wärmepumpen	Sie nutzen die im Erdreich gespeicherte Wärme. Diese Systeme sind ebenfalls sehr effizient, insbesondere in kälteren Klimazonen, da das Erdreich über das Jahr hinweg eine relativ konstante Temperatur behält. Die Installation erfordert jedoch Erdarbeiten zur Verlegung von Erdkollektoren oder Erdsonden.

Tabelle 5.1 Wärmepumpentypen, kurzgefasst

Die sorgfältige Auswahl des richtigen Wärmepumpentyps und die Berücksichtigung aller relevanten Faktoren tragen maßgeblich zur Effizienz (→ *Kapitel 4* dieses Buches) und Zuverlässigkeit der Heizungsanlage bei. Eine gut geplante und installierte Wärmepumpenanlage kann nicht nur die Heizkosten senken, sondern auch einen erheblichen Beitrag zum Umweltschutz leisten, indem sie den CO_2-Ausstoß reduziert. Zusätzlich zu diesen Erläuterungen ist in der Tabelle 5.2 eine Schnellübersicht zur Auswahl des Wärmepumpentyps enthalten.

- **Auswahl des richtigen Standorts für die Wärmepumpe:** Bereits im Planungsschritt für die Wärmepumpe muss auch der richtige Standort bestimmt werden. Neben den Faktoren wie optimale Leitungsverlegung, Berücksichtigung des Spannungsfalls usw. muss auch daran gedacht werden, dass die Zugänglichkeit der Wärmepumpe z. B. für spätere Wartungsarbeiten gewährleistet werden muss. In der Normenreihe DIN VDE 0100 werden dazu zwar keine besonderen Vorgaben für Wärmepumpen angegeben, es gelt die allgemeinen Vorgaben, wie sie für alle elektrische Anlagen und Betriebsmittel gelten. Aber der Teil 729 der DIN VDE 0100 fordert Mindestbreiten von Bedienungs- und Wartungsgängen und Mindestabstände für eine evtl. Räumung der Schaltanlagen und Schaltgerätekombinationen. Die Wärmepumpenanlage lässt sich sicher in den Oberbegriff einer Schaltanlage einreihen, daher gilt die Anwendung von DIN VDE 0100-729:2010-02.

Nachfolgend ein kurzer Ausflug in den Teil 729:

- **Zugang zu Bedienungs- und Wartungsgängen:** Die max. zulässigen Längen der Bedienungs- und Wartungsgänge sind in DIN VDE 0100-729 ebenfalls festgelegt. Sind sie nur von einer Seite aus zugänglich, so dürfen sie eine max. Länge von 10 m haben. Ein Zugang von beiden Seiten ist gefordert, wenn die Länge > 10 m bis ≤ 20 m beträgt und empfohlen wird bereits ein zweiseitiger Zugang bei Bedienungs- und Wartungsgängen von > 6 m in Bereichen mit eingeschränktem Zugang.
- **Anforderungen an die Räumung:** Im Anhang A der DIN VDE 0100-729 sind noch Anforderungen für den Fall der Räumung enthalten, denn damit eine schnelle und leichte Räumung im Störungsfall durchgeführt werden kann, müssen sich alle Türen in Bewegungsrichtung (Fluchtweg) schließen lassen. Die Türen aller Einrichtungen und schwenkbaren Baugruppen in den Schaltanlagen müssen sich um 90° öffnen lassen. Der Anhang A der DIN VDE 0100-729 beinhaltet weiterhin Maße für die Mindestgangbreiten im Falle der Räumung, dabei werden in Abhängigkeit der verschiedenen Schalter und Bedienelemente und ihren Schaltzuständen Gangbreiten von 60 cm bis 50 cm gefordert. Die Mindestdurchgangsbreite für den Fluchtweg von 50 cm ist dringend einzuhalten.

- **Mindestmaße für die Außentüren:** Die Türen zu den Bedienungs- und Wartungsgängen müssen sich nach außen öffnen lassen mit folgenden Mindestabmessungen: Breite 70 cm und Höhe 200 cm.
- **Zusätzliche Anforderungen:** Bereiche mit eingeschränktem Zugang sollten eine natürliche oder maschinelle Lüftung haben oder mit einer Klimaanlage versorgt sein, damit eine für die Anlagen und Betriebsmittel geeignete Temperatur im Innern der Betriebsstätte erreicht werden kann und möglichst Staub verhindert wird. Außerdem werden ein fester und ebener Fußboden und eine angemessene Beleuchtung der Betriebsstätte gefordert.

In **Tabelle 5.2** und **Tabelle 5.3** sind Mindestmaße für Breiten, Höhen und Höhen angegeben.

Situation in Bedienungs- und Wartungsgängen; Anordnung der ungeschützten aktiven Teile	**Breite des Gangs in cm**	**Freier Durchgang[1] vor Bedienelementen in cm**	**Mindestabstand von Bedienelementen und aktiven Teilen auf der gegenüberliegenden Seite des Gangs in cm**	**Höhe von aktiven Teilen über dem Fußboden[2] in cm**
ungeschützte aktive Teile auf einer Seite	90	70	–	250
ungeschützte aktive Teile auf beiden Seiten	130	90	110	250
[1] freier Durchgang kann durch Bedienelemente um 20 cm eingeschränkt werden, [2] gilt nur für Gänge, in denen Personen gehen oder stehen können				

Tabelle 5.2 Mindestmaße für Breiten, Abständen und Höhnen für Bedienungs- und Wartungsgänge in Abhängigkeit von der Anordnung der ungeschützten aktiven Teile

Bereiche mit eingeschränktem Zugang	**Breite des Gangs in cm**	**Höhe der Deckenverkleidung über dem Fußboden in cm**	**Höhe von aktiven Teilen über dem Fußboden in cm**
zwischen Abdeckungen oder Umhüllungen und Schaltbedienelementen/ und anderen Abdeckungen	60/70	200	250
zwischen Hindernissen und Schaltbedienelementen	70	200	250
[1] die Maße gelten, wenn alle Teile der Deckenverkleidung montiert sind, die Verkleidung geschlossen ist und sich vorhandenen Leistungsschalter in Trennstellung befinden; [2] wird zusätzlicher Arbeitsraum benötigt, können größere Maße erforderlich werden			

Tabelle 5.3 Mindestmaße[1), 2)] für Breiten, Abständen und Höhen für Bedienungs- und Wartungsgänge in Bereichen mit eingeschränktem Basisschutz durch Abdeckungen oder Umhüllungen oder Hindernissen

Aspekt	Erläuterung
Leistungsbedarf	Die Wärmepumpe muss auf den spezifischen Wärmebedarf des Gebäudes abgestimmt sein, um Effizienz und ausreichende Heizleistung sicherzustellen.
COP (Coefficient of Performance)	Auswahl einer Wärmepumpe mit einem hohen COP, um die Effizienz und die Betriebskosten zu optimieren.
Kältemittel	Berücksichtigung des eingesetzten Kältemittels hinsichtlich Umweltverträglichkeit und Effizienz.
System-kompatibilität	Kompatibilität der Wärmepumpe mit bestehenden Heizsystemen und anderen elektrischen Geräten im Gebäude sicherstellen.
Einsatzbereich	Geeigneten Wärmepumpentyp (Luft-Wasser, Wasser-Wasser, Sole-Wasser) entsprechend der geografischen und klimatischen Bedingungen auswählen.
Standort der Wärmepumpe	Bei der Wahl des Standorts für den Einsatzort der Wärmepumpe muss daran gedacht werden, dass sie auch später gut bedienbar sein muss.

Tabelle 5.4 Schnellübersicht zur Auswahl des Wärmepumpentyps

5.2 Planungsgrundlagen

Grundlagen der Planung unter Anleitung von Öko-Wärme-Willi: *„Eine gute Planung ist der Schlüssel zum Erfolg. Hier sind die wichtigsten Grundlagen, die Sie kennen sollten.“*

Die Planung von Wärmepumpenanlagen erfordert eine sorgfältige Berücksichtigung der technischen und rechtlichen Rahmenbedingungen. Planungsgrundlagen bilden die Basis für eine erfolgreiche Projektumsetzung.

Planungsgrundlagen umfassen sowohl technische Spezifikationen als auch rechtliche Anforderungen. Dazu gehört die Berücksichtigung von DIN-Normen, die Integration in das bestehende Heizungssystem und die Planung der elektrischen Anschlüsse.

Planung der Wärmepumpeninfrastruktur: Für eine optimale Wärmepumpen-infrastruktur ist rechtzeitig an regulatorische und organisatorische Maßnahmen zu denken, und die relevanten DIN-VDE-Normen für die Errichtung und die Auswahl der elektrischen Anlagen und Betriebsmittel sind zu berücksichtigen. Das bedeutet, eine gute Planung ist unumgänglich.

Die Anforderungen an die Planung sind auch deshalb so wichtig, weil:

- die Technik es erfordert,
- der Kunde optimal beraten werden sollte,
- die Ansprüche der Kunden verschieden sind,
- die Wärmepumpenanlagen durch die mögliche Dauerbelastung von mehreren Stunden innerhalb der elektrischen Anlage eine herausragende Rolle spielen,
- die zusätzlichen Anforderungen für Neuanlagen und Bestandsanlagen gelten und der Planer/die Elektrofachkraft bei bestehenden Anlagen die Notwendigkeit einer Anpassung überprüfen muss.

Die Errichtung von Wärmepumpenanlagen fällt grundsätzlich in den Geltungsbereich der DIN VDE 0100, der Normen für die Errichtung von Niederspannungsanlagen mit allen seinen Gruppen bzw. Teilen. Für einen Einstieg in die Planung der Wärmepumpenanlagen in die ortsfeste Elektroinstallation gelten einige Besonderheiten, die in der **Tabelle 5.5** dargestellt sind.

Aspekt	Erläuterung
Leitungs-querschnitt	Auswahl des richtigen Leitungsquerschnitts zur Vermeidung von Spannungsfall und zur Sicherstellung der sicheren Stromversorgung.
Potential-ausgleich	Sicherstellung des Potentialausgleichs, um Personenschutz und Funktionserhalt der elektrischen Anlage zu gewährleisten.
Steuer- und Regeltechnik	Integration geeigneter Steuer- und Regeltechnik für den effizienten Betrieb der Wärmepumpe.
Schutz-maßnahmen	Einplanung aller notwendigen Schutzmaßnahmen wie Fehlerstromschutzeinrichtung (RCD), Überspannungsschutz und thermische Überwachung.
Energie-optimierung	Berücksichtigung von Maßnahmen zur Energieoptimierung, wie z. B. Lastmanagement und Integration in Smart-Home-Systeme.

Tabelle 5.5 Wichtige Aspekte zur Planung der Wärmepumpeninfrastruktur

Die wesentlichen Grundlagen dieses Kapitels können den VDE-Anwendungsregeln VDE-AR-N 4100:2019-04, Technische Regeln für den Anschluss von Kundenanlagen an das Niederspannungsnetz und deren Betrieb (TAR-Niederspannung) und VDE-AR-N 4105:2018-11, Erzeugungsanlagen am Niederspannungsnetz – Technische Mindestanforderungen für den Anschluss und Parallelbetrieb von Erzeugungsanlagen am Niederspannungsnetz, entnommen werden. DIN-VDE-Normen zu Wärmepumpen sind im → *Anhang A* ausführlich erläutert. Außerdem ist die DIN 18015-1:2020-05 Elektrische Anlagen in Wohngebäuden – Planungsgrundlagen

→ *Anhang A.23* zu berücksichtigen, denn sie gilt für die Planung von elektrischen Anlagen in Wohngebäuden sowie mit diesen im Zusammenhang stehenden elektrischen Anlagen außerhalb der Gebäude.

Die Aussagen dieses Kapitels gelten für Neuerrichtungen von Elektroinstallationen für Wärmepumpenanlagen und bei deren Nachrüstung im Bestand → *Kapitel 11*. Die beschriebenen Anforderungen müssen auch bei einem Anschluss von Wärmepumpenanlagen an bestehenden Elektroinstallationen erfüllt werden. Normalerweise müssen für bestehende und unveränderte Teile von Kundenanlagen keine Anpassungen der Elektroinstallationen erfolgen, wenn ein sicherer und störungsfreier Betrieb der Anlage gewährleistet ist. Wenn allerdings wesentliche Änderungen der Anlagen vorgenommen werden, dann muss der Errichter die Notwendigkeit einer Anpassung überprüfen und erforderlichenfalls auch die Kundenanlage an die neuen Normen anpassen. Wann es sich um eine wesentliche Änderung handelt, ist in der VDE-AR-N 4100:2019-04, Abschnitt 4.4, erläutert. Werden in bestehenden Kundenanlagen Erweiterungen oder Änderungen vorgenommen, so muss der Errichter, also die Elektrofachkraft, prüfen, inwieweit die jeweils aktuellen Anforderungen an den Anschluss und den Betrieb von Kundenanlagen an das Niederspannungsnetz anzupassen sind. Eins ist auf jeden Fall klar: Es gelten für die erweiterten oder geänderten Anlageteile die jeweils aktuell gültigen Anforderungen aus den Normen.

Für Erweiterungen, Nutzungsänderungen oder Änderungen der Betriebsbedingungen gibt die VDE-AR-N 4100:2019-04 noch Beispiele als Hinweise zum besseren Verständnis. Also, die Pflicht zur Anpassung besteht z. B. bei:

- Erhöhung der benötigten bzw. eingespeisten elektrischen Leistung;
- Änderung von haushaltsüblichen Verbrauchsverhalten zu Anwendungen mit Dauerstrom (Wärmepumpenanlagen);
- Nachrüstung von steuerbaren Verbrauchseinrichtungen nach § 14a EnWG;
- Umwandlung einer Bezugsanlage in eine Bezugsanlage mit Netzeinspeisung;
- Änderung der Raumnutzung;
- Änderung der Anschlussnutzeranlage von einem einphasigen in einen dreiphasigen Anschluss;
- Änderung des Netzsystems nach Art der Erdverbindung, TN-, TT- oder IT-System;
- Berücksichtigung der EVU-Sperrzeiten für Wärmepumpenanlagen und damit die Installation eines gesonderten Zählers für die Wärmepumpe (neu seit 1. Januar 2024) → *Kapitel 6.1* und *Kapitel 6.4*.

5.2.1 Projektierung und Planungsvorbereitung

Bereits im Planungsstadium der Stromversorgung sind die Anschlussvoraussetzungen (→ *Kapitel 6* dieses Buches) zu klären, dabei sind der Netzbetreiber für die Starkstromanlagen und der Kommunikationsnetzbetreiber in die Planungen einzubeziehen. Frühzeitig ist daran zu denken, ob Stromerzeugungsanlagen mit oder ohne Speicher, die parallel zum öffentlichen Netz betrieben werden, errichtet werden oder inwieweit eine Infrastruktur für Wärmepumpenanlagen und in welcher Art und Weise aufgebaut werden soll. Auch die Notwendigkeit einer Notstromversorgung für eine evtl. Aussetzung der öffentlichen Versorgung muss bedacht werden.

Bei der Erweiterung bestehender Anlagen, bei Neuerrichtung und Änderung mit einer Erzeugungsanlage, einem Speicher oder einer Wärmepumpenanlage sind auch die Netzrückwirkungen gesondert zu beachten. Eine Anmeldepflicht bei den Netzbetreibern besteht für Wärmepumpenanlagen und stationäre Speicher mit einer Nennleistung ≥ 3,6 kVA. Bei Einzelgeräten oder ortsveränderlichen Geräten mit einer Bemessungsleistung von > 12 kVA, stationäre elektrische Speicher mit einer höheren Bemessungsleistung als 12 kVA je Kundenanlage und auch Wärmepumpenanlagen, deren Summen-Bemessungsleistung 12 kVA überschreitet, müssen bei Netzbetreibern zur Genehmigung eingereicht werden. Auch Anschlussschränke im Freien müssen genehmigt werden. Achtung: Ab 1. Januar 2024 gilt nach Aussagen der Bundesnetzagentur die Verpflichtung zur EVU-Sperrzeit, das bedeutet, dass Wärmepumpen angemeldet werden müssen, ein gesonderter Zähler einzubauen ist und der Netzbetreiber die Wärmepumpen für eine bestimmte Zeitdauer vom Netz nehmen kann → *Kapitel 6.1* und *Kapitel 6.4*.

6 Anschluss von Wärmepumpenanlagen an das elektrische Verteilungsnetz

6.1 Technische Anforderungen und DIN-VDE-Normen

Die Einhaltung technischer Anforderungen, DIN-VDE-Normen, VDI-Richtlinien und DGUV-Vorschriften sind unerlässlich für den sicheren und zuverlässigen Betrieb von Wärmepumpenanlagen.

Wärmepumpenanlagen müssen bestimmte technische Anforderungen erfüllen, um sicher und effizient an das elektrische Verteilungsnetz angeschlossen zu werden. Die Einhaltung von DIN-VDE-Normen gewährleistet die Sicherheit und Zuverlässigkeit der Installation. Konkret müssen für den Fall des Anschlusses einer Wärmepumpe die Technischen Anschlussregeln (TAB), das Messstellenbetriebsgesetz (MsbG), das Gesetz Smart Metering, DIN VDE 0100-100, DIN VDE 0100-410, DIN VDE 0100-712, bei evtl. gleichzeitigem Einsatz von PV-Anlagen, DIN VDE 0100-802, VDE-AR-E 2510-2, VDE-AR-N 4100, VDE-AR-N-4105, DIN 18015-1 Berücksichtigung finden.

6.2 Kernaspekte und Maßnahmen

Öko-Wärme-Willis Tipps zur Anschlusstechnik: *„Es gibt viele technische Anforderungen, wenn es um den Anschluss von Wärmepumpen geht. Ich mache sie für Sie verständlich."*

Für den Anschluss einer Wärmepumpe müssen nicht nur nach der Auswahl des optimalen Wärmepumpentyps die technischen Anforderungen am und im Gebäude und am Aufstellungsort beachtet werden, sondern seit dem 1. Januar 2024 ist auch die Anmeldung des Heizsystems bei dem jeweils zuständigen, örtlichen Stromnetzbetreiber vorgeschrieben.

Der Netzbetreiber muss die elektrischen Anlagen, Betriebsmittel und Verbrauchmittel in seinem Netz kennen, damit die jeweilige Leistung des Netzanschlusses messtechnisch ausgelegt und die evtl. Netzrückwirkungen auf das Netz beurteilt werden können. Dazu muss der Planer bzw. Errichter der elektrischen Anlagen, so auch einer elektrischen Wärmepumpe, die gleichzeitig benötigte elektrische Leistung anmelden und/oder je nach Leistungsgröße der Anlagen sogar genehmigen lassen. Zusammen mit der Anmeldung muss auch die Bedarfsart und die gewerbeartspezifische Nutzung genannt werden. Der Kunde bzw. Anschlussnehmer hat z. B. über seinen Planer oder Errichter, die gleichzeitig benötigte elektrische Leistung anzumelden. Die Bewertung und Genehmigung dieser Anlagen sind wichtig, um die Sicherheit und Zuverlässigkeit des Stromnetzes sicherzustellen und mögliche Netzrückwirkungen zu verhindern.

In Deutschland sind eine Vielzahl von Stromnetzbetreibern aktiv (etwa 900), die in der Regel speziell auf die Gegebenheiten ihres Netzes auch ihren eigenen Anmeldeprozess gestalten, sodass der jeweilige Kunde oder sein elektrotechnischer Fachberater, die Anmeldung individuell vornehmen muss. Man kann aber sagen, dass sich der Ablauf immer ähnlich abwickeln lässt. In der **Tabelle 6.1** ist der Anmeldeprozess kurz beschrieben.

Der Gebäudeeigentümer bzw. der Betreiber der Wärmepumpe muss sich in der Regel keine Gedanken um den Antragsprozess machen. Dies übernimmt der Fachbetrieb, der für die Errichtung der Wärmepumpe verantwortlich ist.

Ist-Erfassung der regionalen, örtlichen und technischen Gegebenheiten	Nach der Auswahl des Wärmepumpentyps und der Überprüfung durch die entsprechenden Fachkräfte auf Machbarkeit (→ *Kapitel 2*), sollte eine Erfassung der Ist-Situation auch durch die Fachkräfte erfolgen. Die Elektrofachkraft muss ermitteln, ob der Anschluss aus technischen Gründen möglich ist oder ob vorher zusätzliche Maßnahmen ergriffen werden müssen, damit die elektrotechnischen Anlagen alle Sicherheitsstandards einhalten können (→ *Kapitel 5* und *Kapitel 11*).
Anmeldung der Wärmepumpe beim zuständigen Netzbetreiber	Danach kann die Anmeldung durch das Elektroinstallationsunternehmen durchgeführt werden.
Prüfung durch den Netzbetreiber	Der Netzbetreiber überprüft, ob die gewünschte Anschlussleistung in seinem Netz zur Verfügung gestellt werden kann oder ob im Netz ebenfalls zusätzliche Verstärkungsmaßnahmen erfolgen müssen. Außerdem überprüft der Netzbetreiber die technischen Daten der Wärmepumpe, um auszuschließen, dass evtl. Netzrückwirkungen oder Unsymmetrien durch die Wärmepumpe im Netz verursacht werden können.
Genehmigung des Wärmepumpenanschlusses	Ist die Genehmigung des Anschlusses durch den Netzbetreiber erteilt, so kann die Elektrofachkraft zur Detailplanung für die jeweilige Wärmepumpe übergehen und die Installation nach Rücksprache mit dem Auftraggeber durchführen.
Fertigungsstellung der Installation und Meldung nach erfolgtem Anschluss	Nach Fertigstellung der Errichtung der gesamten Anlagen und den durchgeführten Erstprüfungen nach DIN VDE 0100-600 und den erarbeiteten Dokumentationen durch die Elektrofachkraft, wird nach der Inbetriebnahme (in einigen Fällen ist der NB anwesend) der Anschluss gemeldet → *Kapitel 14.3*.

Tabelle 6.1 Schematische Vorgehensweise zur Anmeldung einer Wärmepumpe bei den Netzbetreibern

Für die Elektrofachkraft noch einige Hinweise zu den Netzrückwirkungen und Unsymmetrien, die u. U. von den Wärmepumpen ausgehen können und die es gilt zu verhindern.

Netzrückwirkungen: Für Netzbetreiber hat eine optimale Netzqualität und damit der reibungslose Betrieb von elektrischen Anlagen und Betriebsmitteln oberste Priorität. Die ideale Netzspannung sollte sinusförmig sein, doch durch Rückwirkungen nicht linearer Verbraucher, leistungselektronischer Betriebsmittel und Verbrauchsmittel kann es zu Verzerrungen und zu Abweichungen von der Sinusform kommen. Netzrückwirkungen, wie Flicker, Oberschwingungen, Unsymmetrien und deren mögliche Grenzwerte werden daher auch in der VDE-Anwendungsregel VDE-AR-N 4100:2019-04 behandelt (→ *Anhang A.2*). Auch Erzeugungsanlagen, Speicher, Wärmepumpen, Notstromaggregate und Ladeeinrichtungen für Elektrofahrzeuge können Netzrückwirkungen verursachen und sind nach VDE-AR-N 4100:2019-04, Abschnitt 5.4 so zu planen, zu errichten und zu betreiben, dass Rückwirkungen auf das Niederspannungsnetz oder andere Kundenanlagen auf ein zulässiges Maß begrenzt werden.

Symmetrie: Ein symmetrischer Anschluss ist für den Netzanschluss wichtig, damit andere Verbraucher im Netz nicht gestört werden. Bei einem Betrieb der jeweiligen Kundenanlage dürfen weder die Einspeisung durch eine Erzeugungsanlage sowie durch Speicher oder größere Anlagen, wie Wärmepumpen eine Unsymmetrie hervorrufen.

Allgemein gilt für den Symmetrischen Anschluss:

- Erzeugungsanlagen, Speicher, elektrische Anlagen und Verbrauchsmittel ≥ 4,6 kVA sind dreiphasig in Drehstromnetzen anzuschließen.
- Geräte mit ≤ 4,6 kVA-Bemessungsleistung dürfen einphasig und gleichmäßig auf die Außenleiter verteilt angeschlossen werden.
- Einphasige Erzeugungsanlagen, Speicher, elektrische Anlagen und Verbrauchsmittel sind auf drei Geräte an einem Außenleiter mit einer Bemessungsleistung von ≤ 4,6 kVA begrenzt.

Diese Maßnahmen sind darauf ausgerichtet, die Wärmepumpen so in das elektrische Verteilungsnetz zu integrieren, dass die Netzstabilität erhalten bleibt und gleichzeitig die Effizienz und Wirtschaftlichkeit des Systems gesteigert werden.

Integration ins Stromnetz mithilfe von Öko-Wärme-Willi: *„Die Integration einer Wärmepumpe ins elektrische Verteilungsnetz ist komplex, aber ich erkläre Ihnen die Kernaspekte, die Sie beachten müssen."*

Anschließend noch einige Erläuterungen zu weiteren Eckpunkten bei dem Anschluss von Wärmepumpen an das elektrische Verteilungsnetz, wie Hauptstromversorgungssystem, Zählerplätze und Stromkreisverteiler.

6.2.1 Hauptstromversorgungssystem

Der Querschnitt der Leitungen, die Art und die Anzahl der Hauptleitungen sind in Abhängigkeit der anzuschließenden Anschlussnutzeranlagen und deren Leistungsbedarf festzulegen. Zu beachten sind dabei die Anzahl der elektrischen Verbrauchsmittel (die Wärmepumpe wird nicht das einzige Betriebsmittel sein), die zu erwartende Gleichzeitigkeit dieser Geräte, während des Betriebs und die Ausführung der Übergabestelle. Das Hauptstromversorgungssystem ist so zu errichten, dass an den Messeinrichtungen ein Rechtsfeld besteht. Hauptleitungen sind auf dem kürzesten möglichen Weg zu errichten, jedoch ist darauf zu achten, dass sie durch allgemein, leicht zugängliche Räume geführt werden. Freileitungsanschlüsse sollten so weitsichtig angeordnet werden, dass sie auch über einen erdverlegten Kabelanschluss versorgt werden können, ohne großen Installationsaufwand. Hauptleitungen im TN-System müssen in gemeinsamer Umhüllung einen PE- bzw. PEN-Leiter mitführen. Es dürfen nur Betriebsmittel eingebaut werden, die der Stromverteilung, dem Trennen der Anschlussnutzeranlage und dem Überspannungsschutz dienen. Ungemessene Endstromkreise dürfen nicht an Hauptstromversorgungssysteme angeschlossen werden. Ausnahme: Anwendungen, die gesetzlich gefordert sind, wie intelligente Messsystem oder Anwendungen, die dem Netzbetreiber zugeordnet werden.

Da eine Wärmepumpe im Dauerbetrieb einen wesentlichen Belastungsschwerpunkt innerhalb der Gesamtanlage darstellen könnte, ist bei der Errichtung streng auf die Anforderungen dieser VDE-Anwendungsregel zu achten. Da die Wärmepumpe häufig im Außenbereich oder in Garagen (unterschiedliche Gebäudeteile möglich) errichtet werden, muss die Leitungsführung zum Hauptverteiler geplant werden, denn VDE-AR-N 4100:2019-04 fordert, dass die Leitungen durch allgemein, leicht zugängliche Räume geführt werden müssen und die Zuordnung zu den jeweiligen Anschlussnutzeranlagen eindeutig und dauerhaft zu kennzeichnen ist. Für die Dimensionierung des Hauptstromversorgungssystems gilt DIN 18015-1:2020-05 (→ *Anhang A.7*). In dieser DIN-Norm sind weitere Anforderungen an die Hauptstromversorgungsanlagen und Hauptleitungen gestellt:

- Bei Erzeugungsanlagen, Wärmepumpen und Verbrauchsgeräten ist die jeweilige Ausstattung und für den Betrieb die zu erwartende Gleichzeitigkeit und die Dauer der Anlagen sowie die technische Ausführung der Übergabestelle bei der Dimensionierung zu berücksichtigen.

- Bei elektrischen Anlagen, die für Dauerströme ausgelegt sind, wie Wärmepumpen, Ladeeinrichtungen für Elektrofahrzeuge, Erzeugungsanlagen mit/ohne Speicher oder Elektroheizungen sind die Leiterquerschnitte bedarfsgerecht zu ermitteln.
- Hauptleitungen sind für eine Versorgung mit drei Außenleitern auszuführen und mindestens für eine Strombelastbarkeit von 63 A zu bemessen.

Schutz bei Überstrom: Es ist darauf zu achten, dass Hausanschlusssicherungen bzw. plombierte Überstromschutzeinrichtungen nicht als Schutzeinrichtungen bei Überlast oder Kurzschluss für Endstromkreise und elektrische Verbrauchsmittel verwendet werden.

Koordinierung von Schutzeinrichtungen: Die Selektivität zwischen den Überstromschutzeinrichtungen im Hauptstromversorgungssystem und in der Anschlussnutzeranlage ist durch die Auswahl der Schutzeinrichtungen nach DIN VDE 0100-530:2018-06 sicherzustellen.

Kurzschlussschutzeinrichtungen: Der Netzbetreiber kann dazu Vorgaben machen, liegen jedoch keine Angaben vor, müssen Kurzschlussschutzeinrichtungen mindestens folgendes Kurzschlussausschaltvermögen aufweisen:

- 25 kA im Hauptstromversorgungssystem, vor der Messeinrichtung,
- 10 kA im anlagenseitigen Anschlussraum eines Zählerplatzes nach DIN VDE 0603-1,
- 6 kA bei Stromkreisverteilern.

Spannungsfall: Zwischen der Übergabestelle (HAK) des Netzbetreibers und der Messeinrichtung (Zähleranlage) darf der zulässige Spannungsfall nach NAV § 13 einen Wert von 0,5 % der Nennspannung nicht überschreiten. Der Spannungsfall in der elektrischen Anlage hinter der Messeinrichtung bis zum Anschlusspunkt der Verbrauchsmittel sollte nach DIN 18015-1:2020-05, 3 % insgesamt nicht überschreiten. Die Berechnungsgrundlage für jeden Leitungsabschnitt ist der Bemessungsstrom der jeweils vorgeschalteten Überstromschutzeinrichtung.

Hauptleitungsabzweige: Werden Hauptleitungen weiter verzweigt, müssen entsprechende Hauptleiterabzweigklemmen nach DIN VDE 0603-3-1:2018-09 verwendet werden, entweder in Hauptleitungsabzweigkästen oder in Hauptleitungsverteilern oder in Anschlusskästen im Freien. Diese Abzweige müssen allerdings in der Nähe des HAK oder des Zählerschranks angeordnet werden.

6.2.2 Zählerplätze

Der Wärmepumpenanschluss kann über einen „normalen" Haushaltstarif und damit über den Haushaltszähler erfolgen, aber der Anschluss der Wärmepumpe ist auch über einen separaten Stromzähler möglich, und zwar dann, wenn vom Betreiber ein Sondertarif für Wärmepumpen gewählt wird. Seit dem 1. Januar 2024 ist das Anrecht zur sog. EVU-Sperrzeit für Wärmepumpenbesitzer verpflichtend (*wichtig:* → *Kapitel 6.5.1* dieses Buches). In der Vergangenheit konnten Nutzer noch frei wählen, ob sie ihren Energieversorger dazu berechtigen, den Strom ihrer Wärmepumpe zu drosseln. Dies geschah vor allem in Zeiten von Spitzenauslastungen. Dafür erhielten Verbraucher einen vergünstigten Strompreis. Diesen gibt es in der Form nun nicht mehr. Nach Aussagen der Bundesnetzagentur wird es allerdings auch weiterhin einen reduzierten Strompreis geben, sobald die Stromversorgung zur Wärmepumpe zeitweise gedrosselt wird.

Die Sperrzeiten der Netzbetreiber werden in der Regel während der Hochlastphasen festgelegt. Also dann, wenn die Nachfrage nach Strom besonders hoch ist. Damit während dieser Spitzenlastzeiten es nicht zu Problemen wie Spannungseinbrüchen oder Stromausfällen kommen kann, ist der Netzbetreiber in der Lage, Wärmepumpen bzw. auch Ladeeinrichtungen für die Elektromobilität und evtl. weitere Geräte zeitweise vom Netz zu nehmen, um das regionale Netz zu entlasten. Aber dafür ist zwingend ein weiterer Zähler erforderlich. Daher werden nachfolgend einige Aussagen zu den Zählerplätzen getroffen.

Zählerplätze müssen für einen Bemessungsstrom von mind. 63 A je Zähler ausgelegt sein. Der Anschluss von Zählerplätzen an das Hauptstromversorgungssystem erfolgt mittels der Hauptleitung von unten, von hinten oder seitlich direkt in den netzseitigen Anschlussraum oder in ein seitlich angeordnetes Einspeisegehäuse des Zählerschranks. Im TN-System ist eine Auftrennung des PEN-Leiters in PE- und N-Leiter ab der Einführung in das Gebäude an der Stelle, an der die Verbindung zur Haupterdungsschiene und zur Erdungsanlage hergestellt wird, d. h. innerhalb des Gebäudes Auftrennung im HAK, in einem Hauptleitungsverteiler oder im netzseitigen Anschlussraum des Zählerschrankes und außerhalb des Gebäudes Auftrennung an der erstmöglichen Stelle im Gebäude.

→ *Anhang A.7 DIN 18015-1:2020-05 Elektrische Anlagen in Wohngebäuden – Teil 1: Planungsgrundlagen*

Im Allgemeinen werden in der VDE-Anwendungsregel VDE-AR-N 4100:2019-04 (→ *Anhang A.2*) sehr ausführliche Anforderungen an die Ausführung der Zählerplätze gemacht, Belastungs- und Bestückungsvarianten von Zählervarianten auch in Form von Skizzen dargestellt, die Anordnung der Zählerschränke beschrieben, Trennvorrichtungen für die Anschlussnutzeranlage genannt und besondere Anforderungen an

Zählerplätze in Anschlussschränken im Freien erläutert. Alle diese Anforderungen hier zu benennen, würde den Rahmen dieses Buches sprengen, daher sollen nur beispielsweise einige Punkte hervorgehoben werden.

Ausführung der Zählerplätze: Bei Anlagen in Gebäuden mit Direktmessung sind Zählerplätze nach DIN VDE 0603-2-1 mit einem anlagenseitigen Anschlussraum von 300 mm Höhe zu verwenden. Dieser Anschlussraum dient zur Errichtung von

- Betriebsmitteln für den Anschluss der Zuleitungen;
- einem Freigaberelais für steuerbare Verbrauchseinrichtungen nach § 14a EnWG;
- Buchsen für die leitungsgebundene Übertragung von Zählwerten, Tarifwerten oder für Steuerzwecke und für Fehlerstrom-Schutzeinrichtungen (RCDs), Leitungsschutzschalter und Kombinationen von beiden für bis zu drei einphasigen Stromkreisen mit einer Absicherung von max. 16 A für jede Anschlussnutzeranlage und von Überspannungsschutzeinrichtungen. Von den drei einphasigen Stromkreisen mit einer Absicherung von max. je 16 A darf auch einer für Erzeugungsanlagen oder für Wärmepumpen verwendet werden.

Für die Dimensionierung der Zählerplätze müssen alle möglichen Energieflussrichtungen und die max. möglichen Betriebsströme berücksichtigt werden. Außerdem ist bei Stromanwendungen, wie Wärmepumpen oder andere leistungsstarke Geräte bereits bei der Planung der Zähleranlage der notwendige Platz dafür zu berücksichtigen. Wird der Zählerplatz mit einer internen Verdrahtung nach DIN VDE 0603-2-1:2017-06 durchgeführt, sind folgende Betriebsarten einsetzbar, siehe **Tabelle 6.2** und **Tabelle 6.3**.

Betriebsströme ≤ 63 A	Bei haushaltsüblicher Belastung und ähnlichen Betriebsarten unter Berücksichtigung des Belastungsgrads und des Gleichzeitigkeitsfaktors nach DIN 18015-1:2020-05, Bild A.1, Kurve 1
Betriebsströme ≤ 32 A	Bei Eigenerzeugungsanlagen und/oder Bezugsanlagen mit **nicht haushaltsüblichem Lastverhalten**, wie Direktheizungen, Speicher und Wärmepumpen, unabhängig von der Einschaltdauer.

Tabelle 6.2 Zählerplätze für Betriebsarten bei Leiterquerschnitten von 10 mm^2

Betriebsströme mit bis max. 44 A bei Einfachbelegung[*)]	Bei Eigenerzeugungsanlagen und/oder Bezugsanlagen mit nicht haushaltsüblichem Lastverhalten, wie Direktheizungen, Speicher und Ladeeinrichtungen für Elektrofahrzeuge, unabhängig von der Einschaltdauer.
[*)] Einfachbelegung: Belegung des Zählerfelds eines Zählerplatzes mit einem bzw. zwei Messeinrichtungen	

Tabelle 6.3 Zählerplätze für Betriebsarten bei Leiterquerschnitten von 16 mm^2

Trennvorrichtungen für die Anschlussnutzeranlage: Hausanschlusssicherungen sind als Trennvorrichtungen für die Anschlussnutzeranlage nicht zulässig. Vor jeder direkt in das Hauptstromversorgungssystem angeschlossenen Messeinrichtung ist eine selektive Überstromschutzeinrichtung vorzusehen, die folgende Funktionen erfüllen kann,

- Trennvorrichtung für die Inbetriebsetzung der Anschlussnutzeranlage,
- Freischalteinrichtung für die Mess- und Steuereinrichtungen und
- Zentrale Überstrom-Schutzeinrichtung für die Messeinrichtungen und für die Anschlussnutzeranlage.

Die Überstromschutzeinrichtung muss sperr- und plombierbar sein und durch elektrotechnische Laien bedienbar.

6.2.3 Stromkreisverteiler

Wird ein Stromkreisverteiler verwendet, der sich außerhalb von Zählerschränken befindet, so müssen die Anforderungen aus DIN EN 60670-24 (**VDE 0606-24**):2014-03 oder bei einem Strombedarf von mehr als 125 A die Anforderungen aus DIN EN 61439-3 (**VDE 0660-600-3**):2013-02 Anwendung finden. In den Stromkreisverteilern sind Wechselstromkreise den Außenleitern so zuzuordnen, dass sich eine möglichst gleichmäßige Aufteilung der Leistung ergibt. Für die Installation und den Anschluss von Betriebsmitteln und Verbrauchsmittel, wie z. B. Wärmepumpen, muss auch DIN 18015-1:2020-05 berücksichtigt werden. Darin wird gefordert, dass bei der Zuordnung von Anschlussstellen für Verbrauchsmittel zu einem Stromkreis, die Abschaltung im Fehlerfall oder bei notwendiger manueller Abschaltung möglichst nur ein kleiner Teil der Anlage beeinträchtigt. Somit wird die größtmögliche Verfügbarkeit der Anlage für den Nutzer erreicht.

Die Selektivität in einer elektrischen Anlage muss auch bei einer Hintereinanderschaltung von z. B. einer Einrichtung zum Überstromschutz, wie Leitungsschutzschalter und einer Einrichtung zum Schutz gegen elektrischen Schlag, wie RCD gewährleistet sein. Dies kann erreicht werden durch entsprechende Selektiveigenschaften der jeweiligen Einrichtungen.

6.2.4 Steuerung und Datenübertragung

Bei einer zentralen Steuerung von Messeinrichtungen (z. B. für Tarifsteuerungen) gibt der Messstellenbetreiber die entsprechende Funktionsweise vor. Für die zentrale Steuerung von Verbrauchseinrichtungen nach § 14a EnWG, wie für größere Geräte,

Wärmepumpen, Erzeugungsanlagen und/oder Speichern von größer 12 kVA, sind die Vorgaben der Netzbetreiber einzuhalten.

Ist im Rahmen der Errichtung von Ladestationen, Wärmepumpen oder anderen größeren Anlagen und Geräten die Anbindung einer Kommunikationseinrichtung erforderlich, so gilt VDE-AR-N 4100:2019-04, Abschnitt 7.7.

6.2.5 Anbindung von Kommunikationsanlagen

Die Anbindung von Kommunikationseinrichtungen spielt eine entscheidende Rolle in modernen elektrischen Netzwerken. In den Normen werden die Standards und Anforderungen festgelegt, die für die zuverlässige Kommunikation zwischen verschiedenen Komponenten des Stromnetzes erforderlich sind.

Die Kommunikationseinrichtungen ermöglichen die Überwachung, Steuerung und Datenerfassung in Echtzeit, was eine effiziente Betriebsführung und Netzstabilität gewährleisteten. Sie dienen auch dazu, Störungen frühzeitig zu erkennen und den Energiefluss im Netz optimal zu steuern.

Dazu einige Anforderungen aus VDE-AR-N 4100:2019-04:

- Zählerplätze mit elektronischen Haushaltszählern, BKE, sind für die Kommunikation mit einer optoelektronischen Schnittstelle auszustatten und die Datenleitung in den vorhandenen Raum für Zusatzanforderungen zu legen.
- Bei Zählerplätzen mit Dreipunkt-Befestigung ist im Zählerfeld ein Raum mit Zusatzanwendungen mit mindestens acht Teilungseinheiten erforderlich.
- Im Zählerschrank ist ein Raum für den APZ, Abschlusspunkt Zählerplatz, nach DIN VDE 0603-1:2017-06 vorzusehen.

  Der Raum muss folgende Mindestanforderungen erfüllen:
  - plombierbar sein,
  - eigene Berührungsschutzabdeckung und
  - Maße von Höhe 300 mm, und Breite von 250 mm.
- Sind mehrere Zählerschränke vorhanden, dann den Zählerschrank mit der Allgemeinstromversorgung vorziehen.
- Ist ein Hausübergabepunkt, HÜP geplant oder schon vorhanden, ist ein Rohr oder ein Kanal für eine Datenleitung zwischen APZ und HÜP zu verlegen (25 mm) evtl. mit Zug Draht.

Weitere Details können VDE-AR-N 4100:2019-04, Abschnitt 7.7 entnommen werden.

In **Tabelle 6.4** sind die wichtigen Eckdaten für den Anschluss zusammenfassend dargestellt.

Punkt	Erläuterung
Netzanschlusskapazität	Sicherstellen, dass die Netzanschlusskapazität ausreichend für die zusätzliche Last der Wärmepumpe ist, um Überlastungen zu vermeiden.
Spannungsniveau	Überprüfen, ob die Spannungsversorgung (z. B. 230 V oder 400 V) für die Wärmepumpe geeignet ist und mit dem Verteilungsnetz übereinstimmt.
Absicherung	Die Wärmepumpe muss mit geeigneten Sicherungen (Leitungsschutzschalter) abgesichert werden, um Überlast und Kurzschluss zu vermeiden.
Zählerplatz	Bei Bedarf Installation eines zusätzlichen Stromzählers für die Wärmepumpe, um den Energieverbrauch getrennt zu erfassen.
Phasenlastaufteilung	Sicherstellen, dass die Last gleichmäßig über alle Phasen verteilt wird, um eine symmetrische Belastung des Stromnetzes zu gewährleisten.
Hauptstromversorgungssystem	Eine Wärmepumpe ist im Dauerbetrieb ein wesentlicher Belastungsschwerpunkt innerhalb der Gesamtanlage des Objekts, daher ist bei der Errichtung streng auf die Anforderungen VDE-Anwendungsregel VDE-AR-N 4100:2019-04 zu achten. → *Anhang A.2*
Zählerplätze	Bei Wärmepumpenanlagen gilt ab 01.2024 die EVU-Sperrfrist, daher ist ein zweiter Zähler für die Wärmepumpenanlage erforderlich.
Stromkreisverteiler	Für die Installation und den Anschluss von Betriebsmitteln und Verbrauchsmittel, wie z. B. Wärmepumpen, muss auch DIN 18015-1:2020-05 berücksichtigt werden. → *Anhang A.7*
Kommunikationsanlagen	Erfüllen eine wichtige Rolle in modernen elektrischen Netzwerken, daher die Standards und Anforderungen auch aus VDE-AR-N 4100:2019-04 beachten. → *Anhang A.2*

Tabelle 6.4 Zusammenfassung über wichtige Eckdaten zum Anschluss von Wärmepumpen

Literaturtipp: Weitere detaillierte Erläuterungen zum Anschluss von elektrischen Anlagen und Betriebsmitteln und Geräten sind in der VDE-Schriftenreihe 201, „*Cichowski, R. R.:* Netzanschluss – dezentrale und regenerative Erzeugungsanlagen am Niederspannungsnetz (NS-Netz). Berlin · Offenbach: VDE VERLAG, 2024“ zu finden.

6.3 Netzintegration und Energiemanagement

Mit Öko-Wärme-Willi Netzintegration verstehen: *„Effizientes Energiemanagement ist wichtig für den Betrieb von Wärmepumpen. Ich zeige Ihnen, wie Sie sie optimal ins Netz integrieren.“*

Die Integration von Wärmepumpenanlagen in das elektrische Verteilungsnetz erfordert eine sorgfältige Planung, um die Netzstabilität zu gewährleisten und ein effizientes Energiemanagement zu ermöglichen.

Eine effektive Netzintegration und Energiemanagementstrategie sind entscheidend für den effizienten Betrieb von Wärmepumpenanlagen. Hierzu zählen die Optimierung des Eigenverbrauchs, die Nutzung von Smart-Grid-Technologien und die Berücksichtigung von Lastmanagementstrategien.

Entscheidende Maßnahmen

- **Strategien zur Maximierung des Eigenverbrauchs:** Durch die Nutzung von Wärmepumpen kann der Eigenverbrauch optimiert werden, insbesondere in Kombination mit PV-Anlagen, um die Eigenverbrauchsquote zu erhöhen und die Abhängigkeit vom Netz zu reduzieren. Dies umfassen die Planung und Installation von Wärmepumpen und PV-Anlagen, um sicherzustellen, dass möglichst viel der erzeugten Energie vor Ort genutzt wird. Bei dem Einsatz von PV-Anlagen müssen die Anforderungen nach DIN VDE 0100-712:2016-10 berücksichtigt werden. → *Literaturtipp: Cichowski, R. R.:* Der rote Faden durch die Gruppe 700 der DIN VDE 0100. VDE-Schriftenreihe 168, 4. Auflage. Berlin · Offenbach: VDE VERLAG, 2024
- **Einsatz von Smart-Grid-Technologien zur Optimierung des Energieflusses:** Smart-Grid-Technologien ermöglichen eine intelligente Steuerung und Überwachung der Wärmepumpenanlagen, um den Energiefluss zu optimieren und Lastspitzen zu vermeiden. Dies beinhaltet den Einsatz von intelligenten Zählern, Energiemanagementsystemen und Kommunikationsnetzwerken, die eine *Echtzeitüberwachung und Steuerung ermöglichen.*
- **Planung und Umsetzung von Lastmanagementstrategien:** Durch die Implementierung von Lastmanagementstrategien kann die Lastverteilung im Netz ausgeglichen und die Netzstabilität verbessert werden. Dies schließt Maßnahmen wie zeitgesteuerte Lastverschiebungen, Demand Response Programme und die Integration von Energiespeichern ein, um Lastspitzen zu glätten und die Netzbelastung zu reduzieren.

Diese Maßnahmen sind darauf ausgerichtet, die Wärmepumpen so in das elektrische Verteilungsnetz zu integrieren, dass die Netzstabilität erhalten bleibt und gleichzeitig die Effizienz und Wirtschaftlichkeit des Systems gesteigert werden.

6.4 Schutzmaßnahmen und Fehlervermeidung

Öko-Wärme-Willi zu Sicherheitsmaßnahmen: *„Sicherheitsmaßnahmen sind entscheidend, um Probleme zu vermeiden. Hier sind einige wichtige Tipps."*

Schutzmaßnahmen und Fehlervermeidung sind entscheidend, um den sicheren Betrieb von Wärmepumpenanlagen zu gewährleisten und Ausfallzeiten zu minimieren. Die Implementierung geeigneter Schutzmaßnahmen und Fehlervermeidungstechniken ist notwendig, um den zuverlässigen und effizienten Betrieb von Wärmepumpenanlagen sicherzustellen. Dies umfasst den Einsatz entsprechender Betriebsmittel, die Berücksichtigung optimaler Erdungs- und Überwachungssysteme sowie die strikte Einhaltung aller relevanten Normen und Vorschriften, wie sie die Elektrofachkraft bei der Errichtung aller elektrischen Anlagen und Betriebs- und Verbrauchsmittel kennt.

Entscheidende Kernaspekte

- **Einsatz von Fehlerstrom-Schutzstromschutzeinrichtungen, RCDs:** RCDs bieten einen wichtigen Schutz gegen Fehlerströme und reduzieren das Risiko von Stromschlägen und Bränden. Sie sollten in allen Stromkreisen, die die Wärmepumpenanlagen versorgen, installiert werden. Die RCDs überwachen den Stromfluss und schalten den Strom ab, wenn ein Fehlerstrom erkannt wird, wodurch potenzielle Gefahren für Menschen und Anlagen vermieden werden.
- **Anforderungen an Erdung und Potentialausgleich:** Eine ordnungsgemäße Erdung und ein sicherer Potentialausgleich sind essenziell, um elektrische Anlagen vor Überspannungen und anderen elektrischen Gefahren zu schützen. Die Erdung leitet überschüssigen Strom sicher in die Erde ab, während der Potentialausgleich dafür sorgt, dass alle Metallteile eines Systems das gleiche elektrische Potential haben, was das Risiko von elektrischen Schlägen minimiert (→ *Kapitel 8* dieses Buches).
- **Überwachung und regelmäßige Wartung der Anlage:** Regelmäßige Wartung und Überwachung der Wärmepumpenanlagen sind notwendig, um einen zuverlässigen Betrieb sicherzustellen und frühzeitig potenzielle Fehler zu erkennen. Dies umfasst die Inspektion der elektrischen Verbindungen, die Überprüfung der Betriebsparameter und die Reinigung von Komponenten. Moderne Überwachungssysteme können kontinuierlich Betriebsdaten erfassen und analysieren, um frühzeitig auf Anomalien aufmerksam zu machen, bevor diese zu ernsthaften Problemen führen (→ *Kapitel 12* und *Kapitel 14* dieses Buches).

- **Verwendung hochwertiger Komponenten:** Der Einsatz von hochwertigen und zertifizierten Komponenten kann die Lebensdauer und Zuverlässigkeit der Wärmepumpenanlagen erheblich verbessern. Komponenten, die den aktuellen Normen und Standards entsprechen, tragen dazu bei, das Risiko von Ausfällen und Schäden zu minimieren (→ *Kapitel 12.4* dieses Buches).
- **Schulung des Wartungspersonals:** Regelmäßige Schulungen und Weiterbildungen des Wartungspersonals sind wichtig, um sicherzustellen, dass alle Beteiligten mit den neuesten Techniken und Sicherheitsvorschriften vertraut sind. Dies trägt dazu bei, menschliche Fehler zu minimieren und die Effizienz der Wartungsarbeiten zu erhöhen (→ *Kapitel 12.5* dieses Buches).

Durch die sorgfältige Planung und Umsetzung dieser Schutzmaßnahmen (→ *Kapitel 13* dieses Buches) und Fehlervermeidungstechniken (→ *Kapitel 14.2* dieses Buches) können Wärmepumpenanlagen sicher und effizient betrieben werden, wodurch Ausfallzeiten minimiert und die Lebensdauer der Anlagen verlängert werden.

6.5 Auswirkungen auf die Netzstabilität und Lastmanagement

Öko-Wärme-Willi zu Netzstabilität und Wärmepumpen: *„Wärmepumpen beeinflussen die Netzstabilität. Lassen Sie uns darüber sprechen, wie Sie diese Herausforderungen meistern können."*

Wärmepumpenanlagen können erhebliche Auswirkungen auf die Netzstabilität haben. Ein effizientes Lastmanagement ist daher unerlässlich, um eine Überlastung des Netzes zu verhindern.

Die Integration von Wärmepumpenanlagen in das elektrische Verteilungsnetz kann die Netzstabilität beeinflussen. Ein effektives Lastmanagement hilft, diese Auswirkungen zu minimieren und eine zuverlässige Energieversorgung sicherzustellen.

6.5.1 Kritische Schritte und Maßnahmen – EVU-Sperrzeiten für Wärmepumpenanlagen

Ab dem 1. Januar 2024 gelten neue Regelungen für die Sperrzeiten durch die Energieversorgungsunternehmen (EVU) für den Betrieb von Wärmepumpenanlagen. Diese Sperrzeiten sind Zeiträume, in denen die Stromversorgung der Wärmepumpen durch das EVU unterbrochen werden kann, um das Netz zu entlasten und die Versorgungssicherheit zu gewährleisten.

Hintergrund für die Einführung dieser Regelung: Die EVU-Sperrzeiten sind Teil der Netzintegrationsmaßnahmen, die darauf abzielen, den zunehmenden Strombedarf durch Wärmepumpen, Elektrofahrzeuge und andere elektrische Verbraucher, die die Netzstabilität u. U. stark negativ beeinträchtigen könnten, zu managen. Durch die Einführung von Sperrzeiten wird das Netz in Spitzenlastzeiten entlastet, was zu einer stabileren Stromversorgung beiträgt.

Regelungen und Zeiten der EVU-Sperrzeiten

1. *Zeitfenster:* Die Sperrzeiten können je nach Netzbetreiber und regionalen Gegebenheiten variieren. Üblicherweise liegen sie in den Morgen- und Abendstunden, wenn der Strombedarf besonders hoch ist. Typische Sperrzeiten sind beispielsweise zwischen 6:00–9:00 Uhr und 17:00–20:00 Uhr. Diese Zeiten können jedoch von Netzbetreiber zu Netzbetreiber unterschiedlich sein.
2. *Dauer:* Die Dauer der Sperrzeiten kann variieren, beträgt jedoch in der Regel zwischen 1 und 3 Stunden pro Zeitfenster. Einige Netzbetreiber können mehrmals täglich Sperrzeiten einführen, abhängig von der aktuellen Nutzlast.
3. *Benachrichtigung:* Netzbetreiber sind verpflichtet, die betroffenen Kunden rechtzeitig über die geplanten Sperrzeiten zu informieren. Dies erfolgt häufig über die Internetseite des Netzbetreibers oder direkte *Benachrichtigungen.*

Auswirkungen auf Wärmepumpenanlagen durch die EVU-Sperrzeiten

1. *Betriebsunterbrechungen:* Während der Sperrzeiten wird die Wärmepumpe temporär abgeschaltet. Es ist wichtig, dass die Wärmepumpenbesitzer dies bei der Planung ihres Heiz- und Warmwassersystems berücksichtigen.
2. *Speichersysteme:* Um die Auswirkungen der Sperrzeiten zu minimieren, empfiehlt sich die Installation von Pufferspeichern für Warmwasser und Heizungswärme. Diese Speicher können die während der Sperrzeiten benötigte Wärme bereitstellen.
3. *Intelligente Steuerung:* Moderne Wärmepumpensysteme können mit intelligenten Steuerungen ausgestattet werden, die sich an die Sperrzeiten anpassen und die Wärmepumpe optimal betreiben. Diese Systeme können die Wärmepumpe vor den Sperrzeiten stärker laufen lassen, um die benötigte Energie zu speichern.

Vorteile der Sperrzeitenregelung

1. *Netzentlastung:* Die Sperrzeiten tragen zur Stabilisierung des Stromnetzes bei, indem sie die Lastspitzen reduzieren.
2. *Kosteneffizienz:* Durch die Teilnahme an Sperrzeitenregelungen können Wärmepumpenbesitzer potenziell von niedrigeren Stromtarifen profitieren, da sie zur Netzstabilität beitragen.

Die EVU-Sperrzeiten, die ab dem 1. Januar 2024 in Kraft traten, sind ein wichtiger Bestandteil der Netzmanagementstrategie zur Bewältigung der zunehmenden elektrischen Lasten durch Wärmepumpen und andere elektrische Verbraucher. Durch die richtige Planung und Anpassung der Wärmepumpensysteme können die Auswirkungen dieser Sperrzeiten minimiert und gleichzeitig Vorteile für das Stromnetz und die Verbraucher erzielt werden.

6.5.2 Weitere Maßnahmen

Anmerkung: Der einzelne Handwerksbetrieb bzw. die Elektrofachkraft werden diese Analysen, Studien und die nachfolgenden Lastmanagementstrategien sicher nicht durchführen, sie sollen hier aber dennoch der Vollständigkeit halber genannt sein. Für die einzelne Fachkraft kann es förderlich sein, zumindest davon gehört zu haben.

6.5.2.1 Analyse der Auswirkungen von Wärmepumpenanlagen auf die Netzstabilität

Eine gründliche Analyse der Auswirkungen von Wärmepumpenanlagen auf die Netzstabilität ist entscheidend. Dies umfasst:

- **Lastflussstudien:** Untersuchung, wie sich der Stromfluss durch das Netz verändert, wenn Wärmepumpen betrieben werden. Diese Studien helfen dabei, Engpässe zu identifizieren und mögliche Überlastungen frühzeitig zu erkennen.
- **Simulationen und Modellierungen:** Mithilfe von Software-Tools können verschiedene Szenarien durchgespielt werden, um zu verstehen, wie sich Wärmepumpen unter verschiedenen Bedingungen verhalten. Dies ermöglicht es, potenzielle Probleme zu antizipieren und geeignete Gegenmaßnahmen zu planen.
- **Netzwerkanalyse:** Untersuchung der bestehenden Netzwerkinfrastruktur, um sicherzustellen, dass sie die zusätzlichen Lasten durch Wärmepumpenanlagen tragen kann. Dabei werden die Kapazität der Transformatoren, die Leitungsstärken und die Schaltanlagen überprüft.
- **Harmonikaanalyse:** Wärmepumpen können durch ihre leistungselektronischen Komponenten Oberschwingungen erzeugen, die die Netzqualität beeinträchtigen. Eine Analyse dieser Effekte ist notwendig, um entsprechende Filter oder andere Maßnahmen zu planen.

6.5.2.2 Entwicklung und Umsetzung von Lastmanagementstrategien

Lastmanagementstrategien sind essenziell, um die Netzstabilität zu gewährleisten und Lastspitzen zu vermeiden:

- **Demand Side Management (DSM):** Hierbei handelt es sich um Maßnahmen, die darauf abzielen, den Energieverbrauch der Verbraucher zu steuern und zu optimieren. Beispielsweise können Wärmepumpen so programmiert werden, dass sie vorwiegend dann arbeiten, wenn die Netzbelastung niedrig ist, z. B. nachts oder während Zeiten niedriger allgemeiner Nachfrage.
- **Zeitvariable Tarife:** Durch die Einführung von Tarifen, die sich nach der Tageszeit richten, können Verbraucher dazu motiviert werden, ihre Wärmepumpen zu Zeiten niedriger Netzbelastung zu betreiben.
- **Intelligente Steuerungssysteme:** Einsatz von Smart-Grid-Technologien, die in Echtzeit die Netzbelastung überwachen und die Wärmepumpen entsprechend steuern. Diese Systeme können automatisch die Leistung der Wärmepumpen reduzieren oder abschalten, wenn das Netz überlastet ist, und wieder hochfahren, wenn die Belastung sinkt.
- **Integration von PV-Anlagen:** Die Kombination von Wärmepumpen mit Photovoltaikanlagen kann die Netzbelastung reduzieren, indem ein Teil des Energiebedarfs durch selbsterzeugten Strom gedeckt wird. Dies reduziert die Abhängigkeit vom Netz und glättet die Lastkurven.

6.5.2.3 Nutzung von Energiespeichern zur Glättung von Lastspitzen

Energiespeicher spielen eine wichtige Rolle im Lastmanagement:

- **Batteriespeicher:** Sie können überschüssige Energie speichern, die zu Zeiten niedriger Nachfrage produziert wird, und diese Energie dann freigeben, wenn die Nachfrage steigt. Dies hilft, Lastspitzen zu glätten und die Netzstabilität zu verbessern.
- **Thermische Speicher:** In Verbindung mit Wärmepumpen können thermische Speicher (z. B. Warmwasserspeicher) die erzeugte Wärme speichern und bei Bedarf abgeben. Dies ermöglicht es, die Wärmepumpen zu Zeiten niedriger Netzbelastung zu betreiben und die gespeicherte Wärme zu einem späteren Zeitpunkt zu nutzen.
- **Pumpspeicherkraftwerke und andere große Energiespeicher:** Diese Systeme können große Energiemengen speichern und sind in der Lage, bei Bedarf schnell Energie bereitzustellen, um Lastspitzen abzufangen und die Netzfrequenz stabil zu halten.
- **Hybridlösungen:** Kombinationen aus verschiedenen Speichersystemen (z. B. elektrische und thermische Speicher) können synergistische Effekte nutzen und eine noch effektivere Lastglättung und Netzstabilität erreichen.

7 Elektrische Errichtung von Wärmepumpenanlagen

Die elektrische Errichtung von Wärmepumpenanlagen umfasst alle Tätigkeiten, die notwendig sind, um die Anlage betriebsbereit zu machen. Dazu gehören die Installation, der Anschluss und die Inbetriebnahme.

Die elektrische Errichtung von Wärmepumpenanlagen muss sorgfältig geplant (→ *Kapitel 5* und *Kapitel 6*) und durchgeführt werden. Dies umfasst die fachgerechte Installation aller Komponenten, die korrekte Verkabelung und die Durchführung von Sicherheitsprüfungen vor der Inbetriebnahme.

Der Betreiber/Nutzer der elektrischen Anlage eines jeweiligen Objektes muss dafür Sorge tragen, dass die für die Wärmepumpenanlage erforderliche Leistung beim Netzbetreiber angemeldet bzw. genehmigt wird (→ *Kapitel 5: Auswahl und Planung von Wärmepumpenanlagen* und *Kapitel 6: Anschluss von Wärmepumpenanlagen an das elektrische Verteilungsnetz*). Dies kann über einen zu beauftragenden Elektrohandwerksbetrieb erfolgen. Der Netzbetreiber muss dann die beantragte Leistung beurteilen, indem die Bereitstellung der Anschlussleistung auf die Gleichzeitigkeit, die Art der Nutzung und die evtl. Netzrückwirkungen hin bei den regionalen Netzverhältnissen überprüft wird.

Bei dem Anschluss von Wärmepumpenanlagen ist die Berücksichtigung der Anforderungen aus DIN VDE 0100, alle Teile, insbesondere auch VDE-AR-N 4100:2019-04 (→ *Anhang A.2* dieses Buches), VDE-AR-N 4105:2018-11 und VDE-AR-N 4105 Berichtigung 1:2020-10 (→ siehe auch *Anhang A* dieses Buches) dringend erforderlich.

Im Falle einer Bestandsanlage (→ *Kapitel 11* dieses Buches) kann es nötig sein, die Elektroinstallation zu ändern bzw. zu ergänzen (→ siehe auch *Kapitel 5* dieses Buches), weil diese Anlage evtl. unterdimensioniert sein könnte oder andere Fehler aufweist, sodass die Elektrofachkraft eine Wärmepumpe dort nicht anschließen kann.

Es gibt also für die Elektrofachkraft viel zu beachten, wenn eine Wärmepumpe errichtet werden soll, egal ob es im privaten Ein- und Zweifamilienhaus, bei Mehrfamilienhäusern oder bei Gewerbeimmobilien geschieht.

Im Nachfolgenden wird ein mögliches Konzept für die Elektroinstallation von Wärmepumpen dargestellt, das dem Leser die wesentlichen Anforderungen aus den verschiedenen Normen nicht im Fließtext bietet, sondern kurz und plakativ die Anforderungen in Bausteine packt, um der Elektrofachkraft einen schnellen Überblick zu verschaffen. Dennoch muss die Elektrofachkraft bzw. jeder Handwerksbetrieb im individuellen Einzelfall entscheiden, inwieweit die eine oder andere Ausführung für die jeweilige Errichtung einer Neuanlage, einer Bestandsänderung und Anpassung der Elektroinstallation für die Wärmepumpenanlage notwendig ist.

7.1 Zentrale Aspekte und Handlungsempfehlungen plakativ dargestellt

Öko-Wärme-Willis Installationsleitfaden: *„Hier sind einige zentrale Aspekte und Empfehlungen für die elektrische Errichtung von Wärmepumpen, übersichtlich in Tabellenform dargestellt."*

Lieber Leser, in den nachfolgenden Tabellen finden Sie zahlreiche Empfehlungen und Tipps. Da diese sich speziell an Elektrofachkräfte richten, habe ich Sie in den Beschreibungen fast immer direkt angesprochen.

Auswahl des Wärmepumpentyps
Tätigkeiten: • Ermittlung der erforderlichen Heizleistung, • Vergleich verschiedener Wärmepumpensysteme, • Bewertung der langfristigen Betriebskosten und Wartungsanforderungen für verschiedene Wärmepumpentypen, • Berücksichtigung der Möglichkeit zukünftiger Systemerweiterungen oder Änderungen in der Gebäudenutzung, die den Heizbedarf beeinflussen könnten. **Beschreibung:** • **Analyse der Gebäudeeigenschaften und Berechnung der notwendigen Heizleistung:** Berücksichtigen Sie die Größe und Isolation des Gebäudes, um die Heizleistung genau zu berechnen. • **Bewertung der Vor- und Nachteile von Luft-, Wasser- und Erdwärmepumpen:** Untersuchen Sie Effizienz, Installationskosten und Umweltfaktoren der verschiedenen Systeme. **Zusätzliche Empfehlung:** Berücksichtigen Sie auch die Fördermöglichkeiten und staatlichen Zuschüsse für die verschiedenen Wärmepumpentypen **Tipp:** Informieren Sie sich über die unterschiedlichen Wärmepumpentypen und ihre Einsatzgebiete in der VDI 4645 (→ *Anhang A.1*). *Literaturhinweise und detaillierte Beschreibungen* finden Sie in → *Kapitel 2.2 „Verschiedene Typen von Wärmepumpen"*. Achten Sie auf den COP (Coefficient of Performance) als Maß für die Effizienz der verschiedenen Typen. **Öko-Wärme-Willi empfiehlt:** *„Informieren Sie sich nicht nur über die verschiedenen Typen von Wärmepumpen, sondern auch über deren Umweltbilanz und Energieeffizienz auf lange Sicht. Berücksichtigen Sie den Jahresarbeitszahl-(JAZ-)Wert als wichtigen Faktor."*

Tabelle 7.1 Baustein: Auswahl des Wärmepumpentyps

Standorte der Wärmepumpenanlagen
Tätigkeiten: • Auswahl des Standorts unter Berücksichtigung verschiedener Faktoren. • Untersuchen Sie die Möglichkeit der Lärmminderung durch zusätzliche Schalldämpfer oder die Verwendung von Lärmschutzwänden. • Überprüfen Sie auch die Zugänglichkeit für zukünftige Wartungsarbeiten und den Schutz der Anlage vor möglichen physischen Schäden. **Beschreibung:** • **Berücksichtigung des Wärmepumpentyps:** Der Standort kann variieren, je nachdem, ob es sich um eine Luft-, Wasser- oder Erdwärmepumpe handelt. • **Innen- oder Außenaufstellung im Objekt/Gebäude:** Innenaufstellung erfordert ausreichend Platz und gute Belüftung, Außenaufstellung sollte vor Witterung geschützt sein. • **Berücksichtigung der Klimabedingungen:** In kälteren Regionen sind Wasser- und Erdwärmepumpen oft effizienter. • **Wärmepumpe als Split-Ausführung im Gebäude und/oder im Freien:** flexible Installationsmöglichkeiten, jedoch erhöhte Anforderungen an Leitungen und Isolation. • **Entfernung von der Elektroverteilung:** Kürzere Wege minimieren Leitungsverluste und *Installationskosten.* • **Lage des Objektes, Einzellage oder innerhalb dichter Bebauung:** Lärmemissionen und Platzverhältnisse sind besonders in dicht bebauten Gebieten zu beachten. • **Entfernung des Wohnbereichs zum Standort der Wärmepumpe:** Reduzierung von Lärmbelästigung durch größere Distanz. • **Berücksichtigung der Geräuschentwicklung bei Luftwärmepumpen:** Besonders bei dichter Bebauung und in Wohngebieten ist die Geräuschentwicklung ein wichtiger Faktor. **Zusätzliche Empfehlung:** Prüfen Sie örtliche Bauvorschriften und Nachbarrechte, um Konflikte zu vermeiden. **Tipp:** Achten Sie darauf, dass bei der Wahl des Standorts der Wärmepumpe alle Anforderungen aus der DIN VDE 0100 berücksichtigt, werden können. Empfehlenswert ist auch die Berücksichtigung der Lärmschutzverordnung und der Empfehlungen des BWP (Bundesverband Wärmepumpe → *Anhang A.19*). Weitere Informationen finden Sie in → *Kapitel 5* und *Kapitel 6* dieses Buches. **Öko-Wärme-Willi empfiehlt:** *„Planen Sie den Standort Ihrer Wärmepumpe so, dass sie sowohl effizient arbeitet als auch minimale Geräuschbelästigung verursacht. Berücksichtigen Sie dabei auch die thermische Effizienz und den Einfluss der Umgebungstemperaturen auf die Leistung."*

Tabelle 7.2 Baustein: Standorte der Wärmepumpenanlagen

Anmeldung bei Netzbetreibern
Tätigkeiten: • Anmeldung der Wärmepumpenanlagen nach NAV § 19 (2), • Sicherstellen, dass alle relevanten Dokumente und Genehmigungen bereit sind, um Verzögerungen zu vermeiden, • Berücksichtigen Sie auch die Möglichkeit, Energie aus erneuerbaren Quellen in das System zu integrieren und die notwendigen Genehmigungen dafür zu erhalten. **Beschreibung:** • **Vor der Errichtung ist jede Wärmepumpenanlage beim jeweiligen Netzbetreiber anzumelden:** Frühzeitige Anmeldung vermeidet Verzögerungen im Installationsprozess. • **Bei Leistungen > 12 kVA muss die Anschlussleistung durch den Netzbetreiber genehmigt werden:** Rechtzeitige Beantragung wichtig für die Projektplanung. • **Änderungen an bestehenden Netzanschlüssen müssen vom Anschlussnehmer angepasst werden, unterstützt durch die Elektrofachkraft:** Sicherstellung der Netzstabilität und Vermeidung von Überlastungen. • **Der Betreiber muss informiert werden, dass der Netzbetreiber nicht zwingend der Stromlieferant sein muss:** Option für günstigere Tarife durch unabhängige Stromanbieter. • **Nutzung der EVU-Sperrzeiten und Installation gesonderter Zähler für Wärmepumpenanlagen:** Optimierung der Betriebskosten durch spezielle Tarife für Wärmepumpen. **Zusätzliche Empfehlung:** Dokumentieren Sie alle Genehmigungen und Schriftwechsel mit dem Netzbetreiber für zukünftige Referenz. **Tipp:** Prüfen Sie die Anforderungen gemäß der TAB (Technische Anschlussbedingungen) des jeweiligen Netzbetreibers. Einige Netzbetreiber bieten spezielle Tarife für Wärmepumpen an. Wichtige Hinweise hierzu finden Sie im *Kapitel 6 „Anschluss von Wärmepumpenanlagen an das elektrische Verteilungsnetz“*. **Literaturtipp:** *Cichowski, R. R.:* Netzanschluss – dezentrale und regenerative Erzeugungsanlagen am Niederspannungsnetz (NS-Netz). VDE-Schriftenreihe 201. Berlin · Offenbach: VDE VERLAG, 2024 **Öko-Wärme-Willi empfiehlt:** *„Erkundigen Sie sich bei Ihrem Netzbetreiber nach speziellen Tarifen und Förderprogrammen für die Nutzung erneuerbarer Energien und Wärmepumpen.“*

Tabelle 7.3 Baustein: Anmeldung bei Netzbetreibern

Anschlussleistung
Tätigkeiten: • Dimensionierung der Anschlussleistung gemäß DIN 18015-1:2020-05. • Überprüfen Sie die Notwendigkeit von Leistungsreserven für mögliche zukünftige Erweiterungen der Anlage, • Stellen Sie sicher, dass die elektrische Versorgung auch für kurzfristige Lastspitzen ausreichend dimensioniert ist. **Beschreibung:** • **Ermittlung der gesamten Anschlussleistung unter Berücksichtigung aller elektrischen Betriebs- und Verbrauchsmittel:** Beziehen Sie alle relevanten Geräte in die Berechnung ein, um eine ausreichende Dimensionierung sicherzustellen. • **Betriebsmittel müssen so betrieben werden, dass Störungen im Netz ausgeschlossen sind:** Vermeiden Sie elektromagnetische Interferenzen und Spannungsschwankungen. • **Die elektrische Versorgung der Wärmepumpenanlage ist gemäß VDE-AR-N 4100:2019-04 und der TAB zu bemessen:** Beachten Sie die aktuellen technischen Anschlussbedingungen und Anwendungsregeln. • **Überprüfung der Notwendigkeit hoher Anschlussleistungen durch die Elektrofachkraft:** Optimieren Sie die Anschlussleistung durch genaue Bedarfsermittlung und vermeiden Sie Überdimensionierung. **Zusätzliche Empfehlung:** Planen Sie mögliche zukünftige Erweiterungen der Anlage, um erneute Anpassungen der Anschlussleistung zu vermeiden. **Tipp:** Achten Sie darauf, die Anschlussleistung gemäß DIN VDE 0100-430:2010-10 so zu dimensionieren, dass Überlastungen vermieden werden. Berechnen Sie die benötigte Leistung sorgfältig, indem Sie die maximale gleichzeitige Nutzung aller Verbraucher und potenzieller Lastspitzen berücksichtigen. **Öko-Wärme-Willi empfiehlt:** *„Planen Sie nicht nur für die aktuellen Anforderungen, sondern auch für mögliche zukünftige Erweiterungen und Lastspitzen. Eine großzügige Dimensionierung der Anschlussleistung kann zukünftige Probleme vermeiden.“*

Tabelle 7.4 Baustein Anschlussleistung

Hauptstromversorgungssystem
Tätigkeiten: • Planung der Leitungsführung und Dimensionierung des Hauptstromversorgungssystems, • berücksichtigen Sie die thermische Belastung der Leitungen und die Notwendigkeit zusätzlicher Kühlungsmaßnahmen in beengten Räumen, • nutzen Sie energiesparende Komponenten und Materialien, um die Gesamtenergieeffizienz des Systems zu verbessern. **Beschreibung:** • **Berücksichtigung der Anforderungen der VDE-Anwendungsregel** VDE-AR-N 4100:2019-04: Halten Sie sich an die neuesten Standards für die elektrische Installation. • **Leitungen müssen durch allgemein zugängliche Räume geführt und dauerhaft gekennzeichnet werden:** Sicherstellen der Zugänglichkeit für Wartung und Reparaturen. • **Dimensionierung gemäß DIN 18015-1:2020-05:** Verwenden Sie die aktuellen Normen zur Dimensionierung der Leitungen, um eine zuverlässige Versorgung zu gewährleisten. **Zusätzliche Empfehlung:** Nutzen Sie Kabelkanäle und Schutzrohre, um die Leitungen vor mechanischen Schäden zu schützen. **Tipp:** Stellen Sie sicher, dass das Hauptstromversorgungssystem den Anforderungen der DIN VDE 0100, der VDE-AR-N 4100:2019-04 und DIN 18015-1:2020-05 entspricht. Eine zuverlässige Stromversorgung ist entscheidend für den störungsfreien Betrieb der Wärmepumpe. Weitere Details: → *Kapitel 6.2.1* **Öko-Wärme-Willi empfiehlt:** *„Achten Sie auf die Auswahl von energieeffizienten und langlebigen Komponenten für die Hauptstromversorgung, um langfristig Betriebskosten zu sparen.“*

Tabelle 7.5 Baustein: Hauptstromversorgungssystem

Gleichzeitigkeitsfaktor
Tätigkeiten: • Berechnung, Berücksichtigung und Anwendung des Gleichzeitigkeitsfaktors, • Berücksichtigung des Einflusses von Spitzenlasten durch andere elektrische Verbraucher im Gebäude, • Evtl. Installation von Energiemanagementsystemen, die die Lastverteilung optimieren können. **Beschreibung:** • **Wärmepumpen als Dauerbelastung berücksichtigen:** Beachten Sie, dass Wärmepumpen kontinuierlich Strom verbrauchen (Dauerlast) und dies bei der Planung der elektrischen Versorgung wichtig ist. • **Gleichzeitigkeitsfaktor 1 bei Wärmepumpenanlagen anwenden:** Sicherstellen, dass die gesamte Leistung der Wärmepumpe jederzeit zur Verfügung steht. • **Unterschiedliche Gleichzeitigkeitsfaktoren für Einfamilien- und Mehrfamilienhäuser:** Passen Sie den Gleichzeitigkeitsfaktor an die jeweilige Gebäudestruktur an, um eine Überlastung des Netzes zu vermeiden. **Zusätzliche Empfehlung:** Regelmäßige Überprüfung und Anpassung des Gleichzeitigkeitsfaktors, um veränderte Nutzungsbedingungen zu berücksichtigen. **Tipp:** Der Gleichzeitigkeitsfaktor ist entscheidend für die Dimensionierung von elektrischen Anlagen und Betriebsmitteln, so auch bei Wärmepumpenanlagen, insbesondere bei der Planung von Mehrfamilienhäusern oder Gewerbeanlagen. Da es sich bei Wärmepumpenanlagen um eine Dauerlast handeln kann, wie z. B. bei einem Ladepunkt für Elektrofahrzeuge oder für Erzeugungsanlagen/Speicher, sollte der Gleichzeitigkeitsfaktor als 1 angesetzt werden. **Literaturtipp:** *Cichowski, R. R.:* Elektroinstallation und Ladeinfrastruktur der Elektromobilität. VDE-Schriftenreihe 175, 2. Auflage. Berlin · Offenbach: VDE VERLAG, 2023 → *Kapitel 5.2* dieses Buches **Öko-Wärme-Willi empfiehlt:** *„Nutzen Sie Energiemanagementsysteme, um den Gleichzeitigkeitsfaktor zu optimieren und die Lastverteilung effizient zu gestalten."*

Tabelle 7.6 Baustein: Gleichzeitigkeitsfaktor

Spannungsfall
Tätigkeiten: • Berechnung bzw. aus Erfahrung beurteilen des Spannungsfalls, • Überprüfen der Auswirkungen des Spannungsfalls auf die Effizienz der Wärmepumpenanlage und Optimierung der Leitungsführung entsprechend, • Nutzung von hochwertigen Leitungen mit geringem Widerstand, um den Spannungsfall zu minimieren. **Beschreibung:** • Spannungsfall gemäß DIN VDE 0100-100:2009-06 und DIN VDE 0100-520:2023-06 berechnen, • Leitungslängen, Leiterquerschnitte und spezifischer Leiterwiderstand berücksichtigen, • ein größerer Leitungsquerschnitt verbessert die Energieeffizienz bei langen Betriebszeiten. **Tipp:** Halten Sie den Spannungsfall gemäß DIN VDE 0100-520 ein, um eine stabile Spannungsversorgung sicherzustellen. **Literaturtipp:** Tabellen und praktische Berechnungsbeispiele sind im Buch *Cichowski, R. R.*: Kenngrößen für die Elektrofachkraft. VDE-Schriftenreihe 59, 4. Auflage. Berlin · Offenbach: VDE VERLAG, 2020 zu finden. **Öko-Wärme-Willi empfiehlt:** *„Minimieren Sie den Spannungsfall durch die Verwendung von Leitungen mit größerem Querschnitt und optimierter Leitungsführung, um die Energieeffizienz der Anlage zu maximieren."*

Tabelle 7.7 Baustein: Spannungsfall

Symmetrie
Tätigkeiten: • Sicherstellung der symmetrischen Belastung im Netz. • Regelmäßige Überprüfung der Lastverteilung im Netz, um asymmetrische Belastungen zu erkennen und zu korrigieren. • Verwendung von intelligenten Lastverteilersystemen, die die Symmetrie automatisch optimieren können. **Beschreibung:** • Ungleichmäßige Scheinleistungen beeinflussen die Netzstabilität negativ. • Geräte höherer Leistung müssen symmetrisch angeschlossen werden. • Einphasige Geräte mit ≤ 4,6 kVA sind auf max. drei Einrichtungen beschränkt. **Tipp:** Sorgen Sie für eine symmetrische Lastverteilung, um Netzrückwirkungen zu minimieren. Dies ist besonders wichtig in dreiphasigen Stromnetzen → *Kapitel 5* und *Kapitel 6* dieses Buches. **Öko-Wärme-Willi empfiehlt:** *„Sorgen Sie für eine gleichmäßige Lastverteilung, um die Netzstabilität zu gewährleisten und unnötige Energieverluste zu vermeiden."*

Tabelle 7.8 Baustein: Symmetrie

Leiteranordnung
Tätigkeiten: • Installation der Leiter gemäß DIN-VDE-Normen, • Sicherstellung der richtigen Polung bei der Installation von einphasigen und dreiphasigen Systemen, um eine korrekte Drehrichtung und sicheren Betrieb zu gewährleisten, • Überprüfung der Leitungsführung und evtl. Verwendung von flexible Leitungsführungen, um mechanische Spannungen auf die Leitungen zu reduzieren.
Beschreibung: • DIN VDE 0100-100:2009-06, Abschnitt 312 und VDE-AR-E 2100-550:2019-02 beachten, • Steckdosen in dreiphasigen Wechselstromsystemen so installieren, dass ein Rechtsdrehfeld besteht, • Planung der Anordnung der Leiter so, dass sie leicht zugänglich sind für Wartung und Reparatur. • Berücksichtigung der räumlichen Trennung von Leitern unterschiedlicher Spannungsebenen, um das Risiko von Kurzschlüssen zu minimieren.
Tipp: Die korrekte Leiteranordnung gemäß DIN VDE 0298-4:2023-06 ist entscheidend für die Sicherheit und die effiziente Funktion der Wärmepumpe.
Literaturtipp: Weitere Informationen: *Cichowski, R. R.*: Kenngrößen für die Elektrofachkraft. VDE-Schriftenreihe 59, 4. Auflage. Berlin · Offenbach: VDE VERLAG, 2020
Öko-Wärme-Willi empfiehlt: *„Achten Sie darauf, dass die Leiteranordnung nicht nur den normativen Anforderungen entspricht, sondern auch zukünftige Wartungsarbeiten erleichtert. Eine gut durchdachte Anordnung kann die Sicherheit und Effizienz der Anlage erheblich verbessern.“*

Tabelle 7.9 Baustein: Leiteranordnung

Schutzmaßnahmen
Tätigkeiten: • Implementierung umfassender Schutzmaßnahmen für Wärmepumpenanlagen → *Anhang A*. **Beschreibung:** • **Schutz gegen elektrischen Schlag gemäß DIN VDE 0100-410:** Verwenden Sie Fehlerstrom-Schutzeinrichtungen und Isolationsüberwachungssysteme, um direkten und indirekten Kontakt zu verhindern. • **Schutz gegen mechanische Beschädigungen durch geeignete Schutzabdeckungen und Platzierung der Anlagen:** Installieren Sie robuste Schutzabdeckungen und platzieren Sie die Anlage an geschützten Orten, um Beschädigungen durch äußere Einflüsse zu vermeiden. • **Implementierung von Brandschutzmaßnahmen, insbesondere in Räumen mit brennbaren Materialien, nach DIN VDE 0100-420:** Installieren Sie Brandmelder und Brandschutzschalter, um **Brandrisiken zu minimieren**. • **Installation von Überspannungsschutzgeräten (SPD) gemäß DIN VDE 0100-534:** Integrieren Sie Überspannungsschutzgeräte, um Schäden durch Blitzeinschläge und Netzstörungen zu verhindern. • **Sicherstellung einer regelmäßigen Wartung und Inspektion der Schutzmaßnahmen:** Führen Sie regelmäßige Überprüfungen und Wartungen durch, um die Funktionalität und Sicherheit der Schutzmaßnahmen zu gewährleisten. • Implementierung der redundanten Schutzsysteme, um den Schutz vor elektrischen Gefahren weiter zu erhöhen. • Sicherstellung, dass alle Schutzmaßnahmen gemäß den neuesten Sicherheitsrichtlinien regelmäßig überprüft und aktualisiert werden. **Zusätzliche Empfehlung:** Erstellen Sie einen Wartungsplan und schulen Sie das Personal in den erforderlichen Schutzmaßnahmen. **Tipp:** Wählen Sie Schutzmaßnahmen gemäß DIN VDE 0100-410, um Personen und Anlagen vor elektrischen Gefahren zu schützen. Zusätzliche Hinweise → *Kapitel 13* **Öko-Wärme-Willi empfiehlt:** *„Implementieren Sie nicht nur die notwendigen Schutzmaßnahmen, sondern planen Sie auch regelmäßige Inspektionen und Wartungen, um die dauerhafte Sicherheit und Funktionalität zu gewährleisten. Nutzen Sie auch digitale Werkzeuge für eine effektive Überwachung der Sicherheitsmaßnahmen."*

Tabelle 7.10 Baustein: Schutzmaßnahmen

RCD für Wärmepumpen

Tätigkeiten:
• Installation und Auswahl geeigneter Fehlerstrom-Schutzeinrichtungen (RCD)
 	
Beschreibung:
• **RCDs (Residual Current Devices) müssen gemäß DIN VDE 0100-530 installiert werden, um den Schutz gegen indirektes Berühren sicherzustellen:** Wählen Sie die richtigen RCDs basierend auf den spezifischen Anforderungen der Wärmepumpenanlage.
• **Auswahl des RCD-Typs in Abhängigkeit von der Art der Wärmepumpe und den Betriebsbedingungen:**
  – *Typ A für Standardanwendungen:* Geeignet für Wechselstromkreise mit pulsierenden Gleichfehlerströmen,
  – *Typ B für Anlagen mit einphasigen Wechselstrom- und dreiphasigen Wechselstromverbindungen, um auch glatte Gleichfehlerströme zu detektieren:* Bietet umfassenden Schutz für komplexere Stromkreise.
• **RCDs sollten regelmäßig auf ihre Funktionalität geprüft werden, um sicherzustellen, dass sie im Fehlerfall zuverlässig auslösen:** Führen Sie regelmäßige Tests durch und dokumentieren Sie die Ergebnisse.
• Implementieren Sie eine jährliche Überprüfung der RCDs durch eine qualifizierte Elektrofachkraft.
• Auswahl der RCDs, die für den spezifischen Einsatzbereich der Wärmepumpe optimiert sind, z. B. in feuchten Umgebungen.
• Installation der RCDs an strategischen Stellen, um maximalen Schutz bei minimalen Eingriffen in das System zu gewährleisten.
 	
Tipp: Verwenden Sie RCDs (Fehlerstrom-Schutzeinrichtungen) gemäß DIN VDE 0100-530, um den Schutz vor elektrischen Schlägen zu gewährleisten. *Mehr dazu: → Kapitel 13*
 	
Öko-Wärme-Willi empfiehlt: *„Stellen Sie sicher, dass die RCDs regelmäßig getestet und gewartet werden, um ihre zuverlässige Funktion zu gewährleisten. Berücksichtigen Sie bei der Auswahl der RCDs auch die spezifischen Betriebsbedingungen der Wärmepumpenanlagen."*

Tabelle 7.11 Baustein: RCD für Wärmepumpen

Auswahl der Betriebsmittel
Tätigkeiten: • Auswahl geeigneter Betriebsmittel gemäß DIN-VDE-Normen, • Sicherstellung, dass die Betriebsmittel auch unter extremen Betriebsbedingungen zuverlässig arbeiten. **Beschreibung:** • **Anforderungen an Wärmepumpen im Freien: dreiphasiger Anschluss ans Niederspannungsnetz, besondere Umgebungsbedingungen beachten:** Stellen Sie sicher, dass die Betriebsmittel wetterfest und für den Außeneinsatz geeignet sind. • **Flexible Ladekabel und Leitungen müssen DIN EN 50620 (VDE 0285-620) entsprechen:** Verwenden Sie nur geprüfte und zertifizierte Kabel und Leitungen, die für die spezifischen Anforderungen der Wärmepumpenanlagen ausgelegt sind. **Zusätzliche Empfehlung:** Berücksichtigen Sie auch die Effizienz und Langlebigkeit der ausgewählten Betriebsmittel, um die Betriebskosten zu minimieren und die Lebensdauer der Anlage zu maximieren. **Öko-Wärme-Willi empfiehlt:** *„Achten Sie bei der Auswahl der Betriebsmittel nicht nur auf deren Kompatibilität und Normgerechtigkeit, sondern auch auf deren Energieeffizienz und Umweltfreundlichkeit. Wählen Sie langlebige Materialien, die die Gesamtbetriebskosten minimieren.“*

Tabelle 7.12 Baustein: Auswahl der Betriebsmittel

Netzrückwirkungen
Tätigkeiten: • Planung, Errichtung und Betrieb von Wärmepumpen und Geräten zur Minimierung der Netzrückwirkungen, • Installation von Filtern oder Kompensationsgeräte, um die Auswirkungen von Netzrückwirkungen zu minimieren, • Überwachung der Netzrückwirkungen, um sicherzustellen, dass die gesetzlichen Grenzwerte eingehalten werden. **Beschreibung:** • **Wärmepumpen und Geräte müssen nach VDE-AR-N 4100:2019-04 so geplant, errichtet und betrieben werden, dass Netzrückwirkungen auf das Niederspannungsnetz oder andere Kundenanlagen auf ein zulässiges Maß begrenzt werden:** Beachten Sie die Grenzwerte für Oberschwingungen und Flicker. • **Bewertung von Geräten anhand ihres Eingangsstroms:** – **Eingangsstrom ≤ 75 A:** Geräte in diesem Bereich verursachen in der Regel geringere Netzrückwirkungen und sind einfacher zu integrieren. – **Eingangsstrom ≥ 75 A:** Für diese Geräte sind zusätzliche Maßnahmen zur Netzstabilität erforderlich, z. B. Installation von Filtern oder Kompensationsgeräten. **Zusätzliche Empfehlung:** Regelmäßige Überprüfung und Dokumentation der Netzrückwirkungen, um sicherzustellen, dass die gesetzlichen Vorgaben eingehalten werden. **Tipp:** Beachten Sie, dass die Netzrückwirkungen, wie Flicker, Oberschwingungen, Unsymmetrien und deren mögliche Grenzwerte in der VDE-Anwendungsregel VDE-AR-N 4100:2019-04 behandelt werden. → *Anhang A.2* **Öko-Wärme- Willi empfiehlt:** *„Installieren Sie Netzrückwirkungsfilter, um die elektrischen Störungen zu minimieren und die Netzstabilität zu gewährleisten. Regelmäßige Überwachung der Netzqualität hilft, frühzeitig Probleme zu erkennen und zu beheben.“*

Tabelle 7.13 Baustein: Netzrückwirkungen

Zuleitung von der Hauptverteilung zur Wärmepumpe
Tätigkeiten: • Installation der Zuleitung gemäß DIN-VDE-Normen **Beschreibung:** • **Nach DIN 18015-1:2020-05 ist eine Leitung mit drei Außenleitern, dem Neutralleiter und dem Schutzleiter sowie einer zulässigen Strombelastbarkeit von mind. 32 A vorzusehen:** Stellen Sie sicher, dass die Leitung den Anforderungen an Dauerbelastung und Sicherheit entspricht. • **Nach DIN VDE 0100-520:2023-06 müssen die Verbindungen zwischen Leitern und Anschlussstellen an Betriebsmitteln für dauerhafte Stromübertragung und angemessene mechanische Festigkeit und Schutz bemessen sein:** Verwenden Sie hochwertige Klemmen und Anschlüsse, um eine zuverlässige Verbindung zu gewährleisten. **Zusätzliche Empfehlung:** Überprüfen Sie die Leitungsführung regelmäßig auf mechanische Beschädigungen und thermische Überlastungen. **Tipp:** Dimensionieren Sie die Zuleitung nach DIN VDE 0298-4, um eine sichere und effiziente Stromversorgung sicherzustellen. Zur Ermittlung der zulässigen Stromkreislängen finden sich in DIN VDE 0100 Beiblatt 5 oder im Buch *Cichowski, R. R.:* Kenngrößen für die Elektrofachkraft. VDE-Schriftenreihe 59, 4. Auflage. Berlin · Offenbach: VDE VERLAG, 2020, z. B. dort Kapitel 6.1, Tabelle 6.14: Nutzen Sie diese Ressourcen, um die maximale Länge der Zuleitungen korrekt zu bestimmen. **Öko-Wärme-Willi empfiehlt:** *„Verwenden Sie Leitungen mit einem größeren Querschnitt und hochwertigen Isolationsmaterialien, um Spannungsverluste zu minimieren und die Energieeffizienz zu maximieren. Planen Sie auch die zukünftige Erweiterbarkeit der Anlage.“*

Tabelle 7.14 Baustein: Zuleitung von der Hauptverteilung zur Wärmepumpe

Zählerplätze
Tätigkeiten: • Planung und Installation von Zählerplätzen **Beschreibung:** • **Zählerplätze müssen für einen Bemessungsstrom von mind. 63 A je Zähler ausgelegt sein:** Stellen Sie sicher, dass die Zählerplätze den zukünftigen Leistungsanforderungen gerecht werden. • **VDE-AR-N 4100:2019-04 beschreibt ausführliche Anforderungen an die Ausführung der Zählerplätze:** Beachten Sie diese Anforderungen, um eine sichere und normgerechte Installation zu gewährleisten. • **Bei Anlagen in Gebäuden mit Direktmessung sind Zählerplätze nach DIN VDE 0603-2-1:2017-06 mit einem anlagenseitigen Anschlussraum von 300 mm Höhe zu verwenden:** Stellen Sie sicher, dass genügend Platz für die Installation und Wartung der Zähler vorhanden ist. • **Dimensionierung der Zählerplätze unter Berücksichtigung aller möglichen Energieflussrichtungen und Betriebsströme:** Planen Sie die Zählerplätze so, dass sie flexibel für verschiedene Betriebsbedingungen genutzt werden können. • **Achtung: Ab 1. Januar 2024 gilt nach Bundesnetzagentur die EVU-Sperrzeit. Das bedeutet für Wärmepumpen einen gesonderten Zähler:** Planen Sie die Installation eines separaten Zählers für die Wärmepumpen, um die neuen Regelungen zu erfüllen. **Zusätzliche Empfehlung:** Installieren Sie intelligente Zählersysteme, um den Energieverbrauch effizient zu überwachen und zu steuern und planen Sie die Zählerplätze so, dass sie leicht zugänglich für Ablesungen und Wartungen sind. Außerdem berücksichtigen Sie die Möglichkeit der Integration zusätzlicher Messsysteme für zukünftige Anforderungen. **Tipp:** Planen Sie Zählerplätze gemäß den TAB, der VDE-AR-N 4100:2019-04 → *Anhang A.2* und der DIN 18015-1:2020-05 → *Anhang A.7*, um eine korrekte Abrechnung und Messung des Energieverbrauchs zu gewährleisten. Hilfreiche Informationen dazu finden Sie im → *Kapitel 6.2.2* dieses Buches. **Literaturtipp:** *Cichowski, R. R.:* Netzanschluss – dezentrale und regenerative Erzeugungsanlagen am Niederspannungsnetz (NS-Netz). VDE-Schriftenreihe 201. Berlin · Offenbach: VDE VERLAG, 2024. Siehe auch → *Anhang A.17* dieses Buches. **Öko-Wärme-Willi empfiehlt:** *„Berücksichtigen Sie bei der Planung der Zählerplätze die Möglichkeit zur Integration intelligenter Messsysteme (Smart Meter), die eine detailliertere Überwachung und Steuerung des Energieverbrauchs ermöglichen. Dies kann langfristig helfen, die Betriebskosten zu optimieren."*

Tabelle 7.15 Baustein: Zählerplätze

Äußere Einflüsse
Tätigkeiten: • Berücksichtigung äußerer Einflüsse bei der Installation **Beschreibung:** • **Wärmepumpen im Freien müssen die Schutzart IP44 erfüllen und gegen mechanische Beanspruchungen geschützt sein:** Stellen Sie sicher, dass die Wärmepumpen gegen das Eindringen von Fremdkörpern und Spritzwasser geschützt sind. • **Berücksichtigung von Umweltfaktoren wie Temperatur, Feuchtigkeit und Witterungseinflüssen:** Verwenden Sie witterungsbeständige Materialien und Komponenten, um die Lebensdauer der Anlage zu verlängern. **Zusätzliche Empfehlung:** Planen Sie regelmäßige Inspektionen und Wartungen, um sicherzustellen, dass die Schutzmaßnahmen weiterhin wirksam sind. **Tipp:** Berücksichtigen Sie äußere Einflüsse gemäß DIN VDE 0100 der Gruppe 700, insbesondere bei der Installation in unterschiedlichen Umgebungen wie Außenbereichen oder feuchten Räumen. **Literaturtipp:** *Cichowski, R. R.:* Der rote Faden durch die Gruppe 700 der DIN VDE 0100. VDE-Schriftenreihe 168, 4. Auflage. Berlin · Offenbach: VDE VERLAG, 2024 **Öko-Wärme-Willi empfiehlt:** *„Wählen Sie für Außeninstallationen wetterfeste und korrosionsbeständige Materialien, die langfristig Schutz vor Umwelteinflüssen bieten. Planen Sie regelmäßige Inspektionen, um sicherzustellen, dass alle Komponenten weiterhin ordnungsgemäß geschützt sind.“*

Tabelle 7.16 Baustein: Äußere Einflüsse

Schutz gegen Überspannungen
Tätigkeiten: • Implementierung von Schutzmaßnahmen gegen Überspannungen **Beschreibung:** • **Nach DIN VDE 0100-100:2009-06 sind Personen, Nutztiere und Sachwerte gegen schädigende Einwirkungen durch Überspannungen, Unterspannungen und atmosphärische Einwirkungen zu schützen:** Verwenden Sie Überspannungsschutzgeräte (SPDs) an kritischen Stellen der Anlage. • **Installation von Überspannungsschutzgeräten an den Hauptverteilungen und empfindlichen Geräten:** Reduzieren Sie das Risiko von Geräteschäden und Ausfallzeiten. **Zusätzliche Empfehlung:** Überprüfen Sie die korrekte Erdung der Anlage, um die Wirksamkeit des Überspannungsschutzes zu maximieren → *Kapitel 8* dieses Buches. Installieren Sie Überspannungsschutzgeräte an allen kritischen Stellen des Systems und überprüfen Sie regelmäßig die Funktionalität der Überspannungsschutzgeräte und ersetzen Sie sie bei Bedarf. **Tipp:** Implementieren Sie Überspannungsschutzmaßnahmen nach DIN VDE 0100-443:2016-10, um die Wärmepumpe vor Schäden durch Blitzschlag oder Netztransienten zu schützen → *Kapitel 8.3.5* dieses Buches. **Öko-Wärme-Willi empfiehlt:** *„Erwägen Sie die Installation von Überspannungsschutzgeräten an allen kritischen Punkten, nicht nur an den Hauptverteilungen. Dies kann helfen, die Anlage besser vor plötzlichen Spannungsspitzen zu schützen.“*

Tabelle 7.17 Baustein: Schutz gegen Überspannungen

Schutz gegen thermische Auswirkungen
Tätigkeiten: • Schutzmaßnahmen gegen thermische Auswirkungen implementieren
Beschreibung: • **Nach DIN VDE 0100-100:2009-06 muss eine elektrische Anlage so errichtet sein, dass das Risiko einer Gefahr durch Entzündung brennbarer Stoffe möglichst klein ist:** Installieren Sie geeignete Schutzmechanismen wie thermische Überwachung und Brandschutzschalter. • **Verwendung von feuerfesten Materialien und Brandschutzkanälen:** Minimieren Sie das Risiko einer Brandentstehung durch die Auswahl geeigneter Materialien.
Zusätzliche Empfehlung: Implementieren Sie regelmäßige Wartungs- und Inspektionspläne, um sicherzustellen, dass alle Schutzmaßnahmen funktionsfähig sind und bleiben. Verwenden Sie thermisch stabile Materialien in Bereichen mit hoher Wärmeeinwirkung und planen Sie Kühlungs- oder Belüftungssysteme ein, um die Wärmeabfuhr in thermisch belasteten Bereichen zu verbessern.
Tipp: Achten Sie auf den Schutz gegen thermische Einflüsse gemäß DIN VDE 0100-420:2022-06, um Überhitzung und Brandgefahr zu vermeiden. Elektrische Betriebsmittel müssen so ausgewählt werden, dass sie keine Brandgefahr für benachbartes Material darstellen.
Öko-Wärme-Willi empfiehlt: *„Nutzen Sie Wärmebildkameras zur regelmäßigen Überprüfung der Anlage, um Hotspots zu identifizieren und mögliche Brandgefahren frühzeitig zu erkennen. Wählen Sie feuerfeste Materialien für Bereiche mit hoher thermischer Belastung.“*

Tabelle 7.18 Baustein: Schutz gegen thermische Auswirkungen

Schutz gegen elektromagnetische Einflüsse
Tätigkeiten: • Maßnahmen zur Reduzierung elektromagnetischer Störungen implementieren
Beschreibung: • **Elektromagnetische Verträglichkeit (EMV) sicherstellen, gemäß DIN VDE 0100-444:2010-10:** Beachten Sie die Vorschriften zur EMV, um Störungen durch und auf andere elektrische Geräte zu minimieren. • **Anforderungen zur Reduzierung von elektromagnetischen Störungen durch verschiedene Maßnahmen beachten:** Verwenden Sie abgeschirmte Kabel, EMV-Filter und achten Sie auf korrekte Erdung.
Zusätzliche Empfehlung: Führen Sie regelmäßige EMV-Messungen durch, um sicherzustellen, dass die Anlage den EMV-Richtlinien entspricht und keine neuen Störungen auftreten. Nutzen Sie abgeschirmte Kabel und EMV-Filter, um elektromagnetische Störungen zu minimieren, und führen Sie regelmäßige EMV-Messungen durch, um sicherzustellen, dass alle Geräte den EMV-Richtlinien entsprechen.
Tipp: Minimieren Sie elektromagnetische Einflüsse nach DIN EN 50160:2020-11, um Störungen anderer elektronischer Geräte zu verhindern. Mehr Informationen: → *Kapitel 8.4 „Elektromagnetische Verträglichkeit (EMV)“* dieses Buches.
Öko-Wärme-Willi empfiehlt: *„Installieren Sie EMV-Filter und abgeschirmte Kabel, um die Auswirkungen elektromagnetischer Störungen zu minimieren. Regelmäßige Messungen der elektromagnetischen Verträglichkeit helfen, die Anlage kontinuierlich zu optimieren.“*

Tabelle 7.19 Baustein: Schutz gegen elektromagnetische Einflüsse

Vorbereitungen für Neuanlagen
Tätigkeiten: • Planung und Installation von Leerrohren und Leitungen **Beschreibung:** • **Leerrohre zur Aufnahme von Energie- und Datenleitungen vorsehen, um Flexibilität für spätere Erweiterungen zu gewährleisten und Leitungen vor mechanischen Beschädigungen zu schützen:** Planen Sie Leerrohre strategisch, um zukünftige Installationen zu erleichtern. • **Sicherstellung der Einhaltung aller relevanten Normen und Vorschriften bei der Installation von Leerrohren:** Verwenden Sie normgerechte Materialien und achten Sie auf korrekte Verlegung. **Zusätzliche Empfehlung:** Dokumentieren Sie die Position und den Verlauf der Leerrohre genau, um spätere Arbeiten zu erleichtern. Planen Sie strategisch die Verlegung von Leerrohren für zukünftige Erweiterungen. **Tipp:** Beachten Sie die Planungsrichtlinien gemäß Normenreihe DIN EN 12831 für die Dimensionierung und Installation neuer Wärmepumpenanlagen. Weitere Details → *Kapitel 5* und *Kapitel 6* dieses Buches **Öko-Wärme-Willi empfiehlt:** *„Planen Sie die Installation von Leerrohren strategisch, um zukünftige Erweiterungen oder Änderungen zu erleichtern. Berücksichtigen Sie dabei auch die Möglichkeit, zusätzliche Kabel oder Leitungen einfach nachrüsten zu können."*

Tabelle 7.20 Baustein: Vorbereitungen für Neuanlagen

Vorbereitungen für Bestandsanlagen
Tätigkeiten: • Überprüfung und Anpassung bestehender Elektroinstallationen **Beschreibung:** • **Anforderungen der Normen gelten auch für Bestandsanlagen:** Stellen Sie sicher, dass die bestehenden Installationen den aktuellen Normen entsprechen. • **Vor Errichtung der Wärmepumpenanlage muss die vorhandene Elektroinstallation überprüft und angepasst werden:** Identifizieren Sie Schwachstellen und führen Sie notwendige Anpassungen durch. **Zusätzliche Empfehlung:** Führen Sie eine umfassende Inspektion durch eine qualifizierte Elektrofachkraft durch, um sicherzustellen, dass alle Sicherheits- und Leistungsanforderungen erfüllt sind. Überprüfen Sie die Kompatibilität der vorhandenen Elektroinstallation mit den neuen Anforderungen der Wärmepumpe und führen Sie notwendige Anpassungen und Upgrades der bestehenden Systeme durch, um die Sicherheit und Effizienz zu gewährleisten. **Tipp:** Überprüfen Sie die Kompatibilität bestehender Systeme und die notwendigen Anpassungen gemäß VDI 4645:2023-04. Praktische Hinweise zur Integration in Bestandsanlagen → *Kapitel 11* dieses Buches. **Öko-Wärme-Willi empfiehlt:** *„Führen Sie eine umfassende Bewertung der vorhandenen Elektroinstallation durch, um sicherzustellen, dass sie den aktuellen Anforderungen entspricht. Dies kann helfen, potenzielle Probleme frühzeitig zu erkennen und zu beheben."*

Tabelle 7.21 Vorbereitungen für Bestandsanlagen

Prüfungen
Tätigkeiten: • Durchführung von Erst- und Wiederholungsprüfungen **Beschreibung:** • **Elektrische Anlagen und Betriebsmittel müssen nach DIN VDE 0100-600 auf Ordnungsmäßigkeit geprüft werden:** Dies umfasst Sichtprüfungen, Messungen und Funktionsprüfungen, um die Sicherheit und Funktionalität der Anlagen sicherzustellen. • **Regelmäßige Wiederholungsprüfungen gemäß den festgelegten Intervallen durchführen:** Dokumentieren Sie alle Prüfergebnisse und eventuelle Mängel, um die Einhaltung der Normen nachzuweisen. **Zusätzliche Empfehlung:** Implementieren Sie einen Prüfplan, um sicherzustellen, dass alle Prüfungen fristgerecht und vollständig durchgeführt werden. **Tipp:** Führen Sie Prüfungen gemäß DIN VDE 0100-600:2017-06 durch, um die Sicherheit und Funktionalität der Installation zu gewährleisten → *Kapitel 14* dieses Buches. **Öko-Wärme-Willi empfiehlt:** *„Dokumentieren Sie alle Prüfungen detailliert und bewahren Sie die Protokolle sicher auf. Regelmäßige Wiederholungsprüfungen helfen, die langfristige Sicherheit und Zuverlässigkeit der Anlage zu gewährleisten."*

Tabelle 7.22 Baustein: Prüfungen

Inbetriebnahme der Wärmepumpenanlage
Tätigkeiten: • Durchführung der Inbetriebnahme gemäß den Normen und Vorschriften **Beschreibung:** • **Sicherstellen, dass alle Komponenten ordnungsgemäß installiert und geprüft wurden:** Überprüfen Sie die korrekte Installation und Funktionsfähigkeit aller Teile der Wärmepumpenanlage. • **Durchführung einer umfassenden Funktionsprüfung und Einstellung aller Parameter gemäß Herstellerangaben:** Dokumentieren Sie die Inbetriebnahmeprotokolle und geben Sie sie an den Betreiber weiter. **Zusätzliche Empfehlung:** Schulen Sie das Personal im Umgang mit der Anlage und den regelmäßigen Wartungsanforderungen. **Tipp:** Folgen Sie dem Inbetriebnahmeprotokoll gemäß DIN VDE 0105-100:2015-10, um einen ordnungsgemäßen und sicheren Start der Anlage zu gewährleisten. Details: → *Kapitel 14.3*. Überprüfen Sie die korrekte Installation aller Komponenten vor der Inbetriebnahme. Dokumentieren Sie alle Inbetriebnahmeprotokolle und stellen Sie sicher, dass sie dem Betreiber zur Verfügung gestellt werden. **Öko-Wärme-Willi empfiehlt:** *„Planen Sie eine umfassende Einweisung des Betreibers in die Bedienung und Wartung der Anlage. Eine gründliche Schulung → Kapitel 12.5 kann helfen, die Effizienz der Anlage zu maximieren und zukünftige Probleme zu vermeiden."*

Tabelle 7.23 Baustein: Inbetriebnahme der Wärmepumpenanlage

Einhaltung der DIN-VDE-Normen und anderer Richtlinien und Vorschriften
Tätigkeiten: • Sicherstellung der Einhaltung aller relevanten Normen und Vorschriften **Beschreibung:** • **Alle Installationen und Betriebsmittel müssen den einschlägigen DIN-VDE-Normen und Vorschriften entsprechen:** Stellen Sie sicher, dass alle Arbeiten gemäß den aktuellen Standards durchgeführt werden. • **Regelmäßige Schulungen und Updates für die Elektrofachkräfte zu neuen Normen und Vorschriften:** Halten Sie das Wissen des Personals auf dem neuesten Stand. **Zusätzliche Empfehlung:** Führen Sie interne Audits und Qualitätskontrollen durch, um die Einhaltung der Normen kontinuierlich zu überprüfen. Erstellen Sie umfassende Schaltpläne und Installationspläne für die Wärmepumpenanlagen und bewahren Sie digitale Kopien der Dokumentation auf, um den Zugriff und die Aktualisierung zu erleichtern. **Tipp:** Stellen Sie sicher, dass alle relevanten DIN-VDE-Normen und Vorschriften eingehalten werden, um rechtliche und sicherheitstechnische Anforderungen zu erfüllen. Eine Übersicht der wichtigsten Normen für Wärmepumpenanlagen → *Anhang A*. **Öko-Wärme-Willi empfiehlt:** *„Führen Sie regelmäßige interne Schulungen und Audits durch (→ Kapitel 12.5), um sicherzustellen, dass alle Mitarbeiter über die neuesten Normen und Vorschriften informiert sind. Dies kann helfen, die Einhaltung der Standards kontinuierlich zu verbessern."*

Tabelle 7.24 Baustein: Einhaltung der DIN-VDE-Normen und anderer Richtlinien und Vorschriften

Dokumentation
Tätigkeiten: • Erstellung einer umfassenden Dokumentation der Wärmepumpeninstallation **Beschreibung:** • **Alle durchgeführten Arbeiten und verwendeten Materialien müssen dokumentiert werden:** Erfassen Sie detailliert alle Arbeitsschritte und Materialien, um eine lückenlose Nachverfolgbarkeit zu gewährleisten. • **Erstellung von Schaltplänen, Installationsplänen und Prüfprotokollen:** Stellen Sie sicher, dass alle relevanten technischen Unterlagen genau und vollständig sind. • **Übergabe der Dokumentation an den Betreiber und Einweisung in die Bedienung und Wartung der Wärmepumpe:** Informieren Sie den Betreiber umfassend über die Dokumentation und die wichtigen Wartungsarbeiten. **Zusätzliche Empfehlung:** Bewahren Sie eine digitale Kopie der Dokumentation auf, um bei Bedarf schnell darauf zugreifen zu können. **Tipp:** Erstellen Sie eine vollständige Dokumentation gemäß DIN VDE 0100, um spätere Wartungen und Prüfungen zu erleichtern → *Kapitel 8.3.4* dieses Buches. **Öko-Wärme-Willi empfiehlt:** *„Nutzen Sie digitale Tools und Software zur Erstellung und Verwaltung der Dokumentation. Dies erleichtert den Zugriff und die Aktualisierung der Informationen und kann die Effizienz der Wartungsarbeiten verbessern."*

Tabelle 7.25 Baustein: Dokumentation

Schulung und Einweisung
Tätigkeiten: • Schulung des Betreibers und Einweisung in die Wärmepumpenanlagen **Beschreibung:** • **Durchführung von Schulungen zur Bedienung und Wartung der Wärmepumpe:** Stellen Sie sicher, dass der Betreiber die Anlage sicher und effizient bedienen kann. • **Einweisung in die Notfallmaßnahmen und Kontaktinformationen für den Service:** Bereiten Sie den Betreiber auf mögliche Störungen vor und geben Sie klare Anweisungen für den Notfall. **Zusätzliche Empfehlung:** Erstellen Sie Schulungsunterlagen und Videos, die der Betreiber bei Bedarf konsultieren kann. **Tipp:** Planen Sie Schulungen für das Personal gemäß Normenreihe VDI 2166, um sicherzustellen, dass alle Beteiligten mit der Bedienung und Wartung der Anlage vertraut sind. Mehr dazu: → *Kapitel 12.5* dieses Buches. **Öko-Wärme-Willi empfiehlt:** *„Erstellen Sie Schulungsmaterialien in verschiedenen Formaten (z. B. Videos, Handbücher), um das Lernen zu erleichtern. Regelmäßige Auffrischungskurse helfen, das Wissen des Personals auf dem neuesten Stand zu halten."*

Tabelle 7.26 Baustein: Schulung und Einweisung

Umweltaspekte und Nachhaltigkeit
Tätigkeiten: • Berücksichtigung von Umweltaspekten und Nachhaltigkeit bei der Planung und Installation **Beschreibung:** • **Auswahl umweltfreundlicher und energieeffizienter Wärmepumpensysteme:** Priorisieren Sie Systeme, die hohe Effizienz und geringe Umweltauswirkungen bieten. • **Implementierung von Maßnahmen zur Reduzierung des Energieverbrauchs und der CO_2-Emissionen:** Integrieren Sie Technologien und Strategien zur Maximierung der Energieeffizienz. • **Berücksichtigung von Recycling- und Entsorgungsvorschriften für die verwendeten Materialien und Komponenten:** Planen Sie die umweltgerechte Entsorgung und Wiederverwendung von Materialien. **Zusätzliche Empfehlung:** Informieren Sie den Betreiber über nachhaltige Praktiken und Möglichkeiten zur weiteren Reduzierung des Energieverbrauchs. Priorisieren Sie die Auswahl von Wärmepumpensystemen mit hoher Energieeffizienz und geringem CO_2-Ausstoß. Planen Sie Maßnahmen zur Minimierung des Wasserverbrauchs und zur Maximierung der Recyclingfähigkeit von Materialien. **Tipp:** Berücksichtigen Sie Umweltaspekte und Nachhaltigkeitsanforderungen nach ISO 14001:2015-09, um den ökologischen Fußabdruck der Wärmepumpenanlagen zu minimieren. Weitere Informationen und Empfehlungen: → *Kapitel 4* dieses Buches. **Öko-Wärme-Willi empfiehlt:** *„Integrieren Sie auch Maßnahmen zur Reduzierung des Wasserverbrauchs und zur Optimierung der Energieeffizienz. Informieren Sie den Betreiber über nachhaltige Praktiken und Möglichkeiten zur Verbesserung der Umweltleistung der Anlage."*

Tabelle 7.27 Baustein: Umweltaspekte und Nachhaltigkeit

Energieeffizienz
Tätigkeiten: • Optimierung der Energieeffizienz der Wärmepumpenanlage **Beschreibung:** • **Durchführung einer energetischen Bewertung der Wärmepumpenanlage:** Analysieren Sie die Effizienz der Anlage und identifizieren Sie Verbesserungspotenziale. • **Implementierung von Energiemanagementsystemen:** Nutzen Sie Technologien zur Überwachung und Steuerung des Energieverbrauchs. • **Optimierung der Betriebsparameter:** Stellen Sie sicher, dass die Wärmepumpe unter optimalen Bedingungen arbeitet, um den Energieverbrauch zu minimieren. **Zusätzliche Empfehlung:** Berücksichtigen Sie saisonale Anpassungen, um die Effizienz das ganze Jahr über zu maximieren. Durchführen einer energetischen Bewertung, um die Effizienz der Anlage zu analysieren und Verbesserungspotenziale zu identifizieren und die Integration von Energiemanagementsysteme zur Überwachung und Steuerung des Energieverbrauchs. **Tipp:** Optimieren Sie die Energieeffizienz der Wärmepumpe gemäß der EU-Richtlinie 2012/27/EU, um Betriebskosten zu senken und den Energieverbrauch zu minimieren → *Kapitel 4* dieses Buches. **Öko-Wärme-Willi empfiehlt:** *„Erwägen Sie die Integration von Energiemanagementsystemen, die eine kontinuierliche Überwachung und Optimierung der Energieeffizienz ermöglichen. Regelmäßige Überprüfungen und Anpassungen der Betriebsparameter können die Effizienz weiter verbessern."*

Tabelle 7.28 Baustein: Energieeffizienz

Smart-Home-Integration
Tätigkeiten: • Integration der Wärmepumpenanlage in Smart-Home-Systeme **Beschreibung:** • **Verbindung der Wärmepumpensteuerung mit Smart-Home-Plattformen:** Ermöglichen Sie eine zentrale Steuerung und Überwachung. • **Nutzung von Automatisierungsfunktionen:** Programmieren Sie Zeitpläne und Szenarien für eine energieeffiziente Nutzung der Wärmepumpe. • **Implementierung von Fernwartungs- und Diagnosefunktionen:** Ermöglichen Sie den Zugriff auf die Anlage zur Fehlerdiagnose und Wartung aus der Ferne. **Zusätzliche Empfehlung:** Informieren Sie den Betreiber über die Vorteile und Nutzungsmöglichkeiten von Smart-Home-Technologien. **Tipp:** Planen Sie die Integration in Smart-Home-Systeme nach DIN VDE 0100-801:2020-10 und DIN VDE 0100-802:2021-10, um die Wärmepumpe mit anderen smarten Geräten zu vernetzen und die Effizienz zu erhöhen. Hinweise zur technischen Umsetzung: → *Kapitel 9.4* dieses Buches. **Literaturtipp:** *Rudnik, S.:* Errichten von Niederspannungsanlagen gemäß DIN VDE 0100-801/-802. VDE-Schriftenreihe 169, 3. Auflage. Berlin · Offenbach: VDE VERLAG, 2023 **Öko-Wärme-Willi empfiehlt:** *„Nutzen Sie die Vorteile der Smart-Home-Integration, um die Betriebszeiten der Wärmepumpe zu optimieren und den Energieverbrauch zu senken. Informieren Sie den Betreiber über die Möglichkeiten, die Wärmepumpe über mobile Apps zu steuern und zu überwachen."*

Tabelle 7.29 Baustein: Smart-Home-Integration

Fördermöglichkeiten und Finanzierung
Tätigkeiten: • Information und Beratung zu Fördermöglichkeiten und Finanzierung **Beschreibung:** • **Recherchieren und informieren über staatliche und regionale Förderprogramme:** Stellen Sie sicher, dass der Betreiber alle verfügbaren Fördermittel in Anspruch nehmen kann. • **Beratung zu Finanzierungsmöglichkeiten:** Informieren Sie über Kredite und Finanzierungshilfen zur Installation von Wärmepumpenanlagen. • **Unterstützung bei der Antragstellung:** Helfen Sie dem Betreiber bei der Vorbereitung und Einreichung der erforderlichen Unterlagen. **Zusätzliche Empfehlung:** Halten Sie sich über aktuelle Änderungen und neue Programme auf dem Laufenden, um den Betreibern stets die besten Optionen bieten zu können. **Tipp:** Informieren Sie sich über aktuelle Fördermöglichkeiten durch BAFA und KfW, um finanzielle Unterstützung für die Installation der Wärmepumpe zu erhalten. Details zu den Förderprogrammen: → *Kapitel 4.3* dieses Buches. **Öko-Wärme-Willi empfiehlt:** *„Bleiben Sie über neue Förderprogramme und Finanzierungsmöglichkeiten auf dem Laufenden, um die bestmögliche Unterstützung für Ihre Kunden zu bieten. Unterstützen Sie den Betreiber bei der Antragstellung und Beratung zu den besten finanziellen Optionen.“*

Tabelle 7.30 Baustein: Fördermöglichkeiten und Finanzierung

Wartungsplan
Tätigkeiten: • Erstellung und Umsetzung eines Wartungsplans **Beschreibung:** • **Entwicklung eines detaillierten Wartungsplans:** Legen Sie die Intervalle und Aufgaben für die regelmäßige Wartung der Wärmepumpe fest. • **Durchführung regelmäßiger Wartungsarbeiten:** Stellen Sie sicher, dass alle Komponenten der Anlage überprüft und gewartet werden. • **Dokumentation der Wartungsarbeiten:** Erfassen Sie alle durchgeführten Wartungsmaßnahmen und halten Sie die Ergebnisse fest. **Zusätzliche Empfehlung:** Schulung des Betreibers in der Durchführung einfacher Wartungsaufgaben, um die Lebensdauer der Anlage zu verlängern. **Tipp:** Erstellen Sie einen detaillierten Wartungsplan gemäß z. B. VDI 4645:2023-04 → *Anhang A.1*, um die Langlebigkeit und Effizienz der Wärmepumpe zu gewährleisten. Weitere Informationen und Wartungstipps: → *Kapitel 12, insbesondere Kapitel 12.2* dieses Buches. **Öko-Wärme-Willi empfiehlt:** *„Erwägen Sie die Einführung eines digitalen Wartungsmanagementsystems, das automatische Erinnerungen für geplante Wartungen sendet und die Wartungsprotokolle speichert. Dies kann die Effizienz und Zuverlässigkeit der Wartungsarbeiten verbessern.“*

Tabelle 7.31 Baustein: Wartungsplan

Benutzerfreundlichkeit
Tätigkeiten: • Verbesserung der Benutzerfreundlichkeit der Wärmepumpenanlage **Beschreibung:** • **Gestaltung einer intuitiven Benutzeroberfläche:** Stellen Sie sicher, dass die Steuerung der Wärmepumpe einfach und verständlich ist. • **Bereitstellung einer umfassenden Bedienungsanleitung:** Erstellen Sie eine leicht verständliche Anleitung, die alle Funktionen und Wartungsmaßnahmen erklärt. • **Angebot von Schulungen und Workshops:** Bieten Sie dem Betreiber die Möglichkeit, sich in der Nutzung und Wartung der Anlage weiterzubilden. **Zusätzliche Empfehlung:** Entwickeln Sie eine mobile App zur Fernsteuerung und Überwachung der Wärmepumpe, um die Benutzerfreundlichkeit weiter zu erhöhen. **Tipp:** Achten Sie auf eine benutzerfreundliche Bedienung und einfache Handhabung der Wärmepumpe gemäß DIN EN ISO 9241, um die Zufriedenheit der Nutzer zu erhöhen. Siehe auch → *Kapitel 9.3* und *Kapitel 9.4* dieses Buches. **Öko-Wärme-Willi empfiehlt:** *„Entwickeln Sie eine mobile App zur einfachen Steuerung und Überwachung der Wärmepumpe. Eine intuitive Benutzeroberfläche kann die Zufriedenheit und die Effizienz der Nutzung erheblich steigern."*

Tabelle 7.32 Baustein: Benutzerfreundlichkeit

Datensicherheit und Datenschutz
Tätigkeiten: • Implementierung von Maßnahmen zur Sicherstellung der Datensicherheit und des Datenschutzes bei der Nutzung von Smart-Home-Technologien und Fernwartungssystemen. **Beschreibung:** • Gewährleistung der sicheren Übertragung und Speicherung von Daten, • Nutzung von Verschlüsselungstechnologien und Sicherheitsprotokollen, um die Datenintegrität zu schützen. **Öko-Wärme-Willi empfiehlt:** *„Achten Sie darauf, dass alle Daten, die über Smart-Home-Systeme übertragen werden, sicher verschlüsselt sind. Regelmäßige Sicherheitsüberprüfungen helfen, Schwachstellen zu identifizieren und zu beheben."*

Tabelle 7.33 Baustein: Datensicherheit und Datenschutz

Notfallmanagement und Störungsbehebung
Tätigkeiten: • Entwicklung von Notfallplänen und Protokollen zur schnellen Behebung von Störungen und Ausfällen der Wärmepumpenanlagen. **Beschreibung:** • Einrichtung eines schnellen und effizienten Systems zur Fehlersuche und Problemlösung, • Schulung des Personals im Umgang mit Notfallsituationen und der Durchführung grundlegender Reparaturen. **Öko-Wärme-Willi empfiehlt:** *„Bereiten Sie sich auf mögliche Notfälle vor, indem Sie klare Protokolle für die Störungsbehebung erstellen. Regelmäßige Schulungen und Übungen können helfen, im Ernstfall schnell und effektiv zu reagieren."*

Tabelle 7.34 Baustein: Notfallmanagement und Störungsbehebung

Anmerkung zu Inhalten der Bausteine: Die Empfehlungen, Beschreibungen der Tätigkeiten und Tipps dienen als Hinweise und Erinnerungen für die Elektrofachkraft. Sie erheben keinen Anspruch auf Vollständigkeit, können jedoch an der einen oder anderen Stelle zu kreativen Ideen oder alternativen Lösungsansätzen führen. Es wird empfohlen, stets die aktuellen Normen und Vorschriften zu beachten und im Zweifelsfall fachlichen Rat einzuholen.

Zum Abschluss des → *Kapitels 7 Elektrische Errichtung von Wärmepumpenanlagen* können die Checklisten in **Tabelle 7.35** und **Tabelle 7.36** der Elektrofachkraft als zusätzliche Hilfe dienen.

Errichtung von Wärmepumpenanlagen		
Vorbereitung	**Installation**[*)]	**Abschluss**
Planung und Genehmigungen: • Projektplanung abgeschlossen • Alle notwendigen Genehmigungen eingeholt • Energiebedarf des Gebäudes analysiert	**Fundament und Aufstellung:** • Fundament gemäß Herstellerangaben erstellt • Wärmepumpe auf Fundament positioniert und ausgerichtet • Vibrationselemente und Schwingungsdämpfer installiert	**Dokumentation und Einweisung:** • Anlagendokumentation übergeben • Benutzer in Bedienung und Wartung eingewiesen • Wartungsintervalle festgelegt und dokumentiert
Standortauswahl: • Geeigneten Standort für die Wärmepumpe ausgewählt • Ausreichende Belüftung und Zugang gesichert • Abstände zu Gebäuden und Grundstücksgrenzen eingehalten	**Anschluss der Rohrleitungen:** • Heizungs- und Kühlkreislauf angeschlossen • Rohrleitungen isoliert und gegen Beschädigungen geschützt • Kondensatablauf installiert und geprüft	–
Material- und Werkzeugbereitstellung: • Alle benötigten Materialien und Komponenten vorhanden • Werkzeug und Ausrüstung vorbereitet • Sicherheitsausrüstung (Schutzbrille, Handschuhe usw.) vorhanden	**Elektrischer Anschluss:** • Stromversorgung hergestellt • Steuerung und Regelung angeschlossen • Erdung und Potentialausgleich ausgeführt	–
[*)] Anmerkung: Die Installation ist in der **Tabelle 7.36** ausführlicher behandelt.		

Tabelle 7.35 Checkliste zur Errichtung von Wärmepumpenanlagen für die Vorbereitung, die Installation und den Abschluss

Fundament und Aufstellung
Fundament gemäß Herstellerangaben erstellt: • Sicherstellen der korrekten Abmessungen und Tragfähigkeit des Fundaments • Verwendung von frostbeständigem Material für das Fundament • Ausgleich von Unebenheiten und Vermeidung von Hohlräumen unter dem Fundament • Gewährleistung der Entwässerung rund um das Fundament, um stehendes Wasser zu vermeiden

Tabelle 7.36 Checkliste zur Errichtung von Wärmepumpenanlagen für die Installation

Wärmepumpe auf Fundament positioniert und ausgerichtet:
- präzise Ausrichtung der Wärmepumpe mithilfe von Wasserwaagen und Lasern
- Sicherstellen, dass die Wärmepumpe stabil und fest verankert ist
- Überprüfung des Abstands zu Wänden und anderen Hindernissen gemäß Herstellerangaben
- Berücksichtigung der Zugänglichkeit für Wartungsarbeiten

Vibrationselemente und Schwingungsdämpfer installiert:
- Auswahl und Installation geeigneter Vibrationselemente zur Reduzierung von Betriebsgeräuschen
- Platzierung der Schwingungsdämpfer an den vorgesehenen Punkten der Wärmepumpe
- Prüfung der Wirksamkeit der Schwingungsdämpfer nach der Inbetriebnahme
- regelmäßige Kontrolle und Wartung der Vibrationselemente

Anschluss der Rohrleitungen

Heizungs- und Kühlkreislauf angeschlossen:
- Verwendung von Rohren und Fittings gemäß den Spezifikationen des Herstellers
- Sicherstellen einer ordnungsgemäßen Abdichtung aller Verbindungen
- Vermeidung von übermäßigen Biegungen und Knicken in den Rohrleitungen
- Installation von Absperrventilen und Entlüftungsventilen an geeigneten Stellen

Rohrleitungen isoliert und gegen Beschädigungen geschützt:
- Anbringung von Isolationsmaterial an allen Rohrleitungen zur Vermeidung von Wärmeverlusten
- Schutz der Rohrleitungen vor mechanischen Beschädigungen und Umwelteinflüssen
- Verwendung von UV-beständigen Materialien für Rohrleitungen im Außenbereich
- regelmäßige Inspektion und Instandhaltung der Isolierung

Kondensatablauf installiert und geprüft:
- Installation eines Gefälles zur Sicherstellung des reibungslosen Kondensatabflusses
- Anschluss des Kondensatablaufs an das Abwassersystem oder eine geeignete Entwässerung
- Prüfung auf Dichtheit und Durchflussfähigkeit des Kondensatablaufs
- regelmäßige Reinigung und Wartung des Kondensatablaufs zur Vermeidung von Verstopfungen

Elektrischer Anschluss

Stromversorgung hergestellt:
- Installation einer dedizierten Stromleitung mit ausreichender Kapazität
- Sicherstellen der korrekten Absicherung der Stromleitung (Sicherungen, Leistungsschalter)
- Überprüfung der Spannungs- und Stromwerte vor der Inbetriebnahme
- Dokumentation der elektrischen Anschlüsse für zukünftige Wartungsarbeiten

Steuerung und Regelung angeschlossen:
- Anschluss der Steuerungs- und Regelungskomponenten gemäß den Herstelleranweisungen
- Überprüfung der Funktionsfähigkeit der Steuerungs- und Regelungseinheit
- Programmierung der Steuerung gemäß den spezifischen Anforderungen des Systems
- Durchführung von Funktionstests zur Sicherstellung der ordnungsgemäßen Betriebsweise

Erdung und Potentialausgleich ausgeführt:
- Installation einer zuverlässigen Erdung gemäß den lokalen Vorschriften und Herstellerangaben
- Sicherstellen des Potentialausgleichs aller metallischen Komponenten
- Überprüfung der Erdungswiderstände und Dokumentation der Messergebnisse
- regelmäßige Kontrolle und Wartung der Erdungs- und Potentialausgleichseinrichtungen

Tabelle 7.36 (*Fortsetzung*) Checkliste zur Errichtung von Wärmepumpenanlagen für die Installation

8 Erdungsfragen und elektromagnetische Verträglichkeit

8.1 Einführung zu Erdungsanlagen für Wärmepumpen

Öko-Wärme-Willi erklärt Erdung: *„Die Erdung von Wärmepumpen ist entscheidend für ihre Sicherheit. Ich erkläre Ihnen, warum das so wichtig ist."*

Die Sicherheit und Zuverlässigkeit elektrischer Anlagen sind in der Elektrotechnik von zentraler Bedeutung. Eine wesentliche Rolle spielt dabei die Erdung, die oft unterschätzt wird, jedoch unverzichtbar für den Schutz von Menschen, Geräten und Gebäuden ist. Die Bedeutung und Notwendigkeit von Erdungsanlagen lassen sich durch mehrere Schlüsselaspekte verdeutlichen:

- **Personenschutz:** Erdungsanlagen sind entscheidend, um die Gefahr schwerer oder tödlicher elektrischer Schläge zu verringern. Sie bieten einen sicheren Pfad für den Fehlerstrom (z. B. durch Isolationsfehler) und halten die Berührungsspannung auf einem ungefährlichen Niveau. Diese direkte elektrische Verbindung zwischen den elektrischen Anlagen und der Erde schützt vor elektrischen Schlägen durch die Ableitung unerwünschter Ströme in die Erde.
- **Schutz vor Überspannungen:** Erdungsanlagen schützen elektrische Geräte und Installationen vor Schäden durch elektrische Überspannungen, wie sie bei Blitzeinschlägen oder Schaltvorgängen auftreten können. Die korrekte Erdung begrenzt die Höhe der Überspannungen und verhindert so Schäden an der elektrischen Infrastruktur.
- **Brandschutz:** Indem sie einen Weg für den Fehlerstrom bietet, minimiert die Erdung das Risiko von Bränden durch Funkenbildung. Dies ist besonders wichtig in Umgebungen, in denen feuergefährliche Materialien vorhanden sind.
- **Stabilität der Netzspannung:** Eine zuverlässige Erdung trägt zur Stabilität der Netzspannung bei und reduziert das Risiko von Fehlfunktionen, die durch elektromagnetische Interferenzen oder Spannungsschwankungen verursacht werden können.
- **Regulatorische Anforderungen:** Erdung ist ein fester Bestandteil der elektrischen Sicherheitsvorschriften, die in nationalen und internationalen Normen wie den IEC-/EN-Normen, den DIN-VDE-Normen in Deutschland oder dem

NEC (National Electrical Code) in den USA festgelegt sind. Diese Regelwerke definieren Anforderungen an die Ausführung, Prüfung und Wartung von Erdungsanlagen, um einen hohen Sicherheitsstandard zu gewährleisten.

- **Arten der Erdung:** Unterschiedliche Erdungsarten kommen zum Einsatz, wie die Schutzerdung, Funktionserdung, Blitzschutzerdung und Betriebserdung. Jede Art der Erdung findet in spezifischen Kontexten Anwendung. Die Schutzerdung und Funktionserdung sind in nahezu allen Arten von Gebäuden und Anlagen relevant, während die Blitzschutzerdung vor allem bei Gebäuden mit erhöhtem Risiko eines Blitzeinschlags eingesetzt wird. Die Betriebserdung ist insbesondere für Energieversorgungsunternehmen und bei der Planung von elektrischen Verteilungsnetzen wichtig.

Die Einrichtung einer effektiven Erdungsanlage ist daher eine fundamentale Anforderung für jedes Gebäude, um die Sicherheit, Funktionalität und Konformität elektrischer Installationen zu gewährleisten.

8.2 Erdungsanlagen für Gebäude

Öko-Wärme-Willi zur gebäudeelektrotechnischen Installation und Erdung:
„Die Erdung von Gebäuden ist der Schlüssel für die sichere Integration von Wärmepumpen. Hier liegen die Grundlagen."

Zur weiteren Information soll an dieser Stelle kurz über die Erdungsanlagen für Gebäude nach der DIN 18014:2023-06 berichtet werden, denn die Errichtung von Wärmepumpenanlagen erhält in der Regel einen Standort innerhalb und/oder außerhalb eines Gebäudes und ist oft mit den Erdungsanlagen des jeweiligen Gebäudes verbunden.

Die DIN 18014:2023-06 stellt einen umfassenden Leitfaden dar, der sicherstellt, dass alle Aspekte von der Konzeption bis zur Fertigstellung einer Erdungsanlage den neuesten DIN-VDE-Normen entsprechen.

Für die Planung, die Errichtung, den Betrieb, die Instandhaltung und die Prüfung von elektrischen Anlagen und Betriebsmitteln ist die Kenntnis über den normgerechten Umgang mit den Erdungsanlagen eine unerlässliche Forderung. Gemäß der Niederspannungsanschlussverordnung (NAV) ist die Erdungsanlage ein wichtiger Bestandteil der elektrischen Anlage, denn der Erder als leitfähiges Teil ist mit der Erde über die Haupterdungsschiene mit der elektrischen Anlage verbunden. Die Notwendigkeit oder sogar die Wichtigkeit der Erdungsanlage, die mit hoher Priorität normgerecht und bauhandwerklich zuverlässig behandelt werden muss, wird u. a. dadurch deutlich, dass sich viele DIN VDE-Normen mit Anforderungen an die Erdungsanlage in der Gesamtheit oder an Teilen dieser Anlage inhaltlich auseinandersetzen. Andererseits sind bei der Errichtung von Erdungsanlagen für Gebäude nicht nur Elektrofachkräfte beteiligt, sondern auch viele Bauhandwerker aus anderen Fachbereichen. Daher hat die genannte Norm DIN 18014:2023-06 auch nicht ein Arbeitskreis der DKE Deutsche Kommission Elektrotechnik Elektronik Informationstechnik in DIN und VDE, diese Norm erarbeitet, sondern ein Gremium des DIN-Normenausschusses Bauwesen (NABau) hat bereits vor Jahrzehnten diese Querschnittsnorm erstellt und die verschiedenen Anforderungen mit mehreren Fachleuten aus etlichen Fachbereichen abgestimmt. Diese Norm, mit der bereits seit den 1970er-Jahren, z. B. mit dem Fundamenterder, positive Erfahrungen gesammelt wurden, liegt seit 2023 überarbeitet vor.

Die Norm DIN 18014 aus dem Jahr 2014 ist mit der jetzt gültigen Norm DIN 18014:2023-06 an den aktuellen Stand der Technik im Bauwesen angepasst, denn durch z. B. die Abdichtung von Gebäuden gegen Feuchtigkeit oder durch die Wärmedämmung des Fundaments, könnte die Wirksamkeit (Erdung/Potentialausgleich) des Fundamenterder gefährdet sein.

Erläuterungen zu den wesentlichen Änderungen in der neuen Norm gegenüber dem Vorgängerdokument: Die gesamte Norm ist umstrukturiert und redaktionell verändert worden. Den Nutzern der Norm stehen Informationen im Zusammenhang vom Fundamenterder zu Betonfundamenten mit geringer Erdfühligkeit zur Verfügung. Um die richtige Auswahl für das jeweilige Objekt treffen zu können, sind Kriterien für die Gleichwertigkeit verschiedener Ausführungen von Erdungsanlagen aufgestellt. Die verschiedenen Ausführungsvarianten von Erdungsanlagen ermöglichen die Verwendung von Alternativen, z. B. Vertikalerder für ein Erdungssystem. Hilfestellung für den Nutzer sind durch viele Aktualisierungen und Ergänzungen, Zeichnungen und Erläuterungen für die Praxis enthalten. Aussagen über die Strombelastbarkeit von Erdungsanlagen können ebenfalls Hilfestellung bieten. Außerdem werden Bedingungen beschrieben, unter denen auf eine kombinierte Potentialausgleichsanlage verzichtet werden kann. Zusätzliche Vorgaben für die Planung, Errichtung, Prüfung und Dokumentation von Erdungsanlagen runden die Inhalte der Norm ab.

In → *Tabelle A.24*, Schnellübersicht zu DIN 18014:2023-06, sind die Anforderungen kurz zusammengefasst. Die Norm ist sowohl für den Neubau als auch für das Nachrüsten von Gebäuden geeignet.

Literaturtipp: In dem Buch *Cichowski, R. R.:* Erdungsanlagen für Gebäude. VDE-Schriftenreihe 202. Berlin · Offenbach: VDE VERLAG, 2024 sind detaillierte Informationen zu Erdungsanlagen, den entsprechenden DIN-VDE-Normen und der neuen DIN 18014:2023-06 enthalten.

8.3 Erdungsprinzipien und Methoden spezifisch für Wärmepumpenanlagen

Öko-Wärme-Willi versteht Erdungsprinzipien: *„Es gibt verschiedene Erdungsprinzipien für Wärmepumpenanlagen. Ich helfe Ihnen, die richtigen Methoden zu wählen.“*

Erdung ist ein kritischer Aspekt für die Sicherheit und Funktionalität von Wärmepumpenanlagen. Richtige Erdung verhindert elektrische Schläge und schützt die Anlage vor Überspannungen.

Die Erdung von Wärmepumpenanlagen erfordert spezifische Methoden, um die Sicherheit zu gewährleisten und die Funktionsfähigkeit der Anlage zu maximieren. Es ist wichtig, die Erdungsanforderungen gemäß den geltenden Normen zu erfüllen und regelmäßige Überprüfungen durchzuführen.

8.3.1 Spezifische Erdungsanforderungen für Wärmepumpen

- **Erdung der Steuerungseinheit:** Die Steuerungseinheit der Wärmepumpe muss sicher geerdet sein, um elektrostatische Entladungen zu vermeiden, die die Elektronik beschädigen könnten. Eine direkte Verbindung zur Potenzialausgleichsschiene ist empfohlen.
- **Erdung des Kompressors:** Der Kompressor sollte mit einem separaten Erdungsleiter geerdet werden, der direkt zur Haupterdungsschiene des Gebäudes führt. Dies verbessert die Ableitung von Fehlströmen und verlängert die Lebensdauer des Kompressors.
- **Erdung der Rohrleitungen:** Metallische Rohrleitungen, die mit der Wärmepumpe verbunden sind, müssen ebenfalls geerdet werden. Dies verhindert Potentialunterschiede, die zu Korrosion oder elektrischen Störungen führen können.

8.3.2 Messwerte und Prüfmethoden

- **Erdungswiderstand:** Der Erdungswiderstand sollte regelmäßig gemessen werden, um sicherzustellen, dass er unter 10 Ohm liegt. In Bereichen mit hoher Blitzschlaghäufigkeit kann ein Wert von unter 5 Ohm erforderlich sein.
- **Isolationswiderstand:** Überprüfung des Isolationswiderstandes der elektrischen Leitungen der Wärmepumpe mit einem Isolationsmessgerät (z. B. von Megger). Werte über 1 MΩ sind in der Regel akzeptabel.

- **Prüfung der Fehlerstrom-Schutzeinrichtungen (RCD):** Regelmäßiges Testen der RCDs. Der Auslösestrom sollte 30 mA nicht überschreiten, um einen ausreichenden Personenschutz zu gewährleisten.

8.3.3 Praktische Hinweise zur Installation

- **Vermeidung von Schleifenbildung:** Es sollte darauf geachtet werden, dass keine Erdungsschleifen entstehen, da diese zu elektromagnetischen Störungen führen können. Nutzung von sternförmiger Erdungsanordnungen.
- **Verwendung geeigneter Materialien:** Für die Erdungsleiter sollten Materialien mit hoher Leitfähigkeit und Korrosionsbeständigkeit verwendet werden, wie Kupfer oder verzinkter Stahl.
- **Anschluss der Erdungsleiter:** Sicherstellung, dass die Anschlüsse der Erdungsleiter fest und korrosionsfrei sind und geeignete Klemmen und Verbindungselemente verwendet werden.
- **Schutz vor mechanischen Beschädigungen:** Die Erdungsleiter und Anschlüsse müssen vor mechanischen Beschädigungen durch geeignete Verlegung und Abdeckungen geschützt werden.

8.3.4 Inspektion und Dokumentation

- **Regelmäßige Inspektionen:** Regelmäßige Inspektionen der Erdungssysteme sollte eingeplant werden, insbesondere nach extremen Wetterereignissen wie Blitzeinschlägen oder Überschwemmungen.
- **Dokumentation:** Eine detaillierte Dokumentation aller Erdungsmessungen und Inspektionen ist wichtig. Dies hilft bei der Wartung und Nachverfolgung von Veränderungen.

8.3.5 Blitzschutz und Überspannungsschutz

- **Blitzschutzanlagen:** In Bereichen mit hohem Blitzschlagrisiko sollte die Wärmepumpe in das Blitzschutzsystem des Gebäudes integriert werden. Installieren Sie Blitzableiter und stellen Sie sicher, dass alle metallischen Teile der Wärmepumpe und deren Verbindungen in das Blitzschutzsystem eingebunden sind.
- **Überspannungsschutzgeräte (SPD):** Installieren Sie Überspannungsschutzgeräte in den Haupt- und Unterverteilungen, um die Wärmepumpe vor Überspannungen zu schützen, die durch Blitzeinschläge oder Schalthandlungen im Stromnetz entstehen können.

Durch die Umsetzung dieser spezifischen Hinweise können Elektrofachkräfte die Sicherheit und Zuverlässigkeit von Wärmepumpeninstallationen signifikant erhöhen. Eine korrekt geplante und installierte Erdungsanlage ist somit eine fundamentale Anforderung für jede Wärmepumpeninstallation, um die Sicherheit, Funktionalität und Konformität zu gewährleisten.

8.4 EMV-Anforderungen und -Maßnahmen zur Vermeidung von Störungen

Öko-Wärme-Willis Maßnahmen zur EMV: *„Elektromagnetische Verträglichkeit (EMV) ist ein wichtiges Thema. Lassen Sie uns darüber sprechen, wie Sie Störungen vermeiden."*

Die elektromagnetische Verträglichkeit (EMV) ist entscheidend, um sicherzustellen, dass elektrische und elektronische Geräte störungsfrei zusammenarbeiten. Insbesondere für Wärmepumpenanlagen, die in Haushalten und Industrieanlagen weit verbreitet sind, ist die Einhaltung der EMV-Richtlinien von großer Bedeutung, um die Funktionalität und Zuverlässigkeit der Geräte zu gewährleisten.

EMV-Anforderungen für Wärmepumpenanlagen: Die EMV-Anforderungen für Wärmepumpenanlagen sind darauf ausgelegt, Störungen im Betrieb zu vermeiden. Diese Anforderungen umfassen verschiedene Aspekte, wie die Begrenzung von elektromagnetischen Emissionen und die Immunität gegen elektromagnetische Störungen. Die Einhaltung dieser Anforderungen stellt sicher, dass Wärmepumpenanlagen sowohl in ihrer Umgebung keine Störungen verursachen als auch selbst nicht durch externe elektromagnetische Felder beeinträchtigt werden.

Schlüsselmaßnahmen zur Vermeidung elektromagnetischer Störungen:

- **Abschirmung:** Einsatz von Metallgehäusen oder speziellen Abschirmmaterialien zur Reduzierung der Abstrahlung und Empfindlichkeit gegenüber elektromagnetischen Feldern.
- **Filterung:** Verwendung von Netzfiltern, die hochfrequente Störungen aus der Stromversorgung entfernen.
- **Erdung und Potenzialausgleich:** Sicherstellung einer guten Erdung und eines effektiven Potenzialausgleichs, um die Ausbreitung von Störungen über Erdschleifen zu verhindern.

- **Kabelmanagement:** Anwendung von geschirmten Kabeln und sorgfältiger Verlegung der Kabel, um die Einkopplung und Abstrahlung elektromagnetischer Felder zu minimieren.
- **Störungsfreie Komponenten:** Einsatz von Bauteilen und Modulen, die speziell für ihre geringe Emission und hohe Immunität gegenüber Störungen ausgelegt sind.

Prüfverfahren zur Sicherstellung der EMV-Konformität: Um die EMV-Konformität von Wärmepumpenanlagen sicherzustellen, werden verschiedene Prüfverfahren eingesetzt:

- **Emissionsprüfung:** Messung der elektromagnetischen Emissionen der Wärmepumpe, um sicherzustellen, dass sie die gesetzlichen Grenzwerte einhält.
- **Immunitätsprüfung:** Test der Widerstandsfähigkeit der Wärmepumpe gegen externe elektromagnetische Störungen, wie sie in der realen Betriebsumgebung auftreten können.
- **Störfestigkeitsprüfung:** Überprüfung der Funktionalität der Wärmepumpe bei Einwirkung definierter Störgrößen, um die Betriebszuverlässigkeit zu gewährleisten.

Die nachfolgende **Tabelle 8.1** bietet einen Überblick über die EMV-Anforderungen und die notwendigen Maßnahmen zur Vermeidung elektromagnetischer Störungen in Wärmepumpenanlagen.

Maßnahme	Beschreibung	Wirkung
Abschirmung	Verwendung von Metallgehäusen oder Abschirmmaterialien	Reduktion der Abstrahlung und Empfang von Störungen
Filterung	Einsatz von Netzfiltern	Entfernung hochfrequenter Störungen aus der Stromversorgung
Erdung und Potenzialausgleich	Gute Erdung und effektiver Potenzialausgleich	Verhinderung der Ausbreitung von Störungen über Erdschleifen
Kabelmanagement	Anwendung geschirmter Kabel und sorgfältige Verlegung	Minimierung der Einkopplung und Abstrahlung elektromagnetischer Felder
Störungsfreie Komponenten	Auswahl von Komponenten mit geringer Emission und hoher Immunität	Reduktion von Störungen und Erhöhung der Störfestigkeit

Tabelle 8.1 EMV-Maßnahmen und ihre Wirkungen

8.5 Praktische Fallbeispiele

Öko-Wärme-Willis Fallbeispiele zur Erdung und EMV: *„Praktische Beispiele zeigen, wie Sie Erdung und EMV-Maßnahmen in der Praxis umsetzen."*

Praktische Fallbeispiele können wertvolle Einblicke in reale Herausforderungen und Lösungen im Zusammenhang mit Erdung und EMV bieten. Durch die kurze Beschreibung von Störungsfällen könnten diese als Anregungen zu eigenen Lösungen dienen.

8.5.1 Wichtige Praxismaßnahmen und häufige Probleme bei der Erdung und EMV

- **Unzureichende Erdung:** Eine mangelhafte Erdung kann zu erhöhten Störpegeln und Sicherheitsrisiken führen.
- **Schlechte Abschirmung:** Eine unzureichende Abschirmung der Geräte und Leitungen kann zu elektromagnetischen Störungen und Funktionsausfällen führen.
- **Inkompatible Komponenten:** Der Einsatz inkompatibler oder minderwertiger Komponenten kann die EMV-Eigenschaften der gesamten Anlage negativ beeinflussen.

8.5.2 Analyse von Fallbeispielen und deren Lösungen

Fallbeispiel 1: Eine Wärmepumpenanlage in einem Wohngebäude verursachte regelmäßige Funktionsstörungen der nahe gelegenen elektronischen Geräte. Durch eine Überprüfung der Anlage wurde festgestellt, dass die Erdung unzureichend war und elektromagnetische Störungen verursachte. Die Lösung bestand in der Installation eines hochwertigen Erdungssystems und der Implementierung zusätzlicher Abschirmmaßnahmen.

Fallbeispiel 2: In einem Industriekomplex kam es zu Kommunikationsproblemen zwischen verschiedenen Geräten, die über ein gemeinsames Netzwerk verbunden waren. Die Ursache lag in schlecht geschirmten Kabeln, die elektromagnetische Störungen abstrahlten. Durch den Austausch der Kabel gegen geschirmte Varianten und die Optimierung der Kabelführung konnte das Problem behoben werden.

Fallbeispiel 3: Eine neue Wärmepumpenanlage in einem Bürogebäude führte zu intermittierenden Störungen der IT-Infrastruktur. Die Analyse ergab, dass minderwertige Netzfilter verwendet wurden, die hochfrequente Störungen nicht ausreichend unterdrückten. Die Lösung war der Einsatz hochwertiger Netzfilter und die Durchführung regelmäßiger EMV-Tests.

8.5.3 Tipps zur Vermeidung und Behebung von Problemen

- **Regelmäßige Überprüfung der Erdung:** Stellen Sie sicher, dass die Erdungssysteme regelmäßig gewartet und auf ihre Wirksamkeit überprüft werden.
- **Verwendung hochwertiger Komponenten:** Setzen Sie auf hochwertige, EMV-zertifizierte Komponenten, um elektromagnetische Störungen zu minimieren.
- **Sorgfältige Planung und Installation:** Planen Sie die Installation von Wärmepumpenanlagen sorgfältig, insbesondere im Hinblick auf die Kabelführung und Abschirmung.

9 Interaktionen mit anderen Gebäudetechniken

9.1 Lüftungsanlagen

Öko-Wärme-Willi zur Integration mit Lüftungsanlagen: *„Wärmepumpen arbeiten oft mit Lüftungsanlagen zusammen. Öko-Wärme-Willi zeigt Ihnen, wie das am besten funktioniert."*

9.1.1 Wesentliche Aspekte der Integration

Vorteile von Wärmepumpen mit Lüftungsanlagen:

- **Verbesserte Energieeffizienz durch Wärmerückgewinnung:** Lüftungsanlagen sind oft mit Wärmerückgewinnungssystemen ausgestattet, die die Wärme aus der Abluft nutzen, um die Frischluft vorzuwärmen, die in das Gebäude einströmt. In Kombination mit einer Wärmepumpe kann diese Rückgewinnung die Menge an Energie, die für die Beheizung oder Kühlung benötigt wird, erheblich reduzieren. Die Wärmepumpe kann die vorgewärmte oder vorgekühlte Luft nutzen, was den Energieverbrauch minimiert und die Effizienz des gesamten Systems maximiert. Insbesondere in kalten Klimazonen, wo der Heizbedarf hoch ist, kann dies zu erheblichen Energieeinsparungen führen.
- **Erhöhter Wohnkomfort durch kontinuierliche Frischluftzufuhr und stabile Innentemperaturen:** Eine Lüftungsanlage sorgt für eine kontinuierliche Zufuhr von frischer, gefilterter Luft und hält gleichzeitig die Luftfeuchtigkeit auf einem angenehmen Niveau. Dies verbessert die Luftqualität im Innenraum und trägt zu einem gesünderen und komfortableren Wohnklima bei. Wärmepumpen unterstützen diese Vorteile, indem sie für eine konstante und gleichmäßige Beheizung oder Kühlung sorgen. Die Kombination dieser beiden Systeme gewährleistet, dass die Innentemperaturen stabil und komfortabel bleiben, unabhängig von den äußeren Witterungsbedingungen.
- **Reduktion von Betriebskosten durch die effiziente Nutzung der Wärmeenergie:** Die effiziente Nutzung der verfügbaren Energie durch die Integration von Wärmepumpen und Lüftungsanlagen kann zu erheblichen Kosteneinsparungen führen. Durch die Wärmerückgewinnung aus der Abluft und die Nutzung von Umweltwärme durch die Wärmepumpe, wird der Bedarf an extern zugeführter Energie, sei es durch Strom oder fossile Brennstoffe, drastisch reduziert.

Dies senkt die Betriebskosten und kann die Amortisationszeit für die Investition in beide Systeme verkürzen. Darüber hinaus profitieren Gebäudeinhaber langfristig von niedrigeren Energiekosten und einer erhöhten Unabhängigkeit von schwankenden Energiepreisen.

- **Verbesserte Raumluftqualität und gesundheitliche Vorteile:** Durch die kontinuierliche Frischluftzufuhr und die Filterung von Schadstoffen und Allergenen kann die Luftqualität in Innenräumen signifikant verbessert werden. Dies ist besonders in dicht besiedelten oder stark isolierten Gebäuden wichtig, in denen die Luftzirkulation eingeschränkt sein kann. Bessere Luftqualität kann nicht nur das Wohlbefinden der Bewohner steigern, sondern auch gesundheitliche Vorteile bieten, indem sie das Risiko von Atemwegserkrankungen und Allergien verringert.
- **Intelligente Steuerung und Automatisierung:** Die moderne Integration von Wärmepumpen und Lüftungsanlagen geht oft Hand in Hand mit intelligenten Steuerungssystemen, die eine automatische Anpassung der Betriebsweise ermöglichen. Solche Systeme können die Lüftung und die Heiz-/Kühlleistung basierend auf den aktuellen Bedingungen im Gebäude und den Vorhersagen zur Wetterentwicklung optimieren. Dies maximiert nicht nur die Effizienz, sondern stellt auch sicher, dass der Komfort und die Energieeinsparungen ohne ständige manuelle Eingriffe aufrechterhalten werden können.
- **Nachhaltigkeit und ökologische Vorteile:** Die Kombination dieser Technologien unterstützt den nachhaltigen Gebäudebetrieb und trägt zur Reduktion des CO_2-Ausstoßes bei. Wärmepumpen nutzen erneuerbare Umweltenergie, und die effiziente Wärmerückgewinnung durch Lüftungsanlagen verringert den Bedarf an zusätzlicher Heizung oder Kühlung. Diese nachhaltigen Lösungen sind ein wichtiger Schritt in Richtung eines energieeffizienten und ökologisch verantwortungsvollen Gebäude- und Immobilienmanagements.

Die Integration von Wärmepumpen mit Lüftungsanlagen bietet erhebliche Vorteile in Bezug auf Energieeffizienz, Komfort und Betriebskosten. Diese Systeme arbeiten zusammen, um die Luftqualität zu verbessern, stabile und angenehme Innenraumtemperaturen zu gewährleisten und die Energienutzung zu optimieren. Sie stellen eine zukunftssichere Lösung dar, die sowohl wirtschaftliche als auch ökologische Vorteile bietet und dazu beiträgt, die Anforderungen an moderne, nachhaltige Gebäude zu erfüllen.

In **Tabelle 9.1** sind der Energieverbrauch, die Betriebskosten und die CO_2-Emissionen einer Wärmepumpe ohne und mit einer Integration von einer Lüftungsanlage gegenübergestellt.

Parameter	Vor der Integration	Nach der Integration
Energieverbrauch (kWh/Jahr)	20 000	15 000
Betriebskosten (€/Jahr)	2 500	1 800
CO_2-Emissionen (kg/Jahr)	4 500	3 000
Wärmerückgewinnungseffizienz (%)	–	85

Tabelle 9.1 Vergleich der Energieeffizienz vor und nach der Integration mit Lüftungsanlagen (fiktives Beispiel für die Zahlen der Parameter)

9.2 Solartechnik

Öko-Wärme-Willi zur Solartechnik und Wärmepumpen: *„Die Kombination von Wärmepumpen und Solartechnik kann sehr effizient sein. Lassen Sie uns sehen, wie das funktioniert."*

Die Kombination von Wärmepumpen mit Solartechnik kann die Nutzung erneuerbarer Energien maximieren und die Betriebskosten senken. Wärmepumpen und Solartechnik ergänzen sich ideal, indem sie gemeinsam zur Reduzierung des Primärenergieverbrauchs beitragen. Durch die Integration beider Systeme kann eine höhere Energieautarkie erreicht werden.

9.2.1 Vorteile und Herausforderungen der Integration von Wärmepumpen mit Solaranlagen

- **Maximierung der Nutzung erneuerbarer Energien:** Die Kombination von Wärmepumpen und Solaranlagen ermöglicht eine effiziente Nutzung erneuerbarer Energien zur Deckung des Energiebedarfs eines Gebäudes. Solaranlagen liefern Strom, der direkt von den Wärmepumpen genutzt werden kann, um die Umweltwärme aus der Luft, dem Wasser oder dem Erdreich zu gewinnen und für Heizzwecke oder zur Warmwasserbereitung zu nutzen. Dadurch wird die Abhängigkeit von fossilen Brennstoffen erheblich reduziert, was zu einer Verringerung der CO_2-Emissionen beiträgt und einen positiven Beitrag zum Klimaschutz leistet. Insbesondere in Zeiten hoher Sonneneinstrahlung kann der Solarstrom Überschüsse erzeugen, die entweder in Speichersystemen für die spätere Nutzung gespeichert oder in das Netz eingespeist werden können.

- **Senkung der Betriebskosten durch Nutzung von Solarstrom:** Durch die Verwendung von Solarstrom zur Betreibung der Wärmepumpen können die Betriebskosten erheblich gesenkt werden. Solarenergie ist nach der Installation der Solaranlage praktisch kostenlos, was bedeutet, dass die laufenden Energiekosten für die Wärmepumpe stark reduziert werden. Dies führt nicht nur zu geringeren monatlichen Energiekosten, sondern kann auch die Amortisationszeit für die Investition in Solaranlagen und Wärmepumpen verkürzen. Zudem können Eigentümer von der Möglichkeit profitieren, überschüssigen Solarstrom ins Netz einzuspeisen und dafür eine Vergütung zu erhalten, was zusätzlich zur wirtschaftlichen Attraktivität der Kombination beiträgt.
- **Herausforderungen bei der Dimensionierung und Steuerung der Systeme:** Die Integration von Wärmepumpen mit Solaranlagen stellt Planer und Installateure vor einige technische Herausforderungen. Eine der größten Herausforderungen ist die korrekte Dimensionierung beider Systeme, um eine optimale Leistung zu gewährleisten. Die Solaranlage muss ausreichend Strom liefern, um die Wärmepumpe effizient betreiben zu können, während die Wärmepumpe so dimensioniert sein muss, dass sie den Heiz- und Kühlbedarf des Gebäudes decken kann. Darüber hinaus erfordert die Steuerung der kombinierten Systeme eine sorgfältige Abstimmung, um sicherzustellen, dass der Solarstrom effizient genutzt wird und dass bei Bedarf auch auf Netzstrom oder gespeicherte Energie zurückgegriffen werden kann. Dies kann durch den Einsatz intelligenter Steuerungssysteme erreicht werden, die den Energiefluss in Echtzeit überwachen und optimieren.
- **Flexibilität und Anpassungsfähigkeit des Systems:** Ein weiterer wichtiger Aspekt ist die Flexibilität des Gesamtsystems. Wärmepumpen und Solaranlagen können in einer Vielzahl von Gebäudetypen und Klimazonen eingesetzt werden. Sie bieten eine flexible Lösung, die sowohl für Neubauten als auch für Nachrüstungen in bestehenden Gebäuden geeignet ist. Anpassungsfähigkeit ist entscheidend, da die Energieanforderungen und Sonneneinstrahlungsbedingungen je nach Standort stark variieren können. Ein gut durchdachtes System kann skalierbar sein, um sowohl kleine Wohngebäude als auch große Gewerbe- oder Industrieanlagen zu versorgen.
- **Zukunftsaussichten:** Die Kombination von Wärmepumpen und Solaranlagen stellt eine zukunftsweisende Lösung dar, die zur Reduzierung des ökologischen Fußabdrucks von Gebäuden beiträgt. In Zeiten steigender Energiepreise und zunehmender Umweltbewusstheit bietet diese Integration eine nachhaltige und kosteneffiziente Alternative zu konventionellen Heiz- und Kühlsystemen. Darüber hinaus fördern sie die Energieautarkie, da Gebäude in der Lage sind, einen Großteil ihres Energiebedarfs selbst zu decken.

Zusammengefasst bietet die Integration von Wärmepumpen und Solaranlagen eine Vielzahl von Vorteilen, die von ökologischen und ökonomischen Aspekten bis hin zu technischen Herausforderungen und der Notwendigkeit intelligenter Steuerungssysteme reichen. Diese Technologien stellen zusammen eine vielversprechende Lösung für die nachhaltige Energieversorgung der Zukunft dar. Aber es wird auch klar, wie komplex die verschiedenen Möglichkeiten und Systeme sind, sodass für eine sachgerechte und optimale Dimensionierung des Gesamtsystems gut ausgebildete Fachkräfte dringend erforderlich sind, die dann auch noch die Kunden optimal beraten können müssen.

In der **Tabelle 9.2** wird die Energiemenge und die daraus resultierende Kostenersparnis bei dem Einsatz einer Wärmepumpe ohne und mit Solaranlage verglichen.

Parameter	Einsatz nur Wärmepumpe	Wärmepumpe und Solaranlage
Energieverbrauch (kWh/Jahr)	15 000	10 000
Betriebskosten (€/Jahr)	1 800	1 200
Solarenergieproduktion (kWh/Jahr)	–	5 000
CO_2-Emissionen (kg/Jahr)	3 000	1 500

Tabelle 9.2 Energiemenge und Kostenersparnis durch die Kombination von Wärmepumpe und Solaranlage (fiktives Beispiel für die Zahlen der Parameter)

9.3 Ganzheitliches Energiekonzept

Ganzheitliche Ansätze: *„Ein ganzheitliches Energiekonzept integriert verschiedene Technologien.* ***Öko-Wärme-Willi*** *zeigt Ihnen, wie Wärmepumpen Teil dieses Konzepts sein können."*

Ein ganzheitliches Energiekonzept berücksichtigt alle Aspekte der Energieerzeugung, Energieverteilung und Energienutzung in einem Gebäude. Die Implementierung eines solchen Konzepts, etwa durch den Einsatz von Wärmepumpenanlagen, führt zu einer optimalen Nutzung der verfügbaren Ressourcen. Dies beinhaltet die Integration verschiedener Energietechnologien und eine sorgfältige Planung der Energieflüsse, um Synergien zu nutzen und den Energieverbrauch zu optimieren. Ziel ist es, durch die intelligente Verknüpfung und Steuerung aller Komponenten des Energiesystems eine hohe Energieeffizienz und einen minimalen ökologischen Fußabdruck zu erreichen.

9.3.1 Wichtige Hinweise

Ein ganzheitliches Energiekonzept integriert verschiedene Technologien und Strategien zur Energieerzeugung, -speicherung, -verteilung und -nutzung in einem umfassenden Ansatz. Ziel ist es, die Energieeffizienz zu maximieren, den Verbrauch von fossilen Brennstoffen zu minimieren und den Einsatz erneuerbarer Energien zu fördern. Es berücksichtigt alle relevanten Aspekte der Energieversorgung und -nutzung, um nachhaltige und umweltfreundliche Lösungen zu bieten.

9.3.1.1 Wesentliche Elemente eines ganzheitlichen Energiekonzepts

- **Energieerzeugung:**
  - *Erneuerbare Energien:* Der Einsatz von Solaranlagen, Windkraft und Biomasse zur Reduktion des CO_2-Ausstoßes und der Abhängigkeit von fossilen Brennstoffen.
  - *Kraft-Wärme-Kopplung (KWK):* Effiziente gleichzeitige Erzeugung von Strom und Wärme zur Maximierung der Energieausbeute.
- **Energiespeicherung:**
  - *Batteriespeicher:* Nutzung von Batteriesystemen zur Speicherung überschüssiger Energie aus erneuerbaren Quellen für den späteren Gebrauch.
  - *Thermische Speicher:* Einsatz von Wärmespeichern, um Wärmeenergie für die spätere Nutzung zu konservieren, beispielsweise in Verbindung mit Wärmepumpen.
- **Energieverteilung:**
  - *Smart Grids:* Intelligente Stromnetze, die den Energiefluss optimieren und eine effizientere Verteilung ermöglichen.
  - *Mikronetze:* Lokale Energiesysteme, die unabhängig oder als Teil eines größeren Netzwerks funktionieren können, um die Energieverteilung zu verbessern.
- **Energienutzung:**
  - *Energieeffizienz:* Maßnahmen zur Verbesserung der Energieeffizienz, wie die Nutzung von LED-Beleuchtung, energieeffizienten Geräten und Gebäudeisolierung.
  - *Intelligente Steuerungssysteme:* Automatisierung und Kontrolle von Energieverbrauchern zur Anpassung an den tatsächlichen Bedarf und zur Vermeidung von Energieverschwendung.

9.3.1.2 Integration und Synergien

Ein erfolgreiches ganzheitliches Energiekonzept erfordert die nahtlose Integration der oben genannten Elemente. Durch die Kombination von Energieerzeugung, -speicherung und -verteilung kann ein Gebäude oder ein System seine Energieautarkie erhöhen und gleichzeitig den ökologischen Fußabdruck reduzieren. Die Synergieeffekte, die durch die Integration dieser Technologien entstehen, tragen wesentlich dazu bei, die Energieeffizienz zu steigern und die Betriebskosten zu senken.

9.3.1.3 Planung und Implementierung

Die Planung und Implementierung eines ganzheitlichen Energiekonzepts beginnt mit einer umfassenden Analyse der bestehenden Energiestrukturen und -bedarfe. Wichtige Schritte umfassen:

- **Bedarfsermittlung:** Identifizierung der aktuellen und zukünftigen Energiebedarfe des Gebäudes oder Systems.
- **Technologieauswahl:** Auswahl der geeigneten Technologien und Systeme basierend auf den spezifischen Anforderungen und den lokalen Gegebenheiten.
- **Kosten-Nutzen-Analyse:** Bewertung der wirtschaftlichen Rentabilität und der langfristigen Einsparungen durch die Implementierung des Energiekonzepts.
- **Umsetzungsplan:** Entwicklung eines detaillierten Plans für die Installation und Integration der ausgewählten Energielösungen.
- **Überwachung und Optimierung:** Fortlaufende Überwachung der Energieflüsse und -systeme, um kontinuierlich Verbesserungen und Anpassungen vorzunehmen.

9.3.1.4 Vorteile eines ganzheitlichen Energiekonzepts

- **Erhöhte Energieeffizienz:** Durch die Kombination und Optimierung verschiedener Systeme und Technologien wird der Energieverbrauch gesenkt.
- **Nachhaltigkeit:** Reduzierung der Abhängigkeit von fossilen Brennstoffen und Förderung erneuerbarer Energiequellen tragen zu einer geringeren Umweltbelastung bei.
- **Kosteneinsparungen:** Langfristige Einsparungen durch den reduzierten Energieverbrauch und niedrigere Betriebskosten.
- **Energetische Autarkie:** Die Fähigkeit, einen höheren Anteil des Energiebedarfs vor Ort zu decken, verringert die Abhängigkeit von externen Energieversorgern.
- **Zukunftssicherheit:** Anpassungsfähigkeit an zukünftige technologische Entwicklungen und regulatorische Anforderungen.

Ein ganzheitliches Energiekonzept ist der Schlüssel zu einer nachhaltigen und effizienten Energiezukunft. Es bietet umfassende Lösungen für die Herausforderungen der modernen Energieversorgung und unterstützt die Umstellung auf eine kohlenstoffarme Wirtschaft.

In der nachfolgenden **Tabelle 9.3** sind die Komponenten und in der **Tabelle 9.4** die Vorteile eines ganzheitlichen Energiekonzeptes übersichtlich kurz zusammengefasst.

Komponente	Beschreibung
Wärmepumpenanlagen	effiziente Nutzung der Umgebungswärme für Heizung und Kühlung
Solaranlagen	Erzeugung von erneuerbarem Strom und Wärme
Energiespeichersysteme	Speicherung überschüssiger Energie für den späteren Gebrauch
Lüftungsanlagen mit Wärmerückgewinnung	Verbesserung der Luftqualität und Nutzung der Abwärme.
Smart-Home-Steuerungssysteme	Intelligente Steuerung und Optimierung der Energieflüsse.

Tabelle 9.3 Komponenten eines ganzheitlichen Energiekonzepts

Vorteile	Erläuterungen
erhöhte Energieeffizienz	Durch die Integration verschiedener Systeme und Technologien wird der Energieverbrauch optimiert und Verluste minimiert.
Nachhaltigkeit	Die verstärkte Nutzung erneuerbarer Energien und die Reduzierung fossiler Brennstoffe tragen zur Senkung der CO_2-Emissionen bei und fördern den Umweltschutz.
Kostenersparnis	Langfristig können durch die höhere Effizienz und den Einsatz erneuerbarer Energien Kosten gesenkt werden.
Flexibilität	Energiespeichersysteme und intelligente Steuerungssysteme ermöglichen eine flexible Anpassung des Energieverbrauchs an die aktuellen Bedürfnisse.
verbesserte Versorgungssicherheit	Ein diversifiziertes Energiesystem mit mehreren Quellen und Speicherlösungen erhöht die Stabilität und Zuverlässigkeit der Energieversorgung.
Komfort und Lebensqualität	Durch den Einsatz moderner Technologien wie Smart-Home-Systemen und Lüftungsanlagen mit Wärmerückgewinnung wird der Wohnkomfort und die Luftqualität verbessert.

Tabelle 9.4 Vorteile eines ganzheitlichen Energiekonzepts

9.4 Integration von Wärmepumpen in Smart-Home-Systeme

Öko-Wärme-Willi schwärmt von Smart Home und Wärmepumpen: *„Die Integration in Smart-Home-Systeme kann den Betrieb von Wärmepumpen optimieren. Hier sind einige Tipps."*

Die Integration von Wärmepumpen in Smart-Home-Systeme bietet zusätzliche Komfort- und Effizienzvorteile durch automatisierte Steuerung und Überwachung. Smart-Home-Systeme ermöglichen die intelligente Steuerung von Wärmepumpenanlagen, was zu einer verbesserten Energieeffizienz und erhöhtem Komfort führt. Durch die Vernetzung können Wärmepumpen optimal in das Gebäudemanagement integriert werden.

9.4.1 Wichtige Voraussetzungen

Vorteile der Integration von Wärmepumpen in Smart-Home-Systeme:

- Erhöhung der Energieeffizienz durch bedarfsgerechte Steuerung,
- Erhöhter Wohnkomfort durch automatisierte Regelung,
- Möglichkeit zur Fernüberwachung und -steuerung.

Die Integration von Wärmepumpen in Smart-Home-Systeme bietet zahlreiche Vorteile, die sowohl die Energieeffizienz als auch den Wohnkomfort erheblich verbessern. Durch die intelligente Steuerung der Wärmepumpen kann der Energieverbrauch optimiert und an die tatsächlichen Bedürfnisse angepasst werden. Dies führt zu einer Reduzierung der Betriebskosten und einer höheren Energieeinsparung.

Smart-Home-Systeme ermöglichen es, die Wärmepumpen präzise zu steuern, indem sie beispielsweise die Heizung oder Kühlung in Abhängigkeit von der Außentemperatur, der Raumnutzung oder den individuellen Vorlieben der Bewohner anpassen. Zudem können die Systeme auf Echtzeitdaten zugreifen und den Betrieb der Wärmepumpe an die Verfügbarkeit von günstigem oder selbst erzeugtem Strom anpassen, was den Einsatz erneuerbarer Energien fördert.

Ein weiterer Vorteil ist die erhöhte Zuverlässigkeit und Wartungseffizienz. Smart-Home-Systeme können den Zustand der Wärmepumpe kontinuierlich überwachen und frühzeitig auf mögliche Probleme hinweisen, bevor es zu Ausfällen kommt. Dies verlängert die Lebensdauer der Geräte und reduziert Wartungskosten.

Zusammengefasst bieten Wärmepumpen, die in Smart-Home-Systeme integriert sind, eine nachhaltige, kosteneffiziente und komfortable Lösung für moderne Haushalte.

Sie tragen wesentlich zur Reduktion des Energieverbrauchs und der CO_2-Emissionen bei und verbessern gleichzeitig die Lebensqualität der Bewohner.

In der **Tabelle 9.5** sind diese beschriebenen Vorteile einer Integration einer Wärmepumpenanlage in ein Smart-Home-System kurz zusammengefasst.

Funktion	Vorteile
automatische Temperaturregelung	optimale Raumtemperatur bei minimalem Energieverbrauch
Fernsteuerung und -überwachung	Steuerung und Überwachung der Wärmepumpe von unterwegs
Energieverbrauchs-optimierung	Reduzierung der Betriebskosten durch effizientes Energiemanagement.
Integration mit anderen Systemen	nahtlose Integration mit Beleuchtung, Sicherheits- und Lüftungssystemen.

Tabelle 9.5 Funktionen und Vorteile von Smart-Home-Systemen

9.4.2 Beispiele für Smart-Home-Integration: erfolgreiche Projekte und deren Nutzen

1. Projekt „Energieeffizientes Wohnen“ in Freiburg, Deutschland

Im Stadtteil Vauban in Freiburg wurde ein komplettes Quartier mit energieeffizienten Gebäuden ausgestattet, die Wärmepumpen und Smart-Home-Systeme nutzen. Diese Integration ermöglicht eine präzise Steuerung der Heiz- und Kühlsysteme, was zu einer erheblichen Reduzierung des Energieverbrauchs und der Heizkosten führte. Die Bewohner profitieren von einem hohen Wohnkomfort und einer verbesserten Luftqualität.

Erfahrungsbericht Nutzer Familie Müller, Deutschland: „Seitdem wir unsere Wärmepumpe in unser Smart-Home-System integriert haben, haben sich unsere Heizkosten halbiert. Wir lieben die Möglichkeit, die Heizung über unser Smartphone zu steuern und den Komfort, den das System bietet. Die Luftqualität hat sich ebenfalls verbessert, was besonders im Winter angenehm ist.“

2. Projekt „Smart Home Living Lab“ in Schweden

In diesem Projekt wurden Wärmepumpen in einem Smart-Home-Ökosystem integriert, das durch künstliche Intelligenz gesteuert wird. Die Systeme lernen die Nutzungsgewohnheiten der Bewohner und passen die Heiz- und Kühlsysteme entsprechend an. Die Ergebnisse zeigten eine Energieeinsparung von bis zu 30 % und eine signifikante Reduktion der CO_2-Emissionen.

Erfahrungsbericht Anna und Paul Svensson in Schweden: „Unser Smart-Home-System hat unser Leben verändert. Die Wärmepumpe arbeitet jetzt viel effizienter, und wir merken den Unterschied in unserer Stromrechnung. Es ist beruhigend zu wissen, dass das System selbstständig läuft und sich an unsere Bedürfnisse anpasst, ohne dass wir ständig manuell eingreifen müssen."

3. Projekt „Eco-Village Cloughjordan" in Irland

Dieses ökologische Dorf verwendet Wärmepumpen, die in ein umfassendes Smart-Home-System integriert sind. Das System optimiert den Energieverbrauch und nutzt erneuerbare Energiequellen, wann immer sie verfügbar sind. Die Integration führte zu einer 40-prozentigen Reduzierung des Energieverbrauchs und einer verbesserten Nachhaltigkeit des gesamten Dorfes.

Erfahrungsbericht Bewohner Eco-Village in Irland: „Die Integration der Wärmepumpen in das Smart-Home-System hat das Leben im Eco-Village erheblich verbessert. Die Energieeinsparungen sind enorm und wir fühlen uns gut, weil wir einen Beitrag zur Reduktion der CO_2-Emissionen leisten. Das System ist einfach zu bedienen und äußerst zuverlässig."

In **Tabelle 9.6** sind die praktischen Vorteile und die positiven Auswirkungen der Integration von Wärmepumpen in Smart-Home-Systeme kurz zusammenfassend dargestellt. Sie verdeutlichen, wie solche Technologien nicht nur den Energieverbrauch und die Kosten senken, sondern auch den Komfort und die Lebensqualität der Nutzer verbessern können.

Projekte/Erfahrungen	Beschreibungen	Nutzen
Projekt „Energie-effizientes Wohnen"	Integration von Wärmepumpen in einem energieeffizienten Quartier	Reduzierung des Energieverbrauchs, verbesserter Wohnkomfort
Projekt „Smart Home Living Lab"	Wärmepumpen in Smart-Home-Ökosystem	30 % Energieeinsparung, Reduktion der CO_2-Emissionen
Projekt „Eco-Village" Cloughjordan	Wärmepumpen in ökologischem Dorf integriert	40 % Energieeinsparung, Nachhaltigkeit
Erfahrungsbericht Familie Müller	Integration von Wärmepumpe in Smart-Home-System	Halbierung der Heizkosten, bessere Luftqualität
Erfahrungsbericht Anna und Paul Svensson	Effizientere Wärmepumpe durch Smart-Home-Integration	Niedrigere Stromrechnung, automatisierte Anpassung
Erfahrungsbericht Bewohner Eco-Village	Verbesserte Lebensqualität durch Smart-Home-System	Enorme Energieeinsparungen, Beitrag zur Reduktion der CO_2-Emissionen

Tabelle 9.6 Projektbeispiele und Erfahrungen von Nutzern

10 Anpassung an regionale Gegebenheiten

10.1 Abhängigkeit der Effizienz der Wärmepumpen von lokalen, klimatischen Bedingungen

Klimatische Anpassungen: *„Die Effizienz von Wärmepumpen hängt stark von lokalen Bedingungen ab. Öko-Wärme-Willi hilft Ihnen, die beste Anpassung zu finden."*

Die Effizienz von Wärmepumpenanlagen kann stark von den lokalen, klimatischen Bedingungen beeinflusst werden. Es ist wichtig, diese Faktoren bei der Planung und Installation zu berücksichtigen, um die optimale Leistung zu gewährleisten. Dies kann auch für verschiedene Regionen innerhalb Deutschlands zutreffen, nicht nur bei den nachfolgenden extremen Beispielen Südeuropa oder Skandinavien.

Wesentliche Arbeitsschritte:

1. **Einfluss von Temperatur und Feuchtigkeit auf die Effizienz:** Die Leistung von Wärmepumpen wird durch die Außentemperatur und die Luftfeuchtigkeit erheblich beeinflusst. Bei niedrigen Temperaturen kann die Effizienz sinken, da die Wärmepumpe härter arbeiten muss, um Wärme aus der Umgebung zu extrahieren. Hohe Feuchtigkeit kann ebenfalls die Effizienz beeinträchtigen.
2. **Anpassungsstrategien für unterschiedliche Klimazonen:** Verschiedene Klimazonen erfordern unterschiedliche Strategien zur Anpassung von Wärmepumpen. In kalten Klimazonen sind Systeme mit verbesserter Isolation und Zusatzheizungen vorteilhaft, während in warmen Klimazonen Kühlungsfunktionen und Feuchtigkeitsmanagement wichtig sind. Wärmepumpen in nördlichen, kalten Regionen wie Skandinavien benötigen andere Anpassungen als solche in mediterranen oder tropischen Klimazonen, aber auch in Deutschland sind regionale Unterschiede keine Seltenheit.

10.2 Optimale Anpassungen

Öko-Wärme-Willi erläutert die Optimierung für lokale Gegebenheiten: *„Lassen Sie uns herausfinden, wie Sie Wärmepumpen optimal an regionale Gegebenheiten anpassen können."*

Um die bestmögliche Leistung von Wärmepumpenanlagen zu erreichen, sind oft spezifische Anpassungen an die lokalen Bedingungen notwendig. Durch diese gezielten Anpassungen kann die Effizienz und Lebensdauer von Wärmepumpenanlagen verbessert werden. Dies umfasst die Wahl der richtigen Technik sowie Anpassungen bei der Installation und Wartung.

Wichtige Systemanpassungen:

- **Identifikation der notwendigen Anpassungen:** Analysieren der lokalen Klimabedingungen und spezifischen Anforderungen des Installationsorts, um notwendige Anpassungen zu bestimmen.
- **Implementierung von Maßnahmen zur Effizienzsteigerung:** Anwendung von Maßnahmen wie der Installation zusätzlicher Isolierungen, Nutzung von Wärmespeichern und Optimierung der Steuerungssysteme.
- **Langfristige Überwachung und Anpassung der Systeme:** Regelmäßige Überprüfung und Anpassung der Systeme, um deren Effizienz langfristig zu sichern.

10.3 Fallstudien zu regionalen Erfolgen und Herausforderungen

Öko-Wärme-Willis Erfolgsstorys und Herausforderungen: *„Fallstudien zeigen, wie unterschiedliche Regionen die Herausforderungen gemeistert haben."*

Fallstudien bieten wertvolle Einblicke in die praktischen Herausforderungen und Erfolge bei der Anpassung von Wärmepumpenanlagen an regionale Gegebenheiten. Fallstudien aus verschiedenen Regionen zeigen, wie Wärmepumpenanlagen erfolgreich an lokale Bedingungen angepasst werden können. Diese Beispiele verdeutlichen sowohl die Herausforderungen als auch die Lösungsansätze in der Praxis.

10.3.1 Fallstudie 1: Anpassung einer Wärmepumpenanlage an einem Einfamilienhaus auf dem Land

Herausforderungen

Ein Einfamilienhaus in einer ländlichen Region mit gemäßigtem Klima hat sich für den Einsatz einer Wärmepumpenanlage entschieden. Die Region erlebt heiße Sommer mit Temperaturen bis zu 35 °C und kalte Winter, die Temperaturen bis zu –10 °C erreichen können. Zudem gibt es in der ländlichen Umgebung ausreichend Platz für die Installation von zusätzlichen Systemen zur Effizienzsteigerung, aber auch Herausforderungen wie unregelmäßige Stromversorgung und hohe Luftfeuchtigkeit im Winter.

Angewandte Lösungen zur Fallstudie 1

- **Bodenwärmetauscher:**
  - *Beschreibung:* Ein horizontaler Erdwärmetauscher wurde im Garten des Einfamilienhauses installiert, um die konstante Temperatur des Bodens zur Effizienzsteigerung der Wärmepumpe zu nutzen. Dieser Tauscher nutzt die Erdwärme, um in kalten Monaten zusätzliche Wärme zu liefern und in heißen Monaten Kühlung zu bieten.
  - *Vorteile:* Diese Methode ermöglicht eine stabile Energiequelle unabhängig von den extremen Außentemperaturen und erhöht die Gesamteffizienz der Wärmepumpe.
- **Hybridwärmepumpensystem:**
  - *Beschreibung:* Eine Kombination aus Luft-Wasser-Wärmepumpe und Erdwärmepumpe wurde gewählt. In milden Bedingungen nutzt das System die Luft-Wasser-Wärmepumpe, während bei extremen Temperaturen die Erdwärmepumpe zum Einsatz kommt.
  - *Vorteile:* Durch die Nutzung der jeweils effizientesten Wärmequelle wird die Systemeffizienz maximiert und die Belastung der einzelnen Komponenten minimiert.
- **Stromspeichersystem:**
  - *Beschreibung:* Ein Batterie-Speichersystem wurde installiert, um überschüssige Energie aus Photovoltaikanlagen auf dem Dach zu speichern. Dies ermöglicht eine zuverlässige Energieversorgung auch bei unregelmäßiger Netzversorgung.
  - *Vorteile:* Die Nutzung von Solarenergie reduziert die Betriebskosten und erhöht die Nachhaltigkeit der Wärmepumpenanlage.

- **Feuchtigkeitsmanagement:**
  - *Beschreibung:* Ein integriertes Luftentfeuchtungssystem wurde installiert, um die hohe Luftfeuchtigkeit im Winter zu kontrollieren und Schimmelbildung sowie Korrosionsschäden an der Anlage zu verhindern.
  - *Vorteile:* Dieses System verbessert die Luftqualität im Haus und verlängert die Lebensdauer der Wärmepumpenkomponenten.

Ergebnisse und gewonnene Erkenntnisse

Durch die Implementierung dieser Maßnahmen konnte die Effizienz der Wärmepumpenanlagen erheblich gesteigert werden. Der Bodenwärmetauscher und das Hybridwärmepumpensystem sorgten für eine gleichbleibend hohe Leistung unabhängig von den extremen saisonalen Temperaturunterschieden. Das Stromspeichersystem gewährleistete eine kontinuierliche Energieversorgung und reduzierte die Abhängigkeit von externen Stromquellen. Das Feuchtigkeitsmanagementsystem verbesserte das Raumklima und schützte die Anlage vor Schäden durch Feuchtigkeit.

Die Fallstudie zeigt, dass durch eine sorgfältige Anpassung der Systeme an die spezifischen Anforderungen eines ländlichen Einfamilienhauses die Effizienz und Zuverlässigkeit von Wärmepumpenanlagen signifikant verbessert werden kann. Die Kombination aus erneuerbaren Energiequellen, fortschrittlicher Technik und gezielten Anpassungen an lokale Bedingungen führte zu einem nachhaltigen und effizienten Heiz- und Kühlsystem für das Einfamilienhaus.

10.3.2 Fallstudie 2: Einsatz von Wärmepumpen in einem urbanen Umfeld mit speziellen Anforderungen (z. B. Stadtzentrum)

Herausforderungen

In dicht besiedelten städtischen Gebieten wie Stadtzentren stehen oft nur begrenzte Flächen für die Installation von Wärmepumpensystemen zur Verfügung. Zudem müssen strikte Emissionsanforderungen und Lärmschutzvorschriften eingehalten werden. Diese Bedingungen erfordern innovative Lösungen, um die Effizienz und Akzeptanz von Wärmepumpenanlagen sicherzustellen.

Angewandte Lösungen zur Fallstudie 2

Zur Bewältigung dieser Herausforderungen wurden folgende Maßnahmen ergriffen:

- *Kompakte Systeme:* Verwendung von besonders kompakten Wärmepumpenanlagen, die sich gut in die vorhandene städtische Infrastruktur integrieren lassen.

- *Lärmschutzmaßnahmen:* Installation von schallisolierten Gehäusen und vibrationsdämpfenden Komponenten, um die Lärmemissionen zu minimieren.
- *Emissionsfreie Technologien:* Nutzung von emissionsfreien und umweltfreundlichen Kältemitteln, um die strengen städtischen Umweltauflagen zu erfüllen.

Ergebnisse und gewonnene Erkenntnisse

Die Umsetzung dieser Lösungen führte zu einer erfolgreichen Integration der Wärmepumpenanlagen in das städtische Umfeld. Die kompakten Systeme ermöglichten eine platzsparende Installation, während die Lärmschutzmaßnahmen und die Nutzung umweltfreundlicher Technologien die Akzeptanz bei den Anwohnern erhöhten. Die Effizienz der Systeme konnte durch diese Anpassungen ebenfalls gesteigert werden, was zu einem insgesamt positiven Ergebnis führte. Diese Fallstudie verdeutlicht, dass durch gezielte technische und organisatorische Maßnahmen Wärmepumpenanlagen auch in anspruchsvollen urbanen Umgebungen erfolgreich betrieben werden können.

Die nachfolgenden zwei Fallstudien sind sicherlich für Ferienhausbesitzer in Nord- oder Südeuropa interessant und bieten im Zusammenhang mit Wärmepumpenanlagen interessante Erkenntnisse, die wegen der Vielfalt der Herausforderungen und Lösungsansätze auch für andere Leser informativ sein können. Außerdem bieten sie als fiktive Fallstudien kreative Ansätze für ähnlich gelagerte Objekte auch in Deutschland.

10.3.3 Fallstudie 3: Anpassung einer Wärmepumpenanlage in einer kalten Klimazone (z. B. Skandinavien)

Herausforderungen

In Skandinavien sind die Winter lang und extrem kalt, was eine erhebliche Herausforderung für Wärmepumpenanlagen darstellt. Die Außentemperaturen können häufig unter –20 °C fallen, was die Effizienz herkömmlicher Wärmepumpen stark beeinträchtigt. Die hohe Feuchtigkeit kann zudem zu Vereisungsproblemen an den Verdampfern führen.

Angewandte Lösungen zur Fallstudie 3

Um diesen Herausforderungen zu begegnen, wurden mehrere Maßnahmen ergriffen:

- *Zusätzliche Isolation:* Die Gebäude wurden mit einer doppelten Isolation ausgestattet, um den Wärmeverlust zu minimieren und die Effizienz der Wärmepumpen zu steigern.
- *Elektrische Zusatzheizung:* Integrierte elektrische Zusatzheizungen wurden installiert, um in extrem kalten Perioden zusätzliche Wärme bereitzustellen.

- *Verbesserte Enteisungssysteme:* Spezielle Enteisungssysteme wurden eingesetzt, um das Vereisen der Verdampfer zu verhindern und so die Effizienz der Wärmepumpen zu erhalten.

Ergebnisse und gewonnene Erkenntnisse

Durch diese Anpassungen konnte die Effizienz der Wärmepumpenanlagen um bis zu 30 % gesteigert werden. Die zusätzliche Isolation reduzierte den Energieverbrauch signifikant, während die Zusatzheizung und die verbesserten Enteisungssysteme die Betriebssicherheit und -effizienz auch bei extremen Wetterbedingungen sicherstellten. Diese Fallstudie zeigt, dass gezielte technische Anpassungen die Leistungsfähigkeit von Wärmepumpen in kalten Klimazonen erheblich verbessern können.

10.3.4 Fallstudie 4: Integration von Wärmepumpen in einem mediterranen Klima (z. B. Südeuropa)

Herausforderungen

In mediterranen Klimazonen sind die Sommer heiß und trocken, während die Winter mild und feucht sein können. Wärmepumpenanlagen müssen daher sowohl für Kühlungs- als auch für Heizungsanwendungen optimiert werden. Hohe Sommertemperaturen können die Effizienz der Wärmepumpen beeinträchtigen, während die Feuchtigkeit im Winter zu Korrosionsproblemen führen kann.

Angewandte Lösungen zur Fallstudie 4

Um die Effizienz der Wärmepumpen in diesem Klima zu maximieren, wurden folgende Maßnahmen umgesetzt:

- *Passives Kühlungssystem:* Die Nutzung von passiven Kühlungssystemen wie Erdkollektoren oder Grundwasserkühlung half, die hohen Sommertemperaturen zu bewältigen.
- *Feuchtigkeitsmanagement:* Systeme zur Kontrolle der Luftfeuchtigkeit wurden installiert, um Korrosionsschäden zu vermeiden und die Langlebigkeit der Wärmepumpen zu erhöhen.
- *Optimierte Steuerungssysteme:* Intelligente Steuerungssysteme wurden eingeführt, um die Betriebszeiten der Wärmepumpen basierend auf den Tageszeiten und Wetterbedingungen zu optimieren.

Ergebnisse und gewonnene Erkenntnisse

Durch diese Maßnahmen konnte die Effizienz der Wärmepumpen um etwa 20 % gesteigert werden. Die passiven Kühlungssysteme reduzierten den Energiebedarf im Sommer, während das Feuchtigkeitsmanagement die Systemintegrität im Winter sicherstellte. Die intelligenten Steuerungssysteme ermöglichten eine flexible Anpassung an die wechselnden klimatischen Bedingungen, was zu einer insgesamt höheren Effizienz und Langlebigkeit der Anlagen führte.

11 Elektro- und wärmetechnische Anforderungen an das Bestandsgebäude für den Einbau von Wärmepumpen

Öko-Wärme-Willis wichtige Parameter: *„Beim Einbau von Wärmepumpen in Bestandsgebäude gibt es viele wichtige Parameter zu beachten. Ich führe Sie durch die wichtigsten Punkte."*

Die Integration von Wärmepumpen in Bestandsgebäude stellt sowohl aus wärmetechnischer als auch aus elektrotechnischer Sicht eine besondere Herausforderung dar. Während die elektrischen Anforderungen klar definiert und oft aufrüstbar sind, gibt es bei der Heiztechnik besondere Aspekte zu berücksichtigen. Insbesondere die niedrigen Vorlauftemperaturen von Wärmepumpen im Vergleich zu traditionellen Heizsystemen werfen oft Fragen auf. Doch moderne Technik bietet vielfältige Lösungen, um Wärmepumpen auch in älteren Gebäuden effektiv einzusetzen, ohne dass aufwendige Umrüstungen wie der Einbau einer Fußbodenheizung erforderlich sind.

11.1 Wärmetechnische Lösungen für den Einsatz von Wärmepumpen in älteren Gebäuden

Wärmepumpen sind für ihre effiziente Nutzung bei niedrigeren Vorlauftemperaturen bekannt. Diese niedrigen Temperaturen sind in modernen, gut isolierten Neubauten kein Problem, können aber in älteren, weniger gut isolierten Bestandsgebäuden eine Herausforderung darstellen. Dennoch gibt es mehrere technische Ansätze, um Wärmepumpen auch in solchen Umgebungen effektiv zu betreiben:

11.1.1 Hybridheizungssysteme

Eine Hybridheizung nutzt die Effizienz der Wärmepumpe bei moderaten Außentemperaturen und schaltet eine konventionelle Heizung (wie Gas- oder Öl-Brennwertkessel) hinzu, wenn extreme Kälte eine höhere Vorlauftemperatur erfordert. Dieses System bietet Flexibilität und ermöglicht es, die Vorteile beider Technologien zu nutzen, was besonders in Bestandsgebäuden von Vorteil ist, die eine höhere Wärmeleistung benötigen.

11.1.2 Einbau größerer Heizkörper

Größere Heizkörper oder der Austausch vorhandener Heizkörper durch Modelle mit größerer Fläche können die Wärmemenge erhöhen, die bei niedrigen Vorlauftemperaturen abgegeben wird. Moderne Heizkörper wie die 33er-Systeme bieten eine höhere Heizleistung durch die Kombination mehrerer Wasser führender Heizplatten und Konvektionsbleche.

11.1.3 Austausch alter Radiatoren durch größere Modelle

Der Austausch alter, ineffizienter Radiatoren durch neue, größere Modelle verbessert die Effizienz der Wärmeabgabe und kann den Betrieb einer Wärmepumpe bei niedrigeren Vorlauftemperaturen unterstützen. Heizkörper mit seriellem Durchfluss, bei denen das Heizmedium nacheinander durch mehrere Heizflächen strömt, erhöhen die Oberflächentemperatur und die Effizienz.

11.1.4 Einbau von zusätzlichen Heizkörpern

Die Installation zusätzlicher Heizkörper in Räumen kann dazu beitragen, die Wärmeverteilung zu verbessern und sicherzustellen, dass bei niedrigeren Vorlauftemperaturen ausreichend Wärme verfügbar ist. Elektrofachkräfte sollten den optimalen Platz für zusätzliche Heizkörper bestimmen, um eine gleichmäßige Wärmeverteilung zu gewährleisten.

11.1.5 Hochtemperatur-Wärmepumpen

Es gibt Wärmepumpenmodelle, die speziell dafür entwickelt wurden, höhere Vorlauftemperaturen zu erreichen. Diese Systeme sind ideal für Bestandsgebäude, die bisher mit hohen Vorlauftemperaturen betrieben wurden. Hochtemperatur-Wärmepumpen ermöglichen es, die bestehende Heizungsinfrastruktur beizubehalten, was den Installationsaufwand und die Kosten reduziert.

11.1.6 Weitere Optimierungsmaßnahmen

Selbst geringfügige Verbesserungen der Dämmung können den Wärmebedarf senken und den Betrieb der Wärmepumpe effizienter gestalten. Ein hydraulischer Abgleich des Heizsystems kann die Wärmeverteilung optimieren und sicherstellen, dass alle Heizflächen gleichmäßig versorgt werden.

11.2 Elektrotechnische Voraussetzungen für Wärmepumpen in Bestandsgebäuden

Bei der Planung und Installation von Wärmepumpen in bereits bestehenden Gebäuden spielen elektrotechnische Anforderungen eine zentrale Rolle. Diese Anforderungen beeinflussen maßgeblich die Auswahl der Wärmepumpe, deren Effizienz sowie die Betriebssicherheit des gesamten Systems. Ziel dieses Kapitels ist es, die wichtigsten elektrotechnischen Parameter und deren Bedeutung für die Integration von Wärmepumpen in Bestandsgebäuden zu erläutern.

Zunächst werden die grundlegenden Anforderungen an die Anschlussleistung und den Netzanschluss beleuchtet. Diese Parameter bestimmen, welche Wärmepumpenmodelle in einem bestimmten Gebäude effizient betrieben werden können und wie die Integration in das bestehende elektrische Netz erfolgen kann. Ein weiterer wichtiger Aspekt ist der Gleichzeitigkeitsfaktor, der die Netzbelastung und somit die Stabilität des Versorgungssystems beeinflusst.

Die Auswahl geeigneter Installationsorte spielt ebenfalls eine entscheidende Rolle. Hierbei müssen nicht nur bauliche Gegebenheiten, sondern auch die Effizienz der Wärmepumpe und der Zugang zu Wartungsarbeiten berücksichtigt werden. Zudem werden Bau- und Betriebsweisen sowie die Anforderungen an die Warmwasserbereitung detailliert dargestellt, um ein umfassendes Verständnis der Integration von Wärmepumpen in Bestandsgebäuden zu gewährleisten.

Zunächst einige Eckpunkte vorweg kurz angesprochen und danach eine ausführliche Darstellung in → *Kapitel 11.2.1*.

Bei der Nachrüstung von Wärmepumpen in Bestandsgebäuden ist zu prüfen, ob der vorhandene Netzanschluss und die elektrische Absicherung den Anforderungen der Wärmepumpe entsprechen. Eine Überprüfung und gegebenenfalls Anpassung des Stromanschlusses, insbesondere der Phasenzahl und der Leistungskapazität, ist notwendig.

Die elektrische Verkabelung muss den Anforderungen der Wärmepumpe entsprechen, einschließlich ausreichender Leitungsquerschnitte und geeigneter Schutzmaßnahmen wie Fehlerstrom-Schutzschutzeinrichtung, RCD und Überlastschutz.

Moderne Wärmepumpen sind oft mit fortschrittlichen Steuerungssystemen ausgestattet, die eine präzise Regelung ermöglichen. Dies erfordert möglicherweise die Installation zusätzlicher Sensoren und Steuerleitungen.

Bei der Integration in bestehende Systeme müssen Elektrofachkräfte sicherstellen, dass die Wärmepumpe nahtlos mit anderen elektrischen Geräten und Systemen des Hauses interagiert, um einen störungsfreien Betrieb zu gewährleisten.

11.2.1 Darstellung wichtiger Parameter, wie Anschlussleistung, Netzanschluss, Gleichzeitigkeitsfaktor, Installationsorte und Bau- und Betriebsweisen, Warmwasserbereitung

Öko-Wärme-Willi behauptet zur Elektroinstallation für Wärmepumpen:
„Die richtige Elektroinstallation ist entscheidend für den Betrieb von Wärmepumpen. Ein wichtiges Bestätigungsfeld für Elektrofachkräfte. Hier sind die Grundlagen."

Wärmepumpen sind eine umweltfreundliche und energieeffiziente Möglichkeit zur Beheizung und Kühlung von Gebäuden. Bei der Nachrüstung von Wärmepumpen in Bestandsgebäuden sind jedoch einige besondere Aspekte zu berücksichtigen. Nachfolgend werden die **Kernaspekte und Maßnahmen** erläutert:

11.2.1.1 Anschlussleistung und Netzanschluss

Die Anschlussleistung einer Wärmepumpe bestimmt, wie viel elektrische Energie benötigt wird, um die gewünschte Heizleistung zu erbringen. Dieser Parameter ist entscheidend für die Dimensionierung der elektrischen Zuleitungen und Absicherungen im Bestandsgebäude. Der Netzanschluss beschreibt, wie die Wärmepumpe an das öffentliche Versorgungsnetz angebunden wird. Hierbei sind die Kapazität des bestehenden Anschlusses sowie die Möglichkeit eines eventuell notwendigen Ausbaus zu berücksichtigen. Im Einzelnen sind insbesondere folgende Punkte zu beachten:

- **Dimensionierung der elektrischen Leitungen:** Die elektrischen Leitungen müssen für die höhere Last ausgelegt sein, die durch den Betrieb der Wärmepumpe entsteht. Dies kann den Austausch oder die Verstärkung bestehender Leitungen erfordern.
- **Absicherungen der Stromkreise:** Die Sicherungsautomaten müssen ebenfalls auf die erhöhte Last, evtl. mit einem höheren Ausschaltstrom (kA) abgestimmt sein, um eine sichere und zuverlässige Stromversorgung zu gewährleisten. Gegebenenfalls sind höhere Ausschaltströme für die Sicherungsautomaten auszuwählen oder zusätzliche Stromkreise erforderlich.
- **Kapazität des Netzanschlusses:** Der Netzanschluss muss die zusätzliche Belastung durch die Wärmepumpe aufnehmen können. Dies erfordert möglicherweise eine „Aufrüstung des Hausanschlusses" durch den Netzbetreiber. Es ist wichtig, frühzeitig Kontakt mit dem Netzbetreiber aufzunehmen, um die erforderlichen Maßnahmen zu klären und umzusetzen.

Gleichzeitigkeitsfaktor: Der Gleichzeitigkeitsfaktor beschreibt, wie viele elektrische Verbraucher im Gebäude gleichzeitig betrieben werden können, ohne dass es zu einer Überlastung des Netzanschlusses kommt; denn werden mehrere elektrische Geräte gleichzeitig betrieben, kann sich die gesamte Netzbelastung des Objekts/Gebäudes erhöhen. Bei der Planung von Wärmepumpenanlagen ist es wichtig, diesen Faktor zu berücksichtigen, um sicherzustellen, dass die Wärmepumpe in Kombination mit anderen elektrischen Geräten effizient und sicher betrieben werden kann. Um Überlastungen zu vermeiden, sind folgende Maßnahmen zu berücksichtigen:

- **Die Planung der Nutzung elektrischer Geräte:** Durch eine gezielte Planung und Steuerung der gleichzeitigen Nutzung verschiedener Geräte kann die Netzbelastung optimiert werden. Dies kann durch die Installation von Lastmanagementsystemen erreicht werden, die den Betrieb von Geräten zeitlich steuern.
- **Der Einsatz von Energiemanagementsystemen:** Diese Systeme helfen dabei, den Energieverbrauch zu überwachen und zu steuern, um Spitzenlasten zu vermeiden und die Effizienz zu erhöhen. Sie können beispielsweise die Wärmepumpe in Zeiten niedriger Netzbelastung betreiben und somit die Gesamtbelastung reduzieren.
- **Die Berücksichtigung der Hausinfrastruktur:** Es ist wichtig, die vorhandene elektrische Infrastruktur und die typischen Nutzungsgewohnheiten der Bewohner zu berücksichtigen, um eine optimale Planung zu gewährleisten.

11.2.1.2 Installationsorte

Die Wahl des Installationsorts für die Wärmepumpe beeinflusst deren Effizienz und Wartungsfreundlichkeit. Geeignete Orte sind häufig Kellerräume, Technikräume oder Außenbereiche, die ausreichend Platz und Zugänglichkeit bieten. Zudem sollte der Installationsort so gewählt werden, dass Lärm und Vibrationen minimal auf die Bewohner des Gebäudes und das Nachbarumfeld einwirken. Folgende Faktoren sind bei der Standortwahl zu berücksichtigen:

- **Platzbedarf:** Die Wärmepumpe und ihre Komponenten benötigen ausreichend Platz für die Installation und den Betrieb. Dies umfasst sowohl den Innen- als auch den Außenbereich. Es ist wichtig, sicherzustellen, dass ausreichend Raum vorhanden ist, um Wartungsarbeiten durchführen zu können.
- **Zugänglichkeit:** Der Installationsort sollte gut zugänglich sein, um eine einfache Wartung und Reparatur zu ermöglichen. Dies reduziert die Betriebskosten und minimiert Ausfallzeiten.

- **Minimierung von Lärm- und Vibrationsbelastungen:** Wärmepumpen können Lärm und Vibrationen verursachen, die den Komfort der Bewohner und den nahen Nachbarschaftsbereich beeinträchtigen können. Daher sollten sie an Orten installiert werden, die weit genug von Wohnbereichen entfernt sind, oder es sollten schallisolierende Maßnahmen ergriffen werden. Auch die Installation auf festen, vibrationsdämpfenden Untergründen kann hilfreich sein.

11.2.1.3 Bau- und Betriebsweisen

Die Bau- und Betriebsweisen von Wärmepumpen umfassen die Art der Wärmequellen (Luft, Erdreich, Wasser) und die entsprechenden technischen Anforderungen. Unterschiedliche Bauweisen erfordern spezifische Installationsmaßnahmen und haben Einfluss auf die Effizienz und den Energieverbrauch der Anlage. Zudem sind gesetzliche Vorschriften und Normen zu beachten, die den Einbau und Betrieb von Wärmepumpen regeln. Im Einzelnen sollten bei einer Errichtung einer Wärmepumpe in ein Bestandsgebäude sowohl die baulichen Gegebenheiten als auch die Betriebsweisen des Gebäudes berücksichtigt werden:

- **Auswahl der geeigneten Wärmequellen:** Je nach Standort und Gebäudetyp können unterschiedliche Wärmequellen genutzt werden, wie z. B. Luft, Wasser oder Erdwärme. Die Wahl der Wärmequelle hängt von den örtlichen Gegebenheiten und den spezifischen Anforderungen des Gebäudes ab.
- **Optimierung der Betriebsweisen:** Die Wärmepumpe sollte so betrieben werden, dass sie möglichst effizient arbeitet. Dies kann durch die Nutzung von Wetterdaten zur Vorhersage des Heiz- und Kühlbedarfs, die Optimierung der Betriebszeiten und die regelmäßige Wartung der Anlage erreicht werden.

11.2.1.4 Warmwasserbereitung

Die Integration der Warmwasserbereitung in das Wärmepumpensystem ist ein weiterer wichtiger Aspekt. Hierbei müssen die Anforderungen an die Temperatur und Menge des Warmwassers sowie die Speichertechnik berücksichtigt werden. Eine effiziente Warmwasserbereitung trägt maßgeblich zur Gesamtenergieeffizienz des Gebäudes bei.

Eine Übersicht der elektrotechnischen Anforderungen stellt **Tabelle 11.1** dar. Sie enthält die Parameter, Beschreibungen und Maßnahmen, die für den Einbau von Wärmepumpen in Bestandsgebäude relevant sind.

Parameter	Beschreibung	Maßnahmen
Anschluss-leistung	bestimmt die erforderliche elektrische Leistung für den Betrieb der Wärmepumpe	Dimensionierung der elektrischen Zuleitungen und Sicherungsautomaten
Netzanschluss-kapazität	Kapazität des bestehenden Netzanschlusses und mögliche notwendige Erweiterungen	Überprüfung und ggf. Erweiterung des bestehenden Netzanschlusses
Gleichzeitig-keitsfaktor	beschreibt die gleichzeitige Nutzung von elektrischen Verbrauchern zur Vermeidung von Überlastungen	Berücksichtigung bei der Planung der Nutzung anderer elektrischer Geräte
spezifische Installations-anforderungen	Anforderungen an den Installationsort, wie Platzbedarf, Zugänglichkeit und Minimierung von Lärm- und Vibrationsbelastungen	Auswahl geeigneter Installationsorte unter Berücksichtigung baulicher Gegebenheiten

Tabelle 11.1 Schnellübersicht der elektrotechnischen Anforderungen bei Einsatz von Wärmepumpenanlagen in Bestandsgebäuden

11.2.2 Zählerplätze in Bestandsanlagen

Die Integration von Wärmepumpen in Bestandsgebäude erfordert nicht nur Anpassungen an den bestehenden Elektroinstallationen, sondern insbesondere auch an den Zählerplätzen, da eine ordnungsgemäße Installation entscheidend ist für die Messgenauigkeit und Abrechnung des Stromverbrauchs. Die folgenden Erläuterungen sind dem FNN-Hinweis „Zählerplätze in Bestandsanlagen" von September 2023 entlehnt (siehe auch → *Anhang A.17* dieses Buches).

Austausch bzw. Erweiterung der Zähleranlage: Wenn eine Erweiterung der elektrischen Anlage durchgeführt wird (**Bild 11.1**), müssen die Anforderungen der VDE-AR-N 4100:2019-04, Abschnitt 4.4 beachtet werden. Sollte eine Ertüchtigung des bestehenden Zählerplatzes nicht möglich sein, muss ein neuer Zählerplatz nach den aktuellen DIN-VDE-Normen errichtet werden.

Technische Mindestanforderungen: Der Zählerplatz muss so beschaffen sein, dass eine sichere und störungsfreie Stromversorgung gewährleistet ist. Eine Überprüfung durch eine Elektrofachkraft ist notwendig, um festzustellen, ob der Zählerplatz äußerlich erkennbare Schäden oder Mängel aufweist, die die Sicherheit gefährden könnten.

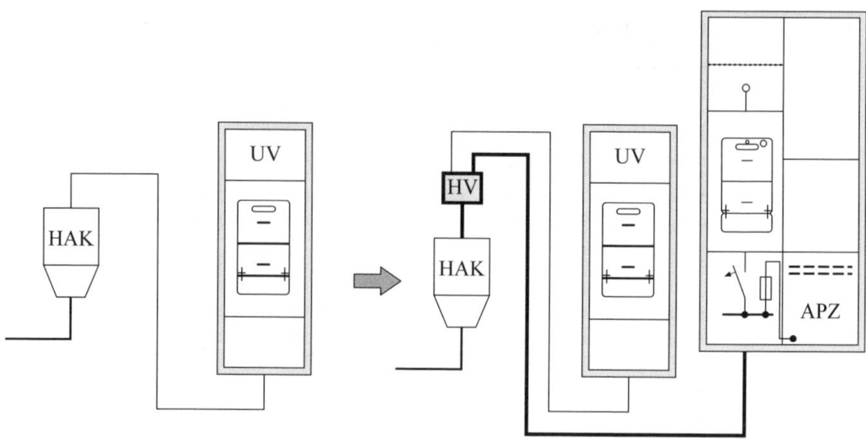

Bild 11.1 Beispiel: Erweiterung einer bestehenden Zähleranlage mit einem neuen Zählerplatz (Quelle: FNN-Hinweis: Zählerplätze in Bestandsanlagen)

Anforderungen nach Anwendungsregel TAR Niederspannung: Gemäß der VDE-AR-N 4100:2019-04 müssen Erweiterungen oder Änderungen in bestehenden Kundenanlagen den jeweils aktuellen technischen Anforderungen entsprechen. Dazu gehört die Prüfung, ob die betroffenen Teile der Anlage an die aktuellen Anforderungen des Niederspannungsnetzes angepasst werden müssen. Dies kann beispielsweise bei einer Erhöhung der elektrischen Leistung oder bei einer Änderung des Verbrauchsverhaltens notwendig sein.

Bewertung des Zählerplatzes und Eignung des Zählerplatzes: Elektrische Anlagen und Betriebsmittel und damit auch Zählerplätze unterliegen einer Alterung und Abnutzung. Beeinflussende Faktoren hierfür sind der Grad und die Art der Nutzung, Umwelteinflüsse und besondere oder geänderte Betriebsbedingungen. Aus diesen Gründen muss im Laufe der Zeit mit Mängeln gerechnet werden, die entscheidend für die Sicherheit im Haushalt oder Gewerbe sind. Es sollte, wie es im gewerblichen Bereich wiederkehrend verpflichtend ist, eine Prüfung auf Grundlage der DIN VDE 0105-100:2015-10 z. B. in Form eines E-CHECK der Elektrohandwerksbetriebe durchgeführt werden. Durch diese Prüfung sollen Mängel an elektrischen Anlagen und Betriebsmitteln rechtzeitig erkannt werden, bevor Gefahren für Personen, Tiere und Sachen entstehen können.

Vor jeder Änderung, z. B. Nutzungsänderung oder Erweiterung einer Zähleranlage, ist daher eine Prüfung von einer Elektrofachkraft durchzuführen. Diese Prüfung ist die Basis für die Entscheidung einer Elektrofachkraft, ob der vorhandene Zählerplatz geeignet ist und welche Maßnahmen im Zuge der Änderung oder Erweiterung vorzunehmen sind.

Mit der **Prüfung** wird der **Zustand des Zählerplatzes** bezüglich

- der Gebrauchs- und Funktionsfähigkeit,
- des ordnungsgemäßen, sicherheitstechnischen Zustands,
- des Schutzes gegen elektrischen Schlag (z. B. fehlende Abdeckungen),
- des Schutzes gegen elektrisch gezündeten Brand,
- Maßnahmen gegen Blitzeinwirkung und Überspannung geprüft.

Folgendes **Vorgehen** ist für die **Prüfung** empfohlen:

- **Sichtprüfung:**
  - Zugänglichkeit und freizuhaltender Arbeits- und Bedienbereich,
  - Anordnung der Zählerplätze,
  - Beschädigungen (Schutzart und -klasse),
  - Farb- und Formveränderungen,
  - Biegeradien der Anschlussleitungen,
  - Bestückung des netzseitigen Anschlussraumes (Zählervorsicherung, Überspannungsschutz),
  - Bestückung des anlagenseitigen Anschlussraumes unter Berücksichtigung des Lastverhaltens (Dauerlast oder Aussetzbetrieb),
  - notwendiger Platz und Aufnahme für benötigte Betriebsmittel (z. B. Trennvorrichtung, Hauptleitungsabzweigklemme, Schutzeinrichtungen)
- **Bestandsaufnahme:** einschließlich Stromkreiszuordnung, Beschriftungen, Installations- oder Übersichtsschaltplan
- **Messungen** der Isolationswiderstände, Schleifenimpedanzen, Schutzleiterüberprüfungen (Niederohmigkeit), des Ableitstroms der Betriebsmittel.
- **Prüfung und Messung der Wirksamkeit** der Schutzmaßnahmen (einschließlich Fehlerstrom-Schutzeinrichtungen).
- **Prüfung der Funktion** der Betriebsmittel.
- **Ausfertigung des Prüfprotokolls** und des Mängelberichts, z. B. nach dem Prüfprotokoll für elektrische Anlagen vom ZVEH. Ist der Zugang oder die Bedienung des Zählerplatzes nicht oder nur eingeschränkt möglich, ist dies im Prüfprotokoll bzw. Mängelbericht zu vermerken. In Anlehnung an den E-CHECK stellt **Tabelle 11.2** das jeweilige Messverfahren und die einzuhaltenden Messwerte dar.

Messaufgabe	Messverfahren	Werte
Isolationswiderstand zwischen • aktiven Leitern und • aktiven Leitern und dem Schutzleiter	Isolationswiderstandsmessung	$\geq 300\ \Omega/V$ mit Verbraucher $\geq 1\,000\ \Omega/V$ ohne Verbraucher mit einer Netzspannung bis 500 V und einer Messspannung von 500 V
Verwechselung Schutz- und Außenleiter	Phasenprüfung oder Spannungsmessung gegen Erde	Netzspannung
Verwechslung Schutz- und Neutralleiter	niederohmige Widerstandsmessung	
Schutzpotentialausgleich und zusätzlicher Schutzpotentialausgleich	niederohmige Widerstandsmessung	$< 1\ \Omega$
Bei mehr als einer Fehlerstrom-Schutzeinrichtung für die gesamte Anlage: • richtige Zuordnung der Neutralleiter zu den jeweils von der Fehlerstrom-Schutzeinrichtung (RCD) erfassten Stromkreisen • Schluss zwischen Neutralleitern unterschiedlicher Schutzeinrichtungen (RCDs)	Besichtigung und/oder niederohmige Widerstandsmessung Isolationswiderstandsmessung	$< 1\ \Omega$ siehe: Isolationswiderstandsmessung

Tabelle 11.2 Wiederkehrende Prüfung elektrischer Anlagen nach DIN VDE 0105-100:2015-10 (Quelle: FNN-Hinweis Zählerplätze in Bestandsanlagen, Tabelle 2)

Die Umgebungsbedingungen des Zählerplatzes entsprechen bei der Erweiterung des Zählerplatzes den Anforderungen der jeweiligen LBO, FeuVO und LAR. Die Anordnung der Zählerplätze nach Abschnitt 7.4 der VDE-AR-N 4100:2019-04 und der freizuhaltende Arbeits- und Bedienbereich nach Abschnitt 5.4 werden entsprechend eingehalten.

Zählerplätze nach DIN 43870 (zurückgezogen) mit netzseitigen Anschlussräumen von 300 mm (Abschnitt 5.3.1.2, Variante 2 und 3, des FNN-Hinweises) und Zählerplätze nach DIN VDE 0603-1:2017-06, Abschnitt 5.3.1.3 können für Erweiterungen der Kundenanlage unter Vorbehalt einer positiven Bewertung der vorherigen Prüfanforderungen ertüchtigt werden. Dabei sind die nachfolgenden Anforderungen zu berücksichtigen:

- **Zählerplatzverdrahtung**
  Der Zählerplatz muss nach DIN VDE 0603-2-1:2017-06 mindestens eine H07V-K-Verdrahtung mit einem Leitungsquerschnitt von 10 mm^2 aufweisen. Der Neutralleiter für die Kundenanlage darf am Zähler nicht weiter durchgeschliffen werden.

Für jede Anschlussnutzeranlage muss ein durchgehender Neutralleiter vom NAR zum AAR verlegt werden, der bei einem Zählerwechsel nicht unterbrochen wird.

- **Stromtragfähigkeit und erforderliche Trennvorrichtung**
  Die Betriebsmittel und Leitungen sind in Abhängigkeit der installierten und zukünftig vorgesehenen elektrischen Anlagen sowie der Betriebsart auszuwählen und unter Berücksichtigung der Gleichzeitigkeit dieser Anlagen (bspw. Wärmepumpe und Haushalt) zu dimensionieren. Neben den Dauerstromanwendungen nach Abschnitt 7.3.1 der VDE-AR-N 4100:2019-04 wie bspw. Direktheizungen, Speicher, Ladeeinrichtungen für Elektrofahrzeuge sind Erzeugungsanlagen, Wärmepumpen und Klimageräte ebenso als Dauerstromanwendung zu betrachten. Für die Belastung- und Bestückungsvarianten von Zählerplätzen sind die Anforderungen nach VDE-AR-N 4100:2019-04, Tabelle 7 einzuhalten.

Anmerkung: Wärmepumpen sind nach ZVEI-Leitfaden „Elektrotechnische Anforderungen an das Bestandsgebäude für den Einbau von Wärmepumpen“ als Dauerlast definiert → *Anhang A.17* dieses Buches.

- **Die Trennvorrichtung der Anschlussnutzeranlage:**
  ist nach Abschnitt 7.5 der VDE-AR-N 4100:2019-04 auszuwählen. Bei Verwendung eines SH-Schalters als Überlastschutz gilt Tabelle 7 der VDE-AR-N 4100: 2019-04 → *Anhang A.2* dieses Buches.
- **Spannungsversorgung des RfZ und des Raumes für APZ:**
  Die Spannungsversorgung des RfZ und des Raumes für APZ sind nach Abschnitt 7.7 und 7.8 der VDE-AR-N 4100:2019-04 auszuführen.
- **Anforderungen an den anlagenseitigen Anschlussraum:**
  Der anlagenseitige Anschlussraum darf nicht als Stromkreisverteiler genutzt werden. Entspricht die Bestückung nicht dem Abschnitt 7.2 VDE-AR-N 4100:2019-04, so muss bei einer Nutzungsänderung der elektrischen Anlage der Rückbau der Betriebsmittel in ein Verteilerfeld erfolgen. In einem anlagenseitigen Anschlussraum von 150 mm Höhe sind bei Dauerstromanwendungen nur Betriebsmittel für den Anschluss der Zuleitung zum nachfolgenden Stromkreisverteiler zulässig. Ist der anlagenseitige Anschlussraum 300 mm hoch, so darf er nach Abschnitt 7.2 der VDE-AR-N 4100:2019-04 bestückt werden. Ist bei Zählerplätzen mit Dreipunkt-Befestigung ohne Zählersteckklemme (DIN VDE 0603-3-3:2020-08) im anlagenseitigen Anschlussraum keine laienbedienbare Trennvorrichtung (z. B. Hauptschalter) vorhanden, so ist diese nachzurüsten.

Anmerkung: Die zitierte VDE-AR-N 4100:2019-04, weitere Erläuterungen → *Anhang A.2* und der VDE FNN-Hinweis → *Anhang A.17*. Zusätzliche Erläuterungen zu den Zählerplätzen → *Kapitel 6.2.2*

11.3 Umrüstung und Nachrüstung in älteren Gebäuden

Der alte Fuchs Öko-Wärme-Willi behauptet zur Nachrüstung in Altbauten:
„Die Nachrüstung in älteren Gebäuden kann herausfordernd sein. Ich zeige Ihnen, wie Sie es am besten angehen."

Die Umrüstung und Nachrüstung von Wärmepumpenanlagen in älteren Gebäuden stellen besondere Herausforderungen dar, die sorgfältige Planung und Ausführung erfordern.

Ältere Gebäude erfordern spezifische Maßnahmen zur Umrüstung und Nachrüstung für den Einbau von Wärmepumpenanlagen. Dies umfassen die Prüfung und Anpassung der bestehenden Elektroinstallation sowie die Berücksichtigung baulicher Gegebenheiten.

Weitere, ausführliche Erläuterungen zu Umrüstungen und Nachrüstungen der elektrischen Anlagen in → *Kapitel 5.2 Planungsgrundlagen.*

Wärmepumpenanlagen in Bestandsgebäuden: Die Installation von Wärmepumpen in Bestandsgebäuden erfordert eine sorgfältige Planung und oft kreative technische Lösungen, um die Herausforderungen niedriger Vorlauftemperaturen zu bewältigen. Mit den richtigen Anpassungen und modernen Technologien können Elektrofachkräfte jedoch auch in älteren Gebäuden eine effiziente und komfortable Heizlösung bieten. Es ist wichtig, dass Elektrofachkräfte sowohl die elektrotechnischen Anforderungen als auch die wärmetechnischen Anpassungen berücksichtigen, um ihren Kunden die bestmöglichen Ergebnisse zu liefern.

Ausblick

Die Installation von Wärmepumpen in Bestandsgebäuden erfordert eine sorgfältige Planung und oft kreative technische Lösungen, um die Herausforderungen niedriger Vorlauftemperaturen zu bewältigen. Mit den richtigen Anpassungen und modernen Technologien können Elektrofachkräfte jedoch auch in älteren Gebäuden eine effiziente und komfortable Heizlösung bieten. Es ist wichtig, dass Elektrofachkräfte sowohl die elektrotechnischen Anforderungen als auch die wärmetechnischen Anpassungen berücksichtigen, um ihren Kunden die bestmöglichen Ergebnisse zu liefern.

12 Betrieb und Instandhaltung

12.1 Einführung in die Instandhaltung elektrischer Anlagen und Betriebsmittel

Öko-Wärme-Willi kann auch etwas zur Einführung in die Instandhaltung sagen: *„Die Instandhaltung elektrischer Anlagen ist entscheidend für die Langlebigkeit. Hier sind einige grundlegende Konzepte."*

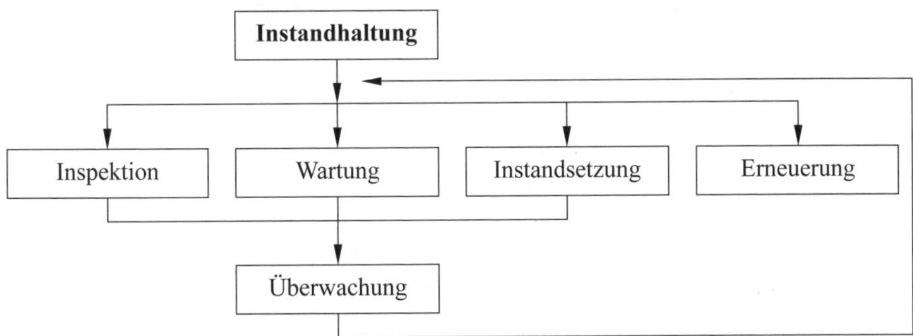

Bild 12.1 Schematische Darstellung der Instandhaltung

Die Instandhaltung ist nach DIN 31051:2019-06 der Oberbegriff für die Inspektion, die Wartung und die Instandsetzung (**Bild 12.1**). Die Instandhaltung der elektrischen Anlagen und Betriebsmittel, insbesondere bei Wärmepumpen, gewinnt zunehmend ausfolgenden Gründen an Bedeutung:

- **Zunehmende Automatisierung:** Moderne Wärmepumpensysteme sind häufig in komplexe Gebäudemanagementsysteme integriert.
- **Erhöhte Anforderungen an die Verfügbarkeit der Elektrizität und damit an alle Betriebsmittel:** Für einen effizienten Betrieb von Wärmepumpen ist eine kontinuierliche Stromversorgung unerlässlich.
- **Steigende Verkettung der Anlagen zur integrierten Anlagentechnik:** Wärmepumpen sind oft Teil eines größeren Systems, das verschiedene Heiz- und Kühleinrichtungen umfasst.
- **Verbesserung des Personen- und Sachschutzes:** Regelmäßige Instandhaltung minimiert das Risiko von Unfällen und Schäden.

- **Anforderungen an die Arbeitssicherheit:** Elektrische Anlagen, einschließlich Wärmepumpen, müssen sicher bedient und gewartet werden können.
- **Verschärfter Umweltschutz:** Effiziente Wärmepumpen tragen zur Reduktion von CO_2-Emissionen bei und unterstützen umweltfreundliche Energiepraktiken.

Die Ziele der Instandhaltung sind daher:

- **Mehr Verfügbarkeit:** Sicherstellung, dass die Wärmepumpen stets einsatzbereit sind.
- **Mehr Sicherheit:** Schutz vor elektrischen Gefahren und Betriebsausfällen.
- **Weniger Ausfälle:** Reduzierung von Betriebsunterbrechungen durch präventive Maßnahmen.
- **Weniger Umweltbelastungen:** Optimierung der Energieeffizienz zur Minimierung des ökologischen Fußabdrucks.
- **Niedrigere Gesamtkosten:** Senkung der Betriebskosten durch vorausschauende Wartung.
- **Längere Lebensdauer:** Erhöhung der Lebensdauer der Wärmepumpen durch regelmäßige Pflege und Wartung.

Die Definition bezieht sich auf alle Objekte (Zustand der Betrachtungseinheit), deren Verwendbarkeit durch geeignete Maßnahmen verlängert werden kann. Instandhaltung setzt Aktivität voraus mit dem Ziel, die Anlagen während geplanter Betriebszeiten in einem Zustand zu erhalten, der ihre volle Nutzung ermöglicht.

12.1.1 Inspektion

Diese Maßnahmen beinhalten:

- **Erstellen eines Plans zur Feststellung des Istzustands der jeweiligen Anlage:** Insbesondere bei Wärmepumpen ist eine detaillierte Zustandsüberprüfung essenziell.
- **Angaben über Ort, Termin, Methode, Gerät und Maßnahmen:** Spezifizierung der Prüfmethoden und Geräte, die für die Wärmepumpe relevant sind.
- **Vorbereitung und Durchführung:** Sicherstellen, dass alle notwendigen Werkzeuge und Ersatzteile verfügbar sind.
- **Durchführung, vorwiegend die quantitative Ermittlung bestimmter Größen:** Messung von Betriebsparametern wie Druck, Temperatur und elektrischen Werten.
- **Vorlage des Ergebnisses der Istzustand Feststellung:** Dokumentation der Inspektionsergebnisse für weitere Analysen.

- **Auswertung der Ergebnisse zur Beurteilung des Istzustands:** Analyse der Daten zur Bewertung der Leistungsfähigkeit der Wärmepumpe.
- **Ableitung der notwendigen Konsequenzen aufgrund der Beurteilung:** Empfehlungen für notwendige Wartungs- oder Reparaturmaßnahmen.

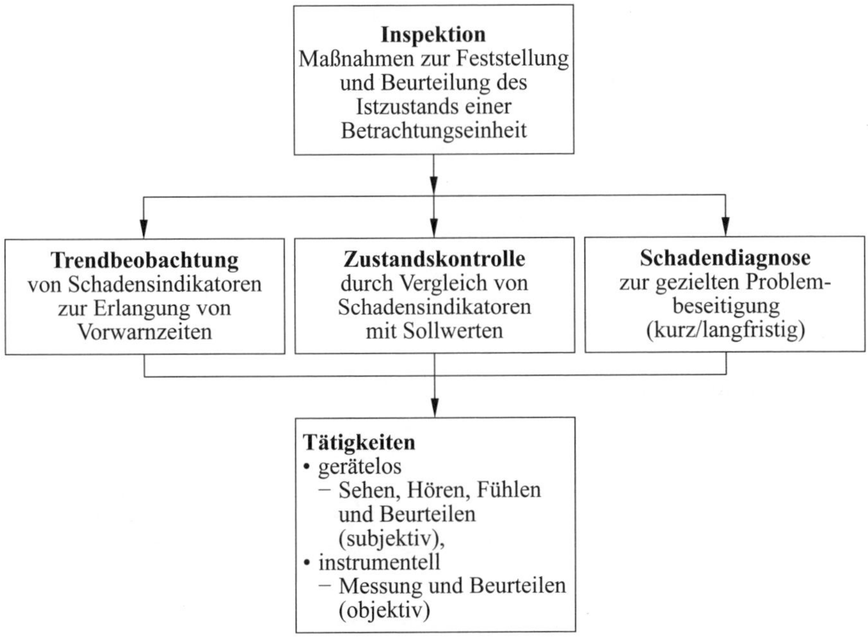

Bild 12.2 Schematische Darstellung der Inspektion

12.1.2 Wartung

Diese Maßnahmen beinhalten:

- **Erstellen eines Wartungsplans der jeweiligen Anlage:** regelmäßige Wartungstermine zur Sicherstellung des effizienten Betriebs der Wärmepumpe.
- **Vorbereitung der Durchführung:** Sicherstellung, dass alle benötigten Materialien und Informationen zur Verfügung stehen.
- **Durchführung:** praktische Durchführung der Wartungsarbeiten, wie z. B. Reinigung, Nachfüllen von Kältemitteln und Austausch von Verschleißteilen.
- **Rückmeldung:** Dokumentation und Bericht über die durchgeführten Wartungsarbeiten und deren Ergebnisse.

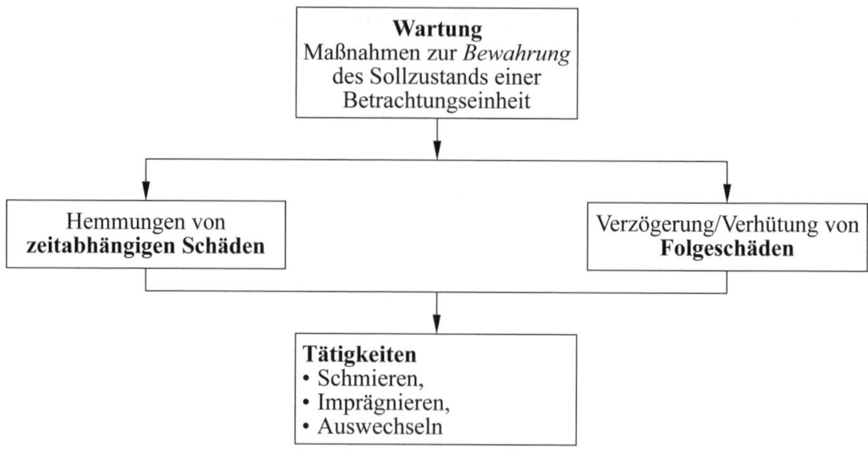

Bild 12.3 Schematische Darstellung der Wartung

12.1.3 Instandsetzung

Diese Maßnahmen beinhalten:

- **Auftrag, Auftragsdokumentation und Analyse des Auftragsinhalts:** detaillierte Beschreibung der notwendigen Instandsetzungsarbeiten an der Wärmepumpe.
- **Planung im Sinne des Aufzeigens und Bewertens alternativer Lösungen unter Berücksichtigung betrieblicher Forderungen:** Bewertung verschiedener Reparaturmethoden, um die effizienteste und kostengünstigste Lösung zu finden.
- **Entscheidung für eine Lösung:** Auswahl der besten Instandsetzungsmethode basierend auf den vorherigen Analysen.
- **Vorbereitung der Durchführung, beinhaltend Kalkulation, Terminplanung, Abstimmung, Bereitstellung von Personal, Mitteln und Material, Erstellung von Arbeitsplänen:** detaillierte Planung der Reparaturarbeiten, einschließlich Materialbeschaffung und Personalzuweisung.
- **Vorwegmaßnahmen wie Arbeitsplatzausrüstung, Schutz- und Sicherheitseinrichtungen usw.:** Sicherstellung, dass alle Sicherheits- und Schutzmaßnahmen vor Beginn der Arbeiten vorhanden sind.
- **Überprüfen der Vorbereitung und der Vorwegmaßnahmen einschließlich der Freigabe zur Durchführung:** Überprüfung der Vorbereitungen und Erteilung der Freigabe für die Durchführung der Instandsetzung.

- **Durchführung:** Praktische Durchführung der Reparaturarbeiten an der Wärmepumpe.
- **Funktionsprüfung und Abnahme:** Überprüfung der reparierten Wärmepumpe, um sicherzustellen, dass sie ordnungsgemäß funktioniert.
- **Fertigmeldung:** Dokumentation des Abschlusses der Instandsetzungsarbeiten.
- **Auswertung einschließlich Dokumentation, Kostenaufschreibung, Aufzeigen und gegebenenfalls Einführen von Verbesserungen:** Analyse der durchgeführten Arbeiten zur Optimierung zukünftiger Instandsetzungen.

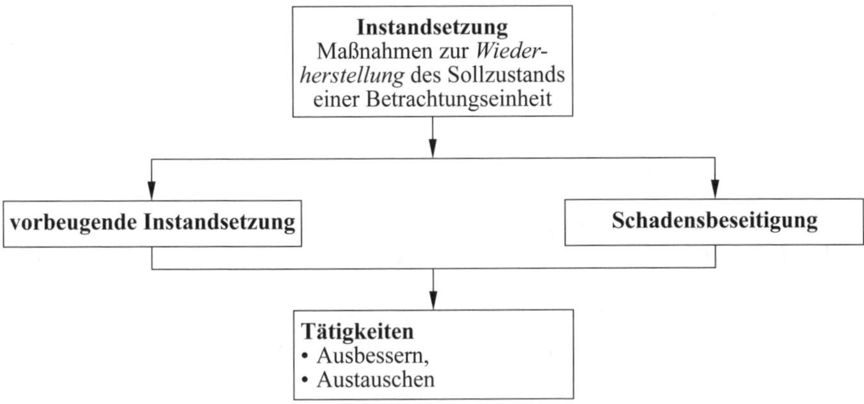

Bild 12.4 Schematische Darstellung der Instandsetzung

12.1.4 Instandhaltungsplanung

Die Instandhaltung ist als übergeordneter Begriff die Gesamtheit aller Maßnahmen zur Bewahrung und Wiederherstellung des Sollzustands sowie zur Feststellung und Beurteilung des Istzustands. Sie wird unterteilt in Inspektion, Wartung und Instandsetzung. Die geplante, vorbereitete bzw. die zustandsbezogene Instandhaltung (*präventive Instandhaltung*) ist selbstverständlich unvorhergesehenen Maßnahmen und damit der *reaktiven Instandhaltung* vorzuziehen. Sie kann, basierend auf Erkenntnissen der Inspektion, der Wartung, der Instandsetzung und den Überwachungsmaßnahmen, mithilfe von Auswertungen der Schäden und weiterer Statistiken durchgeführt werden. Da es sich um geplante, also zeitlich längerfristig vorhersehbare Maßnahmen handelt, können dazu vorher Strategien (**Bild 12.5**) entwickelt werden.

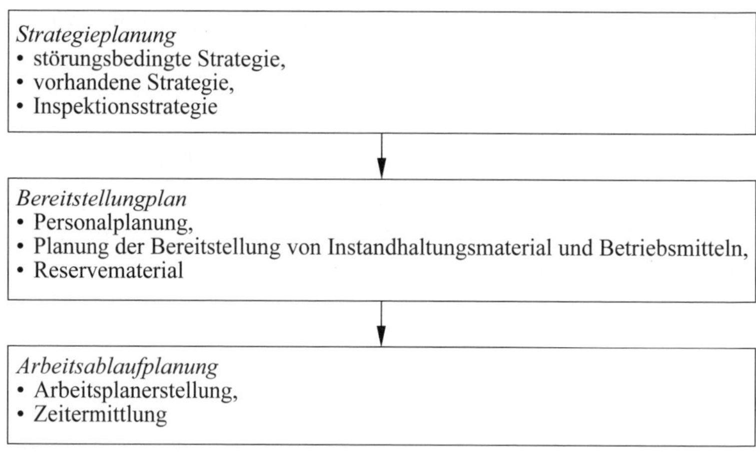

Bild 12.5 Instandhaltungsplanung

Zusätzlich sind bei der Planung der Instandhaltung weitere *Einflüsse aus unterschiedlichen Informationsbereichen* zu berücksichtigen:

- **Unternehmensziele und -entscheidungen:** unternehmensinterne Vorgaben und Strategien, die die Instandhaltungsplanung beeinflussen.
- **Anordnungen, Weisungen, Werknormen:** interne Richtlinien und Normen, die bei der Instandhaltung der Wärmepumpen beachtet werden müssen.
- **Technische Entwicklung:** aktuelle technische Innovationen und Entwicklungen im Bereich der Wärmepumpentechnologie.
- **Regeln der Technik:** Standards und Best Practices, die in der Branche anerkannt sind.
- **Wissenschaftliche Untersuchungsergebnisse:** Erkenntnisse aus wissenschaftlichen Studien, die zur Optimierung der Instandhaltungsmaßnahmen beitragen können.
- **Gesetzgebung und Rechtsprechung:** rechtliche Rahmenbedingungen, die die Instandhaltungsprozesse beeinflussen.
- **Anforderungen der Arbeitssicherheit:** Vorgaben zur Sicherstellung der Sicherheit der Mitarbeiter während der Instandhaltungsarbeiten.
- **Störungs- und Schadenstatistik:** Analysen von bisherigen Störungen und Schäden, um zukünftige Probleme zu vermeiden.
- **Erfahrungen der Hersteller und Lieferanten:** Empfehlungen und Erfahrungen von Herstellern und Lieferanten der Wärmepumpen.

- **Ergebnisse der Inspektion:** Daten und Erkenntnisse aus vorhergehenden Inspektionen, die in die Instandhaltungsplanung einfließen.

Mehrere Einflüsse müssen bei der Entscheidung, Instandsetzung oder Erneuerung der Betrachtungseinheit, berücksichtigt werden, z. B.:

- **Technische Gründe:** Verschleiß, Abnutzung, sich wiederholende Störungen und Schäden an den Wärmepumpen.
- **Wirtschaftliche Kriterien:** Kostenvergleich mehrerer Alternativen, Steuergesetzgebung, wirtschaftliche und technische Lebensdauer der Wärmepumpe.
- **Städteplanerische Kriterien:** Einflüsse von Drittparteien, die sich auf den Standort und die Installation der Wärmepumpe auswirken könnten.
- **Gesetzgebung:** relevante Gesetze und Vorschriften, die den Betrieb und die Wartung der Wärmepumpe betreffen.
- **Umweltbedingte Gründe:** Berücksichtigung von Umwelteinflüssen und Nachhaltigkeitsaspekten.
- **Technische Entwicklung:** aktuelle technische Innovationen, die die Effizienz und Leistung der Wärmepumpe verbessern könnten.

Unter Beachtung aller Einflussfaktoren kann es, je nach Betrachtungseinheit, sinnvoll sein, noch instand zu setzen, Teile zu erneuern oder die jeweiligen Betriebsmittel ganz zu erneuern. Wird beispielsweise der Verdichter einer Wärmepumpe erneuert, so ist es für die Betrachtungseinheit Wärmepumpe eine Instandsetzung, für die Betrachtungseinheit Verdichter eine Erneuerung.

Anforderungen aus den anerkannten Regeln der Technik

- **Forderung DIN VDE 0105-100/DGUV-Vorschrift 3:** Der ordnungsgemäße Zustand muss erhalten bleiben.
- **Mängel so bald als möglich, bei Gefahr unverzüglich beseitigen:** schnelle Reaktion auf festgestellte Mängel, besonders bei sicherheitskritischen Komponenten.
- **Ordnungsgemäßer Zustand muss durch Elektrofachkraft überprüft werden:** regelmäßige Inspektion und Wartung durch qualifizierte Fachkräfte.
- **Umfang der Prüfung:** Stichproben, es ist kein fester Turnus verlangt.

Aus der DIN VDE 0105-100 einige wichtige Positionen, die für die Instandhaltung maßgebend sind

- **Erhalten des ordnungsgemäßen Zustands:** regelmäßige Wartung und Überprüfung der Wärmepumpe,

- **Mängelbeseitigung:** schnelle Behebung von festgestellten Mängeln,
- **Zustandsprüfung in angemessenen Zeiträumen:** regelmäßige Inspektionen zur Bewertung des Zustands der Wärmepumpe,
- **Änderung der Betriebsbedingung:** Anpassung der Wartungsstrategien bei Änderungen der Betriebsbedingungen,
- **Isolationszustand:** Überprüfung des Isolationszustands der elektrischen Komponenten,
- **Prüfung von Auslösestrom, Auslösezeit:** Sicherstellen, dass Schutzvorrichtungen korrekt funktionieren,
- **Reinigung elektrischer Geräte und Betriebsmittel:** regelmäßige Reinigung zur Vermeidung von Betriebsstörungen,
- **Isoliermittel, Löschmittelprüfung:** Prüfung der Isolier- und Löschmittel auf ihre Wirksamkeit,
- **Wirksamkeit von Schutz und Überwachungseinrichtung:** Sicherstellen, dass alle Schutz- und Überwachungseinrichtungen ordnungsgemäß funktionieren.

Erhalten des ordnungsgemäßen Zustands von Schutz- und Hilfsmitteln (Werkzeuge, Körperschutzmittel, Schutzvorrichtungen)

- **Wiederkehrende Prüfungen:** regelmäßige Überprüfungen der Schutz- und Hilfsmittel,
- **Prüffristen, Prüfungen, Prüfungsumfang:** Festlegung von Prüfintervallen und -umfängen,
- **Besichtigen:** visuelle Inspektionen der Schutz- und Hilfsmittel,
- **Erproben:** Funktionstests zur Sicherstellung der Einsatzbereitschaft,
- **Messen:** Durchführung von Messungen zur Überprüfung der Leistungsfähigkeit,
- **Sonstige Prüfungen:** zusätzliche Prüfungen nach Bedarf,
- **Nachprüfung der Schutzbekleidung:** regelmäßige Überprüfung der persönlichen Schutzausrüstung,
- **Nachprüfung der Einrichtungen zur Unfallverhütung:** Sicherstellen, dass alle Sicherheitseinrichtungen funktionstüchtig sind.

Anmerkung: Alle gemachten Angaben, Anforderungen, Tätigkeiten, Hinweise und DIN-VDE-Normen sind selbstverständlich nicht bei allen Projekten/Objekten zu berücksichtigen, denn bei einer Wärmepumpenanlage in einem z. B. Einfamilienhaus sind andere Kriterien anzusetzen als bei einer gewerblichen Immobilie oder bei einem produzierenden Betrieb. Daher obliegt der Elektrofachkraft die Aufgabe zu entscheiden, inwieweit die Instandhaltung durchzusetzen bzw. anzuwenden ist.

12.2 Instandhaltungsstrategien und Wartungspläne

Wartungspläne erstellen mit Öko-Wärme-Willi: *„Ein guter Wartungsplan ist der Schlüssel zur Effizienz. Lassen Sie uns zusammen eine Strategie entwickeln."*

Regelmäßige Inspektionen sind unerlässlich für den sicheren und effizienten Betrieb von Wärmepumpenanlagen. Effektive Instandhaltungsstrategien und gut durchdachte Wartungspläne gewährleisten den zuverlässigen Betrieb und die Langlebigkeit dieser Systeme.

Instandhaltungsstrategien und Wartungspläne

- **Erstellung und Umsetzung von Wartungsplänen:** detaillierte Pläne zur systematischen Durchführung von Wartungsarbeiten. Ein Beispiel für einen einfachen Wartungsplan ist in der **Tabelle 12.1** enthalten.

Wartungsmaßnahme	Intervall	Verantwortlicher
Filterreinigung	alle 3 Monate	Wartungstechniker
Inspektion des Kältemittelkreislaufs	halbjährlich	Wartungsdienstleister
Überprüfung der elektrischen Anschlüsse	jährlich	Elektrofachkraft
Austausch von Verschleißteilen	nach Bedarf	Wartungstechniker

Tabelle 12.1 Beispiel eines Wartungsplans

12.2.1 Präventive Instandhaltung

Präventive Instandhaltung, auch als vorbeugende Wartung bekannt, bezieht sich auf regelmäßige, geplante Maßnahmen, die darauf abzielen, die Lebensdauer von Anlagen und Maschinen zu verlängern und deren Ausfall zu verhindern. Diese Art der Instandhaltung basiert auf Zeitintervallen oder Nutzungszyklen und umfasst Inspektionen, Reinigungen, Schmierungen, Justierungen und den Austausch von Verschleißteilen, bevor ein tatsächlicher Fehler auftritt.

Vorteile der präventiven Instandhaltung

- **Erhöhte Zuverlässigkeit:** Regelmäßige Wartung reduziert die Wahrscheinlichkeit von unerwarteten Ausfällen.

- **Längere Lebensdauer der Ausrüstung:** Durch den rechtzeitigen Austausch von Verschleißteilen und regelmäßige Pflege bleibt die Ausrüstung länger in gutem Zustand.
- **Sicherheitsverbesserung:** Regelmäßige Inspektionen und Wartungen tragen zur Sicherheit der Arbeitsumgebung bei.
- **Kostenkontrolle:** Vorbeugende Maßnahmen können teure Notfallreparaturen und Produktionsausfälle minimieren.

12.2.2 Reaktive Instandhaltung

Reaktive Instandhaltung, auch als korrektive oder nachlaufende Wartung bezeichnet, tritt ein, wenn eine Maschine oder Anlage bereits ausgefallen ist. Diese Art der Instandhaltung wird durchgeführt, um einen bereits eingetretenen Fehler zu beheben und die Funktionsfähigkeit wiederherzustellen.

Vorteile der reaktiven Instandhaltung

- **Niedrige Anfangskosten:** Da keine regelmäßigen Wartungsmaßnahmen geplant sind, entfallen die Kosten für vorbeugende Maßnahmen.
- **Einfachere Planung:** Es sind keine detaillierten Wartungspläne und -termine erforderlich.
- **Sofortige Behebung:** Fehler werden direkt behoben, wenn sie auftreten, was den sofortigen Einsatz von Ressourcen erfordert.

12.2.3 Vergleich der präventiven und reaktiven Instandhaltung

In **Tabelle 12.2** werden die präventive Instandhaltung der reaktiven Instandhaltung als einen strukturierten Vergleich gegenübergestellt, um eine klare Übersicht über die Unterschiede und Anwendungsbereiche der beiden Instandhaltungsarten zu geben.

In **Tabelle 12.3** werden die präventive Instandhaltung der reaktiven Instandhaltung als einen strukturierten Vergleich gegenübergestellt, um eine klare Übersicht über die Unterschiede und Anwendungsbereiche der beiden Instandhaltungsarten zu geben.

Häufige Wartungsmaßnahmen: regelmäßige Kontrolle und Austausch von Verschleißteilen

Kriterium	Präventive Instandhaltung	Reaktive Instandhaltung
Definition	regelmäßige, geplante Wartungsmaßnahmen zur Vermeidung von Ausfällen	Reparaturen und Wartungsmaßnahmen nach einem Ausfall
Ziel	Verlängerung der Lebensdauer, Vermeidung von Ausfällen	Wiederherstellung der Funktionsfähigkeit nach einem Ausfall
Durchführungszeitpunkt	in regelmäßigen Intervallen oder basierend auf Nutzungszyklen	bei Auftreten eines Fehlers oder Ausfalls
Vorteile	Erhöhte Zuverlässigkeit, längere Lebensdauer, Sicherheitsverbesserung, Kostenkontrolle	niedrige Anfangskosten, einfachere Planung, sofortige Behebung
Nachteile	höhere laufende Kosten, möglicherweise unnötige Wartung	höhere langfristige Kosten, erhöhte Ausfallzeiten, potenziell größere Schäden
Beispiele von Maßnahmen	Inspektionen, Reinigungen, Schmierungen, Justierungen, Austausch von Verschleißteilen	Austausch defekter Teile, Fehlerbehebung, Notfallreparaturen
Kostenstruktur	gleichmäßige, vorhersehbare Kosten für regelmäßige Wartung	unvorhersehbare, oft höhere Kosten aufgrund von Notfallreparaturen und Ausfällen

Tabelle 12.2 Präventive und reaktive Instandhaltung gegenübergestellt

Beispielhafte Anwendungen	Präventive Instandhaltung	Reaktive Instandhaltung
Heizungsanlagen	jährliche Inspektion und Reinigung, Austausch von Filtern und Verschleißteilen	Reparatur nach Heizungsausfall, Notdienstbesuch
Produktionsmaschinen	regelmäßige Schmierung und Kalibrierung, vorbeugender Austausch von Bauteilen	Austausch gebrochener Teile, Behebung eines Maschinenausfalls
Elektrische Systeme	Inspektion und Testen von Kabeln und Verbindungen, Austausch alter Sicherungen	Reparatur nach Kurzschluss oder Stromausfall
Fahrzeuge	regelmäßige Ölwechsel, Überprüfung von Bremsen und Reifen	Reparatur nach Motorschaden oder Reifenpanne

Tabelle 12.3 Beispielhafte Anwendungen der präventiven und reaktiven Instandhaltung gegenübergestellt

12.3 Betriebsführung und Effizienzoptimierung

Öko-Wärme-Willi ist Fanatiker für die Effizienz im Betrieb: *„Die richtige Betriebsführung kann die Effizienz Ihrer Wärmepumpen maximieren. Hier sind meine Tipps."*

Die richtige Betriebsführung und Effizienzoptimierung sind entscheidend für die langfristige Leistungsfähigkeit und Wirtschaftlichkeit von Wärmepumpenanlagen. Eine effiziente Betriebsführung maximiert die Leistung und Lebensdauer dieser Anlagen. Durch kontinuierliche Überwachung und Optimierung können Energieverbrauch minimiert und Betriebskosten gesenkt werden.

12.3.1 Optimierung der Betriebsparameter: Anpassung von Temperatur und Druck zur Maximierung der Effizienz

Die Effizienz von Wärmepumpen kann erheblich gesteigert werden, indem die Betriebsparameter wie Temperatur und Druck optimal eingestellt werden. Eine präzise Steuerung dieser Parameter ermöglicht es, den thermodynamischen Wirkungsgrad der Anlage zu maximieren.

Temperaturanpassung

- **Heizkreistemperatur:** Die Heizkreistemperatur sollte so niedrig wie möglich gehalten werden, um die Effizienz zu steigern. Ein niedrigerer Temperaturhub zwischen der Wärmequelle und dem Heizsystem verringert die benötigte Arbeit des Kompressors.
- **Quellentemperatur:** Die Temperatur der Wärmequelle (z. B. Erdreich, Grundwasser oder Luft) sollte optimal genutzt werden. In der Praxis bedeutet dies, dass die Quelle so wenig wie möglich abgekühlt wird, um eine konstante Wärmeabgabe zu gewährleisten.

Druckanpassung

- **Verdampferdruck:** Ein niedriger Verdampferdruck führt zu einer geringeren Verdampfungstemperatur, was die Effizienz senken kann. Daher sollte der Verdampferdruck möglichst hoch, aber im sicheren Bereich gehalten werden.
- **Kondensationsdruck:** Der Kondensationsdruck sollte so niedrig wie möglich sein, um die Effizienz zu erhöhen. Dies erreicht man durch eine effiziente Wärmeabgabe im Kondensator, die wiederum von einer guten Dimensionierung und einem geringen Temperaturniveau im Heizkreislauf abhängt.

Durch kontinuierliches Monitoring und Anpassung dieser Parameter kann die Wärmepumpe unter variierenden Bedingungen effizient betrieben werden, was zu einer erheblichen Reduktion der Betriebskosten und einer Verlängerung der Lebensdauer der Anlage führt.

12.3.2 Regelmäßige Wartung und Inspektionen: Präventive Maßnahmen zur Vermeidung von Ausfällen

Regelmäßige Wartungs- und Inspektionsarbeiten sind entscheidend, um die langfristige Effizienz und Zuverlässigkeit einer Wärmepumpenanlage sicherzustellen.

Wartung

- **Filterwechsel:** Saubere Filter sind essenziell, um eine reibungslose Luftzirkulation und den Schutz der internen Komponenten zu gewährleisten.
- **Kältemittelstand prüfen:** Der Kältemittelstand sollte regelmäßig überprüft und bei Bedarf aufgefüllt werden. Ein zu niedriger Stand kann die Effizienz drastisch verringern und zu Schäden am Kompressor führen.
- **Überprüfung der elektrischen Anschlüsse:** Alle elektrischen Verbindungen und Steuerungskomponenten sollten auf Verschleiß und korrekte Funktion überprüft werden, um Kurzschlüsse oder andere elektrische Probleme zu vermeiden.

Inspektionen

- **Visuelle Inspektion:** Regelmäßige visuelle Inspektionen der Anlage helfen, mögliche Lecks, Korrosion oder mechanische Beschädigungen frühzeitig zu erkennen.
- **Funktionsprüfung:** Durch regelmäßige Funktionsprüfungen können potenzielle Probleme im Betrieb, wie ungewöhnliche Geräusche oder Vibrationen, frühzeitig erkannt und behoben werden.
- **Leistungsanalyse:** Eine periodische Analyse der Systemleistung und Effizienz hilft, Abweichungen von der Norm zu erkennen und entsprechende Maßnahmen zu ergreifen.

Diese präventiven Maßnahmen minimieren das Risiko von Ausfällen und tragen zur optimalen Betriebsweise der Wärmepumpe bei.

12.3.3 Nutzung von Monitoring- und Diagnosetools: Einsatz moderner Technologien zur Überwachung und Analyse der Systemleistung

Moderne Monitoring- und Diagnosetools bieten umfangreiche Möglichkeiten zur Überwachung und Analyse der Leistungsfähigkeit von Wärmepumpen. Diese Technologien helfen nicht nur, die Effizienz zu steigern, sondern auch Ausfälle zu verhindern und die Lebensdauer der Systeme zu verlängern.

Monitoring-Tools

- **Echtzeitüberwachung:** Systeme zur Echtzeitüberwachung erfassen kontinuierlich Daten zu Temperatur, Druck, Durchflussrate und elektrischer Leistung. Diese Daten ermöglichen eine sofortige Reaktion auf Abweichungen von den optimalen Betriebsparametern.
- **Fernüberwachung:** Über das Internet verbundene Überwachungssysteme ermöglichen es, die Leistung der Wärmepumpe aus der Ferne zu überwachen und zu steuern. Techniker können so schneller auf Probleme reagieren und notwendige Anpassungen vornehmen.

Diagnosetools

- **Fehlerdiagnose:** Mithilfe fortschrittlicher Algorithmen können Diagnosetools potenzielle Probleme im System erkennen, bevor sie zu ernsthaften Ausfällen führen. Diese Tools analysieren historische Daten und identifizieren Muster, die auf zukünftige Fehler hinweisen könnten.
- **Leistungsberichte:** Regelmäßige Leistungsberichte geben Aufschluss über die Effizienz und Betriebskosten der Anlage. Diese Berichte können genutzt werden, um langfristige Trends zu erkennen und notwendige Verbesserungen vorzunehmen.

Durch den Einsatz dieser Technologien können Betreiber nicht nur die Effizienz ihrer Anlagen maximieren, sondern auch die Betriebskosten senken und die Zuverlässigkeit erhöhen.

12.3.4 Einsatz erneuerbarer Energien: Integration von Solar- oder Windenergie zur Unterstützung der Wärmepumpe

Die Integration erneuerbarer Energien, wie Solar- oder Windenergie, bietet eine umweltfreundliche und kosteneffiziente Möglichkeit, die Effizienz von Wärmepumpenanlagen zu erhöhen.

Solarenergie

- **Photovoltaikanlagen:** Durch den Einsatz von Photovoltaikanlagen kann der benötigte Strom für den Betrieb der Wärmepumpe direkt vor Ort erzeugt werden. Dies reduziert die Abhängigkeit von externen Energiequellen und senkt die Betriebskosten.
- **Solarthermie:** Solarthermische Systeme können die Wärmepumpe unterstützen, indem sie Wärmeenergie direkt aus Sonnenlicht gewinnen und diese in den Heizkreislauf einspeisen. Dies entlastet die Wärmepumpe und erhöht die Gesamtenergieeffizienz des Systems.

Windenergie

- **Kleine Windkraftanlagen:** In windreichen Regionen kann der Einsatz kleiner Windkraftanlagen zur Stromerzeugung eine sinnvolle Ergänzung zur Wärmepumpe darstellen. Der erzeugte Strom kann direkt für den Betrieb der Wärmepumpe genutzt oder in das Netz eingespeist werden.
- **Netzgekoppelte Systeme:** Durch die Kopplung von Windkraftanlagen mit dem Stromnetz können überschüssige Energien eingespeist und zu Zeiten geringerer Windverfügbarkeit aus dem Netz bezogen werden. Dies sorgt für eine konstante Energieversorgung und unterstützt den effizienten Betrieb der Wärmepumpe.

Die Kombination von Wärmepumpen mit erneuerbaren Energien trägt nicht nur zur Reduzierung der Betriebskosten bei, sondern auch zur Verringerung des CO_2-Ausstoßes und damit zur Schonung der Umwelt. Durch die Nutzung dieser synergistischen Effekte können moderne Heizsysteme nachhaltig und zukunftssicher betrieben werden.

Maßnahme	Wirkung	Einsparpotenzial
regelmäßige Filterreinigung	Verbesserung der Luftströmung	5 % bis 10 %
Optimierung der Betriebsparameter	Reduktion des Energieverbrauchs	10 % bis 15 %
Nutzung von Monitoring-Tools	frühzeitige Fehlererkennung	5 % bis 8 %
Integration erneuerbarer Energien	Reduktion der Betriebskosten	15 % bis 20 %

Tabelle 12.4 Effizienzsteigernde Maßnahmen und ihre Auswirkungen

12.4 Fehlerdiagnose und Troubleshooting

Der Schlaue Öko-Wärme-Willi weiß auch etwas zur Fehlerdiagnose leicht gemacht: *„Probleme können auftreten, aber ich zeige Ihnen, wie Sie sie schnell diagnostizieren und beheben können.“*

Effektive Fehlerdiagnose und Troubleshooting sind notwendig, um Betriebsstörungen schnell und effizient zu beheben. Die Diagnose und Behebung von Fehlern bei Wärmepumpenanlagen erfordern spezifisches Wissen und geeignete Werkzeuge.

Methoden zur Fehlerdiagnose und Troubleshooting

- **Methoden zur Fehlerdiagnose:** Einsatz systematischer Ansätze zur Identifikation von Problemen.
- **Einsatz von Diagnosetools und Software:** Verwendung spezialisierter Werkzeuge zur schnellen Fehlererkennung.
- **Schritt-für-Schritt-Anleitungen:** detaillierte Anleitungen zur Behebung häufiger Probleme.

In **Tabelle 12.5** sind einige häufige Fehler bei Wärmepumpenanlagen zusammengestellt und mögliche Ursachen und Behebungsmaßnahmen genannt.

Fehler	Ursache	Behebungsmaßnahme
niedriger Kältemittelstand	Leck im System	Kältemittel nachfüllen
unregelmäßige Heizleistung	verschmutzte Filter	Filter reinigen oder ersetzen
hoher Energieverbrauch	falsche Temperatureinstellungen	Betriebsparameter anpassen
Geräuschentwicklung	Lose oder defekte Komponenten	Komponenten festziehen oder ersetzen
Geräuschentwicklung	Verschleiß des Verdichters	Verdichter überprüfen und ggf. ersetzen

Tabelle 12.5 Häufige Fehler und ihre Behebungen

12.5 Schulungsanforderungen und Qualifikationen für Techniker

Man könnte meinen Öko-Wärme-Willi kommt von der Arbeitsagentur, denn er weiß auch was zu den Schulungen für Techniker: *„Die richtige Schulung ist entscheidend. Hier sind die Qualifikationen, die Techniker brauchen."*

Gut ausgebildete Techniker sind der Schlüssel für den erfolgreichen Betrieb und die Wartung von Wärmepumpenanlagen. Die Schulungsanforderungen und Qualifikationen für Techniker, die mit Wärmepumpenanlagen arbeiten, sind hoch. Regelmäßige Schulungen und Zertifizierungen gewährleisten, dass Techniker auf dem neuesten Stand der Technik sind.

Gute Qualifikation ist das A und O

12.5.1 Notwendige Qualifikationen und Zertifizierungen

- **Grundausbildung:** Techniker sollten eine fundierte Grundausbildung im Bereich Elektrotechnik oder Heizungs-, Lüftungs- und Klimatechnik (HLK) haben. Diese Ausbildung legt die Basis für das Verständnis der grundlegenden Funktionsweisen von Wärmepumpenanlagen.
- **Zertifizierungen:** Techniker sollten spezifische Zertifizierungen für den Umgang mit Kältemitteln und Wärmepumpensystemen besitzen. Zertifikate wie der F-Gase-Zertifizierung sind in vielen Ländern gesetzlich vorgeschrieben, um sicherzustellen, dass Techniker sicher und umweltbewusst mit Kältemitteln umgehen können.
- **Spezialkurse:** Fortgeschrittene Kurse, die auf die neuesten Entwicklungen in der Wärmepumpentechnologie eingehen, sind wichtig und notwendig. Diese Kurse könnten Themen wie die Installation, Inbetriebnahme, Wartung und Fehlerdiagnose von modernen Wärmepumpensystemen abdecken.

12.5.2 Schulungsprogramme und Weiterbildungsangebote

- **Herstellerschulungen:** Viele Wärmepumpenhersteller bieten spezialisierte Schulungsprogramme an, die auf ihre Produkte abgestimmt sind. Diese Schulungen bieten tiefe Einblicke in die spezifischen Merkmale und Anforderungen der jeweiligen Wärmepumpensysteme.
- **Fachseminare:** Die regelmäßige Teilnahme an Fachseminaren und Workshops ermöglicht es Technikern, sich über die neuesten Trends und Technologien in der Wärmepumpenbranche zu informieren.
- **Online-Kurse:** Mit der zunehmenden Digitalisierung stehen Technikern auch zahlreiche Online-Kurse zur Verfügung, die flexible Lernmöglichkeiten bieten. Diese Kurse decken oft sowohl theoretische Grundlagen als auch praktische Anwendungen ab.

12.5.3 Bedeutung der kontinuierlichen Weiterbildung

- **Technologische Entwicklungen:** Die Wärmepumpentechnologie entwickelt sich ständig weiter. Neue Materialien, effizientere Systeme und fortschrittlichere Steuerungstechniken erfordern, dass Techniker ihre Kenntnisse regelmäßig aktualisieren.
- **Regulatorische Anforderungen:** Gesetzliche und regulatorische Anforderungen ändern sich häufig, insbesondere im Bereich des Umweltschutzes und der Sicherheit. Kontinuierliche Weiterbildung stellt sicher, dass Techniker immer mit den aktuellen Vorschriften vertraut sind.
- **Qualitätssicherung:** Durch kontinuierliche Weiterbildung und Schulung können Techniker die Qualität ihrer Arbeit sicherstellen und verbessern. Dies führt zu einer höheren Kundenzufriedenheit und reduziert die Wahrscheinlichkeit von Fehlfunktionen und Reparaturen.

In **Tabelle 12.6** sind Schulungsanforderungen und Qualifikationen für Techniker zusammengefasst.

Durch eine Kombination aus fundierter Grundausbildung, spezifischen Zertifizierungen, fortlaufender Weiterbildung und praktischer Erfahrung können Techniker die Anforderungen moderner Wärmepumpensysteme erfolgreich erfüllen und sicherstellen, dass diese Anlagen effizient und zuverlässig betrieben werden.

Schulungs- und Qualifikationsaspekt	Beschreibung
Grundausbildung	fundierte Ausbildung im Bereich Elektrotechnik oder Heizungs-, Lüftungs- und Klimatechnik (HLK)
Zertifizierungen	spezifische Zertifizierungen wie F-Gase-Zertifizierung, Umgang mit Kältemitteln und Wärmepumpensystemen
Spezialkurse	Fortgeschrittene Kurse zur Installation, Inbetriebnahme, Wartung und Fehlerdiagnose von Wärmepumpen
Herstellerschulungen	Schulungsprogramme der Wärmepumpenhersteller, angepasst an spezifische Produkte
Fachseminare	Teilnahme an Seminaren und Workshops zu aktuellen Trends und Technologien in der Wärmepumpenbranche
Online-Kurse	theoretische Grundlagen und praktische Anwendungen abdecken
technologische Entwicklungen	regelmäßige Aktualisierung des Wissens zu neuen Materialien, effizienteren Systemen und fortschrittlicheren Steuerungstechniken
regulatorische Anforderungen	Kenntnis der aktuellen gesetzlichen und regulatorischen Vorschriften, insbesondere im Bereich Umweltschutz und Sicherheit
Qualitätssicherung	Sicherstellung und Verbesserung der Arbeitsqualität durch kontinuierliche Weiterbildung

Tabelle 12.6 Schulungsanforderungen und Qualifikationen für Techniker, kurz zusammengefasst

Abschließend eine Frage eines Elektroinstallateurs zu „Schulungsanforderungen und Zukunftsaussichten für Elektroinstallateure“ an Öko-Wärme-Willi und seine Antwort im folgenden Kasten:

Abschließend Öko-Wärme-Willis Antwort auf die Frage eines Elektroinstallateurs zu „Schulungsanforderungen und Zukunftsaussichten für Elektroinstallateure“:

Öko-Wärme-Willi antwortet: *Hallo liebe Elektrofachkraft, die Zukunft für Elektroinstallateure sieht rosig aus! Hier sind die wichtigsten Punkte, die Sie wissen sollten:*

Wachsende Nachfrage: *Die Installation von Wärmepumpen wird immer gefragter. Nicht nur das Heizungs- und Elektrohandwerk, sondern auch Kältetechniker und Brunnenbauer sind involviert. Diese Technologie wird mehr und mehr zur Norm, was bedeutet, dass Ihr Fachwissen immer gefragter sein wird.*

Steigende Beschäftigtenzahlen: *Die Zahl der Beschäftigten im Heizungs- und Elektrohandwerk ist in den letzten Jahren stetig gestiegen. Das zeigt, wie stabil und wichtig unsere Branche ist. Und das wird sich voraussichtlich fortsetzen!*

Erweiterte Schulungsangebote: *Hersteller und Handwerksorganisationen wissen, wie wichtig Schulungen sind. Im Jahr 2022 waren alle Schulungsangebote ausgebucht. Für 2023 ist das Angebot um 50 % auf mindestens 60 000 Schulungsplätze erhöht worden. Das bedeutet, es gibt viele Möglichkeiten, sich weiterzubilden und auf dem neuesten Stand zu bleiben.*

Demografischer Wandel: *In den nächsten Jahren wird es viele Pensionierungen geben, da erfahrene Handwerksmeister in den Ruhestand gehen. Das öffnet die Tür für junge Fachkräfte, die bereit sind, neue Technologien wie die Wärmepumpe zu meistern.*

Abwechslungsreiche Aufgaben: *Die Verbindung der Wärmepumpe mit anderen Technologien wie Solaranlagen und Lüftungssystemen macht unseren Job noch vielseitiger. Die wachsende Bedeutung der Elektrifizierung und Digitalisierung von Gebäuden bringt viele spannende Herausforderungen und Möglichkeiten.*

Anpassung der Ausbildung: *Die Ausbildungsstrukturen werden sich anpassen müssen. Wärmepumpen und ähnliche Technologien müssen stärker in die Ausbildung integriert werden, damit die Fachkräfte von morgen bestens vorbereitet sind.*

Insgesamt bieten diese Entwicklungen hervorragende Zukunftsaussichten für uns Elektroinstallateure. Mit fortlaufender Weiterbildung und Anpassung an neue Technologien werden Sie in einem dynamischen und zukunftssicheren Berufsfeld arbeiten.

Bleiben Sie am Ball und nutzen Sie die Chancen, die sich bieten!

Ihr Willi[*)]

*) Anmerkung: Willis Text basiert auf einer Studie des Bundesverbandes der Wärmepumpen e. V.

13 Sicherheitsaspekte und Unfallverhütung

13.1 DIN-VDE-Normen und Sicherheitsrichtlinien im Umgang mit Wärmepumpen

Ob Willi auch in den DKE-Gremien sitzt? Normen verstehen: *„Sicherheit ist das A und O. Ich erkläre Ihnen die Anforderungen aus den DIN-VDE-Normen und den wichtigsten Sicherheitsrichtlinien.“*

Normen und Sicherheitsrichtlinien sind unerlässlich, um Unfälle und Schäden im Umgang mit Wärmepumpenanlagen zu verhindern. Die Einhaltung dieser Richtlinien ist auch entscheidend für den sicheren Betrieb von Wärmepumpenanlagen. Sie umfassen den sicheren Umgang mit elektrischen und mechanischen Komponenten sowie den Schutz vor potenziellen Gefahren. Im Folgenden werden die wesentlichen Maßnahmen zur Gewährleistung der Sicherheit beim Betrieb von Wärmepumpenanlagen beschrieben.

Wichtige DIN-VDE-Normen und Sicherheitsrichtlinien, DGUV-Vorschriften im Umgang mit Wärmepumpen → Anhang A

Überblick über relevante Sicherheitsrichtlinien: Es ist von größter Bedeutung, dass alle beteiligten Personen die geltenden Sicherheitsnormen und Vorschriften kennen. Dies betrifft insbesondere die Kenntnis der DIN-VDE-Normen, die spezifische Anforderungen und Standards für den sicheren Umgang mit elektrischen Anlagen, Betriebs- und Verbrauchsmitteln und Geräten festlegen. Die Einhaltung dieser Normen hilft dabei, Risiken zu minimieren und einen sicheren Betrieb zu gewährleisten.

Maßnahmen zur Vermeidung von Unfällen: Um Unfälle zu verhindern, sollten verschiedene Sicherheitsmaßnahmen implementiert werden. Dazu gehören:

- **Not-Aus-Schalter:** Diese müssen leicht zugänglich und gut sichtbar installiert sein, um im Notfall schnell reagieren zu können. (Anmerkung: Ein Heizungsnotschalter nach DIN VDE 0116 ist nur Pflicht für private und öffentliche Gebäude oder Gewerbeimmobilien, die mit Brennstoffen heizen und ein Heizsystem mit mehr als 50 kW Nennleistung betreiben. Diese hohe Heizleistung wird in einem Einfamilienhaus nicht benötigt, deshalb ist hier der Einbau eines Heizungsnotschalters dort nicht vorgeschrieben.)

- **Schutzverkleidungen:** Alle beweglichen und spannungsführenden Teile sollten durch geeignete Verkleidungen geschützt werden, um den direkten Kontakt zu verhindern.
- **Sicherheitsschilder:** Warnschilder und Sicherheitshinweise sollten an allen relevanten Stellen angebracht werden, um auf mögliche Gefahren hinzuweisen und das Bewusstsein für Sicherheitsrisiken zu schärfen.

Schulung und Unterweisung des Personals: Regelmäßige Schulungen und Sicherheitsunterweisungen sind unerlässlich, um sicherzustellen, dass alle Mitarbeiter über die notwendigen Kenntnisse und Fähigkeiten verfügen, um sicher mit Wärmepumpenanlagen umzugehen. Diese Schulungen sollten folgende Aspekte umfassen:

- **Sicherheitsprotokolle und -verfahren:** Vermittlung der richtigen Vorgehensweisen im Umgang mit Wärmepumpen und der Reaktion auf Notfälle.
- **Erkennung und Bewertung von Gefahren:** Schulung zur Identifikation potenzieller Gefahrenquellen und zur Bewertung der damit verbundenen Risiken.
- **Praktische Übungen:** Durchführung von praktischen Übungen und Simulationen, um das Erlernte anzuwenden und zu festigen.

Durch die konsequente Umsetzung dieser Maßnahmen kann die Sicherheit im Umgang mit Wärmepumpenanlagen deutlich erhöht werden. Dies schützt nicht nur die Mitarbeiter, sondern trägt auch zur Vermeidung von Sachschäden und Betriebsunterbrechungen bei.

13.2 Risikomanagement und Schutzmaßnahmen

Öko-Wärme-Willi gibt Tipps zum Risikomanagement: *„Gutes Risikomanagement schützt Sie und Ihre Anlagen. Hier sind meine Empfehlungen."*

Ein effektives Risikomanagement ist entscheidend, um potenzielle Gefahren im Umgang mit Wärmepumpenanlagen frühzeitig zu erkennen und geeignete Schutzmaßnahmen zu implementieren. Ziel ist es, Unfälle zu vermeiden und die Sicherheit von Personal und Anlagen zu gewährleisten. Risikomanagement umfasst dabei verschiedene Schritte, von der Identifikation und Bewertung von Risiken bis hin zur Einführung und Überwachung von Schutzmaßnahmen. Im Folgenden werden die wesentlichen Aspekte eines umfassenden Risikomanagements beschrieben.

Schlüsselmaßnahmen und Überlegungen

Schritte des Risikomanagements: Das Risikomanagement folgt einem systematischen Ansatz, der in mehrere Schritte unterteilt ist:

- **Ermittlung von Gefahrenquellen:** Zunächst müssen alle potenziellen Gefahrenquellen identifiziert werden. Dies umfasst sowohl offensichtliche Risiken wie elektrische Schaltanlagen und mechanische Komponenten als auch weniger offensichtliche Gefahren wie ergonomische Risiken oder chemische Substanzen.
- **Risikobewertung:** Nachdem die Gefahrenquellen identifiziert wurden, erfolgt eine detaillierte Bewertung der damit verbundenen Risiken. Dabei werden sowohl die Wahrscheinlichkeit eines Auftretens als auch die potenziellen Auswirkungen auf Personen und Anlagen berücksichtigt.
- **Priorisierung:** Basierend auf der Risikobewertung werden die identifizierten Risiken priorisiert. Risiken mit hoher Wahrscheinlichkeit und schweren Auswirkungen werden dabei höher priorisiert und erfordern sofortige Maßnahmen.

Identifikation und Bewertung von Risiken: Die Identifikation und Bewertung von Risiken erfordern eine systematische und gründliche Analyse. Dabei sollten folgende Aspekte berücksichtigt werden:

- **Systematische Analyse:** Eine umfassende Analyse aller Betriebsprozesse und -bedingungen ist notwendig, um potenzielle Risiken zu identifizieren. Dies kann durch Inspektionen, Befragungen des Personals und die Auswertung von Unfall- und Störungsprotokollen erfolgen.
- **Auswirkungen der Risiken:** Bei der Bewertung der Risiken ist es wichtig, die potenziellen Auswirkungen zu berücksichtigen. Dies umfasst nicht nur die direkten physischen Schäden, sondern auch mögliche betriebliche und finanzielle Folgen.
- **Wahrscheinlichkeit des Auftretens:** Neben den Auswirkungen sollte auch die Wahrscheinlichkeit des Eintretens eines Risikos bewertet werden. Dies hilft, die Dringlichkeit der erforderlichen Schutzmaßnahmen zu bestimmen.

Implementierung und Überwachung von Schutzmaßnahmen: Sobald die Risiken identifiziert und bewertet wurden, müssen geeignete Schutzmaßnahmen implementiert werden. Dies umfasst sowohl technische als auch organisatorische Maßnahmen:

- **Technische Schutzmaßnahmen:** Dazu gehören der Einsatz von Sicherheitsvorrichtungen, die Verbesserung der Anlagenkonstruktion und die Implementierung von Not-Aus-Schaltern. Technische Maßnahmen sollten so gestaltet sein, dass sie potenzielle Gefahren minimieren oder vollständig beseitigen.

- **Organisatorische Maßnahmen:** Diese beinhalten die Erstellung und Umsetzung von Sicherheitsprotokollen, regelmäßige Sicherheitsunterweisungen für das Personal und die Einrichtung eines Sicherheitsmanagementsystems. Organisatorische Maßnahmen sind notwendig, um sicherzustellen, dass alle Mitarbeiter die Sicherheitsanforderungen kennen und einhalten.
- **Überwachung und Kontrolle:** Nach der Implementierung der Schutzmaßnahmen ist eine kontinuierliche Überwachung und Kontrolle erforderlich, um deren Wirksamkeit zu gewährleisten. Dies kann durch regelmäßige Inspektionen, Audits und die Auswertung von Sicherheitskennzahlen erfolgen. Bei Bedarf sollten die Maßnahmen angepasst und verbessert werden.

In der **Tabelle 13.1** sind einige Schritte innerhalb des Risikomanagements und eine jeweilige Beschreibung dargestellt und dazu entsprechende Verantwortliche empfohlen.

Schritt	Beschreibung	Verantwortlicher
Risikoidentifikation	Ermittlung potenzieller Gefahren	Sicherheitsteam
Risikobewertung	Bewertung der Wahrscheinlichkeit und Folgen	Risikomanager
Maßnahmenplanung	Festlegung und Planung von Schutzmaßnahmen	Technischer Leiter
Implementierung	Durchführung der geplanten Maßnahmen	Wartungstechniker
Überwachung und Kontrolle	Regelmäßige Kontrolle und Anpassung	Sicherheitsbeauftragter

Tabelle 13.1 Risikomanagementprozess

Durch die konsequente Umsetzung eines umfassenden Risikomanagements können potenzielle Gefahren frühzeitig erkannt und wirksame Schutzmaßnahmen implementiert werden. Dies trägt maßgeblich zur Sicherheit von Personal und Anlagen bei und hilft, Unfälle und Störungen im Betrieb zu vermeiden.

13.3 Unfallverhütung nach DGUV-Vorschriften

Öko-Wärme-Willi möchte Unfalle verhüten: *„DGUV-Vorschriften sind wichtig, um Unfälle zu vermeiden. Lassen Sie uns sehen, wie man sie umsetzt.“*

Die Vorschriften der Deutschen Gesetzlichen Unfallversicherung (DGUV) bieten konkrete und praxisnahe Anleitungen zur Unfallverhütung im Umgang mit Wärmepumpenanlagen. Diese Vorschriften umfassen eine Vielzahl von Maßnahmen und

Richtlinien, die darauf abzielen, die Arbeitssicherheit zu gewährleisten und Unfälle zu vermeiden. Die strikte Einhaltung dieser Vorschriften ist unerlässlich, um ein sicheres Arbeitsumfeld zu schaffen und das Risiko von Unfällen zu minimieren. Im Folgenden werden wesentliche Maßnahmen zum Schutz der Menschen erläutert.

Wesentliche Maßnahmen zum Schutz der Menschen

Überblick über relevante DGUV-Regeln: Ein umfassendes Verständnis der relevanten DGUV-Regeln und Vorschriften ist grundlegend für die Gewährleistung der Arbeitssicherheit. Zu den wichtigsten Regeln gehören:

- **DGUV-Regel 1 (Grundsätze der Prävention):** Diese Vorschrift legt die allgemeinen Prinzipien und Maßnahmen zur Verhütung von Arbeitsunfällen, Berufskrankheiten und arbeitsbedingten Gesundheitsgefahren fest.
- **DGUV-Regel 103-011 (Arbeiten unter Spannung an elektrischen Anlagen und Betriebsmitteln):** Diese Regel enthält spezifische Anforderungen und Empfehlungen für den sicheren Betrieb von elektrischen Anlagen, so auch an Wärmepumpenanlagen.

Weitere DGUV-Regeln: → *Anhang A* dieses Buches.

Praktische Maßnahmen zur Unfallverhütung: Die Implementierung von Sicherheitsmaßnahmen gemäß den DGUV-Richtlinien ist entscheidend für die Verhütung von Unfällen. Zu den praktischen Maßnahmen gehören:

- **Gefährdungsbeurteilung:** Durchführung einer umfassenden Gefährdungsbeurteilung, um potenzielle Risiken zu identifizieren und geeignete Schutzmaßnahmen zu entwickeln.
- **Schutzvorrichtungen:** Einsatz von Schutzvorrichtungen wie Schutzabdeckungen, Absperrungen und Sicherheitskennzeichnungen, um den Zugang zu gefährlichen Bereichen zu kontrollieren und das Risiko von Unfällen zu reduzieren.
- **Persönliche Schutzausrüstung (PSA):** Bereitstellung und Nutzung geeigneter persönlicher Schutzausrüstung wie Schutzhelme, Handschuhe, Schutzbrillen und Sicherheitsschuhe, um die Mitarbeiter vor potenziellen Gefahren zu schützen.
- **Sicherheitsunterweisungen:** Regelmäßige Schulungen und Sicherheitsunterweisungen für alle Mitarbeiter, um sicherzustellen, dass sie die relevanten Vorschriften kennen und die Sicherheitsmaßnahmen korrekt anwenden können.

Beispiele für erfolgreiche Umsetzung: Fallbeispiele können die praktische Umsetzung der DGUV-Regeln veranschaulichen und als Vorbild für andere Unternehmen dienen. Hier sind einige Beispiele:

- **Beispiel 1:** Ein Unternehmen führte eine umfassende Gefährdungsbeurteilung durch und identifizierte potenzielle Gefahrenquellen im Umgang mit Wärmepumpenanlagen. Basierend auf dieser Analyse wurden Schutzvorrichtungen installiert und die Mitarbeiter erhielten regelmäßige Sicherheitsunterweisungen.

  Ergebnis: Die Anzahl der Arbeitsunfälle wurde deutlich reduziert.

- **Beispiel 2:** Ein anderer Betrieb implementierte eine strikte Kontrolle der PSA-Nutzung und führte regelmäßige Inspektionen durch, um sicherzustellen, dass alle Mitarbeiter die Schutzausrüstung korrekt verwenden. Zusätzlich wurden Notfallübungen durchgeführt, um die Reaktionsfähigkeit der Mitarbeiter zu verbessern.

  Ergebnis: Das Sicherheitsbewusstsein und die Reaktionsfähigkeit der Mitarbeiter wurden erheblich gesteigert.

- **Beispiel 3:** Ein weiteres Unternehmen setzte auf die kontinuierliche Weiterbildung der Mitarbeiter durch Sicherheitsseminare und Workshops. Zudem wurden alle sicherheitsrelevanten Informationen gut sichtbar im Betrieb ausgehängt.

  Ergebnis: Die Unfallrate sank und das Sicherheitsbewusstsein im gesamten Betrieb verbesserte sich signifikant.

Durch die konsequente Anwendung der DGUV-Regeln und die Umsetzung der beschriebenen Maßnahmen können Unternehmen ein hohes Maß an Arbeitssicherheit gewährleisten und das Risiko von Unfällen minimieren. Die Fallbeispiele zeigen, dass eine erfolgreiche Umsetzung der Vorschriften nicht nur theoretisch möglich ist, sondern auch in der Praxis zu deutlichen Verbesserungen führt.

13.4 Dokumentation und Reporting von Vorfällen

Eine gründliche Dokumentation und das Reporting von Vorfällen sind wesentliche Bestandteile eines effektiven Sicherheitsmanagements. Diese Prozesse sind erforderlich, um kontinuierlich die Sicherheitsstandards zu verbessern und das Risiko zukünftiger Unfälle zu minimieren. Durch die systematische Erfassung und Analyse von Vorfällen können wertvolle Erkenntnisse gewonnen werden, die zur Optimierung der Sicherheitsmaßnahmen beitragen.

Öko-Wärme-Willis Vorfall-Reporting: *„Eine gute Dokumentation hilft, Vorfälle zu verhindern und besser zu bewältigen. Hier sind die besten Praktiken.“*

Anforderungen an die Dokumentation von Vorfällen: Die umfassende Aufzeichnung aller sicherheitsrelevanten Vorfälle ist von entscheidender Bedeutung. Zu den Anforderungen an die Dokumentation gehören:

- **Vollständigkeit und Genauigkeit:** Jede Meldung sollte alle relevanten Details enthalten, einschließlich Datum, Uhrzeit, Ort, beteiligten Personen, eine genaue Beschreibung des Vorfalls und der betroffenen Anlagen oder Geräte.
- **Kategorisierung der Vorfälle:** Vorfälle sollten nach ihrer Art und Schwere kategorisiert werden, um eine systematische Auswertung zu ermöglichen. Dies umfasst z. B. Unfälle, Beinaheunfälle, technische Störungen und sicherheitsrelevante Beobachtungen.
- **Regelmäßige Aktualisierung:** Die Dokumentation muss kontinuierlich aktualisiert werden, um sicherzustellen, dass alle neuen Vorfälle zeitnah erfasst und analysiert werden können.

Vorgehensweise beim Reporting: Klare Protokolle für die Meldung von Sicherheitsvorfällen sind notwendig, um eine einheitliche und effektive Erfassung und Weiterverarbeitung der Informationen zu gewährleisten. Die Vorgehensweise sollte folgende Aspekte umfassen:

- **Einrichtung von Meldewegen:** Es müssen eindeutige Meldewege definiert sein, über die Mitarbeiter sicherheitsrelevante Vorfälle melden können. Dies kann durch digitale Meldeformulare, spezielle Hotlines oder direkt an Vorgesetzte geschehen.
- **Vertraulichkeit und Schutz der Meldenden:** Die Vertraulichkeit der Meldungen muss gewährleistet sein, um eine offene und ehrliche Berichterstattung zu fördern. Mitarbeiter sollten keine negativen Konsequenzen fürchten müssen, wenn sie Vorfälle melden.
- **Schnelle Reaktionszeit:** Nach der Meldung eines Vorfalls sollte eine schnelle Reaktion erfolgen, um die Ursache zu untersuchen und sofortige Maßnahmen zu ergreifen, wenn nötig.

Nutzung der Vorfalldaten zur Verbesserung der Sicherheit: Die systematische Analyse der Vorfalldaten bietet wertvolle Einblicke in potenzielle Schwachstellen und Verbesserungspotenziale im Sicherheitsmanagement. Folgende Schritte sind hierbei wichtig:

- **Trendanalysen:** Durch die Analyse der gesammelten Daten können Trends und Muster identifiziert werden, die auf wiederkehrende Probleme oder systemische Schwachstellen hinweisen. Dies ermöglicht gezielte Maßnahmen zur Risikominderung.

- **Rückmeldeschleifen:** Die Erkenntnisse aus der Analyse sollten regelmäßig an alle relevanten Stakeholder kommuniziert werden, um das Bewusstsein für Sicherheitsrisiken zu schärfen und die Akzeptanz für notwendige Änderungen zu erhöhen.
- **Kontinuierliche Verbesserung:** Basierend auf den analysierten Daten sollten kontinuierlich Maßnahmen zur Verbesserung der Sicherheitsstandards entwickelt und implementiert werden. Dies kann Schulungen, technische Verbesserungen oder organisatorische Anpassungen umfassen.

Ein praktisches Beispiel: Wenn wiederholt Unfälle durch unsachgemäßen Umgang mit bestimmten Maschinen auftreten, könnte dies auf einen Schulungsbedarf hinweisen. Eine gezielte Schulungsmaßnahme könnte das Problem beheben und zukünftige Vorfälle verhindern.

Durch eine gründliche Dokumentation und das systematische Reporting von Vorfällen können Unternehmen nicht nur die Sicherheit verbessern, sondern auch eine Kultur der Transparenz und Verantwortlichkeit fördern. Dies trägt langfristig dazu bei, das Sicherheitsbewusstsein zu stärken und die Risiken im Arbeitsumfeld zu minimieren.

14 Praktische Tipps für Elektrofachkräfte

14.1 Bewährte Standardverfahren in der Installation und Inbetriebnahme

Jetzt schlägt Öko-Wärme-Willi zu:

Bewährte Verfahren: *„Hier sind einige bewährte Standardverfahren, die Ihnen bei der Installation und Inbetriebnahme helfen.“*

Bewährte Standardverfahren bieten praktische Anleitungen für eine erfolgreiche Installation und Inbetriebnahme von Wärmepumpenanlagen. Die Anwendung dieser bewährten Methoden gewährleistet eine effiziente und sichere Inbetriebnahme, minimiert Fehler und maximiert die Lebensdauer und Effizienz der Anlage. Diese Praktiken basieren auf umfangreichen Erfahrungen und technischen Standards der Branche.

Im Folgenden wird einen Schritt-für-Schritt-Anleitung für die erfolgreiche Installation und Inbetriebnahme von Wärmepumpenanlagen vorgestellt.

14.1.1 Auswahl des Standorts

Bei der Auswahl des geeigneten Standorts für die Installation einer Wärmepumpe sind mehrere wichtige Faktoren zu berücksichtigen, um eine optimale Leistung und Langlebigkeit des Geräts zu gewährleisten. Zunächst muss ein Standort gewählt werden, der über eine ausreichende Belüftung verfügt. Eine gute Luftzirkulation ist entscheidend, um die Effizienz der Wärmepumpe zu maximieren und Überhitzung zu verhindern.

Es ist auch wichtig, die Nähe zu Wärmequellen zu berücksichtigen. Die Wärmepumpe sollte nicht in unmittelbarer Nähe von Heizkörpern, Öfen oder anderen Wärmequellen installiert werden, da dies die Effizienz beeinträchtigen könnte. Ebenso sollte der Lärmschutz beachtet werden, insbesondere wenn die Wärmepumpe in einem Wohngebiet oder in der Nähe von Schlafzimmern installiert wird. Die Wahl eines ruhigen Standorts kann helfen, Lärmbelästigungen zu minimieren.

Zu guter Letzt muss sichergestellt werden, dass der Untergrund stabil und eben ist. Eine unebene oder instabile Basis kann zu Vibrationen und Geräuschen führen und möglicherweise die Lebensdauer der Wärmepumpe verkürzen. Ein fester, ebener Untergrund ist daher unerlässlich für eine stabile Installation.

14.1.2 Mechanische Installation

Nachdem der geeignete Standort ausgewählt wurde, beginnt die mechanische Installation der Wärmepumpe. Hierbei ist es entscheidend, die Anweisungen des Herstellers genau zu befolgen. Jede Wärmepumpe kann spezifische Anforderungen und Installationsverfahren haben, die beachtet werden müssen.

Die Verrohrung spielt eine zentrale Rolle bei der Installation. Es ist wichtig, die Rohre sorgfältig zu verlegen und darauf zu achten, dass die Durchmesser der Rohre den Spezifikationen entsprechen. Falsch dimensionierte oder schlecht verlegte Rohre können die Effizienz der Wärmepumpe beeinträchtigen und zu Funktionsstörungen führen.

Zudem müssen alle mechanischen Verbindungen fest und dicht sein. Undichte Verbindungen können zu einem Verlust von Kühlmittel oder Heizmittel führen, was nicht nur die Effizienz mindert, sondern auch Umweltschäden verursachen kann. Eine gründliche Überprüfung und gegebenenfalls Nachjustierung aller Verbindungen ist daher notwendig.

14.1.3 Elektrische Installation

Der letzte Schritt in der Installation einer Wärmepumpe betrifft die elektrische Verbindung. Es ist von größter Wichtigkeit, die elektrischen Verbindungen gemäß den bereitgestellten Schaltplänen anzuschließen. Fehlerhafte elektrische Anschlüsse können nicht nur die Funktion der Wärmepumpe beeinträchtigen, sondern auch ein erhebliches Sicherheitsrisiko darstellen.

Die Wahl der geeigneten Kabel- und Leitungstypen ist ebenfalls entscheidend, um Überlastungen zu vermeiden. Zu dünne oder ungeeignete Kabel können überhitzen und möglicherweise Brände verursachen. Es sollten daher nur Kabel und Leitungen verwendet werden, die den Anforderungen und Vorschriften entsprechen.

Zu guter Letzt müssen Schutzschalter und Sicherungen installiert werden, die den geltenden Vorschriften entsprechen. Diese Schutzvorrichtungen sind essenziell, um im Falle eines Kurzschlusses oder anderer elektrischer Probleme Schäden zu vermeiden und die Sicherheit zu gewährleisten.

14.2 Tipps zur Vermeidung häufiger Fehler

Der alte Hase Öko-Wärme-Willi zur Fehlervermeidung: *„Es gibt häufige Fehler, die Sie vermeiden können. Ich zeige Ihnen, wie."*

Die Installation einer Wärmepumpe kann komplex sein, und es gibt mehrere häufige Fehler, die zu Problemen führen können. Hier sind einige Tipps, um diese typischen Fehler zu vermeiden:

- **Falsche Verrohrung:** Eine korrekte Verrohrung ist dringend notwendig für die effiziente und zuverlässige Funktion einer Wärmepumpe. Achten Sie darauf, die Rohre korrekt zu verbinden und die Durchflussrichtung zu beachten. Falsch angeschlossene oder verlegte Rohre können zu erheblichen Leistungsproblemen führen und die Effizienz des Systems stark beeinträchtigen. Es ist daher wichtig, die Rohrverbindungen sorgfältig zu überprüfen und sicherzustellen, dass sie den Vorgaben des Herstellers entsprechen.
- **Unzureichende Isolierung:** Eine unzureichende Isolierung der Kältemittel- und Wasserleitungen kann zu erheblichen Energieverlusten führen. Um dies zu vermeiden, sollten alle Leitungen ordnungsgemäß isoliert werden. Dies hilft nicht nur, die Energieeffizienz zu maximieren, sondern schützt auch die Leitungen vor Frostschäden und anderen Umweltbedingungen. Achten Sie darauf, dass die Isolierung intakt und frei von Beschädigungen ist, und ersetzen Sie beschädigte Isolierungen sofort.
- **Unsachgemäße elektrische Verbindungen:** Elektrische Verbindungen müssen fest und korrekt gepolt sein, um die Sicherheit und Funktionalität der Wärmepumpe zu gewährleisten. Überprüfen Sie alle elektrischen Anschlüsse gründlich auf festen Sitz und korrekte Polung. Fehlerhafte elektrische Verbindungen können zu Kurzschlüssen, Ausfällen und potenziell gefährlichen Situationen führen. Verwenden Sie geeignete Werkzeuge und Methoden, um sicherzustellen, dass alle Verbindungen ordnungsgemäß gesichert sind.

In **Tabelle 14.1** sind häufig auftretende Fehler, ihre möglichen Ursachen und dazu gehörige präventive Maßnahmen zusammengestellt. Sie erheben keinen Anspruch auf Vollständigkeit, sondern können als Anregung zur Erstellung einer Liste dienen, die für das jeweilige Objekt erweitert werden kann.

Fehler	Ursache	präventive Maßnahme
falsche Verrohrung	fehlende Planung oder Missverständnisse	detaillierte Planung und Überprüfung
unzureichende Isolierung	Mangel an Material oder Sorgfalt	Verwendung von hochwertigem Isoliermaterial
unsachgemäße elektrische Verbindungen	unzureichende Kenntnisse	Schulungen und Zertifizierungen
falsche Temperatureinstellungen	Unkenntnis der Systemanforderungen	Schulung und Nutzung von Checklisten

Tabelle 14.1 Häufige Fehler und präventive Maßnahmen

14.3 Empfehlungen für die Inbetriebnahme

Gut gemeinte Inbetriebnahme-Tipps von Öko-Wärme-Willi: *„Die Inbetriebnahme ist entscheidend. Hier sind meine besten Empfehlungen.“*

Nach der erfolgreichen Installation ist es wichtig, die Wärmepumpe ordnungsgemäß in Betrieb zu nehmen. Hier sind einige Empfehlungen, um sicherzustellen, dass das System optimal funktioniert:

- **Durchführung von Prüfungen und Tests:** Bevor die Wärmepumpe in Betrieb genommen wird, sollten umfassende Tests durchgeführt werden. Dazu gehören Drucktests der Rohrleitungen, um sicherzustellen, dass keine Lecks vorhanden sind, sowie elektrische Funktionstests, um die ordnungsgemäße Funktion der elektrischen Komponenten zu überprüfen. Diese Tests sind entscheidend, um sicherzustellen, dass das System sicher und effizient arbeitet.
- **Überprüfung der Systemparameter:** Nach den Tests sollten die Einstellungen der Wärmepumpe kontrolliert und gegebenenfalls angepasst werden. Dies umfasst die Überprüfung der Temperatur- und Druckeinstellungen sowie anderer Betriebsparameter. Eine korrekte Einstellung der Systemparameter ist entscheidend für die Effizienz und Leistung der Wärmepumpe.
- **Feinabstimmung der Anlage:** Um die maximale Effizienz der Wärmepumpe zu gewährleisten, sollte eine Feinjustierung der Betriebsparameter durchgeführt werden. Dies kann die Anpassung von Temperatur- und Druckeinstellungen, die Kalibrierung von Sensoren und die Optimierung des Gesamtsystems umfassen. Eine sorgfältige Feinabstimmung hilft, die Leistung zu maximieren und den Energieverbrauch zu minimieren.

Durch die Beachtung dieser Tipps und Empfehlungen können häufige Fehler bei der Installation und Inbetriebnahme einer Wärmepumpe vermieden werden. Eine sorgfältige Planung und Durchführung der Installations- und Inbetriebnahme Schritte trägt dazu bei, die Effizienz und Langlebigkeit des Systems zu gewährleisten und potenzielle Probleme zu minimieren.

In **Tabelle 14.2** ist eine Checkliste für die Installation und Inbetriebnahme einer Wärmepumpenanlage als Musterbeispiel ausgeführt, dass von den Elektrofachkräfte für eigene Belange kreativ erweitert werden kann, um sich vor Ort an der Baustelle die Arbeit zu erleichtern bzw. zu systematisieren. Die Inhalte in der Tabelle 14.2 sind nur als Anregungen zu verstehen und keinesfalls vollständig.

Schritt	Beschreibung	Verantwortlicher	Notizen	Erledigt (✓)
Standortwahl	Sicherstellung eines geeigneten, gut belüfteten und stabilen Standorts	Projektleiter Sven	auf ausreichende Belüftung achten	
Mechanische Installation	Fachgerechte Montage der Wärmepumpe, korrekte Verrohrung und Dichtheitsprüfung	Installateur Dieter	Leitungen isolieren	
Elektrische Installation	Installation der elektrischen Verbindungen, Schutzschalter und Sicherungen	Elektrofachkraft Dirk	Vorhandene elektrische Verteilung überprüfen	
Fehlervermeidung	Verrohrung, unzureichende Isolierung und elektrische Fehler	Dirk und Dieter	Praktische Ausführungen mit Anforderungen aus den Normen vergleichen	
Durchführung von Prüfungen	Drucktests der Rohrleitungen, elektrische Funktionstests	Wartungstechniker	Nach Anforderungen der Normen und DGUV	
Überprüfung der Systemparameter	Kontrolle und Anpassung der Einstellungen der Wärmepumpe	Projektleiter Sven	Vergleich der Parameter vor Ort	
Vorinbetriebnahme-Check	Kontrolle aller Anschlüsse und Verbindungen	Dirk und Dieter	Prüfergebnisse dokumentieren	
Feinabstimmung der Anlage	Feinjustierung der Betriebsparameter zur Optimierung der Effizienz	Technischer Leiter Horst	Überprüfung der Veränderungsmöglichkeiten	
Inbetriebnahme	Komplette Anlage einschalten und Übergabe an den Betreiber	Technischer Leiter Horst	Kontrolle der wesentlichen Anlageteile und der Dokumentation	
……………	……………	……………	……………	

Tabelle 14.2 Musterbeispiel für eine Checkliste für die Installation und Inbetriebnahme von Wärmepumpenanlagen

14.4 Umgang mit spezifischen Herausforderungen in der Praxis

Öko-Wärme-Willi stellt sich den praktischen Herausforderungen: *„Jede Installation ist anders. Ich helfe Ihnen, mit spezifischen Herausforderungen umzugehen.“*

Die Arbeit in der Praxis bringt oft spezifische Herausforderungen mit sich, die maßgeschneiderte Lösungen und Anpassungen erfordern. Der Umgang mit diesen Herausforderungen verlangt nach flexiblen und kreativen Lösungsansätzen. Praxisnahe Tipps und Tricks können dabei helfen, unerwartete Probleme effizient zu bewältigen und erfolgreiche Ergebnisse zu erzielen.

Kreative Maßnahmen zur Bewältigung spezifischer Herausforderungen

- **Beschreibung spezifischer Herausforderungen:** In der Praxis begegnet man häufig unvorhergesehenen baulichen Gegebenheiten, schwierigen Umgebungsbedingungen oder technischen Komplikationen. Diese Herausforderungen können in vielerlei Form auftreten. Zum Beispiel können unvorhergesehene bauliche Gegebenheiten wie unebenes Gelände oder enge Platzverhältnisse die Installation und den Betrieb von Anlagen erschweren. Schwierige Umgebungsbedingungen wie extreme Temperaturen, hohe Luftfeuchtigkeit oder staubige Umgebungen können die Leistung und Zuverlässigkeit von Geräten beeinträchtigen. Technische Komplikationen wie unerwartete Fehler in der Hardware oder Software können den normalen Betriebsablauf stören und erfordern eine schnelle und effektive Problemlösung.
- **Lösungsansätze und Standardverfahren:** Um diesen Herausforderungen zu begegnen, sind praktische Lösungen und bewährte Verfahren essenziell. Zum Beispiel können bei unvorhergesehenen baulichen Gegebenheiten Anpassungen an der Planung und Installation vorgenommen werden, wie die Verwendung spezieller Befestigungstechniken oder die Modifikation von Geräteträgern. Schwierige Umgebungsbedingungen können durch den Einsatz robuster und wetterfester Materialien sowie durch den Einbau zusätzlicher Schutzvorrichtungen gemildert werden. Bei technischen Komplikationen können standardisierte Fehlersuchmethoden und Diagnosetools eingesetzt werden, um Probleme schnell zu identifizieren und zu beheben. Innovative Ansätze zur Problemlösung, wie der Einsatz von Fernüberwachung und -wartung, können ebenfalls helfen, die Effizienz zu steigern und Ausfallzeiten zu minimieren.

- **Erfahrungsberichte und Fallbeispiele:** Die Dokumentation realer Fälle, in denen spezifische Herausforderungen erfolgreich gemeistert wurden, ist von unschätzbarem Wert. Solche Erfahrungsberichte und Fallbeispiele bieten wertvolle Einblicke und praktische Ratschläge, die anderen Fachleuten in ähnlichen Situationen helfen können. Zum Beispiel könnte ein Erfahrungsbericht die Lösung eines Problems beschreiben, bei dem extreme Temperaturen die Leistung einer Wärmepumpe beeinträchtigten. Die angewandten Lösungen könnten die Installation zusätzlicher Isolierung und die Anpassung der Betriebsparameter umfassen. Die erzielten Ergebnisse, wie die Wiederherstellung der optimalen Funktion und die Vermeidung zukünftiger Probleme, bieten wertvolle Lehren für ähnliche Herausforderungen.

Durch die Anwendung dieser kreativen Maßnahmen und die Nutzung von Erfahrungsberichten können spezifische Herausforderungen in der Praxis erfolgreich gemeistert werden. Flexibilität und Kreativität sind hierbei entscheidend, um unvorhergesehene Probleme effizient zu lösen und die bestmöglichen Ergebnisse zu erzielen.

In **Tabelle 14.3** sind beispielhaft einige Herausforderungen und Lösungsansätze beschrieben.

Herausforderung	Beschreibung	Lösungsansatz
unvorhergesehene bauliche Gegebenheiten	Platzmangel oder unpassende Strukturen	Anpassung der Installationsplanung
schwierige Umgebungsbedingungen	Extremtemperaturen oder hohe Luftfeuchtigkeit	Verwendung von spezialisierter Ausrüstung
technische Komplikationen	Inkompatibilität von Komponenten	Beratung mit Herstellern und Experten

Tabelle 14.3 Herausforderungen und Lösungsansätze

15 Aktuelle Marktentwicklungen und Technologietrends

15.1 Neueste Trends in der Wärmepumpentechnologie, allgemein

Öko-Wärme-Willis Technologietrends: *„Die Welt der Wärmepumpentechnologie entwickelt sich ständig weiter. Hier sind die neuesten Trends.“*

Die Zukunft der Wärmepumpentechnologie sieht vielversprechend aus, da sie eine zentrale Rolle in der globalen Energiewende spielt. Mit dem fortschreitenden Klimawandel und der zunehmenden Dringlichkeit, nachhaltige und CO_2-neutrale Heizungssysteme zu entwickeln, stehen Wärmepumpen im Mittelpunkt der Innovation im Heizungssektor.

Ein signifikanter Trend in der Wärmepumpentechnologie ist die Integration von künstlicher Intelligenz und Smart-Home-Technologien. Diese ermöglichen es Wärmepumpensystemen, ihre Betriebsweise dynamisch an die Bedingungen anzupassen, den Energieverbrauch zu optimieren und die Interaktion mit dem Stromnetz zu verbessern. Die Vernetzung mit erneuerbaren Energiequellen, wie Solar- und Windenergie, ermöglicht eine noch effizientere Nutzung und fördert die Entstehung von komplett autarken Energiekreisläufen.

Darüber hinaus wird die Entwicklung von fortgeschrittenen Kältemitteln, die weniger umweltschädlich sind und eine höhere Effizienz aufweisen, weiter vorangetrieben. Diese Kältemittel reduzieren nicht nur die Umweltauswirkungen, sondern verbessern auch die Leistungsfähigkeit der Systeme unter extremen Wetterbedingungen.

Ein weiterer Trend ist die zunehmende Miniaturisierung der Wärmepumpentechnik, die es ermöglicht, diese Systeme in einer breiteren Palette von Gebäuden und Anwendungen zu installieren. Dies öffnet den Weg für den Einsatz von Wärmepumpen in städtischen Umgebungen und in der Renovierung bestehender Gebäudestrukturen.

Schließlich wird die internationale Zusammenarbeit und Standardisierung eine immer wichtigere Rolle spielen, um die Effizienz und die Akzeptanz von Wärmepumpen weltweit zu fördern. Dies umfasst sowohl technologische Normen als auch politische Rahmenbedingungen, die eine schnelle Adoption dieser Technologie unterstützen und fördern.

Die fortlaufende Innovation und Forschung in diesem Bereich versprechen, dass Wärmepumpen eine immer wichtigere Rolle in unserem Streben nach einem nachhaltigeren und effizienteren Energiemanagement spielen werden.

Die politischen Förderungen der Wärmepumpentechnologien unterstreichen die Erkenntnis über die Notwendigkeit dieser Technik für den Heizungsbetrieb von Millionen Gebäuden und anderen Objekten in Deutschland. Außerdem wird die Notwendigkeit durch ständige Naturkatastrophen jedem Bundesbürger wiederholend vor Augen geführt mit ständigen finanziellen, aber auch menschlichen Verlusten.

15.2 Ideen für die Zukunft der Wärmepumpentechnologie

Öko-Wärme-Willi hat auch Zukunftsideen: *„Was bringt die Zukunft für Wärmepumpen? Lassen Sie uns einen Blick aufspannende Ideen werfen."*

Die Wärmepumpentechnologie steht vor einer spannenden Zukunft, geprägt von raschen technologischen Fortschritten und einer zunehmenden Integration in intelligente Energiesysteme.

15.2.1 Überblick über die neuesten Technologietrends

Integration von künstlicher Intelligenz und Smart-Home-Technologien: Künstliche Intelligenz (KI) und Smart-Home-Technologien revolutionieren die Art und Weise, wie Wärmepumpensysteme betrieben und gesteuert werden. Zu den wichtigsten Trends gehören:

- **Dynamische Anpassung der Betriebsweise:** KI-basierte Algorithmen ermöglichen eine kontinuierliche Optimierung der Wärmepumpenleistung durch Echtzeitanalysen von Wetterdaten, Energieverbrauchsmustern und Benutzerpräferenzen.
- **Optimierung des Energieverbrauchs:** Durch die Integration in Smart-Home-Systeme können Wärmepumpen den Energieverbrauch basierend auf der Verfügbarkeit von erneuerbaren Energien und den aktuellen Strompreisen automatisch anpassen.
- **Verbesserte Interaktion mit dem Stromnetz:** Smart-Grid-Technologien ermöglichen es, Wärmepumpen, flexibel auf Netzanforderungen zu reagieren, Lastspitzen zu glätten und zur Stabilisierung des Stromnetzes beizutragen.

15.2.2 Vorteile und Potenziale der neuen Technologien

Effizienzsteigerung durch erneuerbare Energiequellen: Die Nutzung erneuerbarer Energien wie Solar- und Windkraft in Kombination mit Wärmepumpen bietet erhebliche Effizienzgewinne:

- **Erneuerbare Energiequellen:** Wärmepumpen können direkt von lokal erzeugter Solar- oder Windenergie profitieren, was ihre Abhängigkeit von fossilen Brennstoffen reduziert und die Betriebskosten senkt.
- **Umweltfreundlichere Kältemittel:** Die Entwicklung neuer, umweltfreundlicher Kältemittel mit höherer Effizienz trägt dazu bei, die Umweltbelastung zu verringern und die Leistungsfähigkeit der Wärmepumpen unter extremen Wetterbedingungen zu verbessern.

15.2.3 Beispiele für innovative Wärmepumpenlösungen

Miniaturisierung der Technik: Die Miniaturisierung der Wärmepumpentechnologie ermöglicht deren Einsatz in verschiedenen Umgebungen:

- **Städtische Umgebungen:** Kompakte Wärmepumpensysteme sind ideal für den Einsatz in dicht besiedelten städtischen Gebieten, in denen Platz ein begrenzender Faktor ist.
- **Renovierung bestehender Gebäude:** Miniaturisierte Wärmepumpen können problemlos in bestehende Gebäudestrukturen integriert werden, wodurch die Modernisierung und energetische Sanierung älterer Gebäude erleichtert wird.

Internationale Zusammenarbeit und Standardisierung: Die internationale Zusammenarbeit und Standardisierung spielen eine Schlüsselrolle bei der Förderung der Effizienz und Akzeptanz von Wärmepumpen:

- **Gemeinsame Projekte:** Internationale Forschungsprojekte und Kooperationen zwischen Industrie und Forschungseinrichtungen tragen dazu bei, neue Technologien schneller zur Marktreife zu bringen und globale Standards zu setzen.
- **Standardisierung:** Einheitliche Standards erleichtern den weltweiten Einsatz und die Akzeptanz von Wärmepumpentechnologien.

15.2.4 Forschung und Entwicklung (F & E)

Aktuelle Forschungsschwerpunkte und -projekte: Die kontinuierliche Forschung und Entwicklung trägt zur Verbesserung der Wärmepumpentechnologie bei:

- **Entwicklung von umweltfreundlicheren Kältemitteln:** Forschungsprojekte konzentrieren sich auf die Entwicklung neuer Kältemittel, die umweltfreundlicher und effizienter sind.
- **Integration in Smart-Grid-Systeme:** Projekte zur Integration von Wärmepumpen in Smart-Grid-Systeme zielen darauf ab, die Flexibilität und Effizienz der Energiesysteme zu erhöhen.
- **Verbesserung der Systemeffizienz:** Forschung zur Optimierung der Systemkomponenten und -prozesse trägt zur Steigerung der Gesamteffizienz bei.

Innovationen und technologische Durchbrüche: Technologische Durchbrüche spielen eine entscheidende Rolle bei der Weiterentwicklung der Wärmepumpentechnologie:

- **Einsatz von fortschrittlichen Materialien:** Neue Materialien, die bessere thermische Eigenschaften und höhere Effizienz bieten, werden kontinuierlich entwickelt.
- **Entwicklungen in der Steuerungs- und Regelungstechnik:** Fortschritte in der Steuerungs- und Regelungstechnik ermöglichen präzisere und effizientere Betriebsweisen der Wärmepumpen.

Zusammenarbeit von Industrie und Forschungseinrichtungen: Die enge Zusammenarbeit zwischen Industrie und Forschungseinrichtungen beschleunigt die Marktreife neuer Technologien:

- **Gemeinsame Projekte:** Durch gemeinsame Projekte werden Innovationen schneller entwickelt und implementiert.
- **Standardisierung:** Kooperationen fördern die Standardisierung neuer Technologien, was deren breite Akzeptanz und Anwendung erleichtert.

Insgesamt bietet die Zukunft der Wärmepumpentechnologie viele spannende Möglichkeiten zur Verbesserung der Energieeffizienz und Umweltverträglichkeit von Heiz- und Kühlsystemen. Die fortschreitende Digitalisierung und die enge Zusammenarbeit von Industrie und Forschung werden dabei entscheidende Rollen spielen.

In **Tabelle 15.1** sind beispielhaft einige aktuelle Forschungsprojekte und ihre jeweiligen Zielsetzungen genannt.

Projekt	Zielsetzung	Beteiligte Institutionen
Entwicklung umweltfreundlicher Kältemittel	Reduktion der Umweltbelastung	Universitäten, Unternehmen
Integration in Smart Grids	Effizienzsteigerung durch Vernetzung	Energiekonzerne, Forschungsinstitute
Optimierung der Systemeffizienz	Verbesserung der Leistungsfähigkeit	Hochschulen, Industriepartner

Tabelle 15.1 Übersicht aktueller Forschungsprojekte

15.3 Ausblick auf zukünftige Marktentwicklungen

Öko-Wärme-Willi schaut in die Zukunft: Marktentwicklungen: *„Der Markt für Wärmepumpen verändert sich. Hier ist ein Ausblick auf die kommenden Entwicklungen."*

Ein Blick auf die zukünftigen Marktentwicklungen in der Wärmepumpentechnologie hilft, frühzeitig Chancen und Herausforderungen zu erkennen und entsprechend darauf zu reagieren. Die Zukunft dieser Technologie wird maßgeblich von Trends wie der zunehmenden Digitalisierung, der Integration in smarte Energiesysteme und der weiteren Effizienzsteigerung geprägt sein. Im Folgenden werden Prognosen, Herausforderungen und Chancen sowie der Einfluss politischer und wirtschaftlicher Rahmenbedingungen beleuchtet.

15.3.1 Prognosen für die Marktentwicklung

Wachstum des Markts für Wärmepumpen: Der Markt für Wärmepumpen wird in den kommenden Jahren voraussichtlich ein erhebliches Wachstum erleben. Dieses Wachstum wird durch mehrere Faktoren begünstigt:

- **Steigendes Umweltbewusstsein:** Mit dem zunehmenden Bewusstsein für den Klimawandel und die Notwendigkeit, Treibhausgasemissionen zu reduzieren, entscheiden sich immer mehr Verbraucher und Unternehmen für umweltfreundliche Heiz- und Kühllösungen wie Wärmepumpen.
- **Politische Unterstützung:** Regierungen weltweit setzen verstärkt auf erneuerbare Energien und energieeffiziente Technologien. Förderprogramme, Subventionen und gesetzliche Vorgaben treiben die Verbreitung von Wärmepumpen voran.

In **Tabelle 15.2** sind geschätzte Angaben zu der Marktentwicklung enthalten.

Jahr	Marktgröße in Mrd. €	Wachstum in %
2025	15	8
2030	25	10
2035	35	12

Tabelle 15.2 Prognosen für die Marktentwicklung

15.3.2 Zukünftige Herausforderungen und Chancen

Technologische Herausforderungen: Die Integration von Wärmepumpen in bestehende Infrastrukturen stellt eine der größten technologischen Herausforderungen dar. Dies umfasst:

- **Anpassung an bestehende Heizsysteme:** In vielen älteren Gebäuden sind noch konventionelle Heizsysteme installiert, die oft nicht ohne Weiteres durch Wärmepumpen ersetzt werden können. Hier sind innovative Lösungen und Anpassungen erforderlich, um eine effiziente Integration zu ermöglichen.
- **Weiterentwicklung der Technologie:** Die kontinuierliche Weiterentwicklung der Wärmepumpentechnologie, insbesondere hinsichtlich ihrer Effizienz und Anpassungsfähigkeit an verschiedene Klimabedingungen, bleibt eine wichtige Aufgabe.

Chancen durch steigende Nachfrage: Die steigende Nachfrage nach energieeffizienten Lösungen eröffnet zahlreiche Chancen für die Wärmepumpentechnologie:

- **Marktexpansion:** Neue Märkte, insbesondere in Regionen mit wachsendem Umweltbewusstsein und strengen Energieeffizienzanforderungen, bieten erhebliche Wachstumspotenziale.
- **Innovationen:** Die Nachfrage nach innovativen Lösungen zur weiteren Effizienzsteigerung und zur Integration in smarte Energiesysteme fördert die technologische Entwicklung und bietet Raum für neue Geschäftsmodelle und Anwendungen.

15.3.3 Einfluss von politischen und wirtschaftlichen Rahmenbedingungen

Auswirkungen von Subventionen: Subventionen und Förderprogramme spielen eine entscheidende Rolle bei der Verbreitung von Wärmepumpen. Durch finanzielle Anreize können hohe Anschaffungskosten abgefedert werden, wodurch die Technologie für eine breitere Bevölkerungsschicht zugänglich wird. Beispiele hierfür sind:

- **Förderprogramme für den Neubau und die Sanierung:** Zuschüsse und zinsgünstige Darlehen für die Installation von Wärmepumpen in Neubauten und bei der energetischen Sanierung bestehender Gebäude.
- **Steuerliche Anreize:** Steuervergünstigungen für Investitionen in energieeffiziente Heiz- und Kühlsysteme.

Gesetzliche Vorgaben und internationale Abkommen: Gesetzliche Vorgaben und internationale Abkommen zur Reduktion von Treibhausgasemissionen und zur Förderung erneuerbarer Energien haben einen erheblichen Einfluss auf die Marktentwicklung. Dazu gehören:

- **Energieeinsparverordnungen:** nationale und europäische Verordnungen, die Mindeststandards für die Energieeffizienz von Gebäuden festlegen und den Einsatz erneuerbarer Energien fördern.
- **Internationale Klimaziele:** Abkommen wie das Pariser Klimaabkommen setzen verbindliche Ziele zur Reduktion von CO_2-Emissionen, die den Druck auf Regierungen und Unternehmen erhöhen, nachhaltige Technologien wie Wärmepumpen zu implementieren.

Insgesamt bietet die Zukunft der Wärmepumpentechnologie sowohl erhebliche Herausforderungen als auch vielversprechende Chancen. Durch die richtige Mischung aus technologischer Innovation, politischer Unterstützung und wirtschaftlicher Anreize kann diese umweltfreundliche Technologie eine zentrale Rolle in der nachhaltigen Energieversorgung der Zukunft spielen.

15.4 Rolle der Digitalisierung in der Wärmepumpentechnik

Öko-Wärme-Willi kann auch Digitalisierung: *„Die Digitalisierung spielt eine immer größere Rolle. Ich zeige Ihnen, wie sie die Wärmepumpentechnik verändert.“*

Die Digitalisierung spielt eine zunehmend bedeutende Rolle in der Optimierung und Steuerung von Wärmepumpenanlagen. Durch den Einsatz digitaler Technologien können sowohl die Effizienz als auch die Benutzerfreundlichkeit dieser Systeme erheblich gesteigert werden. Dieser Abschnitt beleuchtet die wesentlichen Einsatzmöglichkeiten digitaler Technologien, ihre Vorteile für den Betrieb und die Wartung sowie konkrete Beispiele für digitale Lösungen in der Wärmepumpentechnik.

15.4.1 Wesentliche Einsatzmöglichkeiten

- **Intelligente Steuerungssysteme:** Digitale Technologien ermöglichen die Entwicklung intelligenter Steuerungssysteme, die in Echtzeit auf Änderungen in der Umgebung reagieren können. Diese Systeme passen die Betriebsparameter der Wärmepumpen automatisch an, um den Energieverbrauch zu minimieren und die Effizienz zu maximieren. Beispiele hierfür sind adaptive Regelungsalgorithmen, die auf Daten aus verschiedenen Sensoren zugreifen, um die Leistung der Wärmepumpen kontinuierlich zu optimieren.
- **Fernüberwachung und -wartung:** Durch die Integration von IoT (Internet of Things) können Wärmepumpenanlagen aus der Ferne überwacht und gewartet werden. Dies ermöglicht es Technikern, den Zustand der Anlagen in Echtzeit zu überwachen, Probleme frühzeitig zu erkennen und Wartungsarbeiten effizienter zu planen. Remote-Diagnose und Fehlerbehebung sind somit möglich, ohne dass ein Techniker vor Ort sein muss, was die Ausfallzeiten reduziert und die Wartungskosten senkt.
- **Integration in Smart-Home- und Smart-Grid-Systeme:** Wärmepumpenanlagen können in intelligente Heimnetzwerke (Smart Home) und Stromnetze (Smart Grid) integriert werden. Dies ermöglicht eine bessere Abstimmung des Energieverbrauchs mit anderen Haushaltsgeräten und eine Optimierung des Energieverbrauchs auf Basis von Netzlast und Energiepreisen. Zum Beispiel können Wärmepumpen bevorzugt dann betrieben werden, wenn erneuerbare Energiequellen wie Solar- oder Windkraft verfügbar sind, was sowohl ökologisch als auch ökonomisch vorteilhaft ist.

15.4.2 Vorteile der Digitalisierung für den Betrieb und die Wartung

- **Verbesserte Effizienz durch optimierte Steuerung:** Durch den Einsatz digitaler Steuerungssysteme kann die Effizienz von Wärmepumpenanlagen erheblich gesteigert werden. Die Systeme passen sich dynamisch an die aktuellen Betriebsbedingungen an und sorgen dafür, dass die Anlage stets im optimalen Wirkungsgradbereich arbeitet.
- **Reduzierte Wartungskosten durch vorausschauende Instandhaltung:** Die kontinuierliche Überwachung des Anlagenzustands ermöglicht die Implementierung von Predictive Maintenance. Dabei werden potenzielle Probleme erkannt, bevor sie zu Ausfällen führen, was die Wartungskosten senkt und die Lebensdauer der Anlage verlängert.

- **Erhöhte Benutzerfreundlichkeit durch intuitive Benutzeroberflächen:** Moderne Wärmepumpensysteme sind mit benutzerfreundlichen, digitalen Schnittstellen ausgestattet, die eine einfache Bedienung und Kontrolle ermöglichen. Benutzer können über mobile Apps oder Webportale auf Echtzeitdaten zugreifen und ihre Systeme individuell anpassen.

15.4.3 Beispiele für digitale Lösungen in der Wärmepumpentechnik

- **Fernüberwachung und -steuerung:** Ein Beispiel für eine digitale Lösung ist eine mobile App, die es den Benutzern ermöglicht, ihre Wärmepumpenanlagen aus der Ferne zu überwachen und zu steuern. Diese Apps bieten Funktionen wie die Anpassung der Temperatureinstellungen, die Überprüfung des Systemstatus und die Planung von Wartungsarbeiten.
- **Softwarelösungen zur Analyse und Optimierung des Energieverbrauchs:** Es gibt spezialisierte Softwarelösungen, die den Energieverbrauch von Wärmepumpenanlagen analysieren und Optimierungspotenziale aufzeigen. Diese Software sammelt und verarbeitet Daten aus verschiedenen Quellen, um detaillierte Berichte und Empfehlungen zu liefern, die den Energieverbrauch und die Betriebskosten senken können.
- **Integration in Smart-Home-Systeme:** Ein weiteres Beispiel ist die Integration von Wärmepumpen in Smart-Home-Systeme, die eine nahtlose Zusammenarbeit mit anderen intelligenten Geräten im Haushalt ermöglichen. Dies umfasst die Synchronisation mit intelligenten Thermostaten, Beleuchtungssystemen und Sicherheitskameras, um ein ganzheitliches Energiemanagement zu gewährleisten.

Die Digitalisierung spielt eine immer wichtigere Rolle in der Optimierung und Steuerung von Wärmepumpenanlagen. Durch die Nutzung digitaler Technologien können Effizienz und Benutzerfreundlichkeit erheblich gesteigert werden.

In der **Tabelle 15.3** wird auf technologische Entwicklungen und ihre Anwendungsvorteile hingewiesen.

Technologie	Anwendung	Vorteil
Intelligente Steuerungssysteme	Optimierung des Betriebs	Effizienzsteigerung
Fernüberwachung und -wartung	Überwachung aus der Ferne	Reduktion der Wartungskosten
Integration in Smart-Home-Systeme	Verbindung mit anderen Systemen	Erhöhte Benutzerfreundlichkeit

Tabelle 15.3 Digitale Technologien und ihre Anwendung

Anhang

Anhang A DIN-EN-IEC-Normen, DIN-VDE-Normen, VDI-Richtlinien, Leitfäden und Sicherheitsstandards im Schnellüberblick und mit einigen Erläuterungen

Öko-Wärme-Willis Erklärung: *„Hallo noch mal, ich bin's, Öko-Wärme-Willi! Im Anhang A dieses Buches finden Sie die wichtigsten Normen und Vorschriften, die Sie bei der Nutzung und Installation von Wärmepumpen beachten müssen. Ich weiß, das Thema Normen kann manchmal trocken sein, aber keine Sorge! Ich werde Ihnen helfen, die wichtigsten Punkte zu verstehen und zu sehen, wie sie in der Praxis angewendet werden. Mit meiner Unterstützung wird es Ihnen leichter fallen, sich im Dschungel der Vorschriften zurechtzufinden. Also lassen Sie uns gemeinsam einen Blick auf die relevanten Normen werfen!"*

Anhang A.1 VDI 4645:2023-04 Heizungsanlagen mit Wärmepumpen in Ein- und Mehrfamilienhäusern – Planung, Errichtung, Betrieb

Bezeichnung der Norm	VDI 4645:2023-04
Titel der Norm	Heizungsanlagen mit Wärmepumpen in Ein- und Mehrfamilienhäusern – Planung, Errichtung, Betrieb
Anwendungsbereich	Anwendung dieser Richtlinie bei der Planung und Errichtung von Heizungsanlagen für Wohngebäude oder Gebäude mit einer wohnähnlichen Nutzungsart, bei der eine Wärmepumpe eingesetzt werden soll. Der Schwerpunkt der Anforderungen liegt bei elektrisch angetriebenen Wärmepumpen für die Raumheizung und zur Trinkwassererwärmung, aber auch das Zusammenwirken mit anderen Anlagenbauteilen, mit anderen Wärmeerzeugern, die Wärmespeicherung und die Verteilung der Wärme werden angesprochen.
Anwendungsbeginn	April 2023
Übergangsfrist	VDI 4645:2018-03 und VDI 4645 Berichtigung:2018-08
Status	gültig
Wesentliche Inhalte	*Begriffe* (→ *Anhang B*) Formelzeichen, Abkürzungen und Indizes, Bilanzgrenzen und Energiebetrachtung, Voruntersuchung, Zuständigkeiten: Energieversorger, Behörden, Bergamt, Handwerk, Planung, Grundlagenermittlung, Detailplanung der Komponenten und der Gesamtanlage, Auftragsvergabe, Inbetriebnahme und Unterweisung, Inspektion und Wartung der Anlage. In den Anlagen findet der Fachmann: relevante Gesetze, Verordnungen, Normen, Auslegungsbeispiel für ein Flächenheizsystem, Auslegungsbeispiel für ein Heizkörpersystem, Checkliste: Konzept- und Detailplanung von Wärmepumpenanlagen, Ablaufplan zur Festlegung von Betriebsweisen und Wahl der Wärmepumpe, Hydraulische Schaltungen, Effizienzbewertung von Elektro-Wärmepumpen, Kostenrechnung für eine Elektro-Wärmepumpe, Beispiel Anlagenbuch F-Gase-Verordnung, Zapfprofile, Berechnungsbeispiel zur Auswahl der Wärmepumpe und Dimensionierung der Bauteile, Checklisten für Inbetriebnahme/Regler Einstellungen, Fehlersuche, Sicherheitsüberprüfungen und Wartungs-/Inspektionsarbeiten
Hinweise Gesetze und Richtlinien weitere Normen	GEG, Gebäudeenergiegesetz, EnEG, Energieeinsparungsgesetz, EnEV, Energieeinsparverordnung, Erneuerbare-Energien-Wärmegesetz, ErP, Energy-related Products, WHG, Wasserhaushaltsgesetz, BBergG, Bundesberggesetz, Technische Anleitung zum Schutz gegen Lärm, Elektrischer Anschluss an das Niederspannungsnetz, F-Gase-Verordnung,

Tabelle A.1 Schnellübersicht zur Norm VDI 4645:2023-04

Erläuterungen

Wärmepumpen nach der Norm planen, errichten und warten: Die Ära fossiler Brennstoffe zur Wärmeerzeugung neigt sich dem Ende zu, während Wärmepumpen sowohl politische als auch finanzielle Unterstützung erfahren. Der daraus resultierende Marktboom zeigt sich in erheblichen jährlichen Verkaufszuwächsen – im Jahr 2022 beispielsweise um mehr als 50 % im Vergleich zum Vorjahr. Angesichts dieser Dynamik ist fundiertes Fachwissen unerlässlich. Wie bei allen Heizsystemen ist eine präzise Auslegung, Planung und Implementierung von Wärmepumpen entscheidend, um ihre Sparpotenziale voll auszuschöpfen. Gerade bei dem Einsatz von Wärmepumpen, ist es sinnvoll und notwendig, die jeweiligen regionalen Verhältnisse und die örtlichen Gegebenheiten zu berücksichtigen. Es ist von großer Bedeutung, das vorhandene Fachwissen zu sammeln und breit zugänglich zu machen. Dies ermöglicht es auch für Haushalte mit begrenzten finanziellen Mitteln, effiziente Wärmepumpensysteme einzusetzen. Die VDI-Richtlinie 4645, das Hauptdokument der Normen-Serie, leistet einen wichtigen Beitrag zur Unterstützung. Sie bietet eine Fülle von Informationen von den Grundlagen bis hin zu spezifischen Detailfragen und richtet sich an Fachkräfte und Unternehmen, die mit der Installation von Wärmepumpensystemen in Ein- und Mehrfamilienhäusern beauftragt sind und dies sind zunehmend Elektroinstallationsunternehmen mit ihren vielen Elektrofachkräften.

Anwendung der Richtlinie: Die VDI 4645 Richtlinie bietet essenzielle Informationen und Vorgaben, die für die Planung, Errichtung und den Betrieb von Wärmepumpenanlagen in kleinen bis mittleren Wohngebäuden erforderlich sind. Diese Anwendungen gelten sowohl für Neubauten als auch für bestehende Gebäude, einschließlich Ein- und Mehrfamilienhäuser sowie andere wohnähnliche Bauten. Die Richtlinie umfasst Gasabsorptions- und Elektrowärmepumpen, wobei der Fokus insbesondere auf den Elektrowärmepumpen liegt.

Sie bietet Orientierungshilfen zu Bilanzgrenzen und Effizienzbewertungen der verschiedenen Wärmepumpentypen und skizziert die notwendigen Schritte der Voruntersuchung und Grundlagenermittlung, einschließlich der Integration zusätzlicher Energiesysteme. Ferner klärt die Richtlinie über Rollen, Verantwortlichkeiten und rechtliche Rahmenbedingungen auf.

Die Richtlinie behandelt umfassend alle relevanten Aspekte der Anlagenplanung und stellt den Nutzenden zahlreiche Daten, Übersichten und Planungswerkzeuge zur Verfügung. Anschauliche Diagramme, Tabellen und Grafiken erleichtern das Verständnis. Zusätzlich werden Themen wie Inbetriebnahme und Inspektion/Wartung detailliert behandelt.

Unterstützende Hinweise zur Angebotserstellung und Auftragsvergabe sind ebenfalls Teil der VDI 4645. Der umfangreiche Anhang enthält praktische Tools wie Checklisten, Ablaufpläne, Beispielrechnungen und ein Anlagenbuch, die den Anwendenden in ihrer Tätigkeit unterstützen.

Anhang A.2 VDE-Anwendungsregel VDE-AR-N 4100:2019-04 Technische Regeln für den Anschluss von Kundenanlagen an das Niederspannungsnetz und deren Betrieb (TAR Niederspannung)

Bezeichnung der Norm	VDE-AR-N 4100:2019-04
Titel der Norm	„Technische Regeln für den Anschluss von Kundenanlagen an das Niederspannungsnetz und deren Betrieb (TAR Niederspannung)“
Anwendungsbereich	Technische Anforderungen, die bei der Planung, bei der Errichtung, beim Anschluss und beim Betrieb von Kundenanlagen an das öffentliche Niederspannungsnetz beachtet werden müssen. Unter anderen Inhalten sind auch Anforderungen, die sich aus dem Anschluss von größeren Geräten, wie Wärmepumpen, Ladeeinrichtungen für Elektrofahrzeuge ergeben, enthalten. Die Regeln gelten auch für Anschlussschränke im Freien.
Anwendungsbeginn	2019-04-01
Übergangsfrist	Bis 2019-04-26 darf das zum Zeitpunkt der Veröffentlichung dieser VDE-Anwendungsregel gültige Regelwerk angewendet werden. Ersatz für: VDE-AR-N 4101:2015-09 (zurückgezogen) und VDE-AR-N 4102: 2012-04 (zurückgezogen)
Status	gültige VDE-Anwendungsregel
Wesentliche Inhalte	Anmeldung elektrischer Anlagen und Geräte beim Netzbetreiber, Erweiterung der Anlage durch Ladeeinrichtungen, Netzanschluss, Symmetrie, Hauptstromversorgungssystem, Zählerplätze, Steuerung und Datenübertragung, Kommunikationseinrichtungen, besondere Anforderungen an den Betrieb von Ladeeinrichtungen für Elektrofahrzeuge, Stromkreisverteiler, Wirkleistung, Blindleistung, Anschlussschränke im Freien
Hinweise auf weitere Normen	Die Inhalte der VDE-Anwendungsregeln VDE-AR-N 4101:2015-09 (Zählerplätze) und VDE-AR-N 4102:2012-4 (Anschlussschränke im Freien) wurden in VDE-AR-N 4100:2019-04 übernommen und erweitert, diese Anwendungsregeln sind nicht mehr gültig. Zusätzliche Anforderungen an Ladeeinrichtungen für Elektrofahrzeuge sind in der Anwendungsregel VDE-AR-N 4105:2018-11 „Erzeugungsanlagen am Niederspannungsnetz – Technische Mindestanforderungen für Anschluss und Parallelbetrieb von Erzeugungsanlagen am Niederspannungsnetz“ enthalten.

Tabelle A.2 Schnellübersicht zur VDE-Anwendungsregel VDE-AR-N 4100:2019-04 Technische Regeln für den Anschluss von Kundenanlagen an das Niederspannungsnetz und deren Betrieb (TAR-Niederspannung)

Erläuterungen

Anmeldung elektrischer Anlagen und Geräte: Die Netzbetreiber der öffentlichen Verteilungsnetze müssen, die an ihr jeweiliges Netz angeschlossenen elektrischen Anlagen, Betriebsmittel und Verbrauchsmittel kennen, damit sie die Messeinrichtungen leistungsgerecht auslegen und mögliche Netzrückwirkungen, die von diesen Anlagen ausgehen können, planerisch beurteilen und betrieblich steuern können. Der Kunde bzw. Anschlussnehmer hat Ladeeinrichtungen für Elektrofahrzeuge, z. B. über seinen Planer oder Errichter, mit Bemessungsleistungen ≥ 3,6 kVA sowie alle elektrischen Speicher nach VDE-AR-N 4100:2019-04 anzumelden (siehe Formular in der Anwendungsregel Datenblatt Anhang B.3).

Bei Einzelgeräten, Wärmepumpen oder ortsveränderlichen Geräten, mit einer Nennleistung von mehr als 12 kVA, stationäre elektrische Speicher mit einer höheren Bemessungsleistung als 12 kVA je Kundenanlage und auch Ladeeinrichtungen für Elektrofahrzeuge deren Summenbemessungsleistung 12 kVA überschreitet, müssen diese Anlagen beim Netzbetreiber zur Genehmigung eingereicht werden. Auch Anschlussschränke im Freien müssen beantragt und genehmigt werden.

Erweiterung oder Änderung in bestehenden Kundenanlagen: Durch einen Anschluss einer Ladeeinrichtung, welcher Art und Leistung auch immer, ist sicher eine Änderung/Erweiterung der Kundenanlage erforderlich. Der Errichter hat zu prüfen, ob betroffene Anlageteile anzupassen sind. Erweiterungen der Anlagen durch eine Ladeeinrichtung für Elektrofahrzeuge können sein:

- Erhöhung der benötigten bzw. eingespeisten elektrischen Leistung;
- Änderung zum Verbrauchsverhalten durch die Ladung und damit zur Anwendung von Dauerstrom;
- Änderung der Anlage durch einem einphasigen in einen dreiphasigen Anschluss an dem Ladepunkt;
- Änderung der Anlage durch einen Ladepunkt im Freien.

Im Falle einer notwendigen Änderung der Gesamtanlage, hervorgerufen durch den Anschluss einer Ladeeinrichtung für Elektrofahrzeuge, muss der Errichter auch weitere Abschnitte innerhalb der VDE-AR-N 4100:2019-04 auf entsprechende Anforderungen durchsehen und nicht nur die hier hervorgehobenen Abschnitte berücksichtigen.

Netzanschluss: Bei den Netzverhältnissen und der Art der Versorgung innerhalb des Niederspannungsnetzes und damit bei den Hausanschlusseinrichtungen sind die Normen nach DIN EN 60038 (**VDE 0175-1**):2012-04 zu berücksichtigen, wobei die Nennspannung 230/400 V und die Netz-Nennfrequenz 50 Hz beträgt. Jedes zu versorgende Gebäude erhält einen eigenen Netzanschluss, der mit dem Niederspannungsnetz des Netzbetreibers verbunden ist. Der Netzanschlusspunkt wird vom Netzbetreiber festgelegt. Bei einer evtl. Änderung eines bestehenden Netzanschlusses, wie die Erweiterung durch einen Ladepunkt bzw. eine Ladestation für Elektrofahrzeuge muss der Anschlussnehmer für die Anpassung der jeweiligen elektrischen Anlage sorgen. Selbstverständlich wird er in der Regel mit der Ausführung der Arbeiten den Planer bzw. Errichter, also die Elektrofachkraft, beauftragen. Hausanschlusseinrichtungen können in Gebäuden und außerhalb von Gebäuden errichtet werden. Es gelten immer die Festlegungen nach DIN 18012:2018-04.

Netzrückwirkungen: Für Netzbetreiber hat eine optimale Netzqualität und damit der reibungslose Betrieb von elektrischen Anlagen und Betriebsmitteln oberste Priorität. Die ideale Netzspannung sollte sinusförmig sein, doch durch Rückwirkungen nicht linearer Verbraucher, leistungselektronischer Betriebsmittel und Verbrauchsmittel kann es zu Verzerrungen und zu Abweichungen von der Sinusform kommen. Netzrückwirkungen, wie Flicker, Oberschwingungen, Unsymmetrien und deren mögliche Grenzwerte werden daher auch in der VDE-Anwendungsregel VDE-AR-N 4100:2019-04 behandelt. Auch die Ladeeinrichtungen für Elektrofahrzeuge können Netzrückwirkungen verursachen und sind nach VDE-AR-N 4100:2019-04, Abschnitt 5.4 so zu planen, zu errichten und zu betreiben, dass Rückwirkungen auf das Niederspannungsnetz oder andere Kundenanlagen auf ein zulässiges Maß begrenzt werden:

Tabelle A.3 zeigt eine Bewertung von Geräten (unter „Geräte“ werden nach VDE-Anwendungsregel auch Speicher, Wärmepumpen und Ladeeinrichtungen für Elektrofahrzeuge verstanden) mit einem Eingangsstrom ≤ 75 A.

Anforderungen bezüglich Netzrückwirkungen für Geräte	Sind die Anforderungen der folgenden Normen berücksichtigt, ist für die Ladeeinrichtungen hinsichtlich der Netzrückwirkungen keine Überprüfung erforderlich: DIN EN IEC 61000-3-2 (**VDE 0838-2**):2023-10, DIN EN 61000-3-3 (**VDE 0838-3**):2023-02, DIN EN IEC 61000-3-11 (**VDE 0838-11**):2021-03, DIN EN 61000-3-12 (**VDE 0838-12**):2012-06, DIN EN 61000-4-7 (**VDE 0847-4-7**):2009-12 und DIN EN 61000-4-15 (**VDE 0847-4-15**):2011-10
Anforderungen für Erzeugungseinheiten und Speicher	Anforderungen für Erzeugungseinheiten und Speicher werden zukünftig (zurzeit in Vorbereitung) in den Normen DIN EN 61000-3-16 (Oberschwingungen) und DIN EN 61000-3-17 (Flicker) geregelt sein.

Tabelle A.3 Anforderungen Netzrückwirkungen, Eingangsstrom ≤ 75 A

Tabelle A.4 zeigt eine Bewertung von Geräten mit einem Eingangsstrom > 75 A.

Netzrückwirkungen	Bewertung und Grenzwerte	Weitere Details
Flicker	Die max. Störaussendung einer Kundenanlage ist auf $P_{st} = 0{,}75$ bzw. $P_{lt} = 0{,}5$ begrenzt.	Berechnungsmöglichkeit nach Gln. (4) u. (5) in VDE-AR-N 4100:2019-04, Abschnitt 5.4 und weitere Flickerbewertungen in VDE-AR-N 4100:2019-04, Anhang C.2 oder nach DIN EN 61000-4-15 (**VDE 0847-4-15**):2011-10
Oberschwingungen	Der prozentuale zulässige Beitrag zur Spannungsverzerrung für supraharmonische Spannungen beträgt: $U_b = 1{,}435\ \% \cdot b^{-0{,}52}$	Berechnungsmöglichkeiten nach Gln. (1) u. (6) bis (12) in VDE-AR-N 4100:2019-04, Abschnitt 5.4 und VDE-AR-N 4100:2019-04, Tabellen 4 bis 6; Erläuterungen zur Bewertung von Oberschwingungen, Zwischenharmonischen und Supraharmonischen in VDE-AR-N 4100:2019-04, Anhang C.3 oder nach DIN EN 61000-3-12 (**VDE 0838-12**):2012-06
Anmerkung: P_{st} bedeutet Kurzzeit-Flickerstärke, P_{lt} bedeutet Langzeit-Flickerstärke		

Tabelle A.4 Anforderungen Netzrückwirkungen, Eingangsstrom > 75 A

Symmetrischer Anschluss, Ladeeinrichtungen für Elektrofahrzeuge **dürfen**

- Mit einer Bemessungsleistung von ≤ 4,6 kVA einphasig angeschlossen werden, sind jedoch auf max. drei Einrichtungen mit jeweils ≤ 4,6 kVA begrenzt. Der Anschluss erfolgt an einen Außenleiter. Bei den Ladeeinrichtungen handelt es sich um Anlagen mit Dauerlastverhalten, daher darf der Netzbetreiber den zu verwendenden Außenleiter vorgeben (Erinnerung: Anmeldung der Ladeeinrichtung an den Netzbetreiber).

Ladeeinrichtungen für Elektrofahrzeuge **müssen**

- Mit einer Bemessungsleistung ≥ 4,6 kVA dreiphasig im Drehstromsystem errichtet werden. An der Übergabestelle ist immer eine Symmetrieeinrichtung erforderlich. Die Überwachung muss dreiphasig durchgeführt werden. Für die Einhaltung der Symmetriebedingungen ist der gleitende 1-min-Leistungswert zugrunde zu legen. Weitere Details zur Symmetrieeinrichtung können einem FNN-Hinweis „Anforderungen für den symmetrischen Anschluss und Betrieb nach VDE-AR-N 4100“ zu diesem Thema entnommen werden.

Hauptstromversorgungssystem: Der Querschnitt der Leitungen, die Art und die Anzahl der Hauptleitungen sind in Abhängigkeit der anzuschließenden Anschlussnutzeranlagen und deren Leistungsbedarf festzulegen. Da die Ladeeinrichtung für

Elektrofahrzeuge im Dauerbetrieb ein wesentlicher Belastungsschwerpunkt innerhalb der Gesamtanlage darstellen könnte, ist bei der Errichtung streng auf die Anforderungen dieser VDE-Anwendungsregel zu achten (gilt für Elektrofachkräfte zwar immer, soll aber hier nochmals besonders betont werden). Da die Ladeeinrichtungen sicher häufig in Garagen (unterschiedliche Gebäudeteile möglich) bzw. auf Außenstellplätzen errichtet werden, ist auf die Leitungsführung zum Hauptverteiler zu achten, denn VDE-AR-N 4100:2019-04 fordert, dass die Leitungen durch allgemein, leicht zugängliche Räume geführt werden müssen und die Zuordnung zu den jeweiligen Anschlussnutzeranlagen eindeutig und dauerhaft zu kennzeichnen ist. Für die Dimensionierung des Hauptstromversorgungssystems gilt DIN 18015-1:2020-05.

Koordination von Schutzeinrichtungen: Schutzeinrichtungen in der Anschlussnutzeranlage und den Einrichtungen im Hauptstromversorgungssystem bzw. den Hausanschlusssicherungen sind bei der Errichtung zu koordinieren und auf die Selektivität zu achten. Detaillierte Anforderungen können DIN VDE 0100-530:2018-06, Abschnitt 536 entnommen werden.

Zählerplätze: Zählerplätze müssen für einen Bemessungsstrom von mind. 63 A je Zähler ausgelegt sein. Im Allgemeinen werden in der VDE-Anwendungsregel VDE-AR-N 4100:2019-04 sehr ausführliche Anforderungen an die Ausführung der Zählerplätze gemacht, Belastungs- und Bestückungsvarianten von Zählervarianten auch in Form von Skizzen dargestellt, die Anordnung der Zählerschränke beschrieben, Trennvorrichtungen für die Anschlussnutzeranlage genannt und besondere Anforderungen an Zählerplätze in Anschlussschränken im Freien erläutert. Alle diese Anforderungen hier zu benennen, würde den Rahmen dieses Buches sprengen, daher sollen nur die für Ladeeinrichtungen relevanten Punkte hervorgehoben werden.

Ausführung der Zählerplätze: Bei Anlagen in Gebäuden mit Direktmessung sind Zählerplätze nach DIN VDE 0603-2-1:2017-06 mit einem anlagenseitigen Anschlussraum von 300 mm Höhe zu verwenden. Dieser Anschlussraum dient zur Errichtung von

- Betriebsmitteln für den Anschluss der Zuleitungen;
- einem Freigaberelais für steuerbare Verbrauchseinrichtungen nach § 14a EnWG;
- Buchsen für die leitungsgebundene Übertragung von Zählwerten, Tarifwerten oder für Steuerzwecke und für Fehlerstrom-Schutzeinrichtungen (RCDs), Leitungsschutzschalter und Kombinationen von beiden für bis zu drei einphasigen Stromkreisen mit einer Absicherung von max. 16 A für jede Anschlussnutzeranlage und von Überspannungsschutzeinrichtungen. Von den drei einphasigen Stromkreisen mit einer Absicherung von max. je 16 A darf auch einer für Erzeugungsanlagen oder für Ladeeinrichtungen für Elektrofahrzeuge verwendet werden.

Für die Dimensionierung der Zählerplätze müssen alle möglichen Energieflussrichtungen und die max. möglichen Betriebsströme berücksichtigt werden. Außerdem ist bei Stromanwendungen, wie die Ladeeinrichtungen für Elektrofahrzeuge bereits bei der Planung der Zähleranlage der notwendige Platz dafür zu berücksichtigen.

Wird der Zählerplatz mit einer internen Verdrahtung nach DIN VDE 0603-2-1:2017-06 durchgeführt, sind folgende Betriebsarten einsetzbar, siehe **Tabelle A.5** und **Tabelle A.6**.

Betriebsströme ≤ 63 A	Bei haushaltsüblicher Belastung und ähnlichen Betriebsarten unter Berücksichtigung des Belastungsgrads und des Gleichzeitigkeitsfaktors nach DIN 18015-1:2020-05, Bild A.1, Kurve 1
Betriebsströme ≤ 32 A	Bei Eigenerzeugungsanlagen und/oder Bezugsanlagen mit nicht haushaltsüblichem Lastverhalten, wie Direktheizungen, Speicher und Ladeeinrichtungen für Elektrofahrzeuge, unabhängig von der Einschaltdauer.

Tabelle A.5 Zählerplätze für Betriebsarten bei Leiterquerschnitten von 10 mm^2

Betriebsströme mit bis max. 44 A bei Einfachbelegung*)	Bei Eigenerzeugungsanlagen und/oder Bezugsanlagen mit nicht haushaltsüblichem Lastverhalten, wie Direktheizungen, Speicher und Ladeeinrichtungen für Elektrofahrzeuge, unabhängig von der Einschaltdauer.
*) Einfachbelegung: Belegung des Zählerfelds eines Zählerplatzes mit einem bzw. zwei Messeinrichtungen	

Tabelle A.6 Zählerplätze für Betriebsarten bei Leiterquerschnitten von 16 mm^2

Stromkreisverteiler: Wird ein Stromkreisverteiler verwendet, der sich außerhalb von Zählerschränken befindet, so müssen die Anforderungen aus DIN EN 60670-24 (**VDE 0606-24**):2014-03 oder bei einem Strombedarf von mehr als 125 A DIN EN 61439-3 (**VDE 0660-600-3**):2013-02 Anwendung finden. In den Stromkreisverteilern sind Wechselstromkreise den Außenleitern so zuzuordnen, dass sich eine möglichst gleichmäßige Aufteilung der Leistung ergibt. Für die Installation der Ladeeinrichtung muss auch DIN 18015-1:2020-05 (Kapitel 2.3) berücksichtigt werden.

Betrieb der Kundenanlage: Der Anschlussnutzer muss sicherstellen, dass keine Gefahren für Personen, Schäden in der Kundenanlage oder an daran angeschlossenen Geräten und/oder Schäden oder Störungen von Betriebsabläufen durch Absinken, Unterbrechen, Ausbleiben oder Wiederkehren der Spannung möglich sind. Maßnahmen zu deren Verhütung können DIN VDE 0100-450:1990-03 entnommen werden. Weiterhin werden in diesem Abschnitt der VDE-Anwendungsregel VDE-AR-N 4100:2019-04 Anforderungen an spannungs- oder frequenzempfindliche

Betriebsmittel, Blindleistungskompensationseinrichtungen, Notstromaggregate und besondere Anforderungen an den Betrieb von Speichern gestellt.

Lastmanagement: Es ist möglich, dass Ladeeinrichtungen für Elektrofahrzeuge am Lastmanagement des Netzbetreibers teilnehmen, z. B. durch eine Fernsteuerung der Ladeleistung nach besonders vereinbarten Tarifen. Dazu sind gesonderte vertragliche Regelungen mit dem jeweiligen Netzbetreiber erforderlich.

Blindleistung: Für den Ladevorgang sind folgende Werte der Blindleistungsstellfähigkeit einzuhalten: Bei P_n ein $\cos\varphi$ von $\geq 0{,}95$, im Leistungsbereich 5 % $P_n \leq P < 100\ \%\ P_n$ ein $\cos\varphi = 0{,}90$ bis 1. Diese Werte gelten nach DIN EN ISO 17409 (Anmerkung: zunächst für DC-Laden; für AC-Laden werden die Werte noch in der gleichen Norm aufzunehmen sein) und sind im Falle des DC-Ladens durch die jeweilige Ladeeinrichtung – und im Falle des AC-Ladens durch das Elektrofahrzeug selbst – sicherzustellen.

Außerdem gilt für Ladeeinrichtungen innerhalb und außerhalb von Gebäuden, dass der Netzbetreiber im Falle von konduktiven und induktiven DC-Ladeeinrichtungen und mit einer Bemessungsleistung von größer 12 kVA zusätzlich eine Blindleistungsstellfähigkeit eine Q/U-Kennlinie, eine $\cos\varphi/P$-Kennlinie oder einen Verschiebungsfaktor $\cos\varphi$ in dem Bereich zwischen $0{,}90_{ind}$ und $0{,}90_{kap}$ vorgeben kann.

Wirkleistungssteuerung: Am Netzanschlusspunkt von Speichern ist nach Erneuerbare-Energien-Gesetz (EEG) eine Wirkleistungssteuerung sicherzustellen durch eine feste Einstellung der Systemkomponenten auf einen Wirkleistungswert oder durch eine messwertbasierte Steuerung der Komponenten. Vorgaben dazu sind der VDE-Anwendungsregel VDE-AR-N 4105:2018-11, Abschnitt 5.7 zu entnehmen. Zusätzlich gelten für Ladeeinrichtungen für Elektrofahrzeuge folgende Bedingungen bei einer Bemessungsleistung größer 12 kVA: Der Netzbetreiber muss die Möglichkeit zur Steuerung/Regelung über eine Unterbrechbarkeit haben. Außerdem sind für konduktive DC-Ladeeinrichtungen sowie induktive Ladeeinrichtungen für Elektrofahrzeuge mit Bemessungsleistungen größer 12 kVA die Leistungen regelbar auszuführen. Eine dynamische Netzunterstützung ist ebenfalls gefordert, denn für den Betriebsmodus Energielieferung bzw. Entladevorgang müssen die Anforderungen nach VDE-AR-N 4105:2018-11 gelten, wonach es im gesamten Betriebsbereich der Erzeugungseinheit, auch innerhalb des Speichers nicht zur Instabilität der Erzeugungseinheit und nicht zu einer Trennung vom Netz kommen darf.

Konformitätserklärung: Für Ladeeinrichtungen für Elektrofahrzeuge, die Energie aus dem öffentlichen Verteilungsnetz beziehen und umgekehrt auch Energie ins Netz einspeisen, muss ein Nachweis über die Erfüllung der technischen Anforderungen durch eine Konformitätserklärung nachgewiesen werden. Anforderungen an Anschlussschränke im Freien: Für Anschlussschränke im Freien galt bis zum Beginn der Gültigkeit von VDE-AR-N 4100:2019-04 die VDE-Anwendungsregel

VDE-AR-N 4102 (zurückgezogen), deren Anforderungen in die aktuelle VDE-Anwendungsregel VDE-AR-N 4100:2019-04 übernommen und überarbeitet worden sind. Da es sich bei Ladeeinrichtungen für Elektrofahrzeuge durchaus auch um Anlagen im Freien handeln kann, weil Ladestationen z. B. auch im Freien in Garageneinfahrten, auf öffentlichen oder halböffentlichen Geländen o. Ä. aufgestellt werden können, sollen hier einige der wichtigen Anforderungen aus VDE-AR-N 4100:2019-04 erläutert werden. Grundsätzlich sind Anschlussschränke im Freien dreiphasig an das Niederspannungsnetz anzuschließen. Ein einphasiger Anschluss ist nur in Ausnahmefällen mit ≤ 4,6 kVA zulässig. Durch die besonderen Umgebungsbedingungen im Freien herrschen extreme Temperaturen, hohe Feuchtigkeit und evtl. Überflutungsgefahr, daher sind die Art und die Ausstattung des Schranks zwischen dem Netzbetreiber und dem Errichter der Anlage abzustimmen. Ladeeinrichtungen für Elektrofahrzeuge in Anschlussschränken im Freien sind nach DIN EN IEC 61439-7 (**VDE 0660-600-7**):2024-07.

Anhang A.3 DIN EN 60335-2-40 (VDE 0700-40):2014-01 Sicherheit elektrischer Geräte für den Hausgebrauch und ähnliche Zwecke – Teil 2-40: Besondere Anforderungen für elektrisch betriebene Wärmepumpen, Klimageräte und Raumluft-Entfeuchter

Bezeichnung der Norm	DIN EN 60335-2-40 (**VDE 0700-40**):2014-01
Titel der Norm	Sicherheit elektrischer Geräte für den Hausgebrauch und ähnliche Zwecke – Besondere Anforderungen für elektrisch betriebene Wärmepumpen, Klimageräte und Raumluft-Entfeuchter
Anwendungsbereich	Diese europäische Norm gilt für die Sicherheit elektrischer Wärmepumpen, einschließlich Brachwassererwärmung, Klimageräten und Raumluftentfeuchtern mit Motorverdichtern sowie Raum-Gebläse Konvektoren, deren Bemessungsspannung nicht mehr als 250 V für Einphasengeräte und 600 V für andere Geräte betragen. Auch Geräte und Maschinen, die für den Hausgebrauch, für den gewerblichen Gebrauch, in Läden, in der Landwirtschaft, der Leichtindustrie vorgesehen sind. Die Norm gilt auch für Geräte mit brennbaren Kältemitteln, sie legt besondere Anforderungen fest. Zusatzheizungen gehören dann zum Anwendungsbereich, wenn sie als Teil der Geräteeinheit konzipiert sind. Die Norm gilt **nicht** für: • Luftbefeuchter, zur Verwendung für Heiz- und Kühlgeräte • Geräte, ausschließlich für industrielle Zwecke • Geräte zur Verwendung an besonderen Orten, z. B. Staub, Dampf, Gas, korrosive oder explosive Atmosphäre
Anwendungsbeginn	Januar 2014
Übergangsfrist	Für DIN EN 60335-2-40 (**VDE 0700-40**):2010-03 besteht eine Übergangsfrist bis 2014-07-01
Status	gültig
Wesentliche Inhalte	*Begriffe → Anhang B* dieses Buches, Allgemeine Anforderungen, Prüfbedingungen, Einteilung, Aufschriften und Anweisungen, Schutz gegen Zugang von aktiven Teilen, Anlauf von Motor-Geräten, Leistungs- und Stromaufnahme, Erwärmung, Ableitstrom und Spannungsfestigkeit bei Betriebstemperatur, Transiente Überspannungen, Feuchtigkeitsbeständigkeit, Überlastschutz, Unsachgemäßer Betrieb, Standfestigkeit und mechanische Sicherheit und Festigkeit, Aufbau, innere Leitungen, Einzelteile, Netzanschluss und äußere Leitungen, Anschlussklemmen für äußere Leiter, Schutzleiteranschluss, Schrauben und Verbindungen, Luststrecken,

Tabelle A.7 Schnellübersicht zur DIN EN 60335-2-40 (**VDE 0700-40**):2014-01

	Kriechstrecken und feste Isolierung, Wärme- und Feuerbeständigkeit, Rostschutz, Strahlung, Giftigkeit und ähnliche Gefährdungen, weitere Hinweise in den Anhängen.
Hinweise auf weitere Normen	DIN EN 378 (alle Teile), Kälteanlagen und Wärmepumpen-Sicherheitstechnische und umweltrelevante Anforderungen → *weitere aufgelistete Normen und Richtlinien innerhalb des Kapitels 3, E DIN IEC 60335-2-40 (**VDE 0700-40**):2018-05*

Tabelle A.7 (*Fortsetzung*) Schnellübersicht zur DIN EN 60335-2-40 (**VDE 0700-40**):2014-01

Anhang A.4 E DIN IEC 60335-2-40 (VDE 0700-40):2018-05 Sicherheit elektrischer Geräte für den Hausgebrauch und ähnliche Zwecke – Teil 2-40: Besondere Anforderungen für elektrisch betriebene Wärmepumpen, Klimageräte und Raumluft-Entfeuchter

Bezeichnung der Norm	E DIN IEC 60335-2-40 (**VDE 0700-40**):2018-05
Titel der Norm	Sicherheit elektrischer Geräte für den Hausgebrauch und ähnliche Zwecke – Teil 2-40: Besondere Anforderungen für elektrisch betriebene Wärmepumpen, Klimageräte und Raumluft-Entfeuchter
Anwendungsbereich	Sicherheit elektrischer Wärmepumpen, Brauchwasser-Wärmepumpen, hydronische Ventilatorkonvektoren, Bemessungsspannungen 250 V bis 600 V, Teilanlagen der Anlagen, Gefahrenquelle für die Allgemeinheit, Kältemittelgruppen A1, A2L, A2, A3, brennbare Kältemittel, zusätzlich gilt: ISO 5149, Zusatzheizungen, diese Norm gilt nicht für Luftbefeuchter, die zur Verwendung mit Heiz- und Kühlgeräten bestimmt sind und für Geräte der industriellen Nutzung und in besonderen Umgebungen.
Anwendungsbeginn	Normentwurf, noch kein Anwendungsbeginn
Übergangsfrist	entfällt
Status	gültiger Entwurf
Wesentliche Inhalte	*Begriffe → Anhang B* dieses Buches, allgemeine Anforderungen, allgemeine Prüfbedingungen, Einteilung, Aufschriften und Anweisungen, Schutz gegen Zugang zu aktiven Teilen, Anlauf von Motorgeräten, Leistungs- und Stromaufnahme, Erwärmung, Ableitstrom und Spannungsfestigkeit bei Betriebstemperatur, transiente Überspannungen, Feuchtigkeitsbeständigkeit, Ableitstrom und Spannungsfestigkeit, Überlastschutz von Transformatoren und zugehörige Stromkreise, Dauerhaftigkeit, unsachgemäßer Betrieb, Standfestigkeit und mechanische Gefahren, mechanische Festigkeit, Aufbau, innere Leitungen, Komponenten, Netzanschluss und äußere Leitungen, Anschlussklemmen für äußere Leiter, Schutzleiteranschluss, Schrauben und Verbindungen, Luftstrecken, Kriechstrecken und feste Isolierung, Wärme- und Feuerbeständigkeit, Rostschutz, Strahlung, Giftigkeit und ähnliche Gefährdungen; etliche zusätzliche Anhänge.
Hinweise auf weitere Normen	DIN EN 60335-2-40 (**VDE 0700-40**):2014-01

Tabelle A.8 Schnellübersicht zu E DIN IEC 60335-2-40 (**VDE 0700-40**):2018-05

Erläuterungen

E DIN IEC 60335-2-40 (**VDE 0700-40**):2018-05 **Sicherheit elektrischer Geräte** für den Hausgebrauch und ähnliche Zwecke Teil 2-40: Besondere Anforderungen für elektrisch betriebene Wärmepumpen, Klimageräte und Raumluft-Entfeuchter Ankündigungstext. Diese Norm entspricht dem internationalen Dokument IEC 61D/386/FDIS:2017 und führt die sechste Ausgabe der IEC 60335-2-40 ein. Diese ersetzt die fünfte Ausgabe aus dem Jahr 2013 und deren Ergänzung von 2016. Es handelt sich um eine technische Überarbeitung, die wesentliche Neuerungen wie Sicherheitsanforderungen für A2L Kältemittel und UV-C Lampen sowie Lampensysteme einführt. Die Anhänge DD, GG und HH wurden entsprechend den neuen Anforderungen für A2L Kältemittel aktualisiert. Zudem wurden neue Anhänge JJ, KK, LL, MM, NN und OO hinzugefügt. Diese internationale Norm befasst sich mit der Sicherheit von elektrischen Wärmepumpen, einschließlich Trinkwasser-Wärmepumpen, Klimageräten und Raumluft-Entfeuchtern, die Motorverdichter verwenden. Sie gilt auch für hydronische Ventilatorkonvektoren und deckt Geräte mit maximalen Nennspannungen von bis zu 250 V für Einphasengeräte und bis zu 600 V für alle anderen Geräte ab.

Zum **Anwendungsbereich** E DIN IEC 60335-2-40 (**VDE 0700-40**):2018-05:

- **Sicherheit elektrischer Wärmepumpen:** Die Norm behandelt Sicherheitsaspekte für elektrisch betriebene Wärmepumpen, inklusive derjenigen für Brauchwasser sowie Klimageräte und Raumluft-Entfeuchter.
- **Brauchwasser-Wärmepumpen:** Spezifische Wärmepumpen, die zur Erwärmung von Wasser für Haushaltsgebrauch verwendet werden.
- **Hydronische Ventilatorkonvektoren:** Geräte, die Wasser als Wärmeträger nutzen und durch Ventilatoren Luft über einen Wärmetauscher blasen, um Räume zu heizen oder zu kühlen.
- **Bemessungsspannungen 250 V bis 600 V:** Die Norm ist anwendbar auf Geräte, die innerhalb dieses Spannungsbereichs arbeiten.
- **Teilanlagen:** Auch Teilsysteme oder Komponenten von Wärmepumpensystemen fallen unter diese Norm.
- **Gefahrenquelle für die Allgemeinheit:** Die Norm adressiert Risiken, die von Geräten ausgehen können, welche von Laien in verschiedenen Umgebungen wie Läden, Kleinbetrieben und der Landwirtschaft genutzt werden.
- **Kältemittelgruppen A1, A2L, A2, A3:** Diese Gruppen von Kältemitteln, definiert durch die ISO-817-Klassifizierung, sind in der Norm berücksichtigt. Sie umfassen nicht brennbare, niedrig und hoch entflammbare Kältemittel.

- **Brennbare Kältemittel:** Spezielle Sicherheitsanforderungen für Geräte, die brennbare Kältemittel verwenden, sind in der Norm festgelegt.
- **ISO 5149:** Ergänzende Sicherheitsanforderungen, die in der E DIN IEC 60335-2-40 (**VDE 0700-40**):2018-05 nicht abgedeckt sind, finden sich in der ISO 5149.
- **Zusatzheizungen:** Geräte, die zusätzliche Heizelemente enthalten, fallen ebenfalls unter diese Norm.
- **Luftbefeuchter und industrielle Nutzung:** Die Norm gilt **nicht** für Luftbefeuchter, die zur Verwendung mit Heiz- und Kühlgeräten bestimmt oder Geräte, die speziell für industrielle Zwecke oder spezielle Umgebungen vorgesehen sind.

Schutzklassen: Die Geräte müssen der Schutzklasse I, II oder III entsprechen:

- Schutz gegen Eindringen von Wasser nach Übereinstimmung mit DIN EN 60529 (**VDE 0470-1**)
- Geräte oder Geräteteile für Verwendung im Freien mindestens IPX 4
- Geräte zur Verwendung in Feuchträumen mindestens IPX1
- Geräte zur Verwendung in Räumen mindestens IPX0
- Geräteunterteilung nach ihrer Zugänglichkeit in Geräte, die der allgemeinen Öffentlichkeit zugänglich oder nicht zugänglich sind

Aufschriften und Anweisungen: Zu den Aufschriften und Anweisungen werden zusätzliche Anforderungen im Abschnitt 7 dieses Norm-Entwurfs gestellt, zu verwendende Symbole für z. B. brennbare Kältemittel, Angaben über elektrische Schnittstellen bezüglich Zwecks, Spannung, Strom und Schutzklasse der Bauart. Sind SELV-Anschlussstellen vorhanden, so müssen sie deutlich gekennzeichnet sein.

Anhang A.5 E DIN IEC 60335-2-40/A11 (VDE 0700-40/A11):2021-10 Sicherheit elektrischer Geräte für den Hausgebrauch und ähnliche Zwecke – Teil 2-40: Besondere Anforderungen für elektrisch betriebene Wärmepumpen, Klimageräte und Raumluft-Entfeuchter

Bezeichnung der Norm	E DIN IEC 60335-2-40/A11 (**VDE 0700-40/A11**):2021-10
Titel der Norm	Sicherheit elektrischer Geräte für den Hausgebrauch und ähnliche Zwecke – Teil 2-40: Besondere Anforderungen für elektrisch betriebene Wärmepumpen, Klimageräte und Raumluft-Entfeuchter
Anwendungsbereich	Der Normentwurf mit obigem Erscheinungsdatum aus 2021 wird der Öffentlichkeit zur Prüfung und Stellungnahme vorgelegt. Änderungen des Anwendungsbereichs: Geräte für die häusliche Umgebung und für gewerbliche Zwecke, folgende Anmerkung: Beispiele für Geräte in häuslicher Umgebung sind typische Haushaltsanwendungen, die auch von fachkundigen Benutzern verwendet werden können, wie in Läden, Büros und ähnliche Umgebungen, landwirtschaftlichen Betrieben, von Kunden in Hotels oder ähnlichen Wohnumgebungen und in Frühstückspensionen. Das Dokument beinhaltet Anforderungen an vorhersehbare Gefahren, unter Berücksichtigung aller betroffenen Personen, auch Laien, aber keine Kinder.
Anwendungsbeginn	Normentwurf, noch kein Anwendungsbeginn
Übergangsfrist	entfällt
Status	Entwurf
Wesentliche Inhalte	Text des A11 zu DIN EN IEC 60335-2-40 (**VDE 0700-40**) beinhaltet Änderungsvorschläge zu: Anwendungsbereich, Aufschriften und Anweisungen, Schutz gegen Zugang zu aktiven Teilen, Ableitstrom und Spannungsfestigkeit bei Betriebstemperatur, Ableitstrom und Spannungsfestigkeit, Standfestigkeit und mechanische Gefahren, mechanische Festigkeit, Aufbau, Änderungen der Anhänge.
Hinweise auf weitere Normen	DIN EN 60335-2-40 (**VDE 0700-40**):2014-01; E DIN IEC 60335-2-40 (**VDE 0700-40**):2018-05

Tabelle A.9 Schnellübersicht zu E DIN IEC 60335-2-40/A11 (**VDE 0700-40/A11**):2021-10

Erläuterungen

Der Entwurf umfasst den Inhalt des europäischen Dokuments FprEN IEC 60335-2-40:2021/FprA11:2021 und beinhaltet die europäischen Änderungen der sechsten Ausgabe der IEC 60335-2-40 aus dem Jahr 2018. Die Aktualisierungen richten sich nach den essenziellen Sicherheits- und Gesundheitsanforderungen der Maschinenrichtlinie 2006/42/EG für entsprechende Geräte.

Die europäische Norm EN 60335-2-40 befasst sich mit der Sicherheit elektrisch betriebener Wärmepumpensysteme, einschließlich solcher für Brauchwasser, sowie Klimaanlagen und Raumluftentfeuchter mit motorisierten Verdichtern und Raum-Gebläse-Konvektoren. Die zulässigen Höchstspannungen sind auf maximal 250 V bei einphasigen und 600 V bei mehrphasigen Geräten festgelegt.

Die Norm umfasst Geräte, die sowohl für den privaten als auch für den kommerziellen Einsatz, etwa in Geschäften, der Leichtindustrie und der Landwirtschaft gedacht sind. Spezifische zusätzliche Anforderungen für kommerziell genutzte Geräte werden im Anhang ZE aufgeführt.

Des Weiteren gilt diese Norm für Geräte, die brennbare Kühlmittel nutzen. Dabei werden nur Kühlmittel der Brandklassen A2 oder A3 gemäß ANSI/ASHRAE 34-2001 (ISO 817) betrachtet.

Die betreffenden Geräte können als einzelne oder mehrere fabrikmäßig hergestellte Einheiten geliefert werden. Falls mehrere Baugruppen bereitgestellt werden, müssen diese gemeinsam verwendet werden, und die Sicherheitsanforderungen beziehen sich auf die kombinierte Nutzung dieser Baugruppen.

Anhang A.6 DIN VDE 0100-802:2021-10 Errichten von Niederspannungsanlagen – Teil 8-2: Kombinierte Erzeugungs-/Verbrauchsanlagen

Bezeichnung der Norm	DIN VDE 0100-802:2021-10
Titel der Norm	Errichten von Niederspannungsanlagen – Teil 8-2: Kombinierte Erzeugungs-/ Verbrauchsanlagen
Anwendungsbereich	Die Norm enthält zusätzliche Anforderungen und Maßnahmen sowie Empfehlungen für die Planung, Errichtung, Betrieb und Prüfung von elektrischen Niederspannungsanlagen nach DIN VDE 0100-100:2009-06, die lokale Erzeugung und Speicherung elektrischer Energie ermöglichen. Die Anlagen sind ausgerüstet mit einem elektrischen Energiemanagementsystem (EEMS)und stellen eine kombinierte Erzeugungs-/Verbraucheranlage dar (PEI). Es soll sichergestellt werden, dass bestehende und künftige Möglichkeiten der Lieferung elektrischer Energie an elektrische Verbrauchsmittel oder an das öffentliche Netz aus lokaler Erzeugung möglich sind.
Anwendungsbeginn	1. Oktober 2021
Übergangsfrist	vorausgegangener Normentwurf E DIN IEC 60364-8-2 (**VDE 0100-802**): 2016-11
Status	gültige Norm
Wesentliche Inhalte	allgemein und für die Elektromobilität und Infrastruktur Intelligentes Elektrizitätsversorgungssystem, die ordnungsgemäße Funktion und die Sicherheit, kombinierte Erzeugungs-/Verbrauchsanlage, (PEI) Ausführungen und Architektur der PEI, technische Aspekte, die Besonderheiten der Elektrofahrzeuge im Sinne der PEI, Anhänge, Erläuterungen zu: • Zielen intelligenter Elektrizitätsversorgungssysteme, • Betriebsarten, • Zusammenwirken mit dem öffentlichen Netz, • Architektur der PEI.
Hinweise auf weitere Normen	DIN EN IEC 61851-1 (**VDE 0122-1**):2019-12 „Konduktive Ladesysteme für Elektrofahrzeuge – Teil 1: Allgemeine Anforderungen“; DIN VDE 0100-410:2018-10; DIN VDE 0100-430:2010-10; DIN VDE 0100-530:2018-06; DIN VDE 0100-551:2017-02; DIN VDE 0100-712:2016-10; DIN VDE 0100-801:2020-10

Tabelle A.10 Schnellübersicht DIN VDE 0100-802:2021-10 Errichten von Niederspannungsanlagen – Teil 8-2: Kombinierte Erzeugungs-/Verbrauchsanlagen

Erläuterungen

Besonderheit in der Einleitung der Norm: Es werden wichtige Gründe zu einer Änderung der öffentlichen Elektrizitätsversorgung und die Erwartungen an die neuen Netze von Versorgern und Kunden genannt. Gründe für die Änderungsnotwendigkeiten:

- die steigende Anzahl von täglich genutzten elektronischen Geräten und die zukünftige Zunahme;
- die notwendige Reduzierung von CO_2;
- die Veränderung des Elektrizitätsmarkts durch Dezentralisierung, Entflechtung und Deregulierung;
- die Steigerung der erneuerbaren Energiequellen, die teilweise jedoch nur zeitweise zur Verfügung stehen;
- die Steigerung der Erwartungen an die Versorger durch die Kunden;
- die Forderung nach einer hohen Verfügbarkeit und Qualität der öffentlichen Netze bleibt bestehen;
- es wird durch die Netzbetreiber nach besserer wirtschaftlicher Leistungsfähigkeit
- gesucht und dabei wird verstärkt auf einen zukünftigen Energiebedarf geachtet, der vorausschauend gemanagt wird;
- die Verflechtung der Energie-, Informations- und Kommunikationstechnik wird wirtschaftlich möglich;
- die Energiespeicherlösungen rücken in realistische Umsetzungsmöglichkeiten.

Merke: Eine PEI, kombinierte Erzeugungs-/Verbrauchsanlage (Prosumer's Electrical Installations) ist eine elektrische Niederspannungsanlage mit oder ohne Verbindung zu einem öffentlichen Verteilungsnetz, geeignet für den Betrieb mit lokalen Stromversorgungen und/oder lokalen Speichereinheiten, welche die Energie der angeschlossenen Erzeugungsanlagen überwacht und steuert, um sie

- an elektrische Verbrauchsmittel zu liefern und/oder
- an lokale Speichereinheiten zu liefern und/oder
- in öffentliche Verteilungsnetze einzuspeisen.

Einige Begriffe aus dieser Norm in der **Tabelle A.11** sollen das Verständnis erleichtern.

Intelligentes Elektrizitätsversorgungssystem	Ein Elektrizitätsversorgungssystem, das die Informations- und Kommunikationstechnik, Steuer- und Regelungstechnik, dezentrale Datenverarbeitung sowie zugehörige Sensoren und Stellglieder nutzt, um • das Verhalten der Anwender/Nutzer und weitere Akteure zu berücksichtigen; • eine nachhaltige, wirtschaftliche, effiziente und sichere Elektrizitätsversorgung zu liefern.
Kombinierte Erzeugungs-/ Verbrauchsanlage (PEI)	Eine elektrische Anlage, die geeignet ist, für • den Betrieb mit örtlichen Stromversorgungen und/oder mit örtlichen bzw. lokalen Speichereinheiten und • das Überwachen und Steuern der Energie von Stromversorgungen und/ oder Speichereinheiten und deren Lieferung an elektrische Verbrauchsmittel und/oder das Versorgungsnetz.
Elektrisches Energiemanagementsystem (EEMS)	Ein System, das aus verschiedenen Betriebsmitteln und Geräten innerhalb einer Anlage besteht und den Zweck eines effizienten Energiemanagements erfüllt und das Energiequellen und Lasten der Anlagen überwacht, betreibt und steuert.

Tabelle A.11 Begriffe zu DIN VDE 0100-802:2016-11

Die Sicherheit von intelligenten Elektrizitätsversorgungssystemen: Die Sicherheit darf an keiner Stelle leiden, die Umsetzung der Anforderungen zur Sicherheit in anderen Teilen der DIN VDE 0100 muss in allen Fällen gewährleistet sein. Auch wenn sich in der Anlage andere Energieversorgungskonfigurationen ergeben, müssen alle Schutzmaßnahmen betriebsbereit sein oder müssen automatisch durch andere, ebenfalls genormte Schutzmaßnahmen ersetzt werden. Diese anderen Schutzmaßnahmen müssen das gleiche Maß an Sicherheit bieten.

Ausführungen der elektrischen Erzeuger-/Verbraucheranlagen, PEI: Es gibt im Wesentlichen drei verschiedene Ausführungen der PEI, wie **Tabelle A.12** verdeutlicht.

Die verschiedenen o. g. PEI-Ausführungen können mit unterschiedlichen Betriebsarten angeordnet werden. Die PEI-Ausführungen und die Betriebsarten spielen für die Betrachtungen eine wichtige Rolle. **Tabelle A.13** zeigt die verschiedenen Betriebsarten.

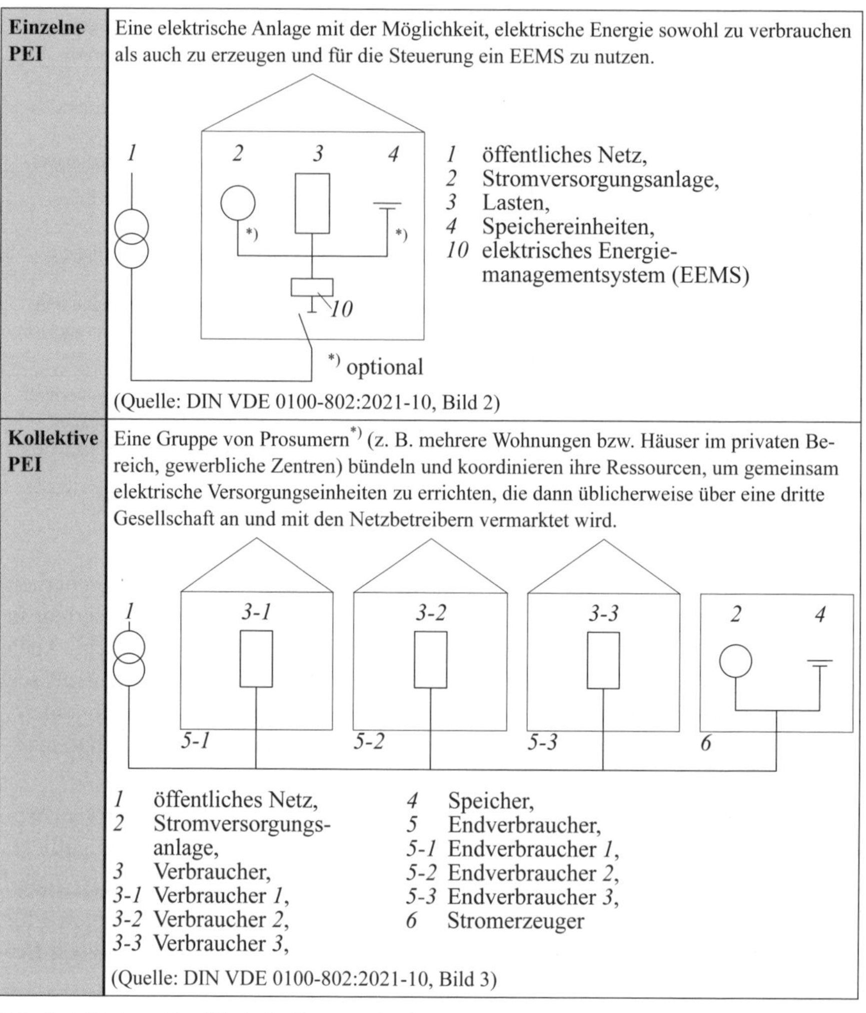

Einzelne PEI	Eine elektrische Anlage mit der Möglichkeit, elektrische Energie sowohl zu verbrauchen als auch zu erzeugen und für die Steuerung ein EEMS zu nutzen. *1* öffentliches Netz, *2* Stromversorgungsanlage, *3* Lasten, *4* Speichereinheiten, *10* elektrisches Energiemanagementsystem (EEMS) *) optional (Quelle: DIN VDE 0100-802:2021-10, Bild 2)
Kollektive PEI	Eine Gruppe von Prosumern*) (z. B. mehrere Wohnungen bzw. Häuser im privaten Bereich, gewerbliche Zentren) bündeln und koordinieren ihre Ressourcen, um gemeinsam elektrische Versorgungseinheiten zu errichten, die dann üblicherweise über eine dritte Gesellschaft an und mit den Netzbetreibern vermarktet wird. *1* öffentliches Netz, *2* Stromversorgungsanlage, *3* Verbraucher, *3-1* Verbraucher *1*, *3-2* Verbraucher *2*, *3-3* Verbraucher *3*, *4* Speicher, *5* Endverbraucher, *5-1* Endverbraucher *1*, *5-2* Endverbraucher *2*, *5-3* Endverbraucher *3*, *6* Stromerzeuger (Quelle: DIN VDE 0100-802:2021-10, Bild 3)

Tabelle A.12 Arten der elektrische Erzeuger-/Verbraucheranlagen, PEI

Gemeinsame PEI	Private Anwesen oder Gewerbeparks akzeptieren, dass die eigenen erneuerbaren Energieversorgungen mit den Nachbarn geteilt werden. Die verschiedenen Stromversorgungen können alle eingebundenen Prosumer über eine örtliche Stromversorgungsanlage oder über das Verteilungsnetz versorgen. 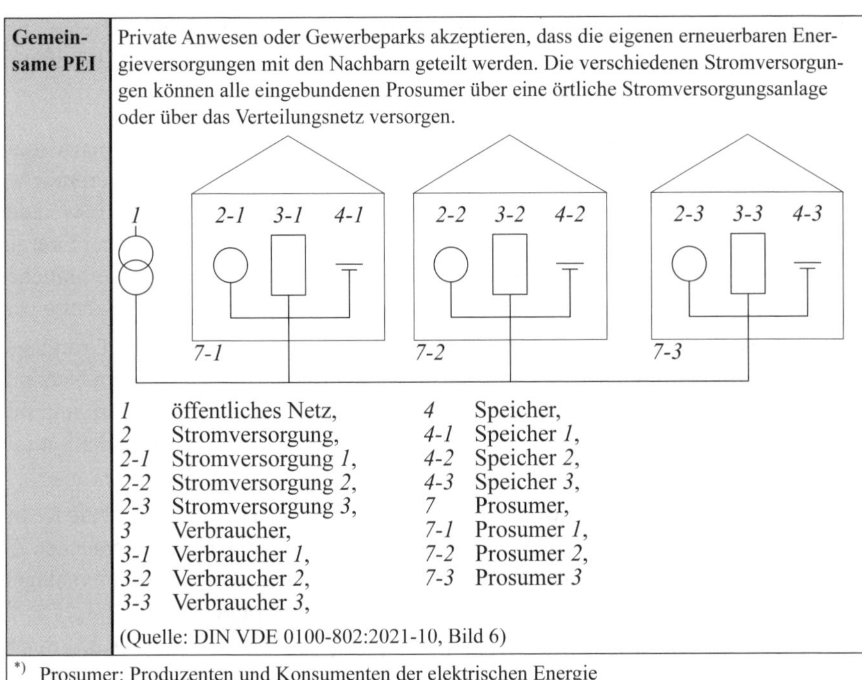 *1* öffentliches Netz, *2* Stromversorgung, *2-1* Stromversorgung *1*, *2-2* Stromversorgung *2*, *2-3* Stromversorgung *3*, *3* Verbraucher, *3-1* Verbraucher *1*, *3-2* Verbraucher *2*, *3-3* Verbraucher *3*, *4* Speicher, *4-1* Speicher *1*, *4-2* Speicher *2*, *4-3* Speicher *3*, *7* Prosumer, *7-1* Prosumer *1*, *7-2* Prosumer *2*, *7-3* Prosumer *3* (Quelle: DIN VDE 0100-802:2021-10, Bild 6)
*) Prosumer: Produzenten und Konsumenten der elektrischen Energie	

Tabelle A.12 (*Fortsetzung*) Arten der elektrische Erzeuger-/Verbraucheranlagen, PEI

Betriebsart für einzelne PEI	Erklärung	Anmerkungen*)
direkt speisende Betriebsart	Die elektrische Erzeuger-/Verbraucheranlage wird vom öffentlichen Netz versorgt.	Speichereinheiten können elektrische Verbrauchsmittel versorgen oder geladen werden durch das öffentliche Netz oder örtliche Stromversorgungsanlagen
autonome Betriebsart	Die elektrische Erzeuger-/Verbraucheranlage ist vom öffentlichen Netz getrennt.	Versorgung der Last mittels örtlicher Stromversorgungsquellen und Speichereinheiten, bei Abschaltung vom öffentlichen Netz
rückspeisende Betriebsart	Die elektrische Erzeuger-/Verbraucheranlage versorgt das öffentliche Netz.	Speichereinheiten können elektrische Verbrauchsmittel und/oder das öffentliche Netz versorgen oder durch örtliche Stromversorgungsanlagen geladen werden
*) In DIN VDE 0100-802:2021-10 sind im Anhang B weitere Kombinationsmöglichkeiten der Ausführungen der PEI mit den Betriebsarten erläutert.		

Tabelle A.13 Betriebsarten für PEI, elektrischen Erzeuger-/Verbraucheranlagen

Der Anhang A der Norm „Ziele intelligenter Elektrizitätsversorgungssysteme" beinhaltet die Erläuterung des Konzepts der PEI, die nachfolgend kurz in einigen Schlagworten wiedergegeben sind:

- **Rolle des Endverbrauchers:** Die Rolle des Endverbrauchers wird in den Mittelpunkt gestellt, denn bei vorhandener Speicherkapazität, sollte der Verbraucher den Vorteil in Zeiten mit geringem Bedarf nutzen und Energie speichern, weil der Preis dann sicherlich in dieser Zeit reduziert ist. Die Nutzung elektrischer Energie sollte gesteuert werden, in Abhängigkeit des Bedarfs durch den Endverbraucher und die damit im Zusammenhang stehenden Auswirkungen auf die Netzbetreiber.
- **Aktives Energiemanagement:** Das Energiemanagement kann die Grundlage für den Endverbraucher sein, um den eigenen Stromverbrauch aus dem Netz mit seiner eigenen lokalen Stromerzeugung zu überwachen und zu steuern und mit dem Netzbetreiber abzugleichen, denn durch diese aktive Kommunikation mit dem Netzbetreiber lassen sich z. B. Lastspitzen im Netz verringern.
- **Erneuerbare Quellen:** Höchste Priorität bei der Energieerzeugung hat die Reduzierung der CO_2-Emissionen durch den Netzbetreiber und den Endverbraucher. Zu diesem Ziel können lokale erneuerbare Energiequellen wie Photovoltaikanlagen und Windturbinen beitragen und eine wichtige Rolle spielen.
- **Energiespeicherung:** Lokal erzeugte elektrische Energie aus erneuerbaren Quellen können in lokalen Einheiten, z. B. Batterien gespeichert werden, um bei Bedarf als Energiereserve genutzt zu werden.

Der Anhang C „Zusammenwirkung mit dem öffentlichen Netz" der DIN VDE 0100-802: 2021-10, hier nur kurze Schlagworte zu den Inhalten aus Anhang C: PEI sollten so geplant werden, dass sie keinen Einfluss auf die dynamische Stabilität der öffentlichen Netze hat, besser ist eine Erhöhung der dynamischen Stabilität der öffentlichen Netze. Die nationalen Netzrichtlinien bei der Wirk- und Blindleistungsregelung sollten eingehalten werden, sodass die Wirkleistung und die Blindleistung, die von der PEI in das öffentliche Netz eingespeist werden, überwacht und geregelt werden können. Auch die Spannungs- und Frequenzregelungen sowie die Lastabschaltung müssen für die lokale PEI berücksichtigt werden.

Anhang A.7 DIN 18015-1:2020-05 Elektrische Anlagen in Wohngebäuden – Teil 1: Planungsgrundlagen

Bezeichnung der Norm	DIN 18015-1:2020-05
Titel der Norm	Elektrische Anlagen in Wohngebäuden – Teil 1: Planungsgrundlagen
Anwendungsbereich	Die Norm gilt für die Planung von elektrischen Anlagen in Wohngebäuden (auch mit teilgewerblicher Nutzung) und auch für elektrische Anlagen außerhalb von Gebäuden, wenn sie mit diesen in Zusammenhang stehen. Dabei handelt es sich um folgende Anlagen: • Starkstromanlagen mit Nennspannungen bis AC 1 000 V und DC bis 1 500 V; • Anlagen der Informations- und Kommunikationstechnik, der Melde- und Informationsverarbeitungsanlagen; • Blitzschutzsysteme und Erdungsanlagen; • Anlagen der Gebäudesystemtechnik; • Anschluss von Verbrauchs- und Erzeugungsgeräten, wie Wärmepumpen
Anwendungsbeginn	2020-05
Übergangsfrist	frühere Ausgabe: 2013-09
Status	gültige Norm
Wesentliche Inhalte	allgemeine Planungshinweise, Starkstromanlagen, Lademöglichkeiten für Elektrostraßenfahrzeuge, Energieeffizienz und Energiemanagement, Erzeugungsanlagen parallel zum Netz, Notstromversorgung, Kommunikationsanlagen, Erdungsanlagen, Potentialausgleich, Blitzschutzsystem und Überspannungsschutz
Hinweise auf weitere Normen	DIN 18012:2018-04 „Anschlusseinrichtungen für Gebäude – Allgemeine Planungsgrundlagen“; DIN 18013:2020-03 „Nischen für Zählerschränke für Elektrizitätszähler“; DIN 18014:2023-06 „Erdungsanlagen für Gebäude – Planung, Ausführung und Dokumentation“; DIN 18015-2:2021-10 „Elektrische Anlagen in Wohngebäuden – Teil 2: Art und Umfang der Mindestausstattung“; DIN 18015-3:2016-09 „Elektrische Anlagen in Wohngebäuden – Teil 3: Leitungsführung und Anordnung der Betriebsmittel“; DIN 18015-4:2022-08 „Elektrische Anlagen in Wohngebäuden – Teil 4: Gebäudesystemtechnik“

Tabelle A.14 Schnellübersicht DIN 18015-1:2020-05 Elektrische Anlagen in Wohngebäuden – Teil 1: Planungsgrundlagen

Erläuterungen

Projektierung und Planungsvorbereitung: Bereits im Planungsstadium der Stromversorgung sind die Anschlussvoraussetzungen zu klären, dabei sind der Netzbetreiber für die Starkstromanlagen und der Kommunikationsnetzbetreiber in die Planungen einzubeziehen. Frühzeitig ist daran zu denken, ob Stromerzeugungsanlagen mit oder ohne Speicher, die parallel zum öffentlichen Netz betrieben, errichtet werden oder inwieweit eine Wärmepumpe oder Ladeinfrastruktur für Elektrofahrzeuge und in welcher Art und Weise aufgebaut werden soll. Auch die Notwendigkeit einer Notstromversorgung für eine evtl. Aussetzung der öffentlichen Versorgung muss bedacht werden. Die Norm enthält weitere Anforderungen an die Anordnungen von Kabeln/Leitungen und Elektroinstallationsrohren, Schalter, Steckdosen, Anschlüsse und Verbindungsdosen, an Anschlusseinrichtungen, Schlitze, Aussparungen, Öffnungen, Durchführungen und an Installationspläne, Schaltpläne und weitere Dokumentationen.

Starkstromanlagen: Allgemein sind Anforderungen an die Auswahl und Errichtung von Kabeln und Leitungen unter der Berücksichtigung von äußeren Einflüssen, der Nähe zu anderen technischen Anlagen und zur Begrenzung von Bränden festgelegt. Außerdem ist ein besonderer Hinweis zu hochwassergefährdeten Gebieten gemacht mit der Anforderung, dass Hausanschlusskästen, Zählerkästen, Mess- und Steuereinrichtungen und Stromkreisverteiler oberhalb der zu erwartenden hundertjährigen Überschwemmungshöhe zu errichten ist. Stromkreise, die unterhalb der Überschwemmungshöhe liegen, müssen mit einer Fehlerstrom-Schutzeinrichtung (RCD) mit einem Bemessungsfehlerstrom von max. 30 mA geschützt sein. Kundenanlagen werden dreiphasig an das Niederspannungsnetz des Netzbetreibers angeschlossen.

Anschluss von Verbrauchs- oder Erzeugungsanlagen und Speicher: Sie müssen grundsätzlich symmetrisch angeschlossen werden, dazu ist die VDE-Anwendungsregel VDE-AR-N 4100:2019-04 zu beachten.

Hauptstromversorgung: Der Planer und der Errichter müssen die Querschnitte, die Art und Anzahl der Hauptleitungen ermitteln. Diese sind abhängig von den anzuschließenden Anlagen und Betriebs- bzw. Verbrauchsmitteln und deren vorgesehene Betriebsart, denn die Dimensionierung ist stark abhängig von z. B. haushaltsüblicher Belastung oder einem Dauerbetrieb. Auch der Gleichzeitigkeitsfaktor der Geräte muss berücksichtigt werden, so muss z. B. für den Ladepunkt von Elektrofahrzeugen ein Gleichzeitigkeitsfaktor gleich 1 angesetzt werden. Hauptleitungen sind mit drei Außenleitern auszuführen und die Leitungsquerschnitte können bei haushaltsüblicher Belastung dimensioniert werden (mind. für eine Strombelastbarkeit von 63 A). Sind Dauerströme zu erwarten, wie bei Ladeeinrichtungen für Elektrofahrzeugen oder für Erzeugungsanlagen/Speicher oder andere größere Geräte müssen die Leiterquerschnitte für den jeweiligen Fall ermittelt werden.

Wird eine Wärmepumpenanlage in ein Bestandsgebäude installiert, so ist dringend zu prüfen, in welchem Umfang die bestehende Anlage und ihre Betriebsmittel anzupassen sind.

Erzeugungsanlagen parallel zum öffentlichen Netz: Für die Planung von Erzeugungsanlagen im Parallelbetrieb mit dem Niederspannungsnetz gelten folgende Normen und VDE-Anwendungsregeln: DIN VDE 0100-551:2017-02 und DIN VDE V 0100-551-1:2018-05 und VDE-AR-N 4105:2018-11 und bei zusätzlichen Photovoltaikanlagen DIN VDE 0100-712:2016-10 und in Kombination mit Speichern zusätzlich VDE-AR-E 2510-2:2021-02. Außerdem sind die VDE-Anwendungsregel VDE-AR-N 4100:2019-04 (→ *Anhang A.2* dieses Buches) und die Technischen Anschlussbedingungen (TAB) des jeweiligen Netzbetreibers zu beachten.

Überspannungsschutz: Aussagen zum äußeren und inneren Blitzschutz sowie zum Überspannungsschutz dienen dem vorbeugenden Brand-, Personen- und Sachschutz. Der Überspannungsschutz muss nach DIN VDE 0100-443:2016-10 bei transienten Überspannungen vorgesehen werden. Der Überspannungsschutz wird dadurch erreicht, dass ein Einsatz von Überspannungsschutzeinrichtungen, die nach DIN VDE 0100-534:2016-10 so nah wie möglich am Speisepunkt der Anlage installiert werden sollten. Sie können erforderlich werden, bei ausgedehnten Anlagen in einem Gebäude oder bei gebäudeüberschreitenden Leitungen, wie es bei zusätzlichen elektrischen Geräten der Fall sein kann.

Anhang A.8 DIN EN 378 Kälteanlagen und Wärmepumpen – Sicherheitstechnische und umweltrelevante Anforderungen – Teile 1 bis 4

Bezeichnung der Norm	DIN EN 378-1:2021-06; DIN EN 378-2:2018-04; DIN EN 378-3:2020-12; DIN EN 378-4:2019-12
Titel der Norm	Kälteanlagen und Wärmepumpen – Sicherheitstechnische und umweltrelevante Anforderungen Teil 1: Grundlegende Anforderungen, Begriffe, Klassifikationen und Auswahlkriterien Teil 2: Konstruktion, Herstellung, Prüfung, Kennzeichnung und Dokumentation Teil 3: Aufstellungsort und Schutz von Personen Teil 4: Betrieb, Instandhaltung, Instandsetzung und Rückgewinnung
Anwendungsbereich	*Sicherheit und Umweltschutz:* Die Norm legt Sicherheitsanforderungen für Personen und Eigentum fest und bietet Anleitungen zum Umweltschutz. *Kälteanlagen und Wärmepumpen:* Sie umfasst stationäre und ortsveränderliche Kälteanlagen, ausgenommen sind Klimaanlagen in Kraftfahrzeugen. *Anwendung auf neue und modifizierte Anlagen:* Gilt für neue Anlagen sowie Erweiterungen oder Modifizierungen bestehender Anlagen.
Anwendungsbeginn	Anwendungsbeginn steht in der Bezeichnung des jeweiligen Normteils
Übergangsfrist	verschieden, je nach Anwendungsbeginn der jeweiligen Normteils
Status	gültig
Wesentliche Inhalte	Anwendungsbereich der Norm, Klassifikation und Auswahlkriterien, Umfang und Ausschlüsse, spezifische Anhänge, Normenüberarbeitung und Anpassungen, Bedeutung von Normen trotz vorhandener Gesetzgebung, EU-Richtlinien und deren Anwendung, Norm als umfassende Quelle für Sicherheits- und Betriebsstandards, nationale Vorschriften und betrieblicher Arbeitsschutz, weitere Hinweise siehe → *Erläuterungen zu Anhang A.8*
Hinweise auf weitere Normen	→ *Erläuterungen zu Anhang A.8*

Tabelle A.15 Schnellübersicht DIN EN 378 Kälteanlagen und Wärmepumpen-Sicherheitstechnische und umweltrelevante Anforderungen – Teile 1 bis 4

Erläuterungen zur DIN EN 378, allgemein

Klassifikation und Auswahlkriterien: Kriterien in weiteren Teilen: Die in Teil 1 festgelegten Klassifikations- und Auswahlkriterien werden in den Teilen 2, 3 und 4 weiter angewendet.

Umfang und Ausschlüsse:

- **Ausschlüsse spezifischer Anlagen:** Nicht anwendbar auf Kälteanlagen, die vor der Veröffentlichung hergestellt wurden, außer bei nachträglichen Erweiterungen und Modifikationen.
- **Beschränkungen bei Kältemitteln:** Anlagen, die Kältemittel verwenden, die nicht in Anhang E aufgeführt sind, fallen nicht unter diese Norm.

Spezifische Anhänge:

- **Anhang C – Kältemittelfüllmengen:** legt fest, wie die zulässige Kältemittelfüllmenge in Räumen zu bestimmen ist.
- **Anhang E – Sicherheits- und Umweltkriterien:** definiert Kriterien für Kältemittel unter Sicherheits- und Umweltaspekten.

Normenüberarbeitung und Anpassungen:

- **Überarbeitung der Norm:** Anpassung an neue Kältemittelgruppen (insbesondere A2L) und EU-Richtlinien, wie die Druckgeräterichtlinie.
- **Reichweite und Lesbarkeit:** Die Norm umfasst alle Kältemittelkreisläufe und ist entsprechend umfangreich und komplex.

Bedeutung von Normen trotz vorhandener Gesetzgebung:

- **Notwendigkeit von Normen:** Normen ergänzen EU-Richtlinien und nationale Gesetze, indem sie produktspezifische Anforderungen für Experten bereitstellen und die Sicherheit spezieller Anlagetypen adressieren.

EU-Richtlinien und deren Anwendung:

- **Relevante EU-Richtlinien:** verschiedene Richtlinien wie die Niederspannungsrichtlinie (2014/35/EU), Maschinenrichtlinie (2006/42/EG) und Druckgeräterichtlinie (2014/68/EU) finden je nach Anlagengröße und -auslegung Anwendung.
- **Zusammenspiel von Normen und Richtlinien:** Die Norm DIN EN 378 harmonisiert teilweise mit EU-Richtlinien und trägt zur Erfüllung ihrer Anforderungen bei.

Norm als umfassende Quelle für Sicherheits- und Betriebsstandards:

- **Abdeckung durch DIN EN 378:** Die Norm behandelt den gesamten Lebenslauf einer Kälteanlage, inklusive Aufstellung, Betrieb und Wartung.
- **Spezielle Normen für Kälteanlagen:** verweist auf spezifische Produktnormen der Reihe DIN EN ISO 60335, insbesondere für Klimageräte und Wärmepumpen.

Nationale Vorschriften und betrieblicher Arbeitsschutz:

- **Gefahrstoffverordnung und Betriebssicherheitsverordnung (BetrSichV):** Nationale Vorschriften gelten unabhängig von der Einhaltung der Norm und erfordern eine Gefährdungsbeurteilung durch den Arbeitgeber.
- **Bauordnung der Länder:** Die Normenreihe berücksichtigt auch das Baurecht und arbeitsplatzbezogene Sicherheitsaspekte.

Erläuterungen zu DIN EN 378-1

Harmonisierung mit internationalen Normen:

- **ISO 5149:2014 und ISO 817:2014:** Anpassung an internationale Standards für Sicherheits- und Umweltanforderungen sowie Bezeichnung und Sicherheitsklassifizierung der Kältemittel, einschließlich der Einführung der Kältemittelgruppe „2L“.

Anpassung von Definitionen:

- **Druckgeräte und Druckbehälter:** Definitionen wurden zur Harmonisierung mit der Druckgeräterichtlinie aktualisiert.

Änderung spezifischer Begriffe:

- **Von „besonderer Maschinenraum“ zu „separater Maschinenraum“:** Anpassung der Definition, um die Abgrenzung zu Verbrennungsanlagen zu klären.

Überarbeitung von Klassifikation und Aufstellungsorten:

- **Verschiebung der Klassifikation der Aufstellungsorte:** Von Anhang C zu Abschnitt 5.3; Überarbeitung der Systembeispiele zur Verdeutlichung der Verbindung mit Aufstellungsortklassen.

Kältemittelfüllmengen und Schutzmaßnahmen:

- **Neue Bestimmung der Grenzwerte für Kältemittelfüllmengen:** Festlegung basierend auf der niedrigsten Füllmenge, berechnet aus Toxizität und Brennbarkeit.
- **Modifikation der Tabellen in Anhang C:** Zuordnung der Kältemittel zu Toxizitäts- und Brennbarkeitsklassen sowie Änderungen der Grenzwerte für Brennbarkeitsklasse 3 und Aufstellungsortklasse III.

Ergänzungen und alternative Ansätze:

- **Aufnahme von Anhang C.3 (Alternatives Risikomanagement):** Einführung alternativer Ansätze für das Risikomanagement.
- **Anhang E (GWP-Werte der Kältemittel):** Berücksichtigung der GWP-Werte gemäß der F-Gase-Verordnung EU Nr. 517/2014.

Nationale Rechtsvorschriften und Betriebsanforderungen:

- **Beachtung nationaler Vorschriften:** Nationale Betriebsvorschriften und Brandschutzvorschriften haben Vorrang vor der Norm, insbesondere wenn das Kältemittel als Gefahrstoff eingestuft ist.

Erläuterungen zu DIN EN 378-2

Harmonisierung mit internationalen Normen und EU-Richtlinien:

- **ISO-Normen:** maximale Harmonisierung mit ISO 5149:2014 und ISO 817:2014 für Sicherheits- und Umweltanforderungen sowie Kältemittelklassifizierung.
- **EU-Richtlinien:** Anpassung an die Druckgeräterichtlinie (2014/68/EU) und die Maschinenrichtlinie (2006/42/EU), insbesondere bezüglich Druck- und Maschinensicherheit.

Überarbeitung wichtiger Elemente:

- **Flussdiagramm (Bild 1 der Norm):** klare Darstellung der Bewertung von Hauptgefahrenpunkten wie Druck und Temperatur in Bezug auf verschiedene Kältemittelkreislaufkomponenten.
- **Integration und Anpassung von Tabellen:** frühere Tabelle 3 integriert in Abschnitt 6.2.6.2 der Norm; Neugestaltung der Anforderungen an Druckanstiege bei externem Brand.

Spezifische Sicherheitsanforderungen:

- **Elektronische Sicherheitseinrichtungen:** Verbesserungen bei elektronischen Sicherheitseinrichtungen zur Druckbegrenzung.
- **Explosions- und Brandschutz:** neue Anforderungen und Schutzmaßnahmen gegen Explosions- und Brandgefahr, inklusive der Bewertung möglicher Zündquellen.

Prüfungsverfahren und -anforderungen:

- **Transport- und Vibrationsprüfungen:** Neuordnung und Präzisierung der Prüfverfahren.
- **Leck-Simulationsprüfungen und Abnahmeverfahren:** Einführung neuer Anhänge I und J zur detaillierten Prüfung.

Ergänzende Anhänge und Normen:

- **Anhänge zur technischen Bewertung:** Hinzufügung und Aktualisierung von Anhängen H, I, J, und K, die informativ sind und sich auf spezifische technische Aspekte wie Spannungskorrosionsrisse und Zündquellen konzentrieren.
- **Aktualisierung von Anhängen ZA und ZB:** Anpassung der Anhänge zur besseren Übereinstimmung mit den EU-Richtlinien.

Beurteilung und Konformitätsanforderungen:

- **Informative Beurteilung von Gesamtanlagen (Anhang E):** Bewertung der Übereinstimmung mit der Druckgeräterichtlinie, notwendig bei Anlagen der Kategorie II oder höher.

Erläuterungen zu DIN EN 378-3

Harmonisierung und Begriffsänderungen:

- **Harmonisierung mit ISO 5149:2014:** Anpassung der Norm so weit wie möglich an internationale Standards.
- **Begriffsänderung:** Umbenennung von „besonderer Maschinenraum“ in „separater Kältemaschinenraum“.

Aufstellung und Arbeitsschutz:

- **Aufstellungsbedingungen:** Sicherstellung, dass die Aufstellung der Kälteanlage den Arbeitsschutznormen für Betrieb und Instandhaltung entspricht.
- **Risikoanalyse (Gefährdungsbeurteilung):** Notwendigkeit einer Analyse basierend auf dem Sicherheitskonzept der Kälteanlage.

Berücksichtigung spezieller Kältemittel:

- **Kältemittel der Klasse 2L:** Einbeziehung spezifischer Anforderungen für Kältemittel der neuen Klasse 2L in die Norm.

Ergänzende Sicherheitsmaßnahmen:

- **Zusätzliche Maßnahmen:** Ergänzungen aus DIN EN 378-1:2021-06, Abschnitt C.3.
- **Sprinkleranlagen in Maschinenräumen:** Überarbeitung der Anforderungen an die Installation von Sprinkleranlagen.

Lüftungs- und Ventilationssysteme:

- **Konstruktionsanforderungen bei brennbaren Kältemitteln:** Bei Einsatz brennbarer Kältemittel müssen Ventilatoren außerhalb des Luftstroms angebracht sein oder entsprechende Schutzklassen aufweisen.
- **Nationale Vorschriften für Lüftung:** Die Gestaltung der Lüftungssysteme muss den nationalen Vorschriften entsprechen.

Warnsysteme:

- **Installation von Gaswarnsystemen:** Diese müssen sowohl innerhalb als auch außerhalb des Maschinenraums hörbar (mindestens 15 dB(A)) und optisch warnen.

Anforderungen an den Explosionsschutz:

- **Ex-Schutz bei Kältemittelgruppen 2L, 2 und 3:** Notwendigkeit der Erstellung eines Ex-Schutzdokuments und entsprechender Betrachtungen, die vom Betreiber durchzuführen sind.

Erläuterungen zu DIN EN 378-4

Harmonisierung mit internationalen Normen:

- **ISO 5149:2014 und ISO 817:2014:** Anpassung der Norm soweit möglich an die internationalen Standards, um Konsistenz in Sicherheits- und Umweltanforderungen zu gewährleisten.

Nichtanwendbare Abschnitte:

- **Spezifische Nichtanwendbarkeit:** Abschnitte 4, 5.1.1 bis 5.1.4, 5.2, 5.3.1, 5.3.3 und 6.6 sind nicht zutreffend für betriebsfertige Kältesätze, die mit einem Netzanschlusskabel versehen und nach DIN EN IEC 60335 (**VDE 0700**) gefertigt wurden.

Überarbeitung der Instandhaltungsprozesse:

- **Instandhaltung und Instandsetzung:** Überarbeitung dieser Abschnitte zur Sicherstellung, dass eine adäquate Gefährdungsanalyse und Risikobeurteilung für die Instandsetzung durchgeführt wird.

Umstellung auf andere Kältemittel:

- **Anforderungen bei Kältemittelwechsel:** spezifische Anforderungen, die bei der Umstellung von Anlagen auf andere Kältemittel beachtet werden müssen.

Rückgewinnung und Entsorgung:

- **Rückgewinnung und Wiederverwendung:** Festlegung von Anforderungen an die Rückgewinnung und Wiederverwendung von Kältemitteln.
- **Entsorgung von Kältemittel:** detaillierte Vorschriften zur sicheren und umweltverträglichen Entsorgung von Kältemitteln.

Handhabung und Lagerung von Kältemitteln:

- **Umfüllen, Transport und Lagern:** Richtlinien und Anforderungen, die beim Umfüllen, Transportieren und Lagern von Kältemitteln einzuhalten sind.

Anhang A.9 DIN EN 12831-1:2017-09 Energietische Bewertung von Gebäuden – Verfahren zur Berechnung der Norm-Heizlast – Teil 1: Raumheizlast

Bezeichnung der Norm	DIN EN 12831-1:2017-09
Titel der Norm	Energietische Bewertung von Gebäuden – Verfahren zur Berechnung der Norm-Heizlast – Teil 1: Raumheizlast
Anwendungsbereich	Es werden detaillierte Methoden zur Berechnung der Norm-Heizlast für Raumheizungen bereitstellt, damit die notwendige Wärmezufuhr (Leistung), unter standardisierten Außenbedingungen die gewünschte Innentemperatur in Einzelräumen sowie kompletten Gebäudeeinheiten sicherzustellen. Hierbei wird die Anwendung der Norm in praktischen Szenarien für Fachkräfte im Bereich der Heizungs- und Kühlsysteminstallation verdeutlicht, was für die Planung und Ausführung von Wärmepumpensystemen notwendig ist. Es wird definiert, in welchen Situationen und für welche Arten von Gebäuden oder Anlagen die beschriebenen Normen und Verfahren anwendbar sind. Es wird definiert, in welchen Situationen und für welche Arten von Gebäuden oder Anlagen die beschriebenen Normen und Verfahren anwendbar sind.
Anwendungsbeginn	September 2019
Ersatz	Das Dokument ersetzt DIN EN 12831-1:2003-08
Status	gültig
Wesentliche Inhalte	Anwendungsbereich, *Begriffe → Anhang B*, Beschreibung der Verfahren, Standardverfahren-Heizlast von Räumen, Gebäudeeinheiten und Gebäuden, Vereinfachtes Verfahren zur Berechnung der Norm-Heizlast eines beheizten Raums, Vereinfachtes Verfahren für die Berechnung der Norm-Heizlast eines Gebäudes, Übereinstimmungsprüfung, Anhänge: Eingangsgrößen, Daten Struktur für Anhaltswerte.
Hinweise auf weitere Normen und Änderungsvermerk zu DIN EN 12831:2003-08	Gegenüber DIN EN 12831:2003-08 wurden folgende Änderungen vorgenommen: • Norm wurde dem aktuellen Stand der Technik angepasst; • „Ausführliche Betrachtung von Wärmebrücken“ hinzugefügt; • „Äquivalenter Wärmedurchgangskoeffizient von Bauteilen gegen das Erdreich“ hinzugefügt; • „Außenluftvolumenstrom durch große Öffnungen“ hinzugefügt; • redaktionelle Überarbeitung.

Tabelle A.16 Schnellübersicht DIN EN 12831-1:2017-09, Energietische Bewertung von Gebäuden – Verfahren zur Berechnung der Norm-Heizlast – Teil 1: Raumheizlast

Erläuterungen

Beschreibung der Verfahren: eine Übersicht über die verschiedenen Methoden und Verfahren, die zur Bewertung und Berechnung der Heizlast verwendet werden.

Standardverfahren, Heizlast von Räumen, Gebäudeeinheiten und Gebäuden: Ausgangsgrößen, Eingangsgrößen, Berechnungsverfahren, es werden spezifische Berechnungsmethoden detailliert, einschließlich der Norm-Heizlast, Transmissions- und Lüftungswärmeverluste sowie weiterführende spezifische Berechnungen wie Wärmeübergangskoeffizienten und Einflüsse von Raumhöhen.

Vereinfachtes Verfahren zur Berechnung der Norm-Heizlast eines beheizten Raums (Einzelräume): Vereinfachtes Verfahren für die Berechnung der Norm-Heizlast des Gebäudes: Beide Abschnitte behandeln vereinfachte Ansätze für spezifische Situationen und bieten eine schrittweise Anleitung für weniger komplexe Szenarien.

Übereinstimmungsprüfung: Allgemeines, Bemessung des Wärmeabgabesystems, Bemessung der Wärmeerzeuger – es wird die praktische Überprüfung der Einhaltung der Normen und die richtige Dimensionierung der Heizsysteme behandelt.

Anhänge: Eingangsgrößen, Datenstruktur für Anhaltswerte, die Anhänge bieten detaillierte technische Daten und Anhaltswerte für die Eingangsgrößen in den Berechnungsverfahren. Hier werden spezifische Anpassungen, Korrekturen und ergänzende Informationen bereitgestellt, die zur präzisen Umsetzung der Normen notwendig sind.

Anhang A.10 DIN EN 14511-1:2023-08 Luftkonditionierer, Flüssigkeitskühlsätze und Wärmepumpen für die Raumheizung und -kühlung und Prozesskühler mit elektrisch angetriebenen Verdichtern – Teil 1: Begriffe

Bezeichnung der Norm	DIN EN 14511-1:2023-08
Titel der Norm	Luftkonditionierer, Flüssigkeitskühlsätze und Wärmepumpen für die Raumheizung und -kühlung und Prozesskühler mit elektrisch angetriebenen Verdichtern – Teil 1: Begriffe
Anwendungsbereich	Die Norm ist hauptsächlich für Gerätehersteller und -designer gedacht, die sich mit der Entwicklung und Prüfung von Wärmepumpen und Klimaanlagen beschäftigen. Sie dient als Richtlinie für die Konstruktion, Leistungsbewertung und Prüfung von Geräten, um sicherzustellen, dass diese einheitlichen und anerkannten Standards erfüllen. Die Norm hilft auch bei der Einhaltung von rechtlichen Anforderungen und fördert die internationale Akzeptanz von Produkten durch Standardisierung.
Anwendungsbeginn	August 2023
Ersatz für	DIN EN 14511-1:2019-07
Status	gültig
Wesentliche Inhalte	Definition und Leistungsbewertung, Anwendungsbereiche, besondere Gerätekonfigurationen, Leistungsermittlung, Gültigkeit für weitere Flüssigkeiten, internationaler und technischer Kontext
Hinweise auf weitere Normen und Änderungsvermerk zu DIN EN 14511-1: 2019-07	Gegenüber DIN EN 14511-1:2019-07 wurde die Norm aus 2023 geändert: • Überarbeitung des Anwendungsbereichs • Überarbeitung „Normative Verweise“ • redaktionelle Überarbeitung

Tabelle A.17 Schnellübersicht DIN EN 14511-1:2023-08, Luftkonditionierer, Flüssigkeitskühlsätze und Wärmepumpen für die Raumheizung und -kühlung und Prozesskühler mit elektrisch angetriebenen Verdichtern – Teil 1: Begriffe

Erläuterungen

Definition und Leistungsbewertung: Die Norm definiert Schlüsselbegriffe für die Klassifizierung und Leistungsbewertung von Luftkonditionierer, Flüssigkeitskühlsätzen und Wärmepumpen, die Luft, Wasser oder Sole als Wärmeträger verwenden. Diese fundamentale Basis schafft eine einheitliche Sprache und messbare Kriterien zur Beurteilung der Geräteleistung, was für die Produktentwicklung und Qualitätskontrolle entscheidend ist.

Anwendungsbereiche: Sie gilt für werksseitig hergestellte Geräte mit oder ohne Kanalanschlüsse, einschließlich kompakter Einheiten, Split- und Multi-Split-Systeme sowie Ein- und Zweikanal-Systeme. Die breite Anwendbarkeit stellt sicher, dass verschiedene Gerätetypen und Bauweisen den Normvorgaben entsprechen, wodurch die Vielfalt der verfügbaren Produkte am Markt gestärkt wird.

Besondere Gerätekonfigurationen: Die Norm umfasst Geräte, die als vollständige Funktionseinheiten konstruiert sind, einschließlich solcher mit integrierten oder externen Verflüssigern. Dies ermöglicht die Standardisierung komplexer Systeme und fördert Innovationen, während gewährleistet wird, dass alle Geräte den technischen Anforderungen entsprechen.

Leistungsermittlung: Für die Leistung im Kühlbetrieb gelten spezifische Normen wie EN 15218 und EN 14825 zur Prüfung unter Teillastbedingungen. Die Normierung der Leistungsermittlung sorgt für vergleichbare und zuverlässige Ergebnisse, die sowohl für Hersteller als auch Endverbraucher von Bedeutung sind.

Gültigkeit für weitere Flüssigkeiten: Während hauptsächlich Wasser- und Solekühlsätze behandelt werden, ist die Anwendung auf andere Flüssigkeiten nach Vereinbarung möglich. Die Flexibilität der Norm erlaubt es, auf technologische Entwicklungen und spezifische Anforderungen des Markts zu reagieren.

Anhang A.11 DIN EN 15450:2007-12 Heizungsanlagen in Gebäuden – Planung von Heizungsanlagen mit Wärmepumpen

Bezeichnung der Norm	DIN EN 15450:2007-12
Titel der Norm	Heizungsanlagen in Gebäuden – Planung von Heizungsanlagen mit Wärmepumpen
Anwendungsbereich	Die Norm definiert die Kriterien für die Planung von Heizungsanlagen in Gebäuden, die ausschließlich mit elektrisch betriebenen Wärmepumpen oder in Kombination mit anderen Wärmeerzeugern arbeiten. Diese umfasst eine Vielzahl von Systemkonfigurationen wie Wasser/Wasser, Wasser/Luft, Sole/Wasser, Kältemittel/Wasser, Kältemittel/Kältemittel, Luft/Luft und Luft/Wasser. Die Norm fokussiert auf Aspekte, die für die Wärmepumpe, die Schnittstelle zum Wärmeverteilung- und Übergabesystem sowie die Regelung des Gesamtsystems relevant sind. Dabei werden sowohl die Energiequellen als auch die konkrete technische Auslegung dieser Systeme behandelt, jedoch nicht die Planung von Systemen, die primär zur Kühlung oder für den kombinierten Heiz- und Kühlbetrieb genutzt werden.
Anwendungsbeginn	Dezember 2007
Status	gültig
Wesentliche Inhalte	*Begriffe → Anhang B*, Systemplananforderungen, Wärmequellen, Wärmeerzeuger, Zusatzheizer, Warmwasserbereitung, Hydraulische Einbindung, Regelung des Systems, Sicherheitseinrichtungen, Betriebliche Anforderungen, Installationsanforderungen, Inbetriebnahme des Systems, Leitfäden für Auslegungsparameter, Standard-Hydraulikkreise, Berechnung und Anforderungen der Jahresarbeitszahl, Geräuschemissionen, Leistungsregelung, Zapfprofil für Trinkwasserbereitung, Beispielrechnungen

Tabelle A.18 Schnellübersicht DIN EN 15450:2007-12 Heizungsanlagen in Gebäuden – Planung von Heizungsanlagen mit Wärmepumpen

Erläuterungen

Systemplananforderungen: Richtlinien für die Gesamtkonzeption des Heizsystems, einschließlich Auswahl und Dimensionierung der Komponenten, um optimale Leistung und Energieeffizienz zu gewährleisten.

Wärmequellen: Die natürlichen oder künstlichen Quellen (z. B. Luft, Wasser, Erdreich), aus denen die Wärmepumpe Energie extrahiert. Die Auswahl hängt von lokalen Gegebenheiten und der Verfügbarkeit ab.

Wärmeerzeuger: Geräte oder Anlagen, die Wärme produzieren, in diesem Kontext speziell Wärmepumpen, die in Kombination mit anderen Wärmeerzeugern wie Kesseln oder Solarthermie genutzt werden können.

Zusatzheizer: Ein zusätzliches Heizelement, das eingesetzt wird, wenn die Wärmepumpe allein nicht ausreicht, um den Wärmebedarf zu decken, besonders bei niedrigen Außentemperaturen.

Warmwasserbereitung: Die Nutzung der Wärmepumpe oder eines integrierten Systems zur Erzeugung von Warmwasser für sanitäre Zwecke, was spezielle Planungs- und Auslegungsüberlegungen erfordert.

Hydraulische Einbindung: Die Art und Weise, wie die Wärmepumpe in das bestehende Heizsystem integriert wird, einschließlich der Verbindung mit Pufferspeichern, Heizkreisen und anderen Systemkomponenten.

Regelung des Systems: Umfasst die Steuerungs- und Regeltechnik, die für einen effizienten Betrieb der Wärmepumpe und der gesamten Heizanlage sorgt, inklusive Temperatursteuerung und Lastmanagement.

Sicherheitseinrichtungen: Vorkehrungen und Geräte zur Gewährleistung der Sicherheit des Systems, wie Überdruckventile, Temperaturbegrenzer und Notausschalter.

Betriebliche Anforderungen: Spezifikationen für den normalen Betrieb des Systems, darunter Aspekte wie Betriebsstabilität, Energieeffizienz und Wartungsfreundlichkeit.

Installationsanforderungen: Die technischen und räumlichen Voraussetzungen für die Installation der Wärmepumpe und zugehöriger Komponenten, um einen sicheren und effizienten Betrieb zu gewährleisten.

Inbetriebnahme des Systems: Die Schritte und Prüfverfahren, die durchgeführt werden müssen, um das Heizsystem einschließlich der Wärmepumpe sicher und ordnungsgemäß zu starten.

Leitfäden für Auslegungsparameter: Dokumentationen und Richtlinien, die technische Daten und Parametervorgaben für die Auslegung von Wärmepumpensystemen bieten.

Standard-Hydraulikkreise: Typische Konfigurationen der hydraulischen Verbindungen innerhalb eines Wärmepumpensystems, die eine effiziente Wärmeübertragung sicherstellen.

Berechnung und Anforderungen der Jahresarbeitszahl (SPF): Methoden zur Bestimmung der Jahresarbeitszahl, die die Effizienz der Wärmepumpe über das Jahr hinweg unter realen Betriebsbedingungen angibt.

Geräuschemissionen: Die Bewertung und Begrenzung der Geräuschentwicklung von Wärmepumpen und zugehörigen Systemen, um die Einhaltung von Umwelt- und Gesundheitsvorschriften zu gewährleisten.

Leistungsregelung: Die Techniken zur Anpassung der Ausgangsleistung der Wärmepumpe an den tatsächlichen Wärmebedarf, um Energieeffizienz und Komfort zu maximieren.

Zapfprofil für Trinkwasserbereitung: Die typischen Nutzungsmuster und der Warmwasserbedarf, der bei der Auslegung von Systemen zur Warmwasserbereitung berücksichtigt wird.

Beispielrechnungen: Mathematische Modelle und Fallstudien, die zur Demonstration und Validierung der Planungsprinzipien

Anhang A.12 DIN EN 16147:2023-12 Wärmepumpen mit elektrisch angetriebenen Verdichtern – Prüfung, Leistungsbemessung und Anforderungen an die Kennzeichnung von Geräten zum Erwärmen von Brauchwasser

Bezeichnung der Norm	DIN EN 16147:2023-12
Titel der Norm	Wärmepumpen mit elektrisch angetriebenen Verdichtern – Prüfung, Leistungsbemessung und Anforderungen an die Kennzeichnung von Geräten zum Erwärmen von Brauchwasser
Anwendungsbereich	Die Norm spezifiziert die Verfahren für die Prüfung und Leistungsbemessung von elektrisch betriebenen Wärmepumpen, die für die Bereitung von Brauchwarmwasser genutzt werden. Diese Norm gilt für Luft/Wasser-, Sole/Wasser-, Wasser/Wasser- und Direktverdampfer/Wasser-Wärmepumpen mit und ohne integrierten Speicher. Die Norm bezieht sich ausschließlich auf die Leistung bei der Warmwasserbereitung und schließt die gleichzeitige Raumheizung aus.
Anwendungsbeginn	Dezember 2023
Ersatz für	DIN EN 16147:2017-08
Status	gültig
Wesentliche Inhalte	Prüfverfahren, Leistungsbemessung, Energieeffizienz, Brauchwarmwasser, Luft/Wasser-Wärmepumpen, Kombi-Wärmepumpen.
Hinweise auf weitere Normen und Änderungsvermerk zu DIN EN 16147:2017-08	Die Änderungen von der Version 2017-08 zur aktuellen Fassung 2023-12 umfassen hauptsächlich: • Korrektur der Berechnung von η_{wh} für Wärmepumpen-Wassererwärmer und Kombi-Wärmepumpen-Heizgeräte. • Korrektur der Berechnung des jährlichen elektrischen Energieverbrauchs. • Vervollständigung der informativen Anhänge ZA, ZB, ZC und ZD, um sie mit den EU-Normungsaufträgen für Wassererwärmer (M/534) und Raumheizgeräte (M/535) in Einklang zu bringen.

Tabelle A.19 Schnellübersicht DIN EN 16147:2023-12 Wärmepumpen mit elektrisch angetriebenen Verdichtern – Prüfung, Leistungsbemessung und Anforderungen an die Kennzeichnung von Geräten zum Erwärmen von Brauchwasser

Erläuterungen

Prüfverfahren: Festlegung der methodischen Ansätze zur Bewertung der Effizienz und Leistung von Wärmepumpen ausschließlich für die Warmwasserbereitung.

Leistungsbemessung: definiert, wie die Leistungskapazität von Wärmepumpen für unterschiedliche Betriebsmodi zu bewerten ist.

Energieeffizienz: beschreibt, wie die Effizienz der Wärmepumpen beim Heizen von Wasser unter standardisierten Bedingungen zu berechnen ist.

Brauchwarmwasser: Die Norm konzentriert sich auf Wärmepumpen, die Wasser für den häuslichen Gebrauch erwärmen.

Luft/Wasser-Wärmepumpen: spezifische Anforderungen und Prüfbedingungen für Wärmepumpen, die Luft als Wärmequelle verwenden.

Kombi-Wärmepumpen: behandelt Geräte, die sowohl für die Brauchwarmwasserbereitung als auch für die Raumheizung konzipiert sind, wobei letzteres nicht Gegenstand dieser spezifischen Norm ist.

Anhang A.13 VDI 2067 Blatt 1:2012-09 Wirtschaftlichkeit gebäudetechnischer Anlagen – Grundlagen und Kostenberechnung

Bezeichnung der Norm, VDI-Richtlinie	VDI 2067 Blatt 1:2012-09
Titel der Norm, VDI-Richtlinie	Wirtschaftlichkeit gebäudetechnischer Anlagen – Grundlagen und Kostenberechnung
Anwendungsbereich	Die VDI-Richtlinie 2067 umfasst Richtlinien zur Wirtschaftlichkeitsanalyse gebäudetechnischer Systeme und ist anwendbar auf sämtliche Gebäudetypen. Diese Analyse wird durch eine stufenweise Ermittlung des Energiebedarfs durchgeführt. Das Dokument Blatt 1 bietet einen umfassenden Einblick in das Gesamtprojekt der VDI 2067, erörtert grundlegende Konzepte und definiert Schlüsselbegriffe. Dieses Blatt spezifiziert auch die Methoden zur Kostenermittlung von gebäudetechnischen Anlagen, wobei die Ergebnisse als Basis für den Vergleich verschiedener Anlagendesigns dienen. Zukünftige Kostenprognosen sind allerdings nicht Bestandteil dieser Richtlinie.
Anwendungsbeginn	September 2021
Ersatz für	VDI 2067:2000
Status	gültig
Wesentliche Inhalte	Anwendbarkeit auf alle Gebäudetypen, stufenweise Ermittlung des Energiebedarfs, Einblick in das Gesamtprojekt VDI 2067, Definition von Schlüsselbegriffen, Methoden zur Kostenermittlung, Vergleich verschiedener Anlagenkonzepte.
Hinweise auf weitere Normen und Änderungsvermerk zu VDI 2067:2000	Es handelt sich bei der Richtlinie aus dem Jahr 2012 um eine Fortschreibung und Weiterentwicklung der Fassung aus dem Jahr 2000, die die Weiterentwicklung des Stands der Technik und die Umstellung von DM auf Euro beinhaltet.

Tabelle A.20 Schnellübersicht VDI 2067 Blatt 1:2012-09 Wirtschaftlichkeit gebäudetechnischer Anlagen – Grundlagen und Kostenberechnung

Erläuterungen

Anwendbarkeit auf alle Gebäudetypen: Die Richtlinie ist universell für verschiedene Arten von Gebäuden gültig, was ihre Anwendungsbreite erhöht.

Stufenweise Ermittlung des Energiebedarfs: beschreibt einen schrittweisen Prozess, in dem der Energiebedarf der Gebäudetechnik analysiert wird.

Einblick in das Gesamtprojekt VDI 2067: bietet einen Überblick über die umfassenden Ziele und den Rahmen der Richtlinienserie.

Definition von Schlüsselbegriffen: Grundlegende Fachausdrücke und Konzepte werden klar definiert, um Klarheit für alle Anwender zu schaffen.

Methoden zur Kostenermittlung: Es werden spezifische Methoden vorgestellt, mit denen die Kosten für gebäudetechnische Anlagen berechnet werden können.

Vergleich verschiedener Anlagenkonzepte: Die Ergebnisse der Kostenberechnung ermöglichen einen objektiven Vergleich zwischen verschiedenen technischen Lösungen.

Anhang A.14 VDI 2078:2015-06 Berechnung der thermischen Lasten und Raumtemperaturen (Auslegung Kühllast und Jahressimulation)

Bezeichnung der Norm, VDI-Richtlinie	VDI 2078:2015-06
Titel der Norm, VDI-Richtlinie	Berechnung der thermischen Lasten und Raumtemperaturen (Auslegung Kühllast und Jahressimulation)
Anwendungsbereich	Die VDI-Richtlinie 2078:2015-06 ermöglicht durch technologische Fortschritte in der Rechentechnik präzisere Berechnungen von thermischen Lasten und Raumtemperaturen. Die Richtlinie berücksichtigt alle relevanten Bau- und Anlagenkomponenten, wie maschinelle und natürliche Belüftung sowie Flächenheiz- und -kühlsysteme. Die Neugestaltung der Berechnungsverfahren erlaubt es, diese direkt einzubeziehen, anstatt sie durch vereinfachte Näherungen zu approximieren. Sie gilt für alle Raumtypen und deckt die Ermittlung der Kühllast, Bestimmung der Raumlufttemperatur sowie Festlegung der operativen Raumtemperatur ab, unabhängig von der Klimatisierung des Raumes.
Anwendungsbeginn	Juni 2015
Ersatz für	VDI 2078:1996
Status	gültig
Wesentliche Inhalte	Begriffe, Verwendung meteorologischer Daten, Gebäude, Berechnungsgrundlagen, Testbeispiele, Validierung, Anhänge (Berechnungsalgorithmen, Kennwerte, Testbeispiele, Abschätzverfahren, Formblatt für Konformitätserklärung)
Hinweise auf weitere Normen	• VDI-Richtlinie 1000 • DIN 4108-2:2013-02 Wärmeschutz und Energieeinsparung in Gebäuden • DIN V 18599-2:2018-09 Energetische Bewertung von Gebäuden • VDI 6007

Tabelle A.21 Schnellübersicht VDI 2078:2015-06 Berechnung der thermischen Lasten und Raumtemperaturen (Auslegung Kühllast und Jahressimulation)

Erläuterungen – einleitender Text aus und zur VDI 2078:2015-06

In der Vergangenheit, speziell während der Überarbeitung der VDI 2078 Mitte der 1980er-Jahre, waren die Rechenzeiten ein wesentlicher Faktor, der die Entwicklung vereinfachter, manuell ausführbarer Berechnungsverfahren begünstigte. Diese Verfahren basierten auf Typenräumen und Gewichtsfunktionen, wobei vorausberechnete Gewichtsfaktoren verwendet wurden, um den Anforderungen nach schneller Berechnung gerecht zu werden. Allerdings führte dies zu Einschränkungen, wie der notwendigen Normierung von Bauteilen, was wiederum die Genauigkeit der Ergebnisse limitierte, insbesondere bei schweren Räumen oder unterschiedlichen Innenwandtemperaturen. Zudem waren die Verfahren nicht in der Lage, das Speicherverhalten verschiedener Wandaufbauten adäquat zu bewerten.

Die aktuelle Richtlinie hat diese Einschränkungen überwunden und ermöglicht nun eine exaktere Berechnung der Kühllast sowie der Raumluft- und operativen Temperaturen, indem sie auf die realen Wandaufbauten und deren spezifische Eigenschaften zurückgreift. Die Integration von Flächenheizung und -kühlung sowie natürlicher und maschineller Lüftung in die Berechnungen reflektiert eine wesentliche Verbesserung. Ebenso ist die Nutzung aktueller Wetterdaten und eine allgemeinere Anwendbarkeit auf verschiedene Gebäudearten und Lüftungssysteme ein Fortschritt dieser Richtlinie.

Der Einsatz moderner Computertechnologie hat die Notwendigkeit vereinfachter Verfahren beseitigt und ermöglicht stattdessen eine präzisere Modellierung und Simulation unter Verwendung detaillierter Daten zu Baustoffen und Anlagenkomponenten. Diese Entwicklung unterstreicht die Bedeutung einer korrekten Auslegung gebäudetechnischer Anlagen, nicht nur aus energetischer, sondern auch aus volkswirtschaftlicher Sicht.

Die Richtlinie stellt nun verbesserte Methoden bereit, die eine angemessene Berücksichtigung der thermischen Dynamik in Gebäuden ermöglichen und somit eine exaktere Vorhersage der Kühllast und der Raumtemperaturen gewährleisten. Besonderheiten wie die Definition von Cooling Design Periods und die präzise Einbindung von Tageslichtsteuerung sind Beispiele für die Weiterentwicklungen, die in dieser neuen Ausgabe berücksichtigt wurden.

Anwendungsbereich: definiert den Umfang der Richtlinie, insbesondere die Berechnung von Kühllast und Raumtemperaturen.

Begriffe: Erläutert die Schlüsselbegriffe, die in der Richtlinie verwendet werden → *Anhang B*.

Verwendung meteorologischer Daten: behandelt die Berücksichtigung von Klimazonen, Sonneneinstrahlung und Tageslicht.

Gebäude: Beschreibung von Gebäuden und deren Nutzung, die für die thermische Analyse relevant sind.

Berechnungsgrundlagen: detailliert die technischen Grundlagen für die Berechnungen, einschließlich Modellierungsansätze und Annahmen.

Testbeispiele: präsentiert spezifische Szenarien zur Illustration der Anwendung der Berechnungsmethoden.

Validierung: beschreibt die Methodik und Standards zur Überprüfung der Berechnungsmodelle.

Integration von Betriebsweisen und Regelstrategien: Die aktuelle Fassung der VDI 2078 integriert erstmals detailliert die Kopplung zwischen Betriebsweisen, aktiven Anlagenkomponenten und thermischen Berechnungen mit Regelstrategien. Dies ermöglicht eine genauere Modellierung und Optimierung von Systemen wie Kühldecken und Anlagen mit variablem Volumenstrom.

Erweiterte Jahressimulation und Klimazoneneinteilung: Die Richtlinie bietet jetzt Möglichkeiten zur Durchführung von Jahressimulationen, die zur Erstellung von Häufigkeitsanalysen von operativen Temperaturen und Raumluftqualität genutzt werden können. Zudem gibt es eine Neueinteilung der Klimazonen innerhalb Deutschlands, was eine präzisere regionale Anpassung der Kühllastberechnungen ermöglicht.

Berücksichtigung des Stadtklimas: In der Neufassung wird auch das Stadtklima berücksichtigt, was besonders relevant für urbane Bauprojekte ist, bei denen lokale klimatische Bedingungen erheblich von regionalen Normdaten abweichen können.

Validierungsverfahren für Software: Die Richtlinie schreibt ein umfangreiches Validierungsverfahren vor, das sicherstellt, dass Software, die zur Berechnung nach VDI 2078 verwendet wird, zuverlässige Ergebnisse liefert. Dies wird durch eine Reihe von Testbeispielen und eine erforderliche Konformitätserklärung unterstützt.

Integration der Richtlinie VDI 6007: Die VDI 2078 arbeitet eng mit der VDI 6007 zusammen, die Rechenverfahren für den Sonnenschutz und genaue Solarstrahlungsberechnungen anbietet, einschließlich der Erfassung diffuser Strahlung und einer Tageslichtberechnung.

Anhänge: enthalten detaillierte Informationen über Berechnungsalgorithmen, meteorologische Daten und Konformitätserklärungen.

Anhang A.15 VDI 4640 Blatt 2:2019-06 Thermische Nutzung des Untergrunds – Erdgekoppelte Wärmepumpenanlagen

Bezeichnung der Norm, VDI-Richtlinie	VDI 4640 Blatt 2:2019-06
Titel der Norm, VDI-Richtlinie	Thermische Nutzung des Untergrunds – Erdgekoppelte Wärmepumpenanlagen
Anwendungsbereich	Diese Richtlinie behandelt die Planung und Umsetzung von Systemen zur Wärme- und Kältegewinnung unter Nutzung geothermischer Ressourcen. Sie umfasst Wärmepumpensysteme, die verschiedene geothermische Methoden wie Brunnen, Erdwärmekollektoren, Erdwärmesonden und Direktverdampfungstechniken verwenden. Zusätzlich werden innovative Ansätze wie die Nutzung von Betonstrukturen und Tunneln als thermische Übertrager sowie verschiedene Speichertechnologien für Wärme und Kälte betrachtet. Die Richtlinie richtet sich an Unternehmen, die mit der Planung und Ausführung solcher Systeme befasst sind, sowie an Hersteller von Systemkomponenten und Behörden, die für die Genehmigung und Überwachung zuständig sind.
Anwendungsbeginn	Juni 2019
Ersatz für	den Entwurf von Mai 2015, Vorgängerdokument: VDI 4640, Blatt 2:2001-09
Status	gültig
Wesentliche Inhalte	*Begriffe → Anhang B*, Thermische Nutzung des Grundwassers mit Brunnenanlagen, Nutzung des oberflächennahen Untergrunds mit Erdwärmekollektoren, Nutzung des Untergrunds mit Erdwärmesonden, Besonderheiten von Anlagen mit Direktverdampfung, Besonderheiten weiterer Wärmequellenanlagen/Wärmesenkenanlagen, Systemeinbindung, Wärmenutzungsanlagen, Materialien für Wärmequellenanlagen, Verhalten in Störfällen und Rückbau erdgekoppelter Wärmepumpenanlagen, Anhänge (Auslegungstabellen, Druckverlustdiagramme, Verfüllprotokoll, Prüfverfahren)

Tabelle A.22 Schnellübersicht VDI 4640 Blatt 2:2019-06 Thermische Nutzung des Untergrunds – Erdgekoppelte Wärmepumpenanlagen

Erläuterungen – Die verborgene Kraft unter unseren Füßen: geothermische Potenziale effizient nutzen

Der Boden bietet erhebliches Potenzial als Quelle und Senke thermischer Energie sowie als Energiespeicher. Aufgrund seines großen, zugänglichen Volumens und der konstanten Temperaturen ist er ideal für verschiedene Anwendungsfälle geeignet. Thermische Energie wird mittels unterschiedlicher Wärmeübertrager direkt aus dem Boden oder durch gefördertes Grundwasser gewonnen und typischerweise durch Wärmepumpen zur Wärmeversorgung genutzt. Diese Systeme können nicht nur heizen, sondern auch kühlen, wobei die direkte Kühlung durch den Boden im Sommer besonders energieeffizient ist. In Nordamerika und Europa weit verbreitet, bieten erdgekoppelte Wärmepumpen eine effiziente Lösung im Vergleich zu herkömmlichen Heizsystemen und tragen signifikant zur Reduktion von Emissionen bei, insbesondere in städtischen Gebieten.

Thermische Nutzung des Grundwassers: untersucht die Planung, das Design und den Betrieb von Anlagen, die Grundwasser als Wärmequelle nutzen. Dies umfasst die Analyse von Grundwasserströmungen, Temperaturprofilen und der langfristigen Verfügbarkeit der Ressource, um eine effiziente und nachhaltige Nutzung zu gewährleisten.

Nutzung des oberflächennahen Untergrunds: beschreibt detailliert die Installation, den Betrieb und die Wartung von Erdwärmekollektoren, die nahe der Oberfläche liegen. Diese Systeme nutzen die konstanten Temperaturen des oberflächennahen Untergrunds zur effizienten Wärmeextraktion.

Nutzung des Untergrunds mit Erdwärmesonden: detailliert die thermische und hydraulische Auslegung von Erdwärmesonden, einschließlich der Berechnung der erforderlichen Tiefe und Abstände zwischen den Sonden, um eine optimale Leistung und Langlebigkeit des Systems zu gewährleisten.

Besonderheiten von Anlagen mit Direktverdampfung: erörtert die spezifischen technischen und betrieblichen Herausforderungen, die mit Direktverdampfungssystemen verbunden sind. Diese Technologie, bei der das Arbeitsmedium direkt im Erdreich verdampft wird, erfordert präzise Kontrolle und genaue Designanpassungen.

Weitere Wärmequellenanlagen: bietet einen Überblick über innovative Technologien wie Energiepfähle und kompakte Erdwärmekollektoren. Diese Technologien erweitern die Palette der geothermischen Anwendungen, indem sie strukturelle Bauelemente und verdichtete Designs für urbanisierte Gebiete nutzen.

Systemeinbindung: diskutiert die kritischen Aspekte der Integration von Wärmepumpensystemen in bestehende Gebäudeinfrastrukturen, einschließlich der Auswahl geeigneter Verteiler, Armaturen und Pumpen, um eine optimale Effizienz und Betriebssicherheit zu gewährleisten.

Wärmenutzungsanlagen: untersucht unterschiedliche Betriebsweisen von Wärmepumpensystemen, darunter variable und feste Betriebsmodi, die jeweils auf spezifische klimatische und bauliche Anforderungen zugeschnitten sind. Diskutiert wird auch, wie Wärmepumpen zur Klimatisierung und zur Heizung eingesetzt werden können.

Materialien: behandelt tiefgehend die Auswahl und Eigenschaften von Materialien, die in Wärmequellenanlagen verwendet werden, darunter thermische Leitfähigkeit, Korrosionsbeständigkeit und Umweltverträglichkeit, um Langlebigkeit und Umweltschutz zu gewährleisten.

Verhalten in Störfällen und Rückbau: beschreibt präventive Maßnahmen und Notfallprotokolle für den Umgang mit Störfällen sowie Strategien für den sicheren, umweltverträglichen Rückbau und Recycling von Wärmepumpenanlagen und deren Komponenten.

Anhang A.16 VDI 4650 Blatt 1:2024-02 Berechnung der Jahresarbeitszahl von Wärmepumpenanlagen – Elektrowärmepumpen zur Raumheizung und Trinkwassererwärmung

Bezeichnung der Norm, VDI-Richtlinie	VDI 4650:2024-02
Titel der Norm, VDI-Richtlinie	Berechnung der Jahresarbeitszahl von Wärmepumpenanlagen – Elektrowärmepumpen zur Raumheizung und Trinkwassererwärmung
Anwendungsbereich	Die VDI 4650 Blatt 1 ist primär auf die Anwendung in der Beheizung und Trinkwassererwärmung von Wohngebäuden ausgerichtet. Sie betrachtet dabei spezifisch elektrisch angetriebene Wärmepumpenanlagen, die Wärme aus Erde, Luft oder Grundwasser ziehen. Diese Richtlinie dient als grundlegendes Werkzeug für Fachhandwerker, um die Effizienz von Wärmepumpen nachweislich zu berechnen und somit qualifizierte Entscheidungen für die Implementierung effektiver und umweltfreundlicher Heizsysteme zu treffen. Sie ist auch eine wichtige Ressource für Bauherren, die auf der Suche nach den besten Lösungen für nachhaltige und kosteneffiziente Heiztechnologien sind.
Anwendungsbeginn	Februar 2024
Status	gültig
Wesentliche Inhalte	Grundlagen der Berechnung, Berechnung der Jahresarbeitszahl, Primärenergetische Bewertung, Beispielrechnungen, Anhang: Leistungszahlen von Luft-Wasser-Wärmepumpen nach DIN EN 14511 aus Angaben gemäß DIN EN 14825

Tabelle A.23 Schnellübersicht VDI 4650 Blatt 1:2024-02 Berechnung der Jahresarbeitszahl von Wärmepumpenanlagen – Elektrowärmepumpen zur Raumheizung und Trinkwassererwärmung

Erläuterungen – Effizienz durch Innovation: Die VDI 4650 auf dem Weg zur optimalen Wärmepumpennutzung

Die VDI 4650 Blatt 1:2024-02 ist eine entscheidende Richtlinie, die sich der fortschrittlichen Nutzung von Elektrowärmepumpen widmet, um Wohngebäude effizient mit Raumheizung und Trinkwarmwasser zu versorgen. In dieser Neufassung werden die neuesten technologischen Entwicklungen, wie verbesserte Kältemittel und Verdichtertechnologien sowie Leistungsregelung, aufgegriffen und deren Einfluss auf die Jahresarbeitszahl detailliert berechnet. Basierend auf den Erkenntnissen aus Feldmonitoringprojekten des Fraunhofer ISE, bietet diese Richtlinie umfassende Anleitungen zur effizienten Gestaltung und Bewertung von Wärmepumpensystemen. Sie integriert modernste Technologien wie Hocheffizienzpumpen, Solarunterstützung und bietet Strategien für die Kühlung sowie eine verbesserte primärenergetische Bewertung der Systeme. Diese Überarbeitung berücksichtigt auch die neuesten europäischen Normen und bietet damit eine aktuelle und praxisnahe Unterstützung für Fachkräfte, die auf dem neuesten Stand der Technik bleiben wollen. Mit der VDI 4650 setzen wir einen neuen Standard in der Wärmepumpentechnologie und tragen so zur weiteren Verbreitung dieser umweltfreundlichen Heizmethode bei.

Begriffe: Definition wichtiger Fachbegriffe zur klaren Kommunikation und Interpretation der Richtlinienvorgaben → *Anhang B* dieses Buches.

Grundlagen der Berechnung: Überblick über die Methodik zur Berechnung der Jahresarbeitszahl, einschließlich Bilanzgrenzen und relevanter Einflussfaktoren.

Berechnung der Jahresarbeitszahl: detaillierte Darstellung der Schritte zur Berechnung der Jahresarbeitszahlen für Raumheizung und Trinkwassererwärmung, inklusive der Berücksichtigung verschiedener Betriebsmodi und Solarunterstützung.

Primärenergetische Bewertung: Bewertung der Wärmepumpensysteme hinsichtlich ihres primärenergetischen Aufwands und ihrer Effizienz.

Beispielrechnungen: Konkrete Rechenbeispiele zur Anwendung der Berechnungsverfahren auf verschiedene Arten von Wärmepumpensystemen, wie Erdwärme- und Luft-Wasser-Wärmepumpen.

Anhang: zusätzliche Informationen zu Leistungszahlen nach DIN EN 14511:2018-10 und Erläuterungen zur Umrechnung dieser Zahlen nach DIN EN 14825:2023-10.

Anhang A.17 FNN-Hinweis Zählerplätze in Bestandsanlagen – Anforderungen an Zählerplätze bei Änderungen bzw. Erweiterungen der Kundenanlage

Bezeichnung der Norm, FNN-Hinweis	FNN-Hinweis „Zähler in Bestandsanlagen“
Titel der Norm, VDI-Richtlinie	FNN-Hinweis „Zählerplätze in Bestandsanlagen – Anforderungen an Zählerplätze bei Änderungen bzw. Erweiterungen der Kundenanlage“
Anwendungsbereich	In den vorliegenden Richtlinien werden die Konsequenzen für den Betrieb von Anlagen, die durchgehend mit Betriebsströmen bis zu 44 A und einem haushaltsüblichen Lastprofil bis zu 63 A arbeiten, an vorhandenen Zählerplätzen mit einem Nennstrom von 63 A untersucht.
Anwendungsbeginn	September 2023
Ersatz für	kein, Version 1.0
Status	gültig
Wesentliche Inhalte	*Begriffe → Anhang B* dieses Buches. Rechtliche Rahmenbedingungen: Allgemeine rechtliche Rahmenbedingungen, Bauordnungsrechtliche Rahmenbedingungen, Leitungsanlagenrichtlinie und Feuerungsverordnung. Technische Anforderungen: Technische Mindestanforderungen, Anforderungen nach Anwendungsregel TAR Niederspannung, Auszug aus dem Bundesmusterwortlaut (TAB Niederspannung), Arbeits- und Bedienbereich, Austausch bzw. Erweiterung der Zähleranlage. Bewertung des Zählerplatzes: Eignung des Zählerplatzes, Zählerplatzverdrahtung, Stromtragfähigkeit und erforderliche Trennvorrichtung, Spannungsversorgung des RfZ und des Raumes für APZ, Anforderungen an den anlagenseitigen Anschlussraum, Prozessdiagramm.
Hinweise auf weitere Normen	• VDE-AR-N 4100 • DIN VDE 0100-708:2010-02 Errichtung von Niederspannungsanlagen – Gruppe Teil 7-708: Anforderungen für Betriebsstätten, Räume und Anlagen besonderer Art – Caravanplätze, Campingplätze und ähnliche Bereiche • DIN VDE 0105-100:2015-10 Betrieb von elektrischen Anlagen – Teil 100: Allgemeine Festlegungen • DIN VDE 0603 alle Teile, Zählerplätze

Tabelle A.24 Schnellübersicht FNN-Hinweis Zählerplätze in Bestandsanlagen – Anforderungen an Zählerplätze bei Änderungen bzw. Erweiterungen der Kundenanlage

Erläuterungen

Allgemeine rechtliche Rahmenbedingungen: Die Errichtung und der Betrieb von Energieanlagen in Deutschland müssen die technische Sicherheit gewährleisten. Dies ist gesetzlich im § 49 des Energiewirtschaftsgesetzes (EnWG) verankert, der besagt, dass die Energieanlagen den allgemein anerkannten Regeln der Technik entsprechen müssen. Die Einhaltung dieser Regeln wird angenommen, wenn das VDE-Vorschriftenwerk befolgt wird. Des Weiteren regelt der § 13 der Niederspannungsanschlussverordnung (NAV), dass der Anschlussnehmer für die ordnungsgemäße Errichtung, Erweiterung und Instandhaltung der elektrischen Anlage verantwortlich ist. Sollten Sicherheitsmängel auftreten, muss der Netzbetreiber darauf hinweisen und bei Gefahr für Leib oder Leben die Nutzung der Anschlussanlage unterbrechen.

Bauordnungsrechtliche Rahmenbedingungen: Die baulichen Anlagen und Einrichtungen unterliegen bestimmten Vorschriften, die bei Errichtung, Änderung oder Instandhaltung zu beachten sind. Dazu gehören die Leitungsanlagenrichtlinie (LAR), die Musterbauordnung (MBO), und die Landesbauordnung (LBO). Bei Änderungen an bestehenden Zählerplätzen müssen die spezifischen Anforderungen der LAR und der Feuerungsverordnung (FeuVO) beachtet werden, da diese unter Umständen eine zusätzliche Brandlast darstellen könnten.

Technische Mindestanforderungen: Der Zählerplatz muss so beschaffen sein, dass eine sichere und störungsfreie Stromversorgung gewährleistet ist. Eine Überprüfung durch eine Elektrofachkraft ist notwendig, um festzustellen, ob der Zählerplatz äußerlich erkennbare Schäden oder Mängel aufweist, die die Sicherheit gefährden könnten.

Anforderungen nach Anwendungsregel TAR Niederspannung: Gemäß der VDE-AR-N 4100:2019-04 müssen Erweiterungen oder Änderungen in bestehenden Kundenanlagen den jeweils aktuellen technischen Anforderungen entsprechen. Dazu gehört die Prüfung, ob die betroffenen Teile der Anlage an die aktuellen Anforderungen des Niederspannungsnetzes angepasst werden müssen. Dies kann beispielsweise bei einer Erhöhung der elektrischen Leistung oder bei einer Änderung des Verbrauchsverhaltens notwendig sein.

Austausch bzw. Erweiterung der Zähleranlage: Wenn eine Erweiterung der elektrischen Anlage durchgeführt wird, müssen die Anforderungen der VDE-AR-N 4100: 2019-04, Abschnitt 4.4 beachtet werden. Sollte eine Ertüchtigung des bestehenden Zählerplatzes nicht möglich sein, muss ein neuer Zählerplatz nach den aktuellen VDE-Vorschriften errichtet werden.

Anhang A.18 ZVEI-Leitfaden Elektrotechnische Anforderungen an das Bestandsgebäude für den Einbau von Wärmepumpen, Fachverband Energietechnik

Bezeichnung der Norm, ZVEI-Leitfaden	ZVEI-Leitfaden Elektrotechnik – Wärmepumpen in Bestandsgebäuden
Titel der Norm, ZVEI-Leitfaden	ZVEI-Leitfaden Elektrotechnische Anforderungen an das Bestandsgebäude für den Einbau von Wärmepumpen, Fachverband Energietechnik
Anwendungsbereich	Der ZVEI-Leitfaden richtet sich an Fachkräfte im Elektrohandwerk, Planer und weitere Gewerke, die mit der Herausforderung der energetischen Sanierung von Bestandsgebäuden konfrontiert sind. Er fokussiert sich auf die Integration von Wärmepumpen in bestehende elektrische Infrastrukturen unter Berücksichtigung der zusätzlichen Belastungen durch Elektromobilität und Photovoltaikanlagen. Der Leitfaden zielt darauf ab, technische Lösungsansätze und Orientierung für die Planung, Anpassung und Erweiterung der Elektroinstallationen zu bieten.
Anwendungsbeginn	20.02.2023
Ersatz für	
Status	gültig
Wesentliche Inhalte	elektrotechnische Infrastruktur, Wärmepumpentechnologie, energetische Sanierung, Elektromobilität, Lademanagement, elektrische Leistungserweiterung, Anschluss, Absicherung und Dimensionierung, Kommunikationsinfrastruktur für Leistungssteuerung, Gleichzeitigkeitsfaktor, technische und wirtschaftliche Machbarkeit.
Hinweise auf weitere Normen	VDE-AR-N 4100:2019-04

Tabelle A.25 Schnellübersicht ZVEI-Leitfaden Elektrotechnische Anforderungen an das Bestandsgebäude für den Einbau von Wärmepumpen, Fachverband Energietechnik

Erläuterungen

Zusätzliche Hinweise zum Anwendungsbereich: Ergänzend zu dem beschriebenen Anwendungsbereich in der Schnellübersicht Tabelle A.21 soll noch darauf hingewiesen werden, dass der Leitfaden sich speziell an Elektro- und SHK-Fachkräfte richtet, die mit energetischen Sanierungen befasst sind und auf die Notwendigkeit einer Kooperation zwischen den Gewerken.

Problembeschreibung und Herausforderungen: Bestandsgebäude müssen oft elektrisch überprüft und erweitert werden, um den Betrieb von Wärmepumpen und das Laden von Elektroautos zu unterstützen. Die technischen Herausforderungen wie Netzanschlusskapazität, Lastmanagement und Integration von Ladeinfrastrukturen für Elektrofahrzeuge sind zu überlegen. Viele vorhandene Installationen entsprechen nur minimalen, veralteten Anforderungen und haben keine moderne Kommunikationstechnik für die Leistungssteuerung. In Mehrfamilienhäusern ist die Versorgung noch komplexer aufgrund der gleichzeitigen Anforderungen verschiedener Haushalte und es sollte eine klare Unterscheidung zwischen zentralen und dezentralen Warmwasserbereitungsansätzen und deren Vor- und Nachteile vorgenommen werden und deren Vor- und Nachteile berücksichtigt werden.

Lösungsansätze: Energetische Analysen als Basis für die Planung der Elektroinstallation. Berücksichtigung von Bestandsanlagen und Integration neuer Technologien wie Ladeinfrastrukturen. Szenarien zur Lösung, wie einfache Erhöhung der Absicherung, dynamisches Lastmanagement, Installation eines zweiten Netzanschlusses und zukünftige innovative Modelle.

Anschlussleistung: Die Anschlussleistung von Wärmepumpen ist entscheidend für die Dimensionierung der elektrischen Installationen. Es werden die Bemessungsspannungen und die maximalen Leistungen für verschiedene Komponenten wie Verdichter, Zusatzheizer, Pumpen und Regler berücksichtigt. Besonders der maximale Anlaufstrom ist wichtig, da gegebenenfalls Anlaufstrombegrenzer benötigt werden. Für kleinere Warmwasser-Wärmepumpen besteht oft die Möglichkeit, diese direkt anzuschließen, ohne umfangreiche Änderungen an der Elektroinstallation.

Gleichzeitigkeitsfaktor: Der Gleichzeitigkeitsfaktor ist besonders relevant bei der Auslegung der Gesamtleistung, die die elektrische Installation eines Gebäudes bereitstellen muss. Wärmepumpen arbeiten häufig als Dauerlasten, was bedeutet, dass ihre volle Leistung bei der Planung der Elektroinstallation zu berücksichtigen ist. Der Gleichzeitigkeitsfaktor für Verdichter, Pumpen und Regler ist typischerweise 1, was bedeutet, dass man von einer gleichzeitigen und vollständigen Nutzung der installierten Leistung ausgehen muss.

Netzanschluss: Die Überprüfung des vorhandenen Netzanschlusses ist ein kritischer Schritt, um sicherzustellen, dass die vorhandene Installation die zusätzliche

Last einer Wärmepumpe unterstützen kann. Sollte der bestehende Anschluss nicht ausreichend sein, müssen Maßnahmen wie die Erweiterung des Hausanschlusses oder der Austausch des Netzanschlusskabels für eine höhere Leistungsfähigkeit in Betracht gezogen werden. In einigen Fällen kann auch die Installation eines zweiten Netzanschlusses erforderlich sein, insbesondere bei größeren Sanierungsprojekten oder in Mehrfamilienhäusern.

Bauformen, Installationsorte und Betriebsweisen: Die Installation und der Betrieb von Wärmepumpen variieren je nach Bauform (Monoblock- oder Split-Geräte) und Aufstellort (innen oder außen). Die verschiedenen Konfigurationen beeinflussen die Art der notwendigen elektrischen Verbindungen und Installationen. Betriebsweisen wie monovalent, bivalent und hybride Systeme bestimmen zusätzlich die Anforderungen an die elektrische Installation, insbesondere im Hinblick auf die Steuerung und die Integration in das Gebäudemanagementsystem.

Zusätzliche Überlegungen: Zusätzliche Heizsysteme wie elektrische Zusatzheizer, die oft in Verbindung mit Wärmepumpen verwendet werden, stellen zusätzliche Anforderungen an die Elektroinstallation, besonders bei der Anbindung und Regelung in größeren Anlagen oder bei der Nutzung von Pufferspeichern.

Warmwasserbereitung: Die Umstellung der Warmwasserbereitung auf Wärmepumpentechnologie im Gebäudebestand verlangt sorgfältige Planung, um die bestehenden Installationen angemessen zu modernisieren. Die nachfolgenden Anwendungsfälle bieten eine Orientierung für typische Installationsszenarien und notwendige Anpassungen:

- **Ein-/Zweifamilienhaus, zentrale Warmwasserbereitung:** In Ein- und Zweifamilienhäusern kann die Warmwasserbereitung zentral durch eine Heizungswärmepumpe oder eine separate Warmwasser-Wärmepumpe übernommen werden. Besonders in Kellerräumen außerhalb der gedämmten Gebäudehülle sind Warmwasser-Wärmepumpen, die mit Raumluft betrieben werden, eine effiziente Lösung. Sie nutzen die Abwärme und tragen gleichzeitig zur Kühlung und Trocknung des Raums bei. In isolierten Wohnbereichen kann alternativ die Abluft oder Außenluft genutzt werden.
- **Ein-/Zweifamilienhaus, dezentrale Warmwasserbereitung:** Bei der dezentralen Warmwasserbereitung, insbesondere beim Ersatz von Gas-Durchlauferhitzern, ist zu prüfen, ob eine direkte elektrische Erwärmung möglich ist. Elektrische Durchlauferhitzer sind oft eine praktikable Alternative, da sie weniger bauliche Eingriffe erfordern als die Umstellung auf eine zentrale Versorgung. Der Vorteil liegt in der individuellen Steuerbarkeit und dem Wegfall langer Leitungen, was insbesondere in bestehenden Gebäuden von Vorteil ist.

- **Geschosswohnungsbau, zentrale Warmwasserbereitung:** In Mehrfamilienhäusern ist eine zentrale Warmwasserversorgung über eine Heizungswärmepumpe möglich. Allerdings erfordert die Notwendigkeit, das Wasser zum Schutz vor Legionellen auf mindestens 60 °C zu erwärmen, eine hohe Effizienz der Wärmepumpe, was technisch herausfordernd sein kann. Häufig werden daher zentrale Heizwasserpuffer bei geringeren Betriebstemperaturen eingesetzt, kombiniert mit dezentralen Wohnungsübergabestationen, die eine Nacherwärmung des Wassers ermöglichen. Dies ermöglicht die Einhaltung hygienischer Standards ohne Beeinträchtigung der Wärmepumpeneffizienz.
- **Geschosswohnungsbau, dezentrale Warmwasserbereitung:** In der dezentralen Variante bleibt die Warmwasserbereitung in jeder Wohnung eigenständig, meist über elektrische Durchlauferhitzer. Die Umstellung von Gas auf Elektro ist in der Regel mit minimalen baulichen Änderungen verbunden, wobei der vorhandene Elektroanschluss auf seine Kapazität hin überprüft und gegebenenfalls erweitert werden muss. Großvolumige Warmwasser-Wärmepumpen sind in diesem Kontext oft nicht praktikabel aufgrund des Platzbedarfs.

Elektroinstallation: Der Abschnitt zur Elektroinstallation bietet eine detaillierte Betrachtung der technischen und planerischen Aspekte, die bei der Integration von Wärmepumpen in bestehende Elektroanlagen berücksichtigt werden müssen. Hier sind die Schlüsselelemente zusammengefasst:

Anschluss über Wohnungszähler/Zähler im Einfamilienhaus:

- **Einzelzähler vs. Doppelzählerkonfigurationen:** Abhängig von der vorhandenen Infrastruktur kann entweder ein Zähler für die gesamte Anlage oder separate Zähler für Heizung und allgemeinen Stromverbrauch eingesetzt werden. Die Entscheidung sollte auf Basis der technischen Anforderungen der Wärmepumpe und der Verfügbarkeit von Förderprogrammen getroffen werden.
- **Anschluss über zusätzlichen Gemeinstromzähler in Mehrfamilienhäusern:** Hier kann ein vorhandener Gemeinstromzähler genutzt oder ein neuer installiert werden, um die Wärmepumpe anzuschließen. Dies bietet die Möglichkeit, günstigere Tarife für die Wärmepumpe zu nutzen, jedoch mit zusätzlichen Kosten für den neuen Zähler.

Netzwerkanschluss

Vorteile von Netzwerkverbindungen: Der Anschluss der Wärmepumpe an ein Gebäudenetzwerk (LAN/WLAN) kann erhebliche Vorteile bieten, wie die Überwachung der Anlagenparameter und die Fernwartung. Dies ist besonders wichtig für die effiziente Wartung und Fehlerdiagnose.

Energiemanagement

Integration in Gebäudemanagementsysteme: Ein Energiemanagementsystem (EMS) koordiniert die Energieerzeugung und -nutzung, um den Gesamtenergiebedarf zu optimieren und die Betriebskosten zu minimieren. Dies schließt die Koordination von Wärmepumpen, Ladeeinrichtungen und anderen Energiequellen mit ein.

Bauliche Umfeldmaßnahmen

Installationsrichtlinien: Es müssen normgerechte Systeme für die Gebäudeeinführung der Leitungen verwendet werden, um Sicherheits- und Funktionalitätsstandards zu erfüllen. Diese Anforderungen gelten sowohl für die hydraulischen als auch für die elektrischen und Netzwerkleitungen.

Fazit zum Leitfaden: Dieser Leitfaden unterstreicht die Notwendigkeit der Zusammenarbeit zwischen den verschiedenen Gewerken, um eine effiziente und kostengünstige Umstellung von fossilen Heizsystemen auf Wärmepumpen zu gewährleisten. Empfohlen wird ein weiterführender Bericht des Fraunhofer ISE, der die praktischen Beispiele für die Umstellung auf Wärmepumpenbetrieb in Bestandsgebäuden liefert.

Anhang A.19 BWP-Leitfaden Außenaufstellung von Wärmepumpen mit brennbaren Kältemitteln

Bezeichnung der Norm, BWP-Leitfaden	BWP-Leitfaden Außenaufstellung
Titel der Norm, BWP-Leitfaden	BWP-Leitfaden Außenaufstellung von Wärmepumpen mit brennbaren Kältemitteln
Anwendungsbereich	Der BWP-Leitfaden richtet sich an Planer und Installateure und bietet umfassende Informationen zu rechtlichen, normativen und technischen Aspekten. Der Leitfaden behandelt die Qualifizierung und Zertifizierung für Arbeiten an Wärmepumpen sowie spezifische Anforderungen für verschiedene Aufstellungsarten, Installation, Inbetriebnahme, Prüfungen, Kennzeichnung und Dokumentation.
Anwendungsbeginn	26.07.2021
Status	gültig
Wesentliche Inhalte	Qualifizierung und Zertifizierung, Aufstellung, Installation und Inbetriebnahme, Prüfungen, Kennzeichnung und Dokumentation, Inspektion, Wartung, Instandhaltung, Außerbetriebnahme, Transport, Lagerung, Rücknahme, Entsorgung, Risiko und Gefährdungsbeurteilung
Hinweise auf weitere Normen	VDE-AR-N 4100:2019-04

Tabelle A.26 Schnellübersicht BWP-Leitfaden Außenaufstellung von Wärmepumpen mit brennbaren Kältemitteln

Erläuterungen

Allgemeines: Die Umsetzung der F-Gase-Verordnung hat dazu geführt, dass viele Hersteller von Wärmepumpen neue Kältemittel verwenden, die oft brennbar sind. Diese Kältemittel zeichnen sich durch ein geringes Treibhauspotenzial (GWP) und gute thermodynamische Eigenschaften aus. Der Leitfaden fasst die wichtigsten rechtlichen, normativen und technischen Anforderungen zusammen und dient als Informationsquelle für Planer und Installateure. Er deckt alle Phasen von der Beschaffung bis zur Entsorgung der Anlagen ab. Zudem beinhaltet der Leitfaden ein Glossar, um eine herstellerübergreifende Orientierung zu erleichtern.

Hinweis: Dieser Leitfaden ersetzt nicht die verbindlichen Anleitungen der Hersteller oder die Gefährdungsbeurteilungen nach der Arbeitsstätten- und Betriebssicherheitsverordnung.

Einteilung von Kältemitteln nach Brennbarkeit und Toxizität:

Kältemittel werden nach ihrer Brennbarkeit und Toxizität in Sicherheitsgruppen eingeteilt, **Tabelle A.27**.

	Sicherheitsgruppen Kältemittel	
	Geringe Toxizität	**Erhöhte Toxizität**
keine Flammenausbreitung	A1	B1
niedrige Entflammbarbeit	A2	B2
schwer entflammbar	A2L	B2L
höhere Entflammbarkeit	A3	B3

Tabelle A.27 Sicherheitsklassifizierung Kältemittel (Quelle: BWP)

Dabei steht die Gruppe „A“ für geringe Toxizität und die Gruppe „B“ für erhöhte Toxizität. Die spezifischen Anforderungen an die Handhabung variieren je nach Kältemittel und sind im Leitfaden durch Symbole gekennzeichnet. Wenn keine Symbole angegeben sind, gelten die Informationen für Kältemittel aller Sicherheitsklassen.

Einteilung von Kältemitteln nach GWP-Werten

Der GWP-Wert (Global Warming Potential) gibt an, wie stark ein Kältemittel im Vergleich zu CO_2 das Klima beeinflusst. Die folgende Tabelle zeigt die gängigen Kältemittel in Wärmepumpen mit ihren GWP-Werten, Sicherheitsklassen und Selbstentzündungstemperaturen:

Kältemittel	Sicherheitsklasse	GWP	Selbstentzündungs-temperatur in °C	Maximal zulässige Oberflächentemperatur in °C
R290	A3	3	470	370
R454C	A2L	148	444	344
R454B	A2L	466	496	396
R32	A2L	675	648	548
R134a	A1	1430	743	n. a.
R407C	A1	1774	704	n. a.
R410A	A1	2088	Nicht definiert	n. a.
R404A	A1	3922	728	n. a.

Tabelle A.28 Diese Werte basieren auf dem 4. Sachstandsbericht zum IPCC-Protokoll sowie der F-Gase-Verordnung und sind in der DIN EN 378 detaillierter beschrieben.

Qualifizierung und Zertifizierung

Arbeiten an Wärmepumpen, die brennbare Kältemittel verwenden, erfordern spezielle Kenntnisse und Qualifikationen. Diese Arbeiten werden in zwei Kategorien unterteilt:

- *Arbeiten außerhalb des Kältekreises:* Diese Arbeiten werden von Fachleuten durchgeführt, die eine entsprechende Ausbildung für das jeweilige Gewerk haben. Zusätzlich wird empfohlen, herstellerspezifische Schulungen zu Planung, Montage und Service wahrzunehmen.
- *Arbeiten, die das Öffnen, Entleeren oder Befüllen des Kältekreises bedürfen:* Hierbei ist eine Zertifizierung nach der Chemikalien-Klimaschutzverordnung (ChemKlimaschutzV) erforderlich. Bei brennbaren Kältemitteln ist zusätzlich eine spezielle Qualifizierung notwendig, die durch Schulungen an anerkannten Bildungseinrichtungen erworben werden kann.

Aufstellung

- **Bodennahe Außenaufstellung:** Bei der bodennahen Außenaufstellung muss sichergestellt werden, dass im Falle einer Kältemittelleckage kein Kältemittel ins Gebäude gelangen kann. Schutzbereiche, in denen keine Zündquellen vorhanden sein dürfen, müssen beachtet werden. Diese Bereiche umfassen:
  - offene Flammen
  - elektrische Anlagen wie Steckdosen und Lichtschalter
  - funkenbildende Werkzeuge
  - Gegenstände mit hohen Oberflächentemperaturen

Die Einhaltung der Schutzbereiche liegt in der Verantwortung des Betreibers. Diese Bereiche dürfen keine Gebäudeöffnungen, Fenster, Türen, Lichtschächte, Lüftungsöffnungen, Grundstücksgrenzen oder Zugänge zu Abwassersystemen enthalten. Mindestabstände für Wartung und Service sind gemäß den Vorgaben des Herstellers einzuhalten.

- **Wandhängende Montage:** Für die wandhängende Montage gelten dieselben Anforderungen wie für die bodennahe Außenaufstellung.
- **Dachaufstellung:** Auch für die Dachaufstellung gelten die gleichen Vorgaben wie für die bodennahe Außenaufstellung. Zusätzlich dürfen sich Dachentlüfter und Dachentwässerungseinrichtungen nicht im Schutzbereich befinden.
- **Garagen, Parkhäuser, Tiefgaragen und Parkplätze:** Die Aufstellung von Wärmepumpen in Garagen, Parkhäusern und ähnlichen Bereichen muss den Garagen- und Stellplatzverordnungen (GaStellV) entsprechen, die landesrechtlich geregelt sind. Bei der Nutzung von A3-Kältemitteln ist ein Rammschutz außerhalb des Schutzbereiches erforderlich, um Schäden durch Fahrzeuge zu verhindern. Zündquellen im Schutzbereich müssen durch Hinweisschilder gekennzeichnet sein.
- **Kondensatablauf:** Der Kondensatablauf muss über einen Siphon an das Abwasser-, Regenwasser- oder Drainagesystem angeschlossen werden und darf nicht direkt erfolgen.

Installation und Inbetriebnahme

- **Allgemeine Hinweise:** Bei der Installation und Inbetriebnahme von Wärmepumpen mit brennbaren Kältemitteln ist normalerweise nicht mit explosionsfähigen Gasatmosphären zu rechnen. Dennoch sind grundlegende Sicherheitsvorkehrungen erforderlich, um potenzielle Gefahren zu vermeiden. Es ist wichtig, Zündquellen zu vermeiden, einschließlich Bohr- und Schleifarbeiten, die hohe Temperaturen erzeugen können. Arbeiten an elektrischen Anlagen sollten nur von Fachkräften durchgeführt werden. Besonders wichtig ist die ordnungsgemäße Durchführung des Potenzialausgleichs und die gasdichte Ausführung von Kabel- und Leitungsdurchführungen ins Gebäude.
- **Inbetriebnahme:** Die Inbetriebnahme darf nur durch qualifiziertes Fachpersonal erfolgen, wobei die Qualifizierung vom Anlagentyp und den durchzuführenden Arbeiten (z. B. Arbeiten am Kältekreis) abhängt. Vor der Inbetriebnahme ist sicherzustellen, dass die Installation fachgerecht gemäß den Herstellerangaben durchgeführt wurde. Dies umfasst die kältemittelabhängigen Aufstellungsbedingungen sowie die elektrischen und hydraulischen Anschlüsse. Bei Split-Wärme-

pumpen sind zusätzlich die kältetechnischen Verbindungen und die Dokumentation der Druck- und Dichtheitsprüfung zu überprüfen. Mängel müssen vor der Inbetriebnahme behoben werden. Die Inbetriebnahme erfolgt schrittweise gemäß den Herstellerangaben.

- **Werkzeug:** Bei der Handhabung von Werkzeugen sind die Betriebsanweisungen der Hersteller zu beachten. Es muss sichergestellt werden, dass die Werkzeuge und Arbeitskleidung keine Zündquellen darstellen. Für Arbeiten am Kältekreislauf oder in definierten Schutzbereichen darf nur geeignetes Werkzeug verwendet werden. Die Anforderungen an das Werkzeug hängen vom verwendeten Kältemittel ab. Werkzeuge, die direkt mit dem Kältemittel in Kontakt kommen, müssen für das jeweilige Kältemittel zugelassen sein. Mögliche Zündquellen variieren je nach Kältemittel und umfassen Flammen, Lichtbögen, heiße Oberflächen, elektrische Schaltkontakte, mechanische Funken und statische Aufladung.

Die Zündquellen sind abhängig vom jeweiligen Kältemittel, beispielsweise:

Zündquellen	Sicherheitsklassen
Flammen	A2L, A3
Lichtbögen	A2L, A3
Heiße Oberflächen, siehe Tabelle 2	A2L, A3
Elektrische Schaltkontakte	A3
Entladung von Kondensatoren	A3
Elektrische Potentialunterschiede	A3
Mechanische Schlag- und Reibfunken durch Werkzeuge	A3
Statische Aufladung nicht geerdeter Bauteile, z. B. Kältemittelschläuche	A3
Benutzung elektronischer Geräte, Smartphone oder Notebook	A3

Tabelle A.29 Zündquellen für A2L und A3 Kältemittel (Quelle: BWP-Leitfaden)

Prüfungen

- **Prüfungen beim Hersteller:** Der Hersteller bestätigt durch die CE-Konformitätserklärung, dass die Wärmepumpen alle relevanten Vorschriften einhalten. Vor der Auslieferung wird jede Wärmepumpe einer Druckfestigkeitsprüfung, einer Dichtheitsprüfung und einer Funktionsprüfung der Sicherheitsschalteinrichtungen zur Druckbegrenzung unterzogen.
- **Druckfestigkeitsprüfung:** Bei Split-Wärmepumpen müssen die Verbindungsstellen und Rohrleitungen gemäß den Herstellerangaben hinsichtlich Druckfestigkeit geprüft werden. Zusätzliche Informationen sind in der EN 378-2 zu finden.

- **Dichtheitsprüfung der Wärmepumpe:** Die kältetechnische Verbindung zwischen Innen- und Außeneinheit bei Split-Wärmepumpen muss durch qualifiziertes Personal eines zertifizierten Unternehmens gemäß der EU-Verordnung 2015/2067 und der ChemKlimaschutzV erfolgen. Nach der Installation ist eine Dichtheitsprüfung gemäß den Herstellerangaben erforderlich. Zusätzliche Informationen sind in der EN 378-2 zu finden. Eine eventuelle Lackierung der Rohre darf erst nach der Prüfung erfolgen.

Kennzeichnung und Dokumentation

- **Kennzeichnung:** Jede Wärmepumpe muss ein deutlich lesbares Typenschild besitzen, das nicht entfernt oder überdeckt werden darf. Das Typenschild muss unter anderem folgende Informationen enthalten:
  - Kältemittel-Kurzzeichen
  - Kältemittel-Füllmenge
  - max. zulässige/r Druck/Drücke (PS)
  - Name und Anschrift des Herstellers und des bevollmächtigten Vertreters
  - Bauart, Seriennummer oder Bezugsnummer
  - Jahr des Abschlusses des Herstellungsprozesses

Für außen aufgestellte Wärmepumpen mit mehr als 10 kg Kältemittel der Sicherheitsklasse A3 oder B3 ist ein beschränkt zugänglicher Bereich vorzusehen, der mit einem Warnhinweis zu kennzeichnen ist. Unbefugte Personen dürfen den Bereich nicht betreten, und Rauchen, offene Flammen und andere potenzielle Zündquellen sind verboten.

- **Dokumentation für den Betreiber:** Dem Betreiber der Wärmepumpe müssen die notwendigen Herstellerunterlagen übergeben werden. Diese beinhalten:
  - CE-Konformitätserklärung
  - Betriebsanleitung in der jeweiligen Landessprache
  - Technische Spezifikationen, wie z. B. das verwendete Kältemittel
  - Anlagen-Logbuch
- **Dokumentation nach Wartung:** Ein Anlagen-Logbuch zur Dokumentation der Dichtheitsprüfungen und Mengen nachgefüllter oder rückgewonnener Kältemittel ist gemäß ChemKlimaSchutzV und der F-Gase-Verordnung zu führen, abhängig von der Art des Kältemittels, der Füllmenge und der Bauart der Wärmepumpe. Grundsätzlich wird eine Wartungsdokumentation empfohlen.

Inspektion, Wartung, Instandhaltung und Außerbetriebnahme

- **Inspektion und Wartung:** Eine jährliche Inspektion ist oft Voraussetzung für die Garantie bzw. Gewährleistung des Herstellers und dient der Aufrechterhaltung des effizienten und sicheren Betriebs der Anlage. Fachkundige Personen mit der entsprechenden Sachkunde für den Umgang mit Kältemitteln müssen die Inspektionen durchführen. Besondere Aufmerksamkeit ist auf die Vermeidung von Zündquellen und die Einhaltung der Schutzbereiche zu richten.
- **Dichtheitsprüfung:** Die Dichtigkeit des Kältekreislaufs muss regelmäßig geprüft und dokumentiert werden. Bei einer Leckage muss die Leckstelle lokalisiert und fachgerecht repariert werden. Die Prüfung erfolgt mindestens jährlich für Kältemittel, die unter die F-Gase-Verordnung fallen. Eine Tabelle mit den Füllmengen ausgewählter Kältemittel und den Prüfintervallen sollte hinzugefügt werden.
- **Instandhaltung:** Sicherheitshinweise für Arbeiten am Kältekreis oder an abgedichteten Gehäusen:
  - Routinearbeiten sollten immer nach einem festgelegten Ablauf durchgeführt werden.
  - Personen in der Umgebung müssen über die möglichen Gefahren informiert werden.
  - Schutzbereiche müssen markiert und Zündquellen ausgeschlossen werden.
  - Der Arbeitsbereich muss ständig mit einem Gasdetektor überwacht werden.
  - Es dürfen nur zugelassene Werkzeuge und Originalersatzteile verwendet werden.
- **Außerbetriebnahme und Entsorgung:** Bei der Außerbetriebnahme sind die gleichen Sicherheitsvorkehrungen wie bei der Instandhaltung zu beachten. Vor der Lagerung muss das Kältemittel abgesaugt und der Kältekreis evakuiert und mit Stickstoff gefüllt werden. Die Sicherheitshinweise und Herstellerangaben zur Außerbetriebnahme und Entsorgung sind einzuhalten.

Transport durch Fachhandwerker, Lagerung, Rücknahme, Entsorgung

- **Europäisches Gefahrgutrecht – ADR:** Das ADR regelt die Beförderung gefährlicher Güter auf der Straße in Europa. Für Wärmepumpen mit brennbaren Kältemitteln gibt es derzeit keine besonderen Vorschriften. Entscheidend sind die Herstellerangaben und Hinweise zu Transport und Lagerung.
- **Hinweise zu Transport und Lagerung für den Baustellenbetrieb:** Für vorbefüllte Wärmepumpen gelten keine zusätzlichen Regeln für den Transport. Es wird jedoch empfohlen, die Geräte in aufrechter Position und in der Originalverpackung zu transportieren. Während des Transports und der Lagerung ist auf ausreichende Belüftung und das Vermeiden von Zündquellen zu achten.

- **Transportschäden:** Bei einem Transportschaden muss das Gerät an einen sicheren Ort im Freien verbracht werden, wo keine Zündquellen im Umkreis von 6 m vorhanden sind. Ein mobiles Gaswarngerät sollte mitgeführt werden.

Lagerung beim Fachhandwerker und beim Großhändler

- **Gefahrstoffrecht:** Die Lagerung von Gefahrstoffen ist in der EU durch die REACH-Verordnung und in Deutschland durch die TRGS 510 geregelt. Kältemittel stehen derzeit nicht auf der Liste der besonders besorgniserregenden Stoffe, daher bestehen keine besonderen Informationspflichten.
- **Brandschutz:** Die Lagerung von Wärmepumpen mit brennbaren Kältemitteln erhöht die Brandlast im Lagerraum. Feuerwehrpläne und Brandschutzkonzepte müssen geprüft und ggf. angepasst werden.
- **Explosionsschutz:** Trotz Dichtigkeitstests kann Kältemittel durch Transportschäden freigesetzt werden. Daher sind Zündquellen zu vermeiden und Lagerbereiche entsprechend zu kennzeichnen. Die Explosionsgefährdung des Lagers sollte vor der Einlagerung größerer Mengen geprüft werden.
- **Aufstellung von Wärmepumpen in Ausstellungen und Messen:** Für Ausstellungen und Messen wird empfohlen, das Kältemittel vorher fachgerecht zu entfernen und die notwendigen Vorschriften und Qualifizierungen zu beachten.

Risiko- und Gefährdungsbeurteilung

- **Risikobeurteilung:** Der Hersteller erstellt eine Risikobeurteilung, die die Grundlage für die Installations- und Planungsanleitung bildet.
- **Gefährdungsbeurteilung:** Der Handwerker führt eine Gefährdungsbeurteilung gemäß Arbeitsstätten- und Betriebssicherheitsverordnung durch, basierend auf der Installations- und Planungsanleitung. Diese umfasst Bewertungen zu:
  - Lagerung
  - Qualifizierung der Mitarbeiter
  - Werkzeug
  - Maßnahmen im Falle eines Unfalls
  - Verantwortlichen, Sicherheitsbeauftragten
  - Unternehmerisches Risiko
  - Versicherung
  - Betriebssicherheitsverordnung, Gefahrstoffverordnung

Anhang A.20 VDMA 24197-1 Energetische Inspektion von Komponenten gebäudetechnischer Anlagen

Bezeichnung der Norm	VDMA 24197-1:2012-07
Titel der Norm, VDMA-Einheitsblätter	Energetische Inspektion von Komponenten gebäudetechnischer Anlagen – Teil 1: Klima- und lüftungstechnische Geräte und Anlagen
Anwendungsbereich	Das VDMA-Einheitsblatt umfasst die Definition und Spezifikation der Tätigkeiten und Leistungen, die im Rahmen der energetischen Inspektion von Komponenten gebäudetechnischer Geräte und Anlagen durchzuführen sind. Diese technischen Regelwerke decken drei spezifische Bereiche ab: • klima- und lüftungstechnische Geräte und Anlagen • heiztechnische Geräte und Anlagen • kältetechnische Geräte und Anlagen zu Kühl- und Heizzwecken Der Anwendungsbereich von VDMA 24197 erstreckt sich über die Gebäudetechnik hinaus und kann auch auf prozesstechnische Anlagen angewendet werden. Diese Inspektionen sind zunehmend gesetzlich vorgeschrieben, wie es die Energieeinsparverordnung (EnEV) von 2009 verdeutlicht.
Anwendungsbeginn	2012-07
Ersatz für	Erstauflage
Status	aktuell
Wesentliche Inhalte	Definition der Tätigkeiten und Leistungen im Rahmen der energetischen Inspektion, Anwendungsbereich, Übertragbarkeit auf prozesstechnische Anlagen, gesetzliche Anforderungen gemäß EnEV 2009, praktische Hilfsmittel für Betreiber und Fachunternehmen, Einsatz über den Geltungsbereich der EnEV hinaus, Vorteile der energetischen Inspektion, EU-Richtlinien und Verordnungen.
Hinweise auf weitere Normen	• EnEV 2009: Verordnung der Bundesregierung zur Änderung der Verordnung über energiesparenden Wärmeschutz und energiesparende Anlagentechnik bei Gebäuden – Energieeinsparverordnung (EnEV), 1.10.2009, Berlin • EPBD 2010: Richtlinie über die Gesamtenergieeffizienz von Gebäuden des Europäischen Parlaments und Rates der Europäischen Union (Neufassung), 2009, 2010/31/EU, Brüssel • VDMA 24176:2007-01 Inspektion von technischen Anlagen und Ausrüstungen in Gebäuden • VDMA 24197-1:2012-07 Energetische Inspektion von Komponenten gebäudetechnischer Anlagen – Teil 1: Klima- und lüftungstechnische Geräte und Anlagen

Tabelle A.30 Schnellübersicht VDMA 24197:2012-07 Energetische Inspektion von Komponenten gebäudetechnischer Anlagen – Teil 1: Klima- und lüftungstechnische Geräte und Anlagen

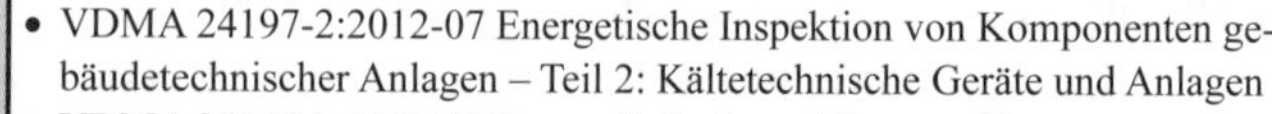

	• VDMA 24197-2:2012-07 Energetische Inspektion von Komponenten gebäudetechnischer Anlagen – Teil 2: Kältetechnische Geräte und Anlagen • VDMA 24197-3:2012-07 Energetische Inspektion von Komponenten gebäudetechnischer Anlagen – Teil 1: Klima- und lüftungstechnische Geräte und Anlagen zu Kühl- und Heizzwecken • DIN EN 16798-17:2019-09 Energetische Bewertung von Gebäuden – Lüftung von Gebäuden – Teil 17: Leitlinien für die Inspektion von Lüftungs- und Klimaanlagen (Module M4-11, M5-11, M6-11, M7-11) • DIN SPEC 15240:2019-03 Energetische Bewertung von Gebäuden – Lüftung von Gebäuden – Energetische Inspektion von Klimaanlagen

Tabelle A.30 (*Fortsetzung*) Schnellübersicht VDMA 24197:2012-07 Energetische Inspektion von Komponenten gebäudetechnischer Anlagen – Teil 1: Klima- und lüftungstechnische Geräte und Anlagen

Anmerkung: Der Verband Deutscher Maschinen- und Anlagenbau e. V., kurz VDMA, ist ein Branchenverband, der die gemeinsamen wirtschaftlichen, technischen und wissenschaftlichen Interessen der Maschinenbauindustrie vertritt. VDMA-Einheitsblätter sind technische Regeln und Vereinbarungen, die von VDMA-Mitgliedsfirmen effizient und zeitnah zu den neuesten technischen Entwicklungen erarbeitet werden. Sie haben den Charakter einer überbetrieblichen Werknorm.

Erläuterungen

Definition der Tätigkeiten und Leistungen im Rahmen der energetischen Inspektion: Die VDMA 24197 beschreibt detailliert die Schritte und Methoden, die zur Inspektion und Bewertung der Energieeffizienz von gebäudetechnischen Anlagen notwendig sind. Dies beinhalten die Prüfung und Analyse von Komponenten wie Lüftungs- und Klimageräten, Heizkesseln und Kühlanlagen.

Übertragbarkeit auf prozesstechnische Anlagen: Obwohl die VDMA 24197 ursprünglich für die Gebäudetechnik konzipiert wurde, lassen sich die darin beschriebenen Inspektionsverfahren auch auf industrielle prozesstechnische Anlagen anwenden. Dies ermöglicht eine breitere Anwendung und kann zu weiteren Effizienzsteigerungen in verschiedenen Branchen führen.

Gesetzliche Anforderungen gemäß EnEV 2009: Die Energieeinsparverordnung (EnEV) von 2009 fordert die regelmäßige und sachgerechte Bedienung sowie Instandhaltung von Heizungs-, Kühl- und Lüftungsanlagen. Betreiber müssen sicherstellen, dass diese Anlagen effizient arbeiten, was durch regelmäßige Wartung und Inspektion gewährleistet wird. Besonders Klimaanlagen mit einer Nennleistung von mehr als 12 kW müssen, energetisch inspiziert werden, um ihre Effizienz zu maximieren und den Energieverbrauch zu minimieren.

Praktische Hilfsmittel für Betreiber und Fachunternehmen: Die VDMA 24197 bietet konkrete Werkzeuge und Anleitungen für Betreiber und Fachunternehmen, um die gesetzlichen Vorgaben zu erfüllen und gleichzeitig die Energieeffizienz ihrer Anlagen zu verbessern. Diese Hilfsmittel unterstützen bei der systematischen Erfassung und Bewertung der energetischen Leistung von Anlagen.

Einsatz über den Geltungsbereich der EnEV hinaus: Sie ist nicht auf die EnEV beschränkt, sondern kann auch in anderen Kontexten und Ländern angewendet werden, um die Energieeffizienz von Anlagen zu verbessern und die Betriebskosten zu senken.

Vorteile der energetischen Inspektion: Die Durchführung energetischer Inspektionen bringt sowohl kurzfristige als auch langfristige Vorteile. Technisch kann die Lebensdauer von Anlagen verlängert werden, ökologisch wird der CO_2-Ausstoß reduziert, und monetär lassen sich die Betriebskosten durch effizienteren Energieeinsatz senken. Investitionen in diese Maßnahmen amortisieren sich in der Regel schnell.

EU-Richtlinien und Verordnungen: Die EU hat mit der Ökodesign-Rahmenrichtlinie und der Energy Performance of Building Directive (EPBD) klare Vorgaben zur Energieeffizienz gemacht. Diese Richtlinien setzen Mindestanforderungen an die Effizienz energieverbrauchender Produkte und betonen die Bedeutung der energetischen Inspektion zur Ermittlung und Ausschöpfung von Verbesserungspotenzialen in der Gebäudetechnik.

Anhang A.21 DGUV-Vorschrift-3-Prüfung

Bezeichnung der DGUV	DGUV-Vorschrift 3
Titel der Empfehlung zur DGUV für Wärmepumpen	Elektrische Anlagen und Betriebsmittel
Anwendungsbereich	Die DGUV-Vorschrift 3 gilt auch für Unternehmen, die Wärmepumpenanlagen betreiben und sie ist für die Sicherheit und den Gesundheitsschutz bei Arbeiten im Bereich der Elektrotechnik zuständig. Im spezifischen Kontext der Wärmepumpen erstreckt sich die Anwendung auf alle elektrischen Prüfungen und Sicherheitsüberprüfungen, die zur Inbetriebnahme, regelmäßigen Wartung und Überprüfung dieser Geräte erforderlich sind. Die Vorschrift stellt sicher, dass elektrische Anlagen und Betriebsmittel, einschließlich Wärmepumpen, sicher und ordnungsgemäß funktionieren, um Unfälle und gesundheitliche Gefahren zu vermeiden.
Anwendungsbeginn	Seit 1. Mai 2014
Ersatz für	BGV-A3-Prüfung
Status	aktuell
Wesentliche Inhalte	Regelmäßige Überprüfung, visuelle Inspektion, Messung des Isolationswiderstands, Prüfung der Schutzmaßnahmen, Funktionsprüfung, Dokumentation
Hinweise auf weitere DGUV	DGUV-Regel 100-500, Kapitel 2.35 Betreiben von Kälteanlagen, Wärmepumpen und Kühleinrichtungen (zurückgezogen, in Überarbeitung)

Tabelle A.31 Schnellübersicht zur DGUV-Vorschrift 3 als Empfehlung für die Prüfung von Wärmepumpen – Richtlinien und Anforderungen

Erläuterungen

Kurzerläuterung zur DGUV-Vorschrift-3-Prüfung: Die DGUV-Vorschrift-3-Prüfung, bekannt auch unter dem früheren Namen BGV-A3-Prüfung, ist eine berufsgenossenschaftlich vorgeschriebene Elektroprüfung, die in Wärmepumpenbetrieben eine entscheidende Rolle spielt. Diese Überprüfung stellt sicher, dass elektrische Anlagen und Betriebsmittel stets den Sicherheitsvorschriften entsprechen und somit eine Gefährdung für Menschen und Umwelt weitestgehend ausschließen.

Notwendigkeit der DGUV-Vorschrift-3-Prüfung: Wärmepumpensysteme bestehen aus komplexen elektrischen Komponenten, deren fehlerfreier Betrieb dringend erforderlich ist, um Sicherheit und Effizienz zu garantieren. Die DGUV-Vorschrift-3-Prüfung dient dazu, mögliche elektrische Risiken zu identifizieren und zu minimieren. Regelmäßige Inspektionen helfen, Ausfälle und kostspielige Schäden zu verhindern und gewährleisten den zuverlässigen Betrieb der Anlagen.

Prüfungsprozess – ein detaillierter Blick

- **Vorbereitung:** Alle notwendigen Dokumente, wie Schaltpläne und Betriebsanweisungen, werden zusammengestellt. Sicherheitsvorkehrungen werden getroffen, um einen sicheren Ablauf der Prüfung zu ermöglichen.
- **Inspektion:** Qualifizierte Elektrofachkräfte führen die Überprüfung der elektrischen Komponenten durch. Sie analysieren die Verkabelung, Steuerungssysteme und Schutzvorrichtungen, messen elektrische Werte und prüfen die Einhaltung der Sicherheitsbestimmungen.
- **Prüfprotokoll:** Die Ergebnisse der Prüfung werden detailliert dokumentiert. Das Prüfprotokoll enthält Informationen über eventuelle Mängel und die empfohlenen Korrekturmaßnahmen.

Wartung und regelmäßige Prüfung: Neben der DGUV-Vorschrift-3-Prüfung ist auch die regelmäßige Wartung von Wärmepumpenanlagen entscheidend. Diese Kombination aus Wartung und Prüfung maximiert die Lebensdauer und Leistung der Anlagen und sichert eine durchgehende Betriebssicherheit. Die Intervalle dieser Prüfungen hängen von der Art des Geräts und dessen Einsatzbedingungen ab.

Visuelle Inspektion: Eine visuelle Inspektion der Wärmepumpe umfasst die Überprüfung auf sichtbare Schäden, wie z. B. Kabelbrüche, lose Verbindungen oder andere äußere Mängel, die die Sicherheit beeinträchtigen könnten.

Messung des Isolationswiderstands: Die Messung des Isolationswiderstands ist entscheidend, um sicherzustellen, dass keine unerwünschten Erdschlüsse oder Kriechströme vorhanden sind. Diese Messung hilft, die elektrische Sicherheit der Wärmepumpe zu gewährleisten.

Prüfung der Schutzmaßnahmen: Dies beinhaltet die Überprüfung der Wirksamkeit von Schutzmaßnahmen wie Fehlerstrom-Schutzeinrichtungen (RCDs), die im Falle eines Fehlers automatisch abschalten, um die Sicherheit der Benutzer zu gewährleisten.

Funktionsprüfung: Hierbei wird die allgemeine Funktion der Wärmepumpe überprüft. Dies umfasst Tests, um sicherzustellen, dass alle elektrischen und mechanischen Komponenten ordnungsgemäß funktionieren und die Pumpe effizient arbeitet.

Dokumentation: Alle Prüfungen müssen dokumentiert werden. Diese Dokumentation umfasst das Datum der Prüfung, die durchgeführten Tests, die Ergebnisse und gegebenenfalls die durchgeführten Reparaturen oder Wartungsarbeiten.

Vorteile der regelmäßigen Durchführung der DGUV-Vorschrift-3-Prüfung

- **Sicherheit:** erhöht die Sicherheit am Arbeitsplatz und schützt das Personal sowie die Umgebung.
- **Rechtliche Konformität:** erfüllt gesetzliche Anforderungen und vermeidet rechtliche Konsequenzen bei Nichteinhaltung. Prävention von Ausfällen: reduziert das Risiko von Betriebsunterbrechungen und teuren Reparaturen.
- **Energieeffizienz:** sorgt für eine effiziente Funktion der Wärmepumpenanlage, was Energiekosten spart.
- **Vertrauensbildung:** stärkt das Vertrauen von Kunden und Versicherern in die Betriebssicherheit.

Anhang A.22 DGUV-Regel 100-500, Kapitel 2.35 (zurückgezogen) Betreiben von Kälteanlagen, Wärmepumpen und Kühleinrichtungen

Bezeichnung der DGUV	DGUV-Regel 100-500, Kapitel 2.35
Titel der DGUV für Wärmepumpen	Betreiben von Kälteanlagen, Wärmepumpen und Kühleinrichtungen
Anwendungsbereich	Kapitel 2.35 umfasste Sicherheitsanforderungen für den Betrieb von Kälteanlagen, Wärmepumpen und Kühleinrichtungen, einschließlich Maßnahmen zur Verhütung von Gefahren für Leben und Gesundheit bei der Arbeit. Dazu gehören persönliche Schutzausrüstung, Betriebsanweisungen, Unterweisungspflichten und Verhaltensregeln
Anwendungsbeginn	Die Regelungen traten mit der Veröffentlichung der DGUV-Regel 100-500 in Kraft.
Ersatz für	Kapitel 2.35 ersetzte frühere Unfallverhütungsvorschriften, die für Kälteanlagen, Wärmepumpen und Kühleinrichtungen galten. Diese Vorschriften wurden größtenteils in die Betriebssicherheitsverordnung integriert und die erhaltenswerten Inhalte in der DGUV-Regel 100-500 zusammengefasst
Status	Das Kapitel 2.35 wurde im **März 2023 zurückgezogen** und befindet sich derzeit in Überarbeitung. Bis zur Veröffentlichung der überarbeiteten Fassung können die alten Texte als Erkenntnisquelle herangezogen werden.
Wesentliche Inhalte	Sicherheitsanforderungen, Gefährdungsbeurteilung, Schulung und Unterweisung, Wartung und Instandhaltung, Notfallmaßnahmen
Hinweise auf weitere DGUV	DGUV-Vorschrift-3-Prüfung, weitere Informationen BFS-Kälte-Klima

Tabelle A.32 Schnellübersicht DGUV-Regel 100-500, Kapitel 2.35 Betreiben von Kälteanlagen, Wärmepumpen und Kühleinrichtungen (zurückgezogen, in Überarbeitung)

Erläuterungen

- **Sicherheitsanforderungen:** Diese umfassen spezifische technische Anforderungen wie Sicherheitsventile und die Einhaltung bestimmter Temperatur- und Druckgrenzen.
- **Gefährdungsbeurteilung:** Es müssen umfassende Beurteilungen durchgeführt werden, um potenzielle Gefahren zu identifizieren und entsprechende Schutzmaßnahmen zu implementieren.
- **Schulung und Unterweisung:** Regelmäßige Schulungen sind notwendig, um sicherzustellen, dass das Personal die neuesten Sicherheitsstandards und -praktiken kennt.
- **Wartung und Instandhaltung:** Regelmäßige Wartungen sind notwendig, um die Betriebssicherheit zu gewährleisten und Ausfälle zu vermeiden. Hierzu gehört auch die Überprüfung sicherheitsrelevanter Komponenten.
- **Notfallmaßnahmen:** Es müssen klare Notfallpläne vorhanden sein, die den Umgang mit Unfällen oder Störungen regeln, einschließlich Evakuierung und Ersthilfe.

Anhang A.23 DIN 18014:2023-06 Erdungsanlagen für Gebäude – Planung, Ausführung und Dokumentation

Erdungsanlagen für Gebäude, Planung, Ausführung und Dokumentation: Allgemeine Anforderungen an Erdungsanlagen, Auswahl von Erdungsanlagen, Ausführung von Erdungsanlagen, verschiedene Arten von Erdern, Kombination von Erdern, Besondere Ausführungen, Anschlusspunkte, elektrisch leitende Verbindungen, Auswahl von Werkstoffen und Bauteilen, Überprüfung auf Übereinstimmung und Dokumentation, weitere Formblätter und Entscheidungshilfen im Anhang. In der nachfolgenden **Tabelle A.33** ist eine Schnellübersicht enthalten.

Bezeichnung der Norm	DIN 18014:2023-06
Titel der Norm	Erdungsanlagen für Gebäude – Planung, Ausführung und Dokumentation
Ersatz für Übergangsfrist bis	DIN 18014:2014-03 1. Juni 2024
Status	gültige Norm
Anwendungsbeginn	1. Juni 2023
Anwendungsbereich	Anforderungen an die Planung, Ausführung und Dokumentation von Erdungsanlagen für neu zu errichtende Gebäude mit oder ohne kombinierte Potentialausgleichsanlage: • Die Norm ist auch für nachträgliche Errichtung der Erdungsanlage in Bestandgebäuden anwendbar, • Die Norm ist auch für bauliche Anlagen anwendbar, die nicht als Gebäude definiert sind, aber dort dennoch eine Erdungsanlage gefordert ist. • Die geforderten Funktionen nach dieser Norm werden erfüllt, wenn die Anforderungen dieses Dokuments eingehalten werden. Hinweis: Neben den Anforderungen dieser Norm können sich für Erdungsanlagen weitere Anforderungen aus anderen Normen ergeben (→ *Kapitel 2* dieses Buches).
Wesentliche Änderungen gegenüber der Norm aus 2014	• Informationen zu Betonfundamenten mit geringer Erdfühligkeit, • Aussagen zu kombinierte Potentialausgleichsanlage, • Arten von Erdern ergänzt, • Informationen zu Werten des spezifischen Erdwiderstandes, • Kriterien für die Gleichwertigkeit verschiedener Erdungsanlagen, • Strombelastbarkeit von Erdungsanlagen, • Wert für Durchgangsmessung angepasst und ergänzt, • Formblatt zur Planung der Erdungsanlage, Anhang B, • Hinweis zu CFK-Beton, • Bestimmung des Ausbreitungswiderstandes, Anhang G, • Informationen zu Werten des Erdwiderstandes, Anhang F, • Informationen zu Fundamenten mit erhöhtem Erdübergangswiderstandes, Anhang E
Wesentliche Inhalte	• allgemeine Anforderungen an Erdungsanlagen, • Auswahl von Erdungsanlagen, • Ausführung von Erdungsanlagen, • Anforderungen an eine kombinierte Potentialausgleichsanlage, • Anschlusspunkte, • elektrisch leitende Verbindungen, • Auswahl von Werkstoffen und Bauteilen, • Überprüfung auf Übereinstimmung und Dokumentation, • Anhänge zu Erläuterungen, Formblättern, Informationen und Entscheidungshilfen

Tabelle A.33 Schnellübersicht zu DIN 18014:2023-06 für Neubauten und Nachrüstungen

Anhang A.24 Verordnung (EU) 2024/573 über fluorierte Treibhausgase

Bezeichnung der Verordnung	Verordnung (EU) 2024/573
Titel der Verordnung	Verordnung (EU) 2024/573 über fluorierte Treibhausgase
Ersatz für	Verordnung (EU) Nr. 517/2024 und hebt diese auf
Status	gültige Verordnung
Anwendungsbeginn	7. Februar 2024
Anwendungsbereich	• **Erfasst:** Fluorierte Treibhausgase und ihre Mischungen, Produkte und Geräte, die solche Gase enthalten oder benötigen. • **Bereiche:** Emissionsbegrenzung, Nutzung, Rückgewinnung, Recycling, Aufarbeitung, Zerstörung, Inverkehrbringen und Berichterstattung.
Ziel der Verordnung	Diese neue Regelung zielt darauf ab, den Ausstoß von fluorierten Treibhausgasen weiter zu reduzieren und den Einsatz von umweltfreundlicheren Alternativen zu fördern.
Wesentliche Inhalte	• **Emissionsbegrenzung:** Reduktion und Kontrolle von Emissionen fluorierter Treibhausgase. • **Verwendungsverbote:** Verbot der Verwendung in bestimmten neuen Geräten und Produkten, wenn Alternativen verfügbar sind. • **Mengenbegrenzung:** Quoten für das Inverkehrbringen von teilfluorierten Kohlenwasserstoffen. • **Rückgewinnung & Recycling:** Verpflichtungen zur Rückgewinnung und ordnungsgemäßen Entsorgung. • **Berichterstattung:** Strenge Berichts- und Dokumentationspflichten. • **Zertifizierung:** Anforderungen an Ausbildung und Zertifizierung von Personal. • **Zollkontrollen:** Verstärkte Zollüberwachung für den Import und Export.

Tabelle A.34 Schnellübersicht zur Verordnung (EU) 2024/573 über fluorierte Treibhausgase

So, wie bei allen DIN-VDE-Normen, Leitfäden, VDI-Richtlinien, DGUV-Vorschriften in diesem Anhang A haben wir auch hier bei der neuen Verordnung über fluorierte Treibhausgase uns zunächst die Schnellübersicht angesehen, um festzustellen, was uns erwartet. Anschließend werden noch einige zusätzliche Erläuterungen folgen, aber zunächst hat sich wieder einmal der *Öko-Wärme-Willi* gemeldet und möchte Ihn auf etwas humorvolle Weise etwas zur neuen Verordnung erzählen.

Einführung von Öko-Wärme-Willi:
Ein humorvoller Blick auf die neue F-Gase-Verordnung 2024

Liebe Leser,

stellen Sie sich vor, es ist das Jahr 2024. Die EU ist mitten in der grünen Revolution, und unsere alte Bekannte, die F-Gase-Verordnung, hat sich einem Facelift unterzogen – und wie! Da sind wir also wieder, mitten in der Reise Richtung Klimaneutralität, und diesmal mit einem Arsenal neuer Regeln und Vorschriften. Aber keine Sorge, das klingt alles dramatischer, als es ist. Lassen Sie uns gemeinsam einen Blick auf diese frische, aufregende Verordnung werfen, die unser Klima schützen soll – natürlich mit einem Augenzwinkern.

Wenn Sie schon mal davon geträumt haben, dass Ihr Kühlschrank umweltfreundlicher wird als ein Solarzellenbetriebener Smoothie-Mixer, dann sind Sie hier genau richtig. Die neue Verordnung (EU) 2024/573 ist da, um genau das zu erreichen. Öko-Wärme-Willi, unser enthusiastischer Umweltbotschafter, hat sich diese Woche einen frischen Smoothie geschnappt und die Verordnung genauer unter die Lupe genommen. Was er dabei herausgefunden hat? Das verrät er Ihnen gerne, denn er liebt es, Verordnungen in lustige Häppchen zu zerlegen.

„Stellen Sie sich vor“, beginnt Willi begeistert, *„wir sind wie ein Team von supergeheimen Agenten – nur, dass wir nicht auf Bösewichte, sondern auf fluorierte Treibhausgase abzielen. Und statt mit coolen Gadgets arbeiten wir mit noch cooleren, umweltfreundlichen Alternativen. Die neue Verordnung fordert uns dazu auf, diese Gas-Schurken aufzuspüren und ihnen das Handwerk zu legen. Kein Pardon für frei laufende Fluorkreaturen!“*

Aber was genau steckt in diesem neuen Regelwerk? Warum sollten Sie als umweltbewusster Bürger überhaupt interessiert sein? Ganz einfach: Diese Verordnung ist wie eine Gebrauchsanleitung für eine saubere und nachhaltige Zukunft. Sie sagt uns, wie wir Emissionen senken, recyceln und wie wir diese hartnäckigen Gase sicher handhaben. Alles, damit wir unseren Planeten in einem Stück und gut temperiert an die nächste Generation weitergeben können.

Mit der Mission, den Einsatz von fluorierten Treibhausgasen drastisch zu reduzieren, bringt diese Verordnung strenge Quoten, detaillierte Berichtsanforderungen und scharfe Kontrollen mit sich. Und ja, das mag nach Bürokratie klingen – aber glauben Sie uns, es ist die Art von Bürokratie, die man gerne umarmt, wenn man an die saubere Luft von morgen denkt.

Also los gehts, liebe Leser, und begleiten Sie uns auf dieser spannenden Reise durch die Welt der fluorierten Treibhausgase. Lassen Sie uns zusammen lachen, lernen und – am allerwichtigsten – handeln. Willkommen in der Ära der grünen Energie und der klimafreundlichen Innovationen!

Ihr Öko-Wärme-Willi

Erläuterungen

Die Verordnung (EU) 2024/573 über fluorierte Treibhausgase ist eine bedeutende Weiterentwicklung der EU-Regelungen zur Begrenzung von Emissionen dieser starken Treibhausgase. Diese neue Regelung zielt darauf ab, den Ausstoß von fluorierten Treibhausgasen weiter zu reduzieren und den Einsatz von umweltfreundlicheren Alternativen zu fördern.

Anwendungsbereich: Diese Verordnung gilt für alle fluorierten Treibhausgase, die in den Anhängen I, II und III aufgeführt sind, unabhängig davon, ob sie allein oder als Gemische vorliegen. Ebenso umfasst sie Produkte und Geräte, die diese Gase enthalten oder zu ihrem Funktionieren benötigen. Sie deckt alle Schritte vom Inverkehrbringen über die Nutzung bis hin zur Entsorgung ab.

Wesentliche Inhalte: Zu den wichtigsten Aspekten der Verordnung gehört die Einführung von Maßnahmen zur Begrenzung der Emissionen von fluorierten Treibhausgasen. Dies beinhaltet sowohl technische Anforderungen an die Dichtheit und Rückgewinnung solcher Gase aus Geräten als auch die Etablierung von Mengenbeschränkungen für die Produktion und den Verkauf von teilfluorierten Kohlenwasserstoffen (HFKW).

Die Verordnung führt spezifische Verbote für den Einsatz fluorierter Treibhausgase in neuen Geräten ein, wenn geeignete Alternativen zur Verfügung stehen. Dadurch wird die schrittweise Umstellung auf umweltfreundlichere Technologien unterstützt.

Ebenfalls wichtig ist die Stärkung der Berichts- und Dokumentationspflichten. Unternehmen müssen detaillierte Aufzeichnungen über ihre Nutzung und die Emissionen fluorierter Treibhausgase führen. Diese Berichte werden genutzt, um die Einhaltung der Regelungen zu überwachen und die Fortschritte bei der Reduktion der Emissionen zu bewerten.

Zertifizierungs- und Ausbildungsanforderungen: Die Verordnung legt großen Wert auf die Qualifikation des Personals, das mit fluorierten Treibhausgasen arbeitet. Es gibt detaillierte Anforderungen an die Ausbildung und Zertifizierung, um sicherzustellen, dass diese Personen in der Lage sind, die Gase sicher zu handhaben und die Emissionen zu minimieren.

Zollkontrollen und illegale Aktivitäten: Ein weiterer wichtiger Punkt ist die Verstärkung der Zollkontrollen, um den illegalen Handel und die unrechtmäßige Freisetzung fluorierter Treibhausgase zu verhindern. Die Verordnung schafft die Grundlage für strengere Kontrollen beim Import und Export solcher Gase und der entsprechenden Produkte.

Die Verordnung (EU) 2024/573 enthält konkrete Zahlenwerte und Änderungen im Vergleich zur früheren Verordnung von 2014. Hier sind einige wichtige Punkte und Unterschiede:

Reduzierung des Hydrofluorocarbons (HFC): Die neue Verordnung sieht eine stufenweise Reduzierung der zulässigen Mengen an HFCs vor, die auf den EU-Markt gebracht werden dürfen. Ab 2025 dürfen Produzenten nur noch 60 % ihrer durchschnittlichen Jahresproduktion von 2011 bis 2013 herstellen, und dieser Prozentsatz wird bis 2036 auf 15 % gesenkt (Climate Action) (Publications Office of the EU).

Einschränkungen für spezifische Anwendungen: Ab 2025 sind HFC mit einem Treibhauspotenzial (GWP) von 150 oder mehr in kommerziellen Kühlschränken und Gefrierschränken verboten. Ähnliche Einschränkungen gelten auch für bestimmte kosmetische Produkte und Feuerlöschausrüstungen ab demselben Jahr.

Erweiterung des Quotensystems: Das Quotensystem umfasst nun auch HFC in Dosieraerosolen und verschärft die Vorschriften für F-Gase-Ausrüstungen, Produkte und deren Nutzung in der Zukunft.

Neue Vorschriften für den Umgang mit F-Gasen: Die Verwendung von F-Gasen in elektrischen Schaltanlagen ist ab 2026 für bestimmte Spannungsklassen verboten, sofern keine spezifischen Ausnahmen erfüllt sind. Für den Erhalt und die Rückführung von F-Gasen sind ebenfalls striktere Regeln eingeführt worden, um die Umweltbelastung zu reduzieren.

Diese Änderungen unterstreichen die verstärkte Zielsetzung der EU, die Emissionen fluorierter Treibhausgase zu reduzieren und die Nutzung umweltschädlicher Substanzen erheblich zu verringern.

Diese neuen Regelungen werden dazu beitragen, die Emissionen von fluorierten Treibhausgasen weiter zu reduzieren und die EU-Ziele zur Bekämpfung des Klimawandels zu unterstützen.

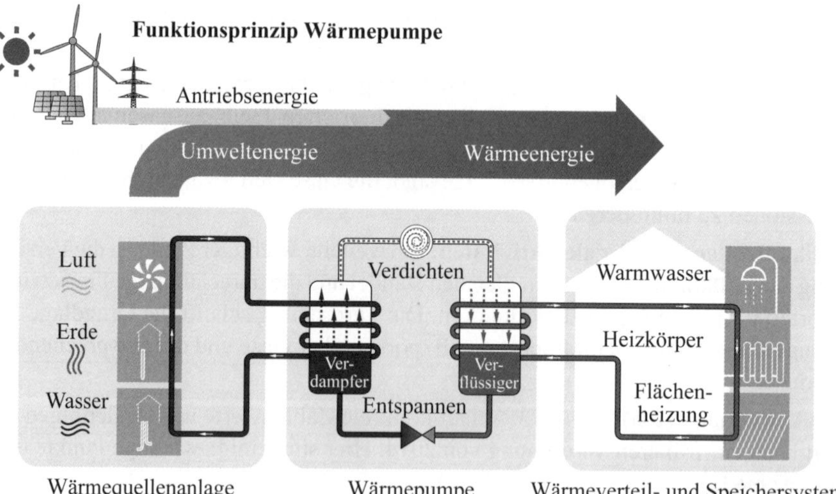

Bild A.1 Von der F-Gase-Verordnung sind Wärmepumpen mit allen Arten der Wärmequellen betroffen (Quelle: BWP)

Anlage	Verbot ab
Stationäre Kälteanlagen	
Haushaltskühl- und Tiefkühlgeräte	HFKW mit GWP ≥ 150 ab 2015; keine F-Gase ab 2016*)
Gewerblich genutzte in sich geschlossene Kühl- und Tiefkühlgeräte	HFKW mit GWP ≥ 2 500 ab 2020 HFKW mit GWP ≥ 150 ab 2022 F-Gase mit GWP ≥ 150 ab 2025
andere in sich geschlossene Kälteanlagen (außer Kühler/Chiller)	F-Gase mit GWP ≥ 150 ab 2025*)
Stationäre Kälteanlagen (außer Kühler/Chiller) (Ausnahmen für Kühlung auf unter –50 °C)	HFKW mit GWP ≥ 2 500 ab 2020 F-Gase mit GWP ≥ 2 500 ab 2025 F-Gase mit GWP ≥ 150 ab 2030*)
Mehrteilige zentralisierte Kälteanlagen für die gewerbliche Verwendung mit einer Nennleistung von 40 kW oder mehr	F-Gase nach Anhang I mit GWP ≥ 150 ab 2022
Kühler (Chiller)	
Kühler (Chiller) mit Nennleistung bis 12 kW	F-Gase mit GWP ≥ 150 ab 2027*); keine F-Gase ab 2032*)
Kühler (Chiller) mit Nennleistung über 12 kW	F-Gase mit GWP ≥ 750 ab 2027*)
Stationäre Klimaanlagen und Wärmepumpen	
Mono-Splitgeräte mit weniger als 3 kg Kältemittel-Füllmenge nach Anhang I	HFKW mit GWP ≥ 750 ab 2025
Steckerfertige, bewegliche Raumklimageräte	HFKW mit GWP ≥ 750 ab 2025
steckerfertige Raumklimageräte-, Monoblockklimaanlagen und andere in sich geschlossene Klimaanlagen und Wärmepumpen bis 12 kW Nennleistung	F-Gase mit GWP ≥ 150 ab 2027**); keine F-Gase ab 2032**)
Monoblock- und andere in sich geschlossene Klimaanlagen und Wärmepumpen mit Höchstnennleistung über 12 kW, die 50 kW nicht überschreitet	F-Gase mit GWP ≥ 150 ab 2027**)
Andere in sich geschlossene Klimaanlagen und Wärmepumpen (z. B. mit Nennleistung über 50 kW)	GWP ≥ 150 ab 2030**)
Luft-Wasser-Splitsysteme mit Nennleistung von bis zu 12 kW	F-Gase mit GWP ≥ 150 ab 2027*); keine F-Gase ab 2035*)
Luft-Luft-Splitsysteme mit Nennleistung von bis zu 12 kW	F-Gase mit GWP ≥ 150 ab 2029*); keine F-Gase ab 2035*)
Splitsysteme mit einer Nennleistung über 12 kW	GWP ≥ 750 ab 2029*) GWP ≥ 150 ab 2033*)
*) Ausnahmeregelung bei Sicherheitsanforderungen ohne Einschränkung durch GWP-Werte **) Ausnahmeregelung bei besonderen Sicherheitsanforderungen möglich, aber nur mit Kältemittel mit GWP bis 750 sind erlaubt	

Tabelle A.35 Erlaubte Kältemittel bei Neuinstallationen
(Quelle: Zeitschrift de – Das Elektrohandwerk 99 (2024) H. 6, S. 39, Tabelle 1)

Anhang B Begriffsdefinitionen und kurze Erläuterungen

Öko-Wärme-Willis Erklärung: *„Hallo, ich bin es wieder, Öko-Wärme-Willi! Der Anhang B dieses Buches ist ein kleines Lexikon der wichtigsten Begriffe rund um die Wärmepumpentechnologie. Hier finden Sie Definitionen und Erklärungen zu den Fachbegriffen, die Ihnen im Buch begegnen. Mit meinen einfachen und klaren Erklärungen werden diese Begriffe für Sie verständlich und nachvollziehbar. Egal ob Sie ein erfahrener Techniker oder ein Neuling sind, diese Sammlung wird Ihnen helfen, die Sprache der Wärmepumpen zu sprechen. Tauchen wir also ein in die Welt der Begriffe und entdecken wir, was sie bedeuten!“*

Begriffe	Erläuterungen
Absicherung	Netzanschluss: Die Wärmepumpe muss mit geeigneten Sicherungen (Leitungsschutzschalter) abgesichert werden, um Überlast und Kurzschluss zu vermeiden.
Absorber	Ein Absorber in einer Wärmepumpe ist ein Bauteil, das die Fähigkeit besitzt, Wärmeenergie aus seiner Umgebung aufzunehmen. In Wärmepumpensystemen, besonders in Absorptionswärmepumpen, spielt der Absorber eine zentrale Rolle, indem er die durch ein Kältemittel aufgenommene Wärme absorbiert.
Absorber, solarunterstützt	Bei solarunterstützten Absorbern wird die benötigte Wärmeenergie (zur Erwärmung des Kältemittels) teilweise oder ganz durch Solarenergie bereitgestellt. Dies geschieht in der Regel durch die Integration von Solarkollektoren, die Sonnenenergie einfangen und in Wärme umwandeln. Diese Wärme wird dann dem Absorber der Wärmepumpe zugeführt. Die Kombination aus Absorber und Solarenergie in einer Wärmepumpe ermöglicht eine effizientere und umweltfreundlichere Nutzung von Energie. **Solarkollektoren können den Energieverbrauch der Wärmepumpe aus anderen Quellen signifikant reduzieren und so die Betriebskosten senken.**
Abtauen	ist der Prozess des Entfernens von Reif- oder Eisansatz am Verdampfer einer Luft-Wasser-Wärmepumpe durch Wärmezufuhr. Dies ist ein wichtiger Aspekt bei der Wartung von Wärmepumpen, da Eisbildung die Effizienz der Wärmeübertragung beeinträchtigen kann. **Typische Methoden des Abtauens umfassen den Umlauf von warmem Kältemittel oder den Einsatz elektrischer Heizelemente.**
Aerothermie	bezeichnet die Nutzung der in der Umgebungsluft gespeicherten Wärmeenergie, die primär von der Sonnenstrahlung stammt. Diese Strahlung erwärmt die Luft und die Erdoberfläche. Aerothermische Energie kann durch Luftwärmepumpen effektiv genutzt werden, um Gebäude zu beheizen oder Trinkwasser zu erwärmen. **Diese Technik ist besonders effizient in milden Klimazonen, wo die Temperaturunterschiede weniger extrem sind.**

Begriffe	Erläuterungen
aktives Kühlen	Aktives Kühlen mit einer Wärmepumpe bezeichnet den Prozess, bei dem die Wärmepumpe in einem Kühlbetrieb umgekehrt betrieben wird, um Wärme aus einem Gebäudeinneren zu entfernen und diese nach außen abzugeben. Dies geschieht durch Umkehrung des normalen Heizbetriebs einer Wärmepumpe. Während eine Wärmepumpe im Heizbetrieb Wärme aus der Umgebung (z. B. Luft, Erdreich, Wasser) aufnimmt und an das Gebäudeinnere abgibt, kehrt sich dieser Prozess beim aktiven Kühlen um. Die Wärmepumpe entzieht dem Gebäude Wärme und gibt sie nach außen ab. **Komponenten:** Die Hauptkomponenten einer Wärmepumpe, wie der Verdampfer, Kompressor, Kondensator und Expansionsventil, werden so gesteuert, dass sie in umgekehrter Reihenfolge arbeiten. Der Kondensator fungiert dabei als Wärmeabgeber nach außen, und der Verdampfer als Wärmeaufnehmer im Gebäudeinneren. **Effizienz:** Aktives Kühlen mit einer Wärmepumpe ist oft effizienter als traditionelle Klimaanlagen, da Wärmepumpen in der Regel eine höhere Energieeffizienz aufweisen. Dies führt zu geringeren Betriebskosten und einer umweltfreundlicheren Kühlung. **Vielseitigkeit:** Einige Wärmepumpenmodelle können sowohl für Heizung als auch für Kühlung eingesetzt werden, was sie zu einer vielseitigen Lösung für Gebäudeklimatisierung macht. **Klimafreundlichkeit:** Da Wärmepumpen häufig erneuerbare Energiequellen nutzen, trägt deren Einsatz zum aktiven Kühlen zu einer Reduzierung von Treibhausgasemissionen bei, verglichen mit konventionellen Klimaanlagen, die auf fossilen Brennstoffen basieren.
Alternativbetrieb	beschreibt einen Betriebsmodus in Wärmepumpensystemen, bei dem abhängig von der Außentemperatur entweder ausschließlich die Wärmepumpe oder ein alternativer Wärmeerzeuger zum Einsatz kommt. Wenn die Außentemperatur oberhalb der eingestellten → *Bivalenz-Temperatur* liegt, wird der Wärmebedarf allein durch die Wärmepumpe gedeckt, ohne den Einsatz eines alternativen Wärmeerzeugers. Liegt die Außentemperatur jedoch unterhalb der → *Bivalenz-Temperatur*, wird der Wärmebedarf ausschließlich durch den alternativen Wärmeerzeuger gedeckt, und die Wärmepumpe bleibt außer Betrieb. Es soll klargestellt werden, dass der Alternativbetrieb ein Umschaltprozess zwischen zwei Wärmequellen ist, basierend auf der → *Bivalenz-Temperatur*, was für das Verständnis von Wärmepumpensystemen wichtig ist. Es ist entscheidend zu verstehen, dass der Alternativbetrieb ein Umschaltprozess zwischen zwei Wärmequellen ist, basierend auf der Bivalenz-Temperatur.
Anlaufhäufigkeit	Die Anlaufhäufigkeit gibt an, wie oft die Wärmepumpe innerhalb eines bestimmten Zeitraums startet. Eine zu hohe Anlaufhäufigkeit kann die Lebensdauer der Anlage verringern und die Effizienz negativ beeinflussen.
Anschlussnehmer	bezeichnet eine natürliche oder juristische Person, deren Kundenanlage unmittelbar über einen Anschluss mit dem Netz des Netzbetreibers verbunden ist.
Anschlussnutzeranlage	die Gesamtheit aller elektrischen Betriebsmittel hinter der Messeinrichtung zur Entnahme oder Einspeisung von elektrischer Energie

Begriffe	Erläuterungen
Antriebsenergie	Antriebsenergie bezeichnet die Energie, die benötigt wird, um ein technisches Gerät wie eine Wärmepumpe zu betreiben. In den meisten Fällen wird elektrischer Strom als Antriebsenergie für Wärmepumpen verwendet, obwohl einige Modelle auch mit Gas betrieben werden können. Ein wesentliches Merkmal von Wärmepumpen ist ihre Fähigkeit, ein Vielfaches der eingesetzten Antriebsenergie in Form von nutzbarer Wärme bereitzustellen. Dies wird als Leistungszahl oder → *COP (Coefficient of Performance)* ausgedrückt und ist ein **wesentliches Maß für die Effizienz** der Wärmepumpe.
Aufstellungsort der Wärmepumpenanlagen	Bei der Wahl des Aufstellungsorts für Wärmepumpen gibt es mehrere Faktoren, die für Elektrofachkräfte besonders relevant sind. Hier einige wichtige **Tipps:** • **Geräuschentwicklung:** Wärmepumpen, insbesondere Luft-Wasser-Wärmepumpen, können während des Betriebs Geräusche erzeugen. Der Standort sollte daher so gewählt werden, dass Lärmbelästigungen für Bewohner und Nachbarn minimiert werden. Dies kann durch einen gewissen Abstand zu Wohn- und Schlafbereichen oder durch Schallschutzmaßnahmen erreicht werden. • **Ausreichende Luftzirkulation:** Bei Luft-Wasser-Wärmepumpen ist es wichtig, dass der Außenbereich, wo die Wärmepumpe aufgestellt wird, eine gute Luftzirkulation aufweist. Blockierte oder eingeschränkte Luftströme können die Effizienz der Wärmepumpe beeinträchtigen. • **Schutz vor Witterungseinflüssen:** Der Aufstellungsort sollte so gewählt werden, dass die Wärmepumpe vor extremen Witterungsbedingungen geschützt ist, wie z. B. direkte Sonneneinstrahlung, starker Regen, Schnee oder Frost. Dies kann durch Überdachungen oder teilweise Einhausung erreicht werden, wobei eine ausreichende Belüftung sichergestellt sein muss. • **Anbindung an das Heizsystem:** Der Ort sollte auch hinsichtlich der Anbindung an das bestehende Heizsystem günstig sein. Kürzere Anschlusswege zwischen der Wärmepumpe und dem Heizsystem können die Installationskosten und Wärmeverluste reduzieren. • **Elektrische Anschlüsse:** Als Elektrofachkraft ist es wichtig, den Zugang zu den erforderlichen elektrischen Anschlüssen zu berücksichtigen. Der Standort sollte in der Nähe eines geeigneten Stromanschlusses sein, um unnötige Verkabelungsarbeiten zu vermeiden. • **Berücksichtigung lokaler Vorschriften:** Es ist wichtig, alle lokalen Bauvorschriften und -bestimmungen zu berücksichtigen. Dies beinhaltet Abstandsregeln zu Grundstücksgrenzen, Gebäuden und anderen Anlagen. • **Zugänglichkeit für Wartung und Reparatur:** Der Aufstellungsort sollte so gewählt werden, dass die Wärmepumpe leicht zugänglich ist. Dies erleichtert Wartungs- und Reparaturarbeiten.
Autarkiegrad	Der Autarkiegrad beschreibt den Anteil des Stromverbrauchs, der durch ein Photovoltaik-Speichersystem selbst gedeckt wird. Dies umfasst sowohl den unmittelbaren Verbrauch des Solarstroms, der zeitgleich zur Erzeugung genutzt wird, als auch die Energieversorgung durch den entladenen Batteriespeicher. Ein höherer Autarkiegrad bedeutet, dass ein geringerer Anteil der benötigten Energie aus dem öffentlichen Stromnetz bezogen wird. Der Autarkiegrad wird in

Begriffe	Erläuterungen
	Prozent angegeben und berechnet sich aus dem Verhältnis des Solarstrom-Eigenverbrauchs in Kilowattstunden pro Jahr (kWh/a) zum gesamten Jahresstromverbrauch in kWh/a.
Basisschutz	Schutz gegen direktes Berühren – Maßnahmen zum Schutz von Personen und Nutztieren vor Gefahren, die sich aus der Berührung mit aktiven Teilen ergeben, also mit den während des Betriebs dauernd unter Spannung stehenden Teilen elektrischer Betriebsmittel.
Bemessungsstrom	ein Strom, der vom Hersteller für eine festgelegte Betriebsbedingung elektrischer Betriebsmittel zugeordnet ist
Betrieb	sind alle Tätigkeiten, die erforderlich sind, damit die Kundenanlage funktionieren kann.
Betriebsspannung	der Spannungswert bei Normalbetrieb zu einem bestimmten Zeitpunkt an einer bestimmten Stelle des Netzes
Betriebsstrom	der Strom, den ein Stromkreis im ungestörten Betrieb führt
Betriebsstunden	Die Anzahl der Betriebsstunden gibt an, wie viele Stunden die Wärmepumpe in Betrieb ist. Diese Zahl ist wichtig für die Wartungsplanung und die Abschätzung der Lebensdauer der Anlage.
Betriebsweisen von Wärmepumpenanlagen	Die verschiedenen Betriebsarten von Wärmepumpen beschreiben, wie diese Systeme zur Heizung, Kühlung oder Warmwasserbereitung genutzt werden können und wie sie auf die unterschiedlichen Anforderungen des Gebäudebetriebs reagieren. **Monovalenter Betrieb:** Im monovalenten Betrieb übernimmt die Wärmepumpe alleine die vollständige Beheizung oder Kühlung eines Gebäudes, ohne zusätzliche Heizquellen. **Bivalent-paralleler Betrieb:** Bei dieser Betriebsweise wird die Wärmepumpe bis zu einer bestimmten Außentemperatur betrieben, und bei Unterschreitung dieser Temperatur wird sie durch eine zusätzliche Heizquelle unterstützt, um den Wärmebedarf zu decken. **Bivalent-alternativer Betrieb:** Hierbei arbeitet die Wärmepumpe bis zu einer festgelegten Außentemperatur und wird dann abgeschaltet, während eine alternative Heizquelle die vollständige Wärmeversorgung übernimmt. **Monoenergetischer Betrieb:** Diese Betriebsart kombiniert die Wärmepumpe mit einer elektrischen Zusatzheizung, um bei sehr niedrigen Temperaturen die erforderliche Heizleistung zu erreichen. **Partiell-aktivierter Betrieb:** In dieser Betriebsweise wird die Wärmepumpe hauptsächlich zur Bereitstellung von Grundlastwärme genutzt, während Spitzenlasten durch zusätzliche Heizsysteme abgedeckt werden.
bivalentes Heizsystem	Bivalent bezieht sich bei Heizsystemen, auf die zwei unterschiedlichen Wärmequellen oder Wärmeerzeugern, die von den Heizsystemen genutzt werden. Ziel eines bivalenten Systems ist es, die Vorteile beider Wärmeerzeuger zu nutzen, um eine effiziente, zuverlässige und umweltfreundliche Wärmeversorgung zu gewährleisten. Ein häufiges Beispiel ist die Kombination eines Gas-Brennwertgeräts mit einer Wärmepumpe oder auch andere Kombinationen können Öl-Brennwertkessel, Biomassekessel oder Solarthermieanlagen mit Wärmepumpen sein.

Begriffe	Erläuterungen
Bivalenz-Temperatur	Dies ist der entscheidende Punkt, bei dem das System zwischen Wärmepumpe und alternativem Wärmeerzeuger wechselt.
CO_2-Äquivalent (CO_2 e)	Das CO_2-Äquivalent ist ein Maß, das verwendet wird, um den Einfluss verschiedener Treibhausgase auf die globale Erwärmung im Vergleich zu Kohlendioxid (CO_2) auszudrücken. Es ermöglicht die Vergleichbarkeit der Auswirkungen verschiedener Gase, indem deren Wirkung auf die Erdatmosphäre in ein Äquivalent der Wirkung von CO_2 umgerechnet wird.
COP (Coefficient of Performance)	Der COP (Coefficient of Performance) oder die Leistungszahl ist ein Maß für die Effizienz einer Wärmepumpe. Er gibt das Verhältnis der abgegebenen Heizleistung zur aufgenommenen elektrischen Leistung an. Ein höherer COP-Wert bedeutet eine effizientere Wärmepumpe, da sie mehr Wärmeenergie liefert, als sie an elektrischer Energie verbraucht. In der Praxis bedeutet ein COP von 3 beispielsweise, dass die Wärmepumpe für jede Einheit elektrischer Energie, die sie verbraucht, drei Einheiten Wärmeenergie liefert. Der COP ist abhängig von verschiedenen Faktoren wie der Außentemperatur und der gewünschten Vorlauftemperatur des Heizsystems.
Dauerstrom	der Maximalwert des Stroms, den ein Leiter, eine Einrichtung oder ein Gerät unter festgelegten Bedingungen dauernd führen kann, ohne dass die Beharrungstemperatur des Leiters, der Einrichtung oder des Gerätes einen festgelegten Grenzwert überschreitet
Effizienz des Gebäudes	Gebäude mit geringerem Wärmeverlust benötigen weniger Energie zum Heizen, was die → *Jahresarbeitszahl (JAZ)* verbessert. Gut isolierte Gebäude sind ideal, aber auch unsanierte Altbauten können hohe JAZ-Werte erreichen.
Eigenverbrauchswert Photovoltaikanlage	Der Eigenverbrauchsanteil beschreibt den Anteil des durch eine Photovoltaikanlage erzeugten Solarstroms, der direkt vor Ort genutzt wird. Dies umfasst den sofortigen Verbrauch durch elektrische Geräte und die Speicherung in Batteriespeichern. **Berechnung des Eigenverbrauchsanteils:** Der Eigenverbrauchsanteil wird berechnet, indem der Solarstrom-Eigenverbrauch (in kWh pro Jahr) durch den gesamten Solarstromertrag der Anlage (ebenfalls in kWh pro Jahr) dividiert wird. Die Formel lautet: Eigenverbrauchsanteil in % = (Solarstrom-Eigenverbrauch in kWh/a)/(Solarstrom-Ertrag in kWh/a) × 100.
Eisspeicher	Ein Eisspeicher ist im Wesentlichen eine mit Wasser gefüllte Betonzisterne. Das Wasser im Speicher dient als Wärmequelle für eine angeschlossene Wärmepumpe. **Funktionsweise und Kristallisationsprozess:** Wenn das Wasser im Eisspeicher auf den Gefrierpunkt abkühlt, beginnt es zu gefrieren – daher der Name Eisspeicher. Beim Übergang von Wasser (flüssig) zu Eis (fest) wird Kristallisationsenergie freigesetzt, auch als latente Wärme bekannt. Diese Energie wird von der Wärmepumpe genutzt.
elektrische Anlage	die Gesamtheit der zugeordneten elektrischen Betriebsmittel mit abgestimmten Kenngrößen zur Erfüllung bestimmter Zwecke

Begriffe	Erläuterungen
elektrische Leistungsaufnahme	Netzanschluss: Die elektrische Leistungsaufnahme bezeichnet die Menge an elektrischer Energie, die die Wärmepumpe für den Betrieb benötigt. Diese Kennzahl ist für die Berechnung der Betriebskosten und die Auslegung der elektrischen Infrastruktur relevant.
elektrische Verbrauchsmittel	ein elektrisches Betriebsmittel, das dazu bestimmt ist, elektrische Energie in eine andere Energieform umzuwandeln, z. B. in Licht, in Wärme oder in mechanische Energie
Emissionen	Emissionen bezeichnen generell alle Arten von Stoffen, Gase oder Strahlungen, die in die Umwelt abgegeben werden. Sie können sowohl natürlichen Ursprungs (wie Fäulnisgase) als auch anthropogen, also vom Menschen verursacht, sein. **Anthropogene Emissionen:** Diese umfassen vor allem Treibhausgase wie Kohlendioxid (CO_2), Methan (CH_4) und Lachgas (N_2O), die insbesondere bei der Verbrennung fossiler Brennstoffe wie Öl und Kohle entstehen. Sie tragen maßgeblich zur globalen Erwärmung und Klimaveränderung bei. **Ziel der Emissionsreduktion:** Die Reduzierung anthropogener Emissionen ist eines der Hauptziele der deutschen, europäischen und internationalen Klima- und Umweltpolitik. Langfristig strebt man an, die Emission von Treibhausgasen zu minimieren und idealerweise ganz zu vermeiden. **Rolle der Wärmepumpentechnologie:** Wärmepumpen können dazu beitragen, Emissionen zu reduzieren, indem sie effizient Heiz- und Kühlleistungen bereitstellen und dabei weniger oder keine fossilen Brennstoffe nutzen. Die Umstellung von herkömmlichen Heizsystemen auf Wärmepumpen ist ein wichtiger Schritt zur Dekarbonisierung des Heizsektors.
Endenergie	Endenergie bezeichnet die Energiemenge, die dem Endverbraucher tatsächlich zur Verfügung steht, beispielsweise in Form von Strom, Wärme oder Treibstoff. Sie ist zu unterscheiden von der Primärenergie, welche die gesamte, in Energiequellen vorhandene Energie umfasst, bevor sie in nutzbare Formen umgewandelt wird. **Umwandlungs- und Transportverluste:** Die Differenz zwischen Primär- und Endenergie ergibt sich durch Umwandlungs- und Transportverluste. Bei der Umwandlung von Primärenergie (wie Kohle, Erdgas, Windenergie) in Strom oder Wärme treten unvermeidliche Verluste auf. **Bedeutung in der Energiewirtschaft:** Die Effizienz von Energiesystemen wird oft anhand des Verhältnisses von eingesetzter Primärenergie zu erzeugter Endenergie bewertet. Ein hoher Wirkungsgrad bedeutet, dass ein größerer Anteil der Primärenergie als Endenergie genutzt wird. **Relevanz für Wärmepumpen:** Wärmepumpen sind in der Lage, mehr Wärmeenergie als Endenergie bereitzustellen, als sie an elektrischer Energie (als Teil der Primärenergie) verbrauchen. Dies wird durch ihren hohen COP-Wert ermöglicht.
Energieeffizienz	ein Maß für die Ausnutzung eingesetzter Energie, ein gewünschter Nutzen wird mit möglichst wenig Energieeinsatz erreicht
Energiemanagement	Maßnahmen zur Steuerung von Energieerzeugern und/oder Verbrauchern in einer Kundenanlage, um eine optimale → *Energieeffizienz* zu erreichen

Begriffe	Erläuterungen
Erderwärmungspotenzial → *GWP – Global Warming Potential*	Das Erderwärmungspotenzial (→ *GWP*, von engl. Global Warming Potential) ist ein Maß für die Fähigkeit eines Treibhausgases, die Erdatmosphäre zu erwärmen und damit zum Treibhauseffekt beizutragen. Bei Wärmepumpen werden Kältemittel eingesetzt, die ein GWP aufweisen können. Ältere oder traditionelle Kältemittel wie R22 haben ein hohes GWP, während neuere Kältemittel wie R32, R410A oder natürliche Kältemittel wie CO_2 (R744) oder Propan (R290) ein niedrigeres GWP aufweisen. Die Wahl des Kältemittels hat direkte Auswirkungen auf die Umwelt. Ein Kältemittel mit hohem GWP trägt bei Freisetzung in die Atmosphäre stärker zur globalen Erwärmung bei. **Gesetzliche Regelungen:** In vielen Ländern gibt es Vorschriften und Gesetze zur Reduzierung des Einsatzes von Kältemitteln mit hohem GWP. Elektrofachkräfte sollten sich dieser Regelungen bewusst sein und entsprechende Kältemittel wählen, denn im Zuge der zunehmenden Fokussierung auf Nachhaltigkeit und Reduzierung von Treibhausgasemissionen ist das Verständnis und die Berücksichtigung des GWP bei der Auswahl und Handhabung von Kältemitteln für Wärmepumpen von großer Bedeutung.
Erdkollektor	**Grundprinzip und Funktion:** Erdkollektoren dienen der Gewinnung von Umweltwärme aus dem Erdreich. Sie sind Teil eines erdgekoppelten Wärmepumpensystems. Sie bestehen aus Schläuchen oder Rohren, die horizontal in einer Tiefe von etwa 1,5 m bis 2 m verlegt werden. **Installation und Flächenbedarf:** Für die Installation eines Erdkollektors wird eine Fläche benötigt, die etwa 1,5 bis 2-mal so groß ist wie die zu beheizende Fläche des Gebäudes. Diese Fläche darf nicht überbaut oder für tiefwurzelnde Pflanzen genutzt werden, um die Funktionsfähigkeit der Kollektoren zu gewährleisten. **Verbindung mit der Wärmepumpe:** Die durch die Erdkollektoren gewonnene Wärme wird einer erdgekoppelten Wärmepumpe zugeführt. Im Kollektorkreislauf zirkuliert eine Sole (Wasser-Frostschutzmittel-Gemisch), die die Wärme aufnimmt und an die Wärmepumpe weiterleitet. **Effizienz und Anwendung:** Erdkollektoren sind besonders effizient, da das Erdreich eine konstante und zuverlässige Wärmequelle darstellt. Sie eignen sich hervorragend für Sole-Wasser-Wärmepumpen, die die gewonnene Wärme für Heizung und Warmwasserbereitung nutzen.
Erdwärme	→ *Geothermie*
Erdwärmesonde	**Funktionsweise und Installation:** Erdwärmesonden sind Vorrichtungen zur Gewinnung von Umweltwärme aus dem Erdreich. Sie werden in senkrechte Erdbohrungen eingesetzt. Die Bohrungen für Erdwärmesonden reichen typischerweise 30 bis 100 m tief. Nach dem Einlassen der Sonden in die Bohrung werden sie mit dem Erdreich durch spezielle, gut wärmeleitende Baustoffe verbunden. **Verbindung mit der Wärmepumpe:** Die gewonnene Wärme aus den Erdwärmesonden wird einer erdgekoppelten Wärmepumpe zugeführt. In den Sonden zirkuliert eine Sole (Wasser-Frostschutzmittel-Gemisch), die Wärme aufnimmt und an die Wärmepumpe weiterleitet, wo sie zur Heizung und Warmwasserbereitung genutzt wird.

Begriffe	Erläuterungen
	Spezialsonden und umweltfreundlichere Alternativen: Spezialsonden können auch mit reinem Wasser betrieben werden, wodurch auf den Zusatz von Glykol verzichtet wird. Dies kann umweltfreundlicher sein. **Einsatzbereich und Effizienz:** Erdwärmesonden sind besonders effizient in Gebieten mit geeigneten geologischen Bedingungen. Sie bieten eine zuverlässige und nachhaltige Wärmequelle, besonders in Kombination mit Sole-Wasser-Wärmepumpen.
erneuerbare Energien → *regenerative Energien*	„Erneuerbare Energien" bezeichnen Energiequellen, die sich natürlich erneuern oder deren Reserven so umfangreich sind, dass sie als praktisch unerschöpflich angesehen werden. Zu diesen Energiequellen zählen Windenergie, Solarenergie, Wasserkraft und Biomasse. Sie sind nachhaltig, da ihre Nutzung die Ressourcen nicht verknappen und sie typischerweise geringere Umweltauswirkungen als fossile Brennstoffe aufweisen. Während → *„regenerative Energien"* den Prozess der natürlichen Erneuerung betonen, beschreibt „erneuerbar" eher die breite Verfügbarkeit und langfristige Nachhaltigkeit dieser Energiequellen. Zusätzlich zu den klassischen Energieformen gehören auch Geothermie, Aerothermie und Hydrothermie, die Energie aus Erdboden, Luft und Wasser speichern, zu den erneuerbaren Energiequellen. Diese Energieformen sind besonders relevant für Wärmepumpensysteme, da sie die natürliche Umgebungswärme nutzen, um Gebäude zu heizen und zu kühlen. **Schlagworte:** • erneuerbare Energien: natürliche oder umfangreiche Reserven • beinhaltet Wind-, Solar-, Wasser- und Biomasseenergie • Nachhaltigkeit: keine Ressourcenverknappung, geringe Umweltauswirkungen • Unterschied zu „regenerativ": Fokus auf Verfügbarkeit und Nachhaltigkeit • Erweiterung: Geothermie, Aerothermie, Hydrothermie als erneuerbare Quellen
Errichter	ist ein in ein Installateur Verzeichnis eines Netzbetreibers eingetragenes Unternehmen, das eine Kundenanlage oder Teile davon errichtet, erweitert oder ändert sowie die Verantwortung für deren ordnungsgemäße Ausführung übernimmt
Erzeugungsanlage	an einem Netzanschluss/Hausanschluss angeschlossene Anlage, in der sich eine oder mehrere Erzeugungseinheiten eines Energieträgers (z. B. PV-Module) zur Erzeugung elektrischer Energie und alle zum Betrieb erforderlichen elektrischen Einrichtungen befindet
European Heat Pump Association (EHPA)	Die EHPA ist der EU-weite Dachverband der europäischen Wärmepumpenbranche. Sie vertritt die Interessen der Wärmepumpenindustrie auf europäischer Ebene und fördert die Verbreitung und Anwendung von Wärmepumpentechnologien. Die Organisation ist in die Entwicklung von Standards und Normen für Wärmepumpen involviert. Sie spielt eine wichtige Rolle bei der Gestaltung politischer Rahmenbedingungen, die die Nutzung von Wärmepumpen und erneuerbaren Energien fördern. Die EHPA organisiert Konferenzen, Workshops und Ausbildungsprogramme und bietet eine Plattform für den Austausch von Wissen und Best Practices.

Begriffe	Erläuterungen
	Bedeutung für die Branche: Die EHPA trägt wesentlich zur Förderung der Wärmepumpentechnologie als umweltfreundliche und effiziente Lösung für Heizung, Kühlung und Warmwasserbereitung bei. Sie unterstützt Forschung und Innovation in der Branche und hilft, die Sichtbarkeit und Akzeptanz von Wärmepumpen in Europa zu erhöhen.
Europäisches Gütesiegel für Wärmepumpen	Das EHPA-Gütesiegel (früher DACH-Gütesiegel) wurde geschaffen, um nachhaltig ein hohes Qualitätsniveau von Wärmepumpen zu gewährleisten. Im EHPA-Gütesiegel sind technische, planerische sowie servicespezifische Qualitätsrichtlinien für Wärmepumpen festgelegt, um eine hohe Energieeffizienz und Betriebssicherheit von Wärmepumpenanlagen zu gewährleisten. Das EHPA-Gütesiegel gibt es in verschiedenen europäischen Ländern.
Expansionsventil	Das Expansionsventil befindet sich zwischen dem Verflüssiger (Kondensator) und dem Verdampfer der Wärmepumpe. Seine Hauptfunktion ist die Druckabsenkung des Kältemittels vom hohen Druck im Verflüssiger auf den niedrigeren Verdampfungsdruck. Regulierung der Kältemittelmenge: Das Expansionsventil reguliert auch die Menge des Kältemittels, die in den Verdampfer eingespritzt wird. Diese Regulierung erfolgt in Abhängigkeit von der aktuellen Belastung des Verdampfers, um eine optimale Effizienz zu gewährleisten. Bedeutung für die Effizienz: Eine korrekte Funktion des Expansionsventils ist entscheidend für den effizienten Betrieb der Wärmepumpe. Es sorgt dafür, dass das Kältemittel in der richtigen Menge und im richtigen Zustand in den Verdampfer gelangt.
Flächenheizung	ist ein Heizsystem, das Wärme über große Oberflächen eines Gebäudes – wie Fußboden, Wände, Decken oder Betonkerne – gleichmäßig verteilt. Als Niedertemperatursystem arbeitet es im Vergleich zu herkömmlichen Heizkörpern mit niedrigeren Vorlauftemperaturen. Diese Eigenschaft macht es besonders effizient in Kombination mit Wärmepumpen, da die niedrigen Betriebstemperaturen die Energieeffizienz steigern. Flächenheizungen sorgen für ein behagliches Raumklima und sind aufgrund der gleichmäßigen und sanften Wärmeabgabe sowie der reduzierten Staubaufwirbelung beliebt.
Flexibilität in der Heizungssteuerung	Der Alternativbetrieb ermöglicht eine flexible Anpassung des Heizsystems an unterschiedliche Witterungsbedingungen, was die Effizienz und Wirtschaftlichkeit des Systems erhöht.
Flicker	ist der subjektive Eindruck von Leuchtdichteschwankungen infolge von Spannungsschwankungen im Netz. Flicker ist eine physiologische und weniger eine physikalische Größe. Der Eindruck über den Flicker wird durch den zeitlichen Verlauf der Spannungsänderung bestimmt. Flicker bewirken im Allgemeinen keine Beschädigung von Geräten oder eine Beeinträchtigung ihrer Funktion
freiliegendes, leitfähiges Teil	ein leitfähiges Teil eines Betriebsmittels, das normalerweise nicht aktiv ist, aber bei Fehlern unter Spannung stehen kann. Nachdem die Schutzabdeckung ohne Werkzeug entfernt worden ist, lässt sich mit einem Prüffinger nach IPXXB (ISO 20653) das Teil auf Berührung prüfen.

Begriffe	Erläuterungen
Geräusch-entwicklung	Die Geräuschentwicklung bei Wärmepumpenanlagen kann durch verschiedene Faktoren beeinflusst werden. **Kompressor:** Der Kompressor ist oft die primäre Geräuschquelle in einer Wärmepumpe. Er erzeugt Vibrationen und mechanische Geräusche beim Verdichten des Kältemittels. **Reduzierung:** Die Verwendung von schallisolierten Gehäusen, vibrationsdämpfenden Materialien und die Auswahl von Kompressoren mit niedrigerem Geräuschpegel können die Geräuschemissionen reduzieren. **Ventilatoren:** Ventilatoren in Luft-Wasser-Wärmepumpen können Geräusche erzeugen, während sie Luft durch das System bewegen. **Reduzierung:** Einsatz von Ventilatoren mit variabler Geschwindigkeit, verbesserte aerodynamische Designs und schalldämmende Gehäuse können die Geräuschbelastung verringern. **Strömungsgeräusche des Kältemittels:** Das Strömen des Kältemittels durch Rohre und Komponenten kann Geräusche verursachen, besonders bei Änderungen des Drucks oder der Flussrichtung. **Reduzierung:** Optimierung des Rohrleitungssystems, Verwendung von Schalldämpfern und die Vermeidung von scharfen Biegungen können helfen. **Vibrationen der gesamten Anlage:** Die mechanische Bewegung innerhalb der Wärmepumpe kann Vibrationen verursachen, die sich auf das Gebäude übertragen. **Reduzierung:** Einsatz von Anti-Vibrations-Matten oder -Pads und die Errichtung auf festen, stabilen Untergründen können Vibrationen minimieren. → ***Aufstellungsort:*** Die Positionierung der Wärmepumpe beeinflusst, wie sich Geräusche ausbreiten und wahrgenommen werden. **Reduzierung:** Strategische Platzierung abseits von Wohn- und Schlafbereichen, Berücksichtigung von Schallschutzwänden und Pflanzen als natürliche Schallbarrieren. **Wartungszustand:** Mangelhafte Wartung kann zu erhöhten Geräuschen führen, z. B. durch lose Teile oder Verschleiß. **Reduzierung:** Regelmäßige Wartung und Inspektionen helfen, das System in optimalem Zustand zu halten und Geräuschentwicklungen frühzeitig zu erkennen. In der Zukunft könnten Fortschritte in der Technologie und im Design von Wärmepumpen zu einer weiteren Verringerung der Geräuschentwicklung beitragen. Dazu zählen verbesserte Materialien für die Schalldämmung, fortschrittliche Kompressor Technologien und intelligente Steuerungssysteme, die Betriebszeiten an die Bedürfnisse der Nutzer anpassen und dabei die Geräuschentwicklung minimieren.
Geothermie	Geothermie, auch als Erdwärme bekannt, bezieht sich auf die in der Erdkruste gespeicherte Wärme. Diese Wärme ist eine erneuerbare und nahezu unerschöpfliche Energiequelle. **Oberflächennahe Geothermie:** Die oberflächennahe Geothermie umfasst Wärmequellen bis zu einer Tiefe von rund 40 m. Sie wird häufig durch Erdwärmepumpen genutzt, vor allem zur Gewinnung von Heizenergie für Wohn- und Geschäftsgebäude. **Tiefengeothermie:** bezieht sich auf Erdwärme aus Tiefen von 400 m bis zu mehreren 1 000 m. Sie wird sowohl zur Erzeugung von elektrischem Strom als auch für Heizzwecke eingesetzt, insbesondere in geothermischen Kraftwerken.

Begriffe	Erläuterungen
	Nutzung und Anwendungsbereiche: Erdwärmepumpen für die oberflächennahe Geothermie sind ideal für Heiz- und Kühlzwecke in Wohngebäuden, Büros und manchmal auch in industriellen Anlagen. Tiefengeothermie wird vorrangig in Regionen genutzt, wo geologische Bedingungen die Gewinnung von Wärme aus größeren Tiefen ermöglichen. **Vorteile der Geothermie:** Geothermie ist umweltfreundlich, da sie geringe Emissionen verursacht und auf einer erneuerbaren Energiequelle basiert. Außerdem bietet sie eine konstante und zuverlässige Energiequelle, unabhängig von Wetterbedingungen oder Tageszeiten.
GWP – Global Warming Potential	Das Global Warming Potential, kurz GWP, ist ein Maß zur Bewertung des Treibhauspotenzials eines Gases im Vergleich zu Kohlendioxid (CO_2). Es quantifiziert, wie stark ein bestimmtes Treibhausgas über einen festgelegten Zeitraum – üblicherweise 100 Jahre – zur globalen Erwärmung beiträgt, relativ zu der Wirkung von 1 kg CO_2. Beispielsweise hat Distickstoffoxid (N_2O, auch bekannt als Lachgas) ein GWP von 298, was bedeutet, dass 1 kg N_2O in seiner Wirkung auf das Klima 298-mal so stark ist wie 1 kg CO_2. Das GWP ist eine relative Größe und gibt keine Auskunft über den absoluten Beitrag einer Substanz zum Klimawandel, sondern dient zum Vergleich der Klimawirksamkeit verschiedener Gase.
Grundwasser	Grundwasser ist das unter der Erdoberfläche in den Poren des Bodens oder in Gesteinskörpern gespeicherte Wasser. Es wird hauptsächlich durch Niederschläge gespeist, die in den Boden einsickern. Aufgrund seiner konstanten Temperatur eignet sich Grundwasser hervorragend als Wärmequelle für Wärmepumpen. Diese konstante Temperatur ermöglicht eine effiziente und gleichmäßige Wärmeversorgung über das Jahr, aber die Nutzung des Grundwassers für Wärmepumpen zieht auch Nachteile mit sich. **Umweltauswirkungen:** Die Entnahme von Grundwasser kann lokale Wasserspiegel senken, was sich negativ auf umliegende Ökosysteme und die Bodenstabilität auswirken kann. **Rechtliche Einschränkungen:** Die Nutzung von Grundwasser für Wärmepumpen unterliegt oft strengen gesetzlichen Vorschriften. Genehmigungen sind erforderlich und es gibt Einschränkungen hinsichtlich der Entnahmemenge. **Risiko der Kontamination:** Es besteht das Risiko, dass durch die Nutzung von Grundwasser Schadstoffe in das Wassersystem gelangen, was die Wasserqualität beeinträchtigen kann. **Installation und Wartung:** Systeme, die Grundwasser nutzen, erfordern komplexere und teurere Installations- und Wartungsarbeiten als andere Wärmepumpensysteme. **Energieverbrauch für Pumpen:** Obwohl Wärmepumpen, die Grundwasser nutzen, effizient sind, benötigen sie Energie, um das Wasser zu fördern, was die Gesamtenergieeffizienz des Systems beeinflussen kann.
Hauptstromversorgungssystem	umfasst alle Hauptleitungen und Betriebsmittel hinter der Übergabestelle (Hausanschlusskasten) des Netzbetreibers vor den Zähleinrichtungen. Eine Wärmepumpe ist im Dauerbetrieb ein wesentlicher Belastungsschwerpunkt innerhalb der Gesamtanlage des Objekts, daher ist bei der Errichtung streng auf die Anforderungen VDE-Anwendungsregel VDE-AR-N 4100:2019-04 zu achten. → *Kapitel 6*

Begriffe	Erläuterungen
Hausanschluss-kasten	Die Übergabestelle zwischen Kundenanlage und Niederspannungsnetz
Hausanschluss-raum	ein begehbarer und abschließbarer Raum eines Gebäudes, der zur Einführung der Netzanschlussleitungen für die Ver- und Entsorgung des Gebäudes bestimmt ist und in dem die erforderlichen Anschlusseinrichtungen und Betriebseinrichtungen untergebracht sind
Hausanschluss-sicherung	im → *Hausanschlusskasten* befindliche Überstromschutzeinrichtung für den Überlastschutz der Netzanschlussleitung und den Überlast- und Kurzschlussschutz, der vom Hausanschlusskasten abgehenden Hauptleitung
Heizkurve	Die Heizkurve, auch Heizkennlinie genannt, ist ein wesentliches Element in der Steuerung von Heizungsanlagen. Sie stellt die Beziehung zwischen der Außentemperatur und der erforderlichen Vorlauftemperatur des Heizsystems her. **Ziel** der Heizkurve ist es, die Raumtemperatur konstant auf dem gewünschten Niveau zu halten, auch wenn sich die Außentemperatur ändert. Bei niedrigeren Außentemperaturen sorgt die Heizkurve dafür, dass die Vorlauftemperatur steigt, um die Räume ausreichend zu beheizen. Umgekehrt wird bei höheren Außentemperaturen die Vorlauftemperatur reduziert, um Energie zu sparen und Überheizung zu vermeiden. Die Heizkurve kann am Regler der Wärmepumpe eingestellt werden. Dieser Regler nimmt dann automatisch die notwendigen Anpassungen der Heizleistung vor, basierend auf den Veränderungen der Außentemperatur und der voreingestellten Heizkurve. Eine korrekt eingestellte Heizkurve ist entscheidend für die Effizienz der Heizanlage, da sie sicherstellt, dass nur so viel Energie wie nötig verbraucht wird.
Heizleistung	Die Heizleistung einer Wärmepumpe bezeichnet die Menge an Nutzwärme, die sie innerhalb einer bestimmten Zeit abgibt. Diese Leistung wird in Kilowatt (kW) gemessen und ist ein entscheidendes Kriterium für die Effizienz und Eignung einer Wärmepumpe für ein bestimmtes Gebäude oder eine spezifische Anwendung. Die Heizleistung ist abhängig von mehreren **Faktoren**, wie Wärmequellentemperatur, Vorlauftemperatur, Leistungszahl (COP), Außentemperatur und der Dimensionierung. **Wärmequellentemperatur:** Die Temperatur der Wärmequelle (z. B. Luft, Wasser, Erde) beeinflusst, wie effizient die Wärmepumpe arbeiten kann. **Vorlauftemperatur:** Die erforderliche Vorlauftemperatur des Heizsystems spielt eine Rolle. Niedrigere Vorlauftemperaturen, wie sie beispielsweise in Fußbodenheizungen üblich sind, erhöhen die Effizienz der Wärmepumpe. → ***COP:*** Die Leistungszahl (COP) gibt an, wie viel Heizleistung die Wärmepumpe pro aufgenommene Kilowattstunde elektrischer Energie liefert. Eine höhere Leistungszahl bedeutet eine höhere Effizienz. **Außentemperatur:** Bei Luft-Wasser-Wärmepumpen beeinflusst die Außentemperatur die Heizleistung. Niedrigere Außentemperaturen können die Effizienz reduzieren. **Dimensionierung:** Eine korrekte Dimensionierung der Wärmepumpe ist entscheidend für die gute Effizienz der Wärmepumpenanlage. Eine überdimensionierte Anlage führt zu unnötigem Energieverbrauch, während eine unterdimensionierte Anlage nicht genügend Wärme liefern kann.

Begriffe	Erläuterungen
Heizstromtarif/ Haushaltsstrom-tarif	→ *Wärmepumpe, Stromverbrauch und Tarife*
Heizwasser-pufferspeicher	Ein Heizwasserpufferspeicher ist ein zentrales Element in modernen Heizsystemen, insbesondere in Verbindung mit Wärmepumpen. Es handelt sich um einen Behälter, der mit Heizungswasser gefüllt ist, und er hat **mehrere Funktionen**. **Hydraulische Entkopplung:** Der Pufferspeicher dient zur hydraulischen Trennung von Wärmepumpenkreislauf und Heizkreislauf. Diese Entkopplung ermöglicht es, unterschiedliche Volumenströme in beiden Systemen effizient zu managen. **Sicherung der Mindestumlaufmenge:** Der Speicher gewährleistet, dass die Wärmepumpe auch bei geringerem Wärmebedarf effizient arbeiten kann, indem er eine Mindestumlaufmenge sichert. **Erhöhung der Flexibilität:** Große Pufferspeicher erhöhen die Flexibilität der Wärmepumpe. Die thermisch gespeicherte Energie erlaubt es, die Wärmepumpe flexibel ein- oder auszuschalten. Dies ist besonders vorteilhaft, um auf schwankende Stromerzeugung zu reagieren und das Stromnetz zu stabilisieren. **Integration in das Stromnetz:** Heizwasserpufferspeicher ermöglichen die Nutzung spezieller Stromtarife. Viele Netzbetreiber bieten Tarife für erneuerbare Energien oder variable Stromtarife an, die es ermöglichen, die Wärmepumpe vorwiegend dann zu betreiben, wenn der Strom günstig oder der Anteil erneuerbarer Energien im Netz hoch ist. Durch die Nutzung dieser Tarife kann der Betrieb der Wärmepumpe kosteneffizienter und umweltfreundlicher gestaltet werden. **Netzdienliche Betriebsweise:** Die flexible Betriebsweise, die durch den Einsatz eines Pufferspeichers ermöglicht wird, trägt zur Stabilisierung des Stromnetzes bei. Insbesondere bei einer erhöhten Einspeisung von erneuerbaren Energien kann die Wärmepumpe so gesteuert werden, dass sie überwiegend Strom verbraucht, wenn ein Überangebot im Netz herrscht.
hydraulischer Abgleich	Der hydraulische Abgleich ist ein wesentliches Verfahren in der Heiz- und Klimatechnik, um eine optimale und effiziente Verteilung der Wärme in einem Gebäude sicherzustellen. Dieses Verfahren hat folgende **Hauptziele und Vorteile:** • **Gleichmäßige Wärmeverteilung:** Durch den hydraulischen Abgleich wird gewährleistet, dass alle Heizkörper eines Gebäudes entsprechend ihrem Bedarf mit Heizwasser versorgt werden. Dadurch wird verhindert, dass einige Räume überheizen, während andere nicht ausreichend erwärmt werden. • **Anpassung an Raumtemperaturen:** Der Abgleich ermöglicht es, die Heizleistung individuell auf die gewünschte Raumtemperatur jedes Raumes abzustimmen. Dies führt zu einem erhöhten Wohnkomfort. • **Erhöhung der Gesamteffizienz:** Indem jeder Heizkörper genau die Menge an Heizwasser erhält, die er benötigt, arbeitet die gesamte Heizungsanlage effizienter. Dies reduziert den Energieverbrauch und senkt die Heizkosten. • **Vermeidung von Strömungsgeräuschen:** Ein korrekt durchgeführter hydraulischer Abgleich kann auch Strömungsgeräusche in den Heizkörpern reduzieren.

Begriffe	Erläuterungen
	• **Kosteneinsparungen:** Durch die verbesserte Effizienz des Heizsystems ergeben sich erhebliche Kosteneinsparungen, sowohl in Bezug auf den Energieverbrauch als auch auf die Betriebskosten. • **Optimierung bestehender Anlagen:** Besonders in älteren Heizsystemen kann der hydraulische Abgleich eine signifikante Verbesserung der Effizienz bewirken, ohne dass größere Umbauten notwendig sind.
Hydrothermie	bezieht sich auf die Nutzung der in Gewässern gespeicherten Wärmeenergie. Diese Energiequelle umfasst die Wärme, die in verschiedenen Wasserquellen wie Seen, Flüssen, Grundwasser oder sogar Meerwasser gespeichert ist. Die Hauptwärmequellen sind dabei die Sonneneinstrahlung und geothermische Energie aus dem Erdinneren. **Besondere Merkmale** und Anwendungen der Hydrothermie sind: • **Nutzung durch Wasser-Wärmepumpen:** Die in Wasser gespeicherte Wärme kann mittels Wasser-Wärmepumpen effizient genutzt werden. Diese Pumpen extrahieren die Wärme aus dem Wasser und erhöhen ihre Temperatur, um sie für Heizzwecke in Gebäuden nutzbar zu machen. • **Umweltfreundlich und erneuerbar:** Da die Wärmequelle größtenteils von der Sonne und dem Erdinneren stammt, gilt Hydrothermie als eine umweltfreundliche und erneuerbare Energiequelle. • **Hohe Effizienz:** Wasser als Wärmequelle hat oft eine konstante und moderate Temperatur, was die Effizienz von Wasser-Wärmepumpen erhöht, besonders im Vergleich zu Luft-Wärmepumpen, deren Effizienz bei niedrigen Außentemperaturen abnimmt. • **Regionale Verfügbarkeit:** Die Verfügbarkeit und Effektivität der Hydrothermie hängt von der lokalen Geografie und den klimatischen Bedingungen ab. Regionen mit reichlich Wasserquellen eignen sich besonders gut für diese Technologie. • **Nachhaltige Planung erforderlich:** Bei der Nutzung von Hydrothermie ist eine nachhaltige Planung wichtig, um negative Auswirkungen auf aquatische Ökosysteme zu vermeiden. Es müssen ökologische Aspekte berücksichtigt werden, besonders wenn Wasser aus natürlichen Quellen entnommen wird.
Inverter-Technik	Die Inverter-Technik in Wärmepumpenanlagen bezieht sich auf die Verwendung eines Inverter-Kompressors, der im Gegensatz zu herkömmlichem On/Off-Kompressoren die Leistung kontinuierlich an den tatsächlichen Bedarf anpasst. Dies wird durch die variable Geschwindigkeitsregelung des Kompressors erreicht.
Jahresarbeitszahl (JAZ)	ist eine zentrale Kennzahl zur Beurteilung der Effizienz einer Wärmepumpenanlage. Sie gibt das Verhältnis der über ein Jahr erzeugten thermischen Energie (Heizenergie) zur dafür aufgewendeten elektrischen Energie an. **Die JAZ wird wie folgt berechnet und interpretiert:** Die JAZ ergibt sich aus der Division der von der Wärmepumpe über ein Jahr abgegebenen Heizenergie durch die dafür aufgenommene elektrische Energie. Sie wird in der Regel als dimensionslose Zahl angegeben. **Einbeziehung von Temperaturschwankungen:** Ein wesentliches Merkmal der JAZ ist, dass sie die saisonalen Schwankungen der Wärmequellentemperatur über

Begriffe	Erläuterungen
	das Jahr hinweg berücksichtigt. Dadurch bietet sie ein realistisches Bild der Leistungsfähigkeit der Wärmepumpe unter verschiedenen klimatischen Bedingungen. **Berücksichtigung der Nebenantriebe:** Neben der eigentlichen Betriebsenergie der Wärmepumpe bezieht die JAZ auch den Energieverbrauch von Nebenantrieben ein. Dazu gehören beispielsweise Ventilatoren, Pumpen und Steuerungselemente, die für den Betrieb der Anlage erforderlich sind. **Effizienzindikator:** Eine höhere JAZ weist auf eine höhere Effizienz der Wärmepumpenanlage hin. Typische Werte für effiziente Wärmepumpensysteme liegen zwischen 3 und 5, was bedeutet, dass für jede Einheit elektrischer Energie drei bis fünf Einheiten Heizenergie erzeugt werden. **Abhängigkeit von der Anlage und Nutzung:** Die JAZ ist nicht nur von der Technologie der Wärmepumpe, sondern auch von der Installation, der Wärmedämmung des Gebäudes, der Qualität des hydraulischen Abgleichs und dem Nutzerverhalten abhängig. Die **Jahresarbeitszahl** ist somit **ein umfassender Indikator** für die Gesamteffizienz einer Wärmepumpenanlage über einen längeren Zeitraum. Sie ermöglicht es, verschiedene Wärmepumpensysteme objektiv zu vergleichen und ist ein wichtiger Faktor bei der Auswahl und Bewertung von Wärmepumpentechnologien.
Jahresprimärenergiebedarf	bezieht sich auf den gesamten Energiebedarf eines Gebäudes innerhalb eines Jahres. Dieser Bedarf geht über den bloßen Energiegehalt der direkt eingesetzten Energieträger wie Öl, Gas oder Strom hinaus. Er umfasst auch die Energie, die für vorgelagerte Prozesse benötigt wird. Diese vorgelagerten Prozesse beinhalten die Gewinnung, Umwandlung, Speicherung und Verteilung der Energie. Um den Jahresprimärenergiebedarf zu berechnen, werden die eingesetzten Energieträger mit sogenannten Primärenergiefaktoren multipliziert. Diese Faktoren berücksichtigen, wie viel Primärenergie (also Energie in ihrer natürlichen Form, bevor sie umgewandelt oder genutzt wird) erforderlich ist, um den jeweiligen Energieträger bereitzustellen und zum Verbraucher zu transportieren. Beispielsweise ist der Primärenergiefaktor für Strom höher als für Erdgas, da bei der Stromerzeugung und -verteilung ein höherer Energieaufwand besteht.
Joule-Thomson-Effekt	beschreibt ein physikalisches Phänomen, das in der Funktionsweise von Wärmepumpen eine zentrale Rolle spielt. Dieser Effekt tritt auf, wenn ein Gas oder ein Dampf einer Druckänderung unterzogen wird, was zu einer Temperaturänderung führt, ohne dass eine externe Wärmequelle oder ein Wärmeabfluss beteiligt ist. Bei einer Wärmepumpe wird dieser Effekt genutzt, um die Temperatur des gasförmigen Arbeitsmittels zu erhöhen. Das geschieht in **folgenden Schritten:** • **Kompression:** Zunächst wird das gasförmige Arbeitsmittel in einem Verdichter komprimiert. Dabei steigt der Druck des Gases an. Gemäß dem Joule-Thomson-Effekt führt diese Druckerhöhung zu einer Erwärmung des Gases. • **Wärmeabgabe:** Das nun erhitzte Gas gibt seine Wärme an die Umgebung ab, beispielsweise an ein Heizsystem oder an das Wasser in einem Warmwasserspeicher. Dabei kondensiert das Gas und wird wieder flüssig. • **Entspannung:** Anschließend wird das flüssige Arbeitsmittel durch ein Expansionsventil geleitet, wo es entspannt wird. Dabei sinkt der Druck, und das Arbeitsmittel kühlt sich ab und verdampft erneut.

Begriffe	Erläuterungen
	• **Wärmeaufnahme:** In diesem kalten, verdampften Zustand kann das Arbeitsmittel nun erneut Wärme aus der Umgebung aufnehmen, z. B. aus der Luft, dem Erdreich oder dem Grundwasser, und der Kreislauf beginnt von vorn.
Kältekreis	Einer Wärmepumpe ist ein geschlossenes System, in dem ein Kältemittel zirkuliert. Dieser Kreislauf ermöglicht den Transport von Wärmeenergie von einer niedrigeren Temperaturquelle zu einem höheren Temperaturniveau, typischerweise für Heiz- oder Kühlzwecke. Der **Kältekreis besteht aus vier Hauptkomponenten:** Verdampfer, Verdichter, Kondensator und Expansionsventil.
Kältemittel	Sie spielen eine entscheidende Rolle in Wärmepumpen und Kälteanlagen, da sie Wärme durch ihre Phasenwechsel zwischen flüssigem und gasförmigem Zustand übertragen. Die Wahl des Kältemittels ist entscheidend für die Effizienz, Umweltverträglichkeit und Sicherheit des Systems. Nach dem Verbot der Fluorchlorkohlenwasserstoffe (FCKW) aufgrund ihrer schädlichen Auswirkungen auf die Ozonschicht wurden alternative Kältemittel entwickelt und eingesetzt. Aktuell gebräuchliche Kältemittel umfassen: • **Hydrofluorkohlenwasserstoffe (HFKW):** Diese Stoffe sind weniger schädlich für die Ozonschicht als FCKW, haben aber immer noch ein hohes Treibhauspotenzial. Beispiele sind R-134a und R-410A. Sie werden zunehmend durch umweltfreundlichere Alternativen ersetzt. • **Hydrofluorolefine (HFO):** HFO ist eine neuere Klasse von Kältemitteln, die ein wesentlich geringeres Treibhauspotenzial aufweisen. Beispiele hierfür sind R-1234yf und R-1234ze. • **Natürliche Kältemittel:** Dazu gehören Stoffe wie Propan (R-290), Isobutan (R-600a), Ammoniak (R-717) und Kohlendioxid (R-744). Diese Kältemittel haben ein geringes Treibhauspotenzial und keine Auswirkungen auf die Ozonschicht, können aber in bestimmten Anwendungen aufgrund von Sicherheitsbedenken (wie Entflammbarkeit oder Toxizität) Herausforderungen darstellen. • **Hydrochlorfluorkohlenwasserstoffe (H-FCKW):** Als Übergangslösung entwickelt, haben diese eine geringere Ozonschädigung als FCKW, werden aber zunehmend durch umweltfreundlichere Alternativen ersetzt. Ein Beispiel ist R-22, dessen Verwendung stark eingeschränkt ist.
Klimawandel	oft synonym als globale Erwärmung bezeichnet, ist ein komplexes und drängendes globales Phänomen. Wissenschaftler sind sich weitgehend einig, dass dieser durch menschliche Aktivitäten, insbesondere durch den Ausstoß von Treibhausgasen wie Kohlendioxid (CO_2), Methan (CH_4) und Stickoxiden (N_2O), verursacht wird. Diese Gase entstehen hauptsächlich bei der Verbrennung fossiler Brennstoffe wie Kohle, Öl und Gas sowie durch Landwirtschaft und Abholzung. Um die schwerwiegendsten Folgen des Klimawandels zu verhindern, hat sich die internationale Gemeinschaft, einschließlich Deutschland und der EU, das Ziel gesetzt, die globale Erwärmung auf maximal 2 K gegenüber dem vorindustriellen Niveau zu begrenzen, wobei Bestrebungen existieren, diese Erwärmung auf 1,5 K zu limitieren.

Begriffe	Erläuterungen
	In diesem Zusammenhang spielen Wärmepumpen eine wichtige Rolle, da sie die Möglichkeit bieten, Heiz- und Kühlprozesse effizienter und umweltfreundlicher zu gestalten, besonders, wenn sie mit Strom aus erneuerbaren Energiequellen betrieben werden. Wärmepumpen können somit einen bedeutenden Beitrag zur Reduzierung des CO_2-Ausstoßes im Heizsektor leisten und sind ein wesentlicher Bestandteil der Bemühungen, die Ziele der Energiewende zu erreichen.
Kommunikationsanlagen	Wichtige Rolle in modernen elektrischen Netzwerken, daher die Standards und Anforderungen auch aus VDE-AR-N 4100:2019-04 beachten → *Anhang A.2*
Kristallisationswärme	auch als Erstarrungswärme oder Gefrierwärme bekannt, ist ein thermodynamisches Phänomen, das auftritt, wenn eine Substanz vom flüssigen in den festen Zustand übergeht – in diesem Fall, wenn Wasser zu Eis kristallisiert. Während dieses Übergangs gibt die Substanz Energie in Form von Wärme an ihre Umgebung ab, ohne dass sich ihre eigene Temperatur ändert. **Diese Energieabgabe ist auf molekularer Ebene zu verstehen:** Beim Übergang vom flüssigen zum festen Zustand ordnen sich die Moleküle in eine regelmäßigere, festere Struktur an. Diese Anordnung verringert die innere Energie der Substanz, und die Differenz wird als Wärme freigesetzt. Die Menge an Wärme, die während des Gefrierens einer Substanz freigesetzt wird, kann beträchtlich sein. Im Fall von Wasser ist die Kristallisationswärme so groß, dass die Wärme, die beim Gefrieren einer bestimmten Menge Wasser freigesetzt wird, ausreicht, um die gleiche Menge Wasser von 0 °C auf etwa 80 °C zu erwärmen.
Kühlleistung	bezieht sich auf die Leistung, die eine Wärmepumpe oder Kälteanlage zur Kühlung eines Raums oder eines Mediums bereitstellt. Sie wird gemessen als die Menge an Wärmeenergie, die pro Zeiteinheit von einem Kühlmedium oder -objekt entzogen wird. Dies ist besonders relevant, wenn Wärmepumpen im Kühlbetrieb oder Klimaanlagen eingesetzt werden. In technischer Hinsicht betrifft die Kühlleistung die Sekundärseite des Kühlkreises einer Wärmepumpe, also den Teil, in dem die Wärme aus dem zu kühlenden Bereich (wie einem Wohnraum oder einem industriellen Prozess) entzogen und an das Arbeitsmittel der Wärmepumpe übertragen wird. Die **Kühlleistung** hängt von **verschiedenen Faktoren** ab, darunter: • **Effizienz des Verdampfers:** Im Verdampfer wird die Wärme vom zu kühlenden Medium an das Arbeitsmittel der Wärmepumpe übertragen. Eine hohe Effizienz in diesem Prozess verbessert die Kühlleistung. • **Art des Kältemittels:** Verschiedene Kältemittel haben unterschiedliche thermodynamische Eigenschaften, die die Effizienz der Wärmeübertragung und damit die Kühlleistung beeinflussen. • **Temperaturdifferenz:** Die Differenz zwischen der Temperatur des zu kühlenden Raumes und der Verdampfungstemperatur des Kältemittels spielt eine wesentliche Rolle. • **Luftstrom und Isolierung:** Die Effektivität der Kühlung wird auch durch den Luftstrom im Raum und die Qualität der Isolierung beeinflusst.

Begriffe	Erläuterungen
Kundenanlage	Gesamtheit aller elektrischen Betriebsmittel hinter der Übergabestelle mit Ausnahme der Messeinrichtung
Lastmanagement	Steuerung von Geräten nach Vorgabe des Netzbetreibers zur Sicherstellung des Netzbetriebs, z. B. Speicher und Ladeeinrichtungen für Elektrofahrzeuge
Leistungsbedarf	max. in einer Kundenanlage gleichzeitig benötigte elektrische Leistung
Leistungszahl, EER (Energy Efficiency Ratio)	ist ein Maß für die Effizienz von Kühlsystemen, insbesondere von Klimaanlagen und Wärmepumpen im Kühlbetrieb. Sie wird definiert als der Quotient aus der Kühlleistung (in Watt oder Kilowatt) und der dafür aufgewendeten elektrischen Leistung des Verdichter Antriebs (ebenfalls in Watt oder Kilowatt). Es ist wichtig zu beachten, dass der EER ein Momentanwert ist und nur für einen bestimmten Betriebszustand, wie eine definierte Temperatur und Feuchtigkeit, angegeben werden kann. Die Leistungszahl EER variiert je nach Betriebsbedingungen und Einstellungen des Systems. Ein höherer EER-Wert deutet auf eine höhere Effizienz des Kühlsystems hin, da weniger elektrische Energie benötigt wird, um eine bestimmte Kühlleistung zu erzielen.
monoenergetisch	bezieht sich auf Wärmepumpensysteme, bei denen zur Wärmeerzeugung ausschließlich eine einzige Energieart verwendet wird. Ein typisches Beispiel hierfür ist eine Luft-Wasser-Wärmepumpe, die durch Elektrizität betrieben wird, einschließlich eines zusätzlichen elektrischen Heizstabs, der bei Bedarf zur Unterstützung der Heizleistung eingesetzt wird. In einem monoenergetischen System wird also die gesamte benötigte Heizenergie, sowohl die Hauptlast als auch die Zusatzlast bei extremer Kälte oder Spitzenlastzeiten, ausschließlich durch elektrischen Strom erzeugt. Der zusätzliche Heizstab in einer Luft-Wasser-Wärmepumpe kommt zum Einsatz, wenn die Außentemperatur so niedrig ist, dass die Wärmepumpe allein nicht mehr ausreichend Heizleistung erbringen kann. Obwohl dieser Heizstab den Energieverbrauch erhöht, bleibt der Anteil der Ergänzungsheizung am Gesamtwärmebedarf in der Regel gering. Laut Fraunhofer Institut deckt diese Zusatzheizung weniger als 5 % des Gesamtwärmebedarfs.
Monovalenz	Bezogen auf Wärmepumpensysteme beschreibt die Monovalenz die Eigenschaft einer Wärmepumpe, als einzige Wärmequelle für ein Gebäude zu dienen. Das bedeutet, dass die Wärmepumpe allein in der Lage ist, den kompletten Wärmebedarf des Gebäudes, sowohl für die Raumheizung als auch für die Warmwasserbereitung, zu decken, ohne auf zusätzliche Heizsysteme wie Öl- oder Gasheizungen zurückgreifen zu müssen. In einem monovalenten Betrieb ist die Wärmepumpe so dimensioniert und konzipiert, dass sie auch bei niedrigen Außentemperaturen effizient arbeiten kann. Dies erfordert in der Regel eine sorgfältige Planung und Berechnung der Wärmepumpengröße sowie eine gute Wärmedämmung des Gebäudes. Monovalente Wärmepumpensysteme sind besonders in Regionen mit milderem Klima oder bei gut isolierten Neubauten geeignet, in denen die Außentemperaturen selten unter den Punkt fallen, an dem die Wärmepumpe nicht mehr effizient arbeiten kann.

Begriffe	Erläuterungen
Nenn-Leistungs-aufnahme	Die Nenn-Leistungsaufnahme eines Wärmepumpensystems bezeichnet die elektrische Leistung, die unter standardisierten Bedingungen (typischerweise bei einer bestimmten Temperatur und unter Nennlastbedingungen) von der Wärmepumpe aufgenommen wird, um ihre Funktion auszuführen. Sie wird in Kilowatt (kW) gemessen und gibt an, wie viel elektrische Energie die Wärmepumpe benötigt, um zu laufen und Wärme zu erzeugen. Diese Kennzahl ist wichtig für die Bestimmung der Energieeffizienz und Wirtschaftlichkeit der Wärmepumpe. In der Regel wird die Nenn-Leistungsaufnahme zusammen mit der Wärmeleistung (auch Nennwärmeleistung genannt) angegeben, um das Leistungsverhältnis oder die sogenannte → *Jahresarbeitszahl (JAZ)* der Wärmepumpe zu berechnen.
Netzanschluss	Verbindung des öffentlichen, elektrischen Verteilungsnetzes mit der Kundenanlage
Netzanschluss-kapazität	Sicherstellen, dass die Netzanschlusskapazität ausreichend für die zusätzliche Last der Wärmepumpe ist, um Überlastungen zu vermeiden.
Netzbetreiber	ein Betreiber eines Netzes der allgemeinen, öffentlichen Versorgung für elektrische Energie
Netzintegration	Das Stromnetz ist für eine gut funktionierende Infrastruktur sehr wichtig. Damit einmal z. B. Millionen von Elektroautos versorgt werden können, müssen alle Bausteine der Technik, Systeme der Kommunikation der Ladung mit dem Netz, evtl. Rückspeisungen von den Batterien ins Netz gut geplant und im Zusammenspiel mit erneuerbaren Energien abgestimmt werden. Eine Steuerbarkeit der Ladeeinrichtungen hat für eine erfolgreiche Netzintegration der Elektromobilität eine besondere Bedeutung.
Netzkapazität	Die Netzkapazität im Zusammenhang mit Wärmepumpensystemen bezieht sich auf die Fähigkeit des elektrischen Versorgungsnetzes, ausreichend Strom für den Betrieb von Wärmepumpen zur Verfügung zu stellen, ohne dass es zu Überlastungen oder Stabilitätsproblemen im Netz kommt. Dies ist besonders wichtig, da Wärmepumpen, vor allem bei Spitzenlastzeiten, signifikante Mengen an elektrischer Energie verbrauchen können.
Netzsystem	eine charakteristische Beschreibung der Merkmale eines Verteilungssystems nach Art und Anzahl der aktiven Leiter der Systeme und Art der Erdverbindung der Systeme
Normen	sind im Kapitel 3 dieses Buches detailliert beschrieben. Sie stellen standardisierte Richtlinien und Spezifikationen bereit, die in der Elektrotechnik und anderen Ingenieurdisziplinen zur Sicherstellung von Qualität, Sicherheit und Effizienz angewendet werden.
Notstrom-aggregat	eine Erzeugungseinheit, die der Sicherstellung der elektrischen Energieversorgung einer Anschlussnutzeranlage oder Teilen davon beim Ausfall des öffentlichen Netzes dient
Nutzungsgrad	von Wärmepumpensystemen, oft auch als Wirkungsgrad oder Effizienz der Wärmepumpe bezeichnet, ist ein Maß dafür, wie effektiv die Wärmepumpe elektrische Energie in nutzbare Wärmeenergie umwandelt. Dieser Wert ist entscheidend,

Begriffe	Erläuterungen
	um die Energieeffizienz und Wirtschaftlichkeit von Wärmepumpensystemen zu bewerten. Der Nutzungsgrad wird üblicherweise durch die → *Leistungszahl* (Coefficient of Performance, COP) oder die → *Jahresarbeitszahl (JAZ)* ausgedrückt. Der Nutzungsgrad einer Wärmepumpe wird durch verschiedene Faktoren beeinflusst, wie die Qualität der Wärmepumpe selbst, die Außentemperaturen, die Isolierung des Gebäudes, die Temperatur der Wärmequelle (z. B. Luft, Wasser, Erdreich) und die gewünschte Vorlauftemperatur.
Oberflächenverluste	entstehen, wenn Heizkessel und Speicher Wärme an ihre Umgebung abstrahlen. Diese abgestrahlte Wärme ist für das Heizsystem nicht direkt nutzbar und wird daher als Verlust gewertet. Obwohl diese Verluste in manchen Fällen zur Erwärmung des Aufstellraums beitragen können, sind sie in der Gesamtbetrachtung des Heizsystems ineffizient, da sie nicht gezielt zur Raumheizung eingesetzt werden.
Oberschwingungen	sind nicht sinusförmige Größen, die eine Addition von verschiedenen sinusförmigen Größen unterschiedlicher Amplitude und Frequenz darstellen. Sie sind Schwingungen einer Frequenz, die einem ganzzahligen Vielfachen der Grundfrequenz entspricht. Oberschwingungen entstehen durch den zunehmenden Einsatz von immer mehr nicht lineare Verbraucher, wie Stromrichter, Umrichter, Wechselrichter, Energiesparlampen, elektronische Vorschaltgeräte, dimmbare Lasten und können für eine verzerrte Netzqualität sorgen. Wenn der Neutralleiter nicht abgesichert ist, kann er durch das Abführen von Oberschwingungsströmen unerkannt überlastet werden und evtl. unerkannt in Brand geraten.
Parallelbetrieb	Beim Parallelbetrieb in einer bivalenten Heizungsanlage mit Wärmepumpen arbeiten zwei verschiedene Wärmeerzeuger, typischerweise eine Wärmepumpe und ein zusätzlicher Heizkessel, gleichzeitig, um den Wärmebedarf eines Gebäudes zu decken. Dieses Konzept wird vor allem an Tagen mit besonders hohem Wärmebedarf angewendet, wie beispielsweise an sehr kalten Wintertagen. In einer solchen Anlage übernimmt die Wärmepumpe den Hauptteil der Wärmeversorgung. Wärmepumpen sind besonders effizient bei mäßigen Außentemperaturen und können den Großteil des jährlichen Wärmebedarfs decken. An Tagen, an denen die Wärmepumpe allein nicht ausreicht, um den gesamten Wärmebedarf zu decken, etwa bei niedrigen Temperaturen oder Spitzenlasten, schaltet sich der zusätzliche Wärmeerzeuger hinzu. Dieser zusätzliche Wärmeerzeuger kann ein konventioneller Heizkessel sein, der mit Gas, Öl oder Biomasse betrieben wird. Die **Vorteile des Parallelbetriebs** liegen vor allem in der hohen Versorgungssicherheit und der Fähigkeit, auch bei extremen Wetterbedingungen eine zuverlässige Wärmeversorgung zu gewährleisten. Durch den vorwiegenden Einsatz der Wärmepumpe wird zudem eine hohe Energieeffizienz erreicht, da Wärmepumpen im Vergleich zu konventionellen Heizsystemen oft eine bessere Energiebilanz aufweisen. Der zusätzliche Heizkessel wird nur an wenigen Tagen im Jahr benötigt, was zu einer Verringerung der Betriebskosten und der CO_2-Emissionen führt.
passive Kühlung	auch als natürliche Kühlung bekannt, ist ein effizientes Verfahren zur Gebäudekühlung, das besonders in Verbindung mit Wärmepumpensystemen an Bedeutung gewinnt. Im Sommer, wenn die Außentemperaturen hoch sind, bleibt die Temperatur in tieferen Erdschichten oder im Grundwasser deutlich niedriger.

Begriffe	Erläuterungen
	Diese niedrigere Temperatur kann genutzt werden, um Gebäude ohne den Einsatz von zusätzlicher Energie zu kühlen. Das **Prinzip der passiven Kühlung** basiert auf dem Wärmeaustausch zwischen dem kühleren Medium (Erdboden oder Grundwasser) und dem Wärmeverteilungssystem des Gebäudes. Ein Wärmetauscher überträgt die kühlere Temperatur des Bodens oder Wassers auf das Heiz- bzw. Kühlsystem des Gebäudes. Während dieses Prozesses bleibt der Verdichter der Wärmepumpe inaktiv, was bedeutet, dass keine zusätzliche Energie für den Kühlprozess benötigt wird. Daher wird diese Methode als „passiv" bezeichnet. Die **Vorteile der passiven Kühlung** liegen vor allem in der Energieeffizienz und der Umweltfreundlichkeit. Da keine zusätzliche Energie zur Kühlung benötigt wird, sind die Betriebskosten deutlich niedriger als bei herkömmlichen Klimaanlagen. Zudem werden keine Treibhausgase freigesetzt, was die passive Kühlung zu einer umweltfreundlichen Option macht.
Peak Shaving	ist das Verfahren zur Reduzierung von Lastspitzen im Stromnetz. Ziel ist es, die Differenz zwischen dem Höchstverbrauch und dem normalen Verbrauchsniveau zu verringern, um die Belastung des Stromnetzes zu minimieren und die Stabilität zu erhöhen. Dies wird oft durch die Nutzung von Energiespeichern, Lastmanagement und Demand-Response-Programmen erreicht, um die Erzeugung und den Verbrauch von Strom besser aufeinander abzustimmen, besonders während Zeiten hoher Nachfrage oder hoher Erzeugung aus erneuerbaren Quellen wie Photovoltaik.
PEI, Prosumer's Electrical Installations	Eine kombinierte Erzeugungs-/Verbrauchsanlage ist eine elektrische Niederspannungsanlage mit oder ohne Verbindung zu einem öffentlichen Verteilungsnetz, geeignet für den Betrieb mit lokalen Stromversorgungen und/oder lokalen Speichereinheiten, welche die Energie der angeschlossenen Erzeugungsanlagen überwacht und steuert, um sie an → *elektrische Verbrauchsmittel* zu liefern und/oder an lokale Speichereinheiten zu liefern und/oder in öffentliche Verteilungsnetze einzuspeisen.
Phasenlastaufteilung	Sicherstellen, dass die Last gleichmäßig über alle Phasen verteilt wird, um eine symmetrische Belastung des Stromnetzes zu gewährleisten.
Photovoltaik	ist eine Technologie, die es ermöglicht, Sonnenlicht direkt in elektrische Energie umzuwandeln. Dieser Prozess erfolgt durch Solarzellen, die typischerweise aus Halbleitermaterialien wie Silizium bestehen. Die grundlegende Funktionsweise einer Solarzelle basiert auf dem photoelektrischen Effekt, bei dem Lichtphotonen auf das Halbleitermaterial treffen und Elektronen freisetzen, wodurch ein elektrischer Strom erzeugt wird. Die Umweltfreundlichkeit von Photovoltaikanlagen liegt in ihrer Fähigkeit, saubere und erneuerbare Energie zu erzeugen. Im Gegensatz zu fossilen Brennstoffen verursacht die Nutzung von Sonnenenergie keine Treibhausgasemissionen und trägt so zum Umweltschutz und zur Reduzierung des Klimawandels bei. **Die Komponenten eines typischen Photovoltaiksystems umfassen:** • **Solarzellen und Solarmodule:** Einzelne Solarzellen werden zu größeren Einheiten, den Solarmodulen, zusammengefasst. Diese Module können auf Dächern, in Solarparks oder in anderen geeigneten Umgebungen installiert werden.

Begriffe	Erläuterungen
	• **Wechselrichter:** Der von Solarzellen erzeugte Strom ist Gleichstrom (DC). Um diesen Strom in das öffentliche Stromnetz einzuspeisen oder für Haushaltsgeräte nutzbar zu machen, muss er in Wechselstrom (AC) umgewandelt werden. Diese Umwandlung erfolgt durch einen Wechselrichter. • **Energiespeicherung:** Um die von Photovoltaikanlagen erzeugte Energie auch dann zu nutzen, wenn die Sonne nicht scheint, können Batteriespeichersysteme eingesetzt werden. Diese speichern den überschüssigen Strom für die spätere Verwendung. • **Netzanbindung und Eigenverbrauch:** Der erzeugte Solarstrom kann in das öffentliche Stromnetz eingespeist und an das Versorgungsunternehmen verkauft werden, oder er kann direkt vor Ort für den Eigenverbrauch genutzt werden. Die Entscheidung zwischen Netzeinspeisung und Eigenverbrauch hängt von verschiedenen Faktoren ab, wie z. B. der lokalen Gesetzgebung, den finanziellen Anreizen und den individuellen Energiebedürfnissen. Photovoltaikanlagen können in verschiedenen Größen und Typen realisiert werden, von kleinen Dachanlagen auf Wohngebäuden bis hin zu großen Solarkraftwerken. Sie bieten eine flexible und skalierbare Lösung zur Energiegewinnung und spielen eine entscheidende Rolle in der Energiewende hin zu einer nachhaltigeren Energieversorgung.
Primärquelle/ Primärenergie	Primärenergie, oft auch als Primärquelle bezeichnet, ist die Energie, die in natürlichen Ressourcen wie Kohle, Erdöl, Erdgas, Wind, Sonne oder Wasserkraft enthalten ist, bevor sie in eine für den Endverbrauch nutzbare Form umgewandelt wird. Im Zusammenhang von Wärmepumpensystemen spielt die Definition von Primärenergie eine besondere Rolle, da Wärmepumpen die Fähigkeit haben, Energie aus der Umgebung (Luft, Wasser, Erde) zu nutzen. Bei Wärmepumpensystemen wird die Umgebungswärme als eine Form von Primärenergie betrachtet. Diese Energiequellen sind typischerweise erneuerbar und nahezu unerschöpflich. Wärmepumpen extrahieren diese Umgebungswärme und wandeln sie in eine höhere Temperatur um, um Gebäude zu beheizen oder für Warmwasser zu sorgen. Dieser Prozess ist besonders energieeffizient, da die Wärmepumpe mehr Heizenergie liefert, als sie an elektrischer Energie verbraucht.
Pufferspeicher	im Kontext von Wärmepumpenanlagen ist ein thermischer Speicher, der dazu dient, die von der Wärmepumpe erzeugte Wärmeenergie zwischenzuspeichern. Diese Speicherung ermöglicht es, die Wärmeenergie effizient zu verwalten und bei Bedarf abzugeben, was besonders wichtig ist, um Temperaturschwankungen und Effizienzverluste in der Wärmepumpenanlage zu vermeiden. Die **Hauptfunktionen** eines Pufferspeichers in einer Wärmepumpenanlage umfassen: • **Ausgleich von Wärmebedarf und -angebot:** Ein Pufferspeicher hilft dabei, eine konstante Wärmeversorgung zu gewährleisten, indem er Überschusswärme speichert, wenn die Nachfrage nach Heizung oder Warmwasser gering ist und diese gespeicherte Wärme abgibt, wenn die Nachfrage steigt. • **Effizienzsteigerung der Wärmepumpe:** Durch die Vermeidung häufiger Start- und Stoppzyklen der Wärmepumpe, die energieintensiv sind, kann der Pufferspeicher die Gesamteffizienz des Systems verbessern. Dies führt zu einer längeren Lebensdauer der Wärmepumpe und einer Reduzierung des Energieverbrauchs.

Begriffe	Erläuterungen
	• **Integration erneuerbarer Energiequellen:** Ein Pufferspeicher kann auch genutzt werden, um Wärmeenergie zu speichern, die aus anderen erneuerbaren Energiequellen, wie Solarthermieanlagen, stammt. Dies ermöglicht eine optimale Nutzung verschiedener Energiequellen. • **Erhöhung der Systemflexibilität:** Mit einem Pufferspeicher kann das Wärmepumpensystem flexibler auf wechselnde Außentemperaturen und unterschiedliche Heizlasten im Gebäude reagieren.
Quellentemperatur	ist ein entscheidender Faktor für die Effizienz und Leistungsfähigkeit von Wärmepumpenanlagen. Sie bezeichnet die Temperatur der Wärmequelle, die von einer Wärmepumpe genutzt wird, um Wärmeenergie zu extrahieren. Diese Wärmequellen können Erdwärme, Grundwasser, Außenluft oder sogar Abwärme sein. Die Quellentemperatur ist ein wichtiger Parameter für die Berechnung des → *COP* einer Wärmepumpe, die das Verhältnis von gewonnener Heizleistung zur eingesetzten Antriebsenergie angibt. **Bedeutung der Quellentemperatur:** Die Effizienz einer Wärmepumpe hängt stark von der Quellentemperatur ab. Je höher die Temperatur der Wärmequelle, desto effizienter kann die Wärmepumpe arbeiten. Das liegt daran, dass die Wärmepumpe weniger Energie aufwenden muss, um die Wärme auf ein nutzbares Niveau zu bringen. Beispielsweise ist es effizienter, Wärme aus dem Grundwasser mit einer Temperatur von 10 °C zu extrahieren, als aus der Außenluft bei 0 °C.
Raumheizungseffizienz	sie misst die Fähigkeit eines Heizsystems, die eingesetzte Energie in Wärme für die Raumheizung umzuwandeln, oft ausgedrückt durch den → *Nutzungsgrad* oder die saisonale Effizienz. **Zusätzliche Erläuterung:** Raumheizungseffizienz bezeichnet, wie effektiv ein Heizsystem die Energie, die es verbraucht, in nutzbare Wärme für das Heizen eines Raums oder Gebäudes umwandelt. Sie wird oft als Jahresnutzungsgrad oder saisonale Leistungszahl angegeben und berücksichtigt sowohl die Effizienz der Heizanlage selbst als auch die Art und Weise, wie die Wärme im Gebäude verteilt und genutzt wird.
regenerative Energien → *erneuerbare Energien*	„Regenerative Energien" betonen den Aspekt der natürlichen Regeneration und Erneuerung. Diese Energieformen erneuern sich kontinuierlich und führen nicht zur dauerhaften Erschöpfung der Ressourcen. Regenerative Energien umfassen Wind-, Solar-, Wasser- und Biomasseenergie sowie geothermische Energie. Der Schwerpunkt liegt auf der Fähigkeit der Natur, diese Energiequellen ständig zu regenerieren, was sie zu einer nachhaltigen Alternative zu fossilen Brennstoffen macht. Obwohl → *„erneuerbare Energien" und „regenerative Energien"* oft synonym verwendet werden, betont „regenerativ" spezifisch den natürlichen Erneuerungsprozess, während „erneuerbar" die breite Verfügbarkeit und Nachhaltigkeit dieser Energiequellen unterstreicht. **Schlagworte:** • regenerative Energien: natürliche Regeneration und Erneuerung • kontinuierliche Erneuerung, keine Ressourcenerschöpfung • beinhaltet Wind-, Solar-, Wasser-, Biomasse- und geothermische Energie • nachhaltige Alternative zu fossilen Brennstoffen

Begriffe	Erläuterungen
	• „regenerativ“ vs. „erneuerbar“: Betonung auf natürlicher Erneuerung • Erweiterung: Geothermie, Aerothermie, Hydrothermie **Erweiterung der Begriffe:** Neben den klassischen Formen wie Wind, Sonne, Wasser und Biomasse zählen auch die in Erdboden, Luft und Wasser gespeicherte Wärme (Geothermie, Aerothermie und Hydrothermie) zu den erneuerbaren bzw. regenerativen Energiequellen. Diese Energieformen sind besonders relevant für Wärmepumpensysteme, da sie die natürliche Umgebungswärme nutzen, um Gebäude zu heizen und zu kühlen.
RLM-Zähler	Ein RLM-Zähler (Registrierende Leistungsmessung) ist ein spezieller elektrischer Zähler, der in der Lage ist, den Stromverbrauch in kurzen Intervallen, typischerweise jede Viertelstunde, zu messen und aufzuzeichnen. Im Kontext von Wärmepumpenanlagen spielt der RLM-Zähler eine wichtige Rolle, besonders für gewerbliche oder industrielle Anwendungen, wo der Energieverbrauch hoch und die Energiekosten ein signifikanter Faktor sind. Die Verwendung eines **RLM-Zählers** in Verbindung mit einer Wärmepumpenanlage bietet mehrere **Vorteile:** • **Detaillierte Verbrauchsdaten:** Der RLM-Zähler liefert präzise und zeitlich aufgelöste Daten zum Energieverbrauch. Dies ermöglicht eine genauere Analyse und Optimierung des Betriebs der Wärmepumpenanlage. • **Tarifoptimierung:** Mit den detaillierten Verbrauchsdaten können Nutzer von Wärmepumpenanlagen potenziell günstigere Tarife mit Energieversorgern aushandeln, insbesondere Lastmanagement-Tarife, die auf die Vermeidung von Spitzenlasten abzielen. • **Lastmanagement:** Die durch den RLM-Zähler erfassten Daten können genutzt werden, um die Wärmepumpe in Zeiten niedrigerer Stromtarife oder geringerer Netzbelastung zu betreiben, was die Betriebskosten senken kann. • **Netzintegration und -stabilität:** Für Energieversorger bieten die Daten von RLM-Zählern wichtige Informationen zur Netzlast und zur Netzstabilität. Dies ist besonders relevant, da Wärmepumpen eine signifikante Last darstellen können, besonders in Gebieten mit hoher Dichte an Wärmepumpeninstallationen. • **Bilanzierung und Abrechnung:** Für gewerbliche Nutzer ist eine genaue Energiebilanzierung wichtig. Der RLM-Zähler unterstützt eine transparente und gerechte Abrechnung, basierend auf dem tatsächlichen Energieverbrauch.
Saugbrunnen/ Schluckbrunnen	sind wesentliche Bestandteile von Grundwasserwärmepumpensystemen, die oberflächennahes Grundwasser zur Wärmegewinnung nutzen. Diese Systeme sind ein effizienter Weg, um Heizung und Warmwasserbereitung in Gebäuden zu unterstützen, indem sie die relativ konstante Temperatur des Grundwassers ausnutzen. **Saugbrunnen (Förderbrunnen):** Ein Saugbrunnen ist eine Brunnenanlage, die dazu dient, Grundwasser aus dem Boden zu fördern. In einem Wärmepumpensystem wird das geförderte Wasser zur Wärmepumpe geleitet, wo es als Wärmequelle dient. Die Wärmepumpe entzieht dem Wasser Wärmeenergie, um diese dann für Heizung und Warmwasserbereitung zu nutzen. Die Effizienz eines Saugbrunnens hängt von verschiedenen Faktoren ab, wie der Grundwassertemperatur, der Ergiebigkeit des Aquifers und der Qualität des Wassers.

Begriffe	Erläuterungen
	Schluckbrunnen: Nachdem das Grundwasser durch die Wärmepumpe geflossen und ein Teil seiner Wärme entzogen wurde, ist es wichtig, das abgekühlte Wasser wieder in den natürlichen Wasserkreislauf zurückzuführen. Dies geschieht über einen Schluckbrunnen. Der Schluckbrunnen leitet das abgekühlte Wasser zurück in das Grundwasserleiter-System. Es ist wichtig, dass das abgeleitete Wasser keine negativen Auswirkungen auf das Ökosystem oder die Wasserqualität hat. Die korrekte Platzierung und das Design des Schluckbrunnens sind daher entscheidend, um eine effiziente Rückführung zu gewährleisten und gleichzeitig Umweltauswirkungen zu vermeiden.
Schallleistungspegel	Der Schallleistungspegel ist eine wichtige Kennzahl, um die Lärmbelastung durch die Wärmepumpe zu bewerten. Sie wird in Dezibel (dB) angegeben und sollte bei der Standortwahl der Anlage berücksichtigt werden, um Lärmbelästigungen zu vermeiden.
Schutzmaßnahmen	Schutzmaßnahmen sind wichtige Bestandteile für die Versorgung mit Elektrizität: Schutz gegen elektrischen Schlag, Schutz gegen thermische Einflüsse, Schutz bei Überstrom, Schutz gegen Überspannungen, Schutz gegen Unterspannungen.
Smart Grid	intelligentes Stromnetz, das Lastmanagement und Energiemanagement beim Kunden optimieren kann und durch intelligente Technik auch Vorteile im jeweiligen Netz erzielen kann
Solar-Luft-Absorber	ist eine Art von Kollektor, der sowohl die Energie der Sonne als auch die Wärme der Umgebungsluft nutzt, um Wärmeenergie zu gewinnen. Diese Art von Technologie kombiniert die Prinzipien eines Solarkollektors und eines Luftwärmetauschers und bietet dadurch ein hohes Maß an Flexibilität und Effizienz für Wärmepumpensysteme. **Funktionsweise:** Solar-Luft-Absorber bestehen typischerweise aus absorbierenden Materialien, die Sonnenstrahlung effizient aufnehmen und in Wärme umwandeln können. Zusätzlich zur Sonneneinstrahlung nutzen sie die Umgebungsluft als Wärmequelle. Die erwärmte Luft wird dann durch das System geleitet, wo sie ihre Wärmeenergie abgibt, bevor sie wieder in die Umgebung entlassen wird.
Sole	in Wärmepumpensystemen ist eine Flüssigkeit, die als Wärmeträgermedium dient und Frostschutzmittel enthält, um ein Einfrieren bei niedrigen Temperaturen zu verhindern. Der Begriff „Sole" stammt ursprünglich aus der Zeit, als tatsächlich salzhaltige Lösungen für diesen Zweck verwendet wurden. Heutzutage bestehen diese Lösungen jedoch in der Regel aus Wasser, dem Frostschutzmittel wie Glykole beigemischt sind. **Zusammensetzung und Funktion:** Moderne Solelösungen enthalten häufig Ethylenglykol oder Propylenglykol als Frostschutzmittel. Diese Glykole senken den Gefrierpunkt der Wasserlösung und verhindern so, dass die Flüssigkeit bei niedrigen Temperaturen gefriert. Gleichzeitig behalten sie eine gute Wärmeübertragungsfähigkeit bei, was für den effizienten Betrieb von Wärmepumpen und Kühlsystemen wichtig ist.

Begriffe	Erläuterungen
	Anwendungsbereiche: Sole wird vor allem in erdgekoppelten Wärmepumpensystemen eingesetzt, indem sie zwischen dem Wärmequellensystem (z. B. Erdwärmekollektoren oder Erdwärmesonden) und der Wärmepumpe zirkuliert. Die Sole nimmt die Wärme aus dem Erdreich oder dem Grundwasser auf und transportiert sie zur Wärmepumpe, wo sie zur Heizung und Warmwasserbereitung genutzt wird. Im Kühlbetrieb kann der Prozess umgekehrt werden, um Wärme aus dem Gebäude ins Erdreich abzuleiten. **Umwelt- und Gesundheitsaspekte:** Die Wahl des Frostschutzmittels in der Sole sollte unter Berücksichtigung von Umwelt- und Gesundheitsaspekten erfolgen. Ethylenglykol beispielsweise ist toxisch, weshalb in sensiblen Umgebungen oft das weniger giftige Propylenglykol bevorzugt wird. Es gibt auch biobasierte und umweltfreundlichere Alternativen, die in einigen Systemen eingesetzt werden.
Spannungsniveau	**Netzanschluss:** überprüfen, ob die Spannungsversorgung (z. B. 230 V oder 400 V) für die Wärmepumpe geeignet ist und mit dem Verteilungsnetz übereinstimmt.
Speicher	eine Einheit oder Anlage, die elektrische Energie aus einer Anschlussnutzeranlage oder aus dem öffentlichen Netz beziehen, speichern und wieder einspeisen kann.
Starkstromanlage	eine elektrische Anlage mit Betriebsmitteln zum Erzeugen, Umwandeln, Speichern, Fortleiten und Verteilen elektrischer Energie mit dem Zweck des Verrichtens von Arbeit.
Stromkreisverteiler	Betriebsmittel zur Verteilung der zugeführten Energie auf mehrere Stromkreise, das zur Aufnahme von Einrichtungen zum Schutz bei Überstrom, bei Überspannungen und zum Schutz gegen elektrischen Schlag sowie zum Trennen, Schalten, Messen und Überwachen geeignet ist. Für die Installation und den Anschluss von Betriebsmitteln und Verbrauchsmittel, wie z. B. Wärmepumpen muss auch DIN 18015-1:2020-05 berücksichtigt werden → *Anhang A.7.*
Stromdirektheizung	bezeichnet ein Heizsystem, bei dem elektrischen Strom direkt zur Erzeugung von Wärme genutzt wird. Dies geschieht durch den elektrischen Widerstand in Heizelementen, die den durchfließenden Strom in Wärme umwandeln. Die Wärme wird dann direkt an den Raum abgegeben oder kann in Festkörperwärmespeichern für eine spätere Nutzung vorgehalten werden. Stromdirektheizungen sind in der Regel weniger effizient als andere Heizsysteme wie Wärmepumpen. Wärmepumpen nutzen eine geringere Menge an Strom, um Wärme aus der Umgebung zu extrahieren und zu verstärken, was zu einer höheren Gesamteffizienz führt.
Symmetrieeinrichtung	eine Einrichtung zur Steuerung oder Regelung von Leistungsflüssen für die Einhaltung der Symmetriegrenze innerhalb der Kundenanlage oder einer Anschlussnutzeranlage.
Taupunktüberwachung	bei einer Wärmepumpe ist ein Verfahren zur Verhinderung der Kondensation von Feuchtigkeit auf der Oberfläche der Heizelemente, insbesondere bei Niedertemperatur-Heizsystemen wie Fußbodenheizungen. Der Taupunkt ist die Temperatur, bei der der in der Luft enthaltene Wasserdampf beginnt, sich in flüssiges Wasser umzuwandeln und als Kondensat (kleine Wassertröpfchen) auf Oberflächen niederzuschlagen.

Begriffe	Erläuterungen
	Relevanz bei Niedertemperatur-Heizsystemen: Bei Systemen wie Fußbodenheizungen, die mit niedrigen Oberflächentemperaturen arbeiten, ist die Gefahr der Kondensation besonders hoch, wenn die Oberflächentemperatur unter den Taupunkt der Raumluft fällt. Dies kann zu Feuchtigkeitsproblemen und Schimmelbildung führen. **Funktionsweise:** Die Taupunktüberwachung überwacht kontinuierlich die Luftfeuchtigkeit und die Oberflächentemperatur der Heizelemente. Ist die Oberflächentemperatur nahe am oder unter dem Taupunkt, passt das System die Vorlauftemperatur der Wärmepumpe entsprechend an, um Kondensation zu vermeiden. **Bedeutung für die Effizienz:** Diese Überwachung trägt nicht nur zum Schutz der Bausubstanz bei, sondern verbessert auch die Effizienz des Heizsystems. Durch die Vermeidung von Kondensation wird sichergestellt, dass das Heizsystem unter optimalen Bedingungen arbeitet. **Integration in das Wärmepumpensystem:** Moderne Wärmepumpensysteme integrieren oft Sensoren und Steuerungstechniken für die Taupunktüberwachung, was die Errichtung, Installation und Wartung vereinfachen.
Temperatur	ist eine physikalische Größe, die den thermischen Zustand eines Objekts oder Systems angibt und ein Maß für die mittlere kinetische Energie der Teilchen (wie Atome oder Moleküle) in einem Stoff darstellt. In der Alltagssprache wird sie oft verwendet, um zu beschreiben, wie warm oder kalt etwas ist. Im **Zusammenhang** mit **Wärmepumpen ist die Temperatur ein entscheidender Faktor**, da die Effizienz und Leistung einer Wärmepumpe stark von den Temperaturdifferenzen zwischen der Wärmequelle (z. B. Luft, Erdreich, Wasser) und dem Wärmeziel (Heizsystem, Warmwasser) abhängt. Wärmepumpen nutzen Temperaturunterschiede, um Wärmeenergie von einem Bereich niedrigerer Temperatur (die Quelle) zu einem Bereich höherer Temperatur (das Ziel) zu transportieren. Die Effizienz einer Wärmepumpe, oft ausgedrückt durch die → *Leistungszahl* (Coefficient of Performance, COP), ist umso höher, je geringer der Temperaturunterschied zwischen Wärmequelle und -ziel ist.
Temperaturniveau	bezieht sich in der Physik und Thermodynamik auf das Konzept, dass die Temperatur eines Gases sich ändert, wenn sich der Druck ändert. Dieses Prinzip ist besonders relevant in der Funktionsweise von Wärmepumpen. In einer Wärmepumpe wird ein Kältemittel verwendet, das durch verschiedene Druckzustände geführt wird. Dabei wird das folgende physikalische Phänomen genutzt: • **Kompression des Gases:** Wenn das Kältemittel, das in der Wärmepumpe zirkuliert, komprimiert wird, steigt sein Druck. Nach dem Gesetz von Gay-Lussac (bei konstantem Volumen) oder der allgemeinen Gasgleichung steigt mit dem Druck auch die Temperatur des Gases. Die Moleküle des Gases bewegen sich schneller und die innere Energie des Gases erhöht sich, was zu einem Anstieg der Temperatur führt. • **Erhöhung des Temperaturniveaus:** Durch die Kompression erreicht das Kältemittel ein höheres Temperaturniveau. Es wird wärmer als die Umgebungstemperatur, was es ermöglicht, Wärme an das Heizsystem oder das Warmwasser in einem Gebäude abzugeben.

Begriffe	Erläuterungen
	• **Effiziente Wärmeübertragung:** Die Fähigkeit, das Kältemittel auf ein höheres Temperaturniveau zu bringen, ohne dabei externe Wärme zuzuführen, macht Wärmepumpen zu einer effizienten Methode der Wärmeerzeugung. Die einzige benötigte Energie ist die mechanische Arbeit, die für den Kompressor verwendet wird, um das Kältemittel zu komprimieren.
Umweltwärme	bezeichnet Wärmeenergie, die aus natürlichen oder künstlichen Quellen gewonnen und für technische Anwendungen nutzbar gemacht wird. Diese Energiequelle ist entscheidend für Systeme wie Wärmepumpen, da sie eine nachhaltige und effiziente Methode bietet, um Gebäude zu heizen und zu kühlen. **Quellen der Umweltwärme:** • **Luft:** Die Außenluft ist eine häufig genutzte Quelle für Umweltwärme. Luftwärmepumpen extrahieren Wärme aus der Außenluft, selbst bei niedrigen Temperaturen. • **Wasser:** Wasserquellen wie Seen, Flüsse oder Grundwasser können ebenfalls als Wärmequelle dienen. Wasser hat den Vorteil, dass es oft ein stabileres und höheres Temperaturniveau als die Luft bietet. • **Abwasserströme:** Abwasser aus technischen Prozessen oder Gebäuden enthält oft signifikante Wärmemengen, die wiedergewonnen und genutzt werden können. Allerdings werden Abluftströme oft separat behandelt und erfordern eigene Wärmerückgewinnungssysteme. **Technische Nutzung:** Die Umweltwärme wird mithilfe von Wärmepumpen oder anderen Wärmetauscher-Systemen technisch genutzt. Diese Systeme erhöhen das Temperaturniveau der Umweltwärme, um es für Heiz- und Warmwasseranwendungen nutzbar zu machen. Im Sommer kann der Prozess umgekehrt werden, um Gebäude zu kühlen.
Unsymmetrie	ungleichmäßige Scheinleistung zwischen den Außenleitern und dem Neutralleiter
Verdichter/ Kompressor	Ein Verdichter oder Kompressor ist eine zentrale Komponente in Wärmepumpen- und Kältesystemen, die das Arbeitsmedium (Kältemittel) komprimiert. Durch die Kompression erhöht sich der Druck des Kältemittels, was zu einer Erhöhung seiner Temperatur führt. **Funktionsweise:** Der Verdichter saugt das gasförmige Kältemittel aus dem Verdampfer an und komprimiert es. Durch diese Kompression wird das Volumen des Kältemittels verringert, was zu einer Erhöhung von Druck und Temperatur führt. **Erhöhung des Temperaturniveaus:** Die Temperatursteigerung des komprimierten Kältemittels ist entscheidend, damit es in der Lage ist, Wärme an die Umgebung (z. B. an das Heizsystem eines Gebäudes) abzugeben. Die Temperatur des komprimierten Kältemittels muss höher sein als die Temperatur der Umgebung, an die die Wärme abgegeben werden soll. **Arten von Verdichtern:** Es gibt verschiedene Arten von Verdichtern, darunter Hubkolben-, Scroll-, Schrauben- und Turboverdichter. Jede Art hat spezifische Eigenschaften, die sie für bestimmte Anwendungen besser geeignet machen. **Energieverbrauch:** Der Verdichter ist der energieintensivste Teil einer Wärmepumpe. Die Effizienz des Verdichters hat daher einen großen Einfluss auf die Gesamteffizienz des Systems.

Begriffe	Erläuterungen
	Wichtige Rolle in Wärmepumpen: In Wärmepumpensystemen ermöglicht der Verdichter den Wärmepumpenkreislauf, indem er das Kältemittel zirkuliert und für die notwendige Temperaturerhöhung sorgt, um Wärme von einer Quelle zu einem Ziel zu transportieren.
Verdampfer	Ein Verdampfer ist ein Wärmetauscher in einer Wärmepumpe oder Kälteanlage, der dazu dient, Wärme von einer externen Quelle (wie Luft, Wasser oder Erdboden) aufzunehmen. Dies geschieht durch Verdampfen eines Arbeitsmediums, des Kältemittels, im Verdampfer. **Funktionsweise und Erläuterungen:** • **Aufnahme von Wärme:** Im Verdampfer wird das Kältemittel, das zuvor in flüssiger Form vorlag, durch Wärmeaufnahme aus der Umgebung verdampft. Die Wärmequelle kann die Außenluft, Grundwasser, Erdreich oder eine andere Wärmequelle sein. • **Phasenwechsel des Kältemittels:** Der Kern des Verdampfungsprozesses ist der Phasenwechsel des Kältemittels von flüssig zu gasförmig. Dieser Phasenwechsel erfordert Energie, die als Wärmeenergie aus der Umgebung aufgenommen wird. Dadurch kühlt die Wärmequelle ab, während das Kältemittel Wärmeenergie absorbiert. • **Niedrige Druckverhältnisse:** Im Verdampfer herrschen niedrigere Druckverhältnisse, die es dem Kältemittel ermöglichen, bereits bei niedrigeren Temperaturen zu verdampfen. Das Design des Verdampfers ist so optimiert, dass ein effizienter Wärmeaustausch stattfindet. • **Weiterleitung des gasförmigen Kältemittels:** Nachdem das Kältemittel die Wärme aufgenommen und sich in einen gasförmigen Zustand verwandelt hat, wird es zum Kompressor der Wärmepumpe weitergeleitet. Dort wird es komprimiert, was zu einer weiteren Temperaturerhöhung führt. • **Anwendungen:** Verdampfer sind ein wesentlicher Bestandteil von Wärmepumpen und Klimaanlagen. Sie ermöglichen die effiziente Nutzung von Umweltwärme und spielen eine Schlüsselrolle in der nachhaltigen Energiegewinnung und -nutzung.
Verflüssiger/ Kondensator	Der Verflüssiger, auch Kondensator genannt, ist ein Wärmetauscher in einer Wärmepumpe oder Kälteanlage, der dazu dient, das komprimierte, gasförmige Kältemittel zu verflüssigen. Dabei gibt das Kältemittel Wärme an die Umgebung ab und wechselt seinen Aggregatzustand von gasförmig zu flüssig. **Wärmeabgabe:** Im Verflüssiger gibt das überhitzte, dampfförmige Kältemittel, das vom Verdichter kommt, seine Wärmeenergie ab. Diese Wärme wird an das Wärmeverteil- und Speichersystem der Wärmepumpe übertragen, um genutzt zu werden. **Phasenwechsel:** Durch die Abgabe der Wärmeenergie kühlt das Kältemittel ab und kondensiert, d. h., es wechselt seinen Aggregatzustand von gasförmig zu flüssig. Dieser Phasenwechsel ist ein wichtiger Schritt im Kreislauf einer Wärmepumpe. **Umgebungstemperatur:** Die Umgebungstemperatur am Verflüssiger ist niedriger als die des Kältemittels. Dieser Temperaturunterschied ist notwendig, damit das Kältemittel effizient Wärme abgeben und kondensieren kann.

Begriffe	Erläuterungen
	Bauformen und Materialien: Verflüssiger können verschiedene Bauformen haben, wie Rohrbündel-, Platten- oder Lamellenbauweise. Die Auswahl des Materials und der Bauform hängt von verschiedenen Faktoren ab, wie den thermischen Anforderungen und den Umgebungsbedingungen. **Wichtigkeit für die Effizienz:** Die Effizienz und Leistungsfähigkeit des Verflüssigers sind entscheidend für die Gesamteffizienz der Wärmepumpe. Eine optimale Wärmeübertragung und ein effizienter Phasenwechsel sind für den effektiven Betrieb der Anlage von großer Bedeutung.
Vorlauf-temperatur	bezeichnet die Temperatur des Wärmeträgermediums (oftmals Wasser), das in einem Heizsystem zirkuliert, um Wärme von der Wärmequelle zu den Heizflächen (wie Radiatoren oder Fußbodenheizungen) zu transportieren. **Wichtigkeit der Vorlauftemperatur:** Die Vorlauftemperatur ist ein entscheidender Faktor für die Effizienz eines Heizsystems. Niedrigere Vorlauftemperaturen führen in der Regel zu einem effizienteren Betrieb, insbesondere bei Wärmepumpensystemen. **Zusammenhang mit Wärmepumpen:** Wärmepumpen sind besonders effizient, wenn sie bei niedrigeren Vorlauftemperaturen betrieben werden. Das liegt daran, dass die Effizienz einer Wärmepumpe (ausgedrückt durch den → *COP* mit sinkender Temperaturdifferenz zwischen der Wärmequelle und der Vorlauftemperatur steigt. **Einfluss der Gebäudedämmung:** Eine gute Gebäudedämmung reduziert den Wärmeverlust des Gebäudes. Dadurch kann die Vorlauftemperatur gesenkt werden, ohne dass es zu einem Komfortverlust kommt. **Wärmeabgabesysteme:** Großflächige Wärmeabgabesysteme, wie Fußboden- oder Wandheizungen, sind effektiver bei niedrigeren Temperaturen im Vergleich zu traditionellen Radiatoren. Sie ermöglichen eine gleichmäßige Wärmeverteilung im Raum und können daher effizienter mit niedrigeren Vorlauftemperaturen betrieben werden. **Energieeffizienz:** Generell gilt, dass je niedriger die Vorlauftemperatur eines Heizsystems eingestellt werden kann, desto geringer ist der Energieverbrauch. Dies ist besonders relevant bei der Nutzung erneuerbarer Energien und der Reduzierung von CO_2-Emissionen.
Wärmeerzeuger	Ein Wärmeerzeuger ist ein Gerät oder System, das Wärme für Heizungsanlagen und die Trinkwassererwärmung produziert. Dazu gehören verschiedene Arten von Heizgeräten, die sich in ihrer Konstruktion, Größe und ihrem Einsatzbereich unterscheiden. **Typen von Wärmeerzeugern:** • **Heizkessel:** Diese traditionellen Wärmeerzeuger verbrennen Brennstoffe wie Gas oder Öl, um Wärme zu erzeugen. Sie sind in verschiedenen Größen und Ausführungen verfügbar, je nach Anforderung des Gebäudes. • **Wandheizgeräte:** Diese kompakteren Geräte sind oft in Wohngebäuden zu finden und können sowohl für die Raumheizung als auch zur Trinkwassererwärmung verwendet werden. • **Kombigeräte:** Diese bieten eine Kombination aus Heiz- und Warmwasserfunktionen in einem Gerät und sind oft platzsparend.

Begriffe	Erläuterungen
	Spezifische Bezeichnungen: • **Gas-Brennwertkessel:** Nutzen die Energie aus den Abgasen für zusätzliche Wärmeerzeugung, was ihre Effizienz steigert. • **Öl-Heizkessel:** Traditionelle Wärmeerzeuger, die Heizöl verbrennen. • **Gas-Kompaktgeräte:** Kleinere, effiziente Gasheizgeräte, die oft in Wohngebäuden eingesetzt werden. **Alternative Wärmeerzeuger:** • **Wärmepumpen:** Nutzen Umweltwärme aus Luft, Wasser oder dem Erdreich zur Wärmeerzeugung. Sie sind besonders energieeffizient und umweltfreundlich. • **Thermische Solaranlagen:** Wandeln Sonnenenergie in Wärme um, die zur Heizungsunterstützung und Warmwasserbereitung genutzt wird. • **Kraft-Wärme-Kopplung (KWK):** Produzieren gleichzeitig Strom und Wärme, was die Effizienz des Brennstoffeinsatzes erhöht. • **Brennstoffzellen-Heizgeräte:** Eine noch in Entwicklung befindliche Technologie, die durch eine chemische Reaktion Wärme und Strom erzeugt. **Wahl des Wärmeerzeugers:** Bei der Auswahl eines Wärmeerzeugers sind Faktoren wie die Energieeffizienz, der verfügbare Brennstoff, die Umweltauswirkungen und die spezifischen Anforderungen des Gebäudes zu berücksichtigen. In jüngster Zeit wird zunehmend Wert auf umweltfreundlichere und energieeffizientere Systeme gelegt, um den CO_2-Ausstoß zu reduzieren und den Einsatz erneuerbarer Energien zu fördern.
Wärme- und Kälteenergiebedarf	Der Wärme- und Kälteenergiebedarf in Gebäuden umfasst die gesamte Energiemenge, die für Heizung, Warmwasserbereitung und Raumkühlung über das Jahr hinweg benötigt wird. Dieser Bedarf beinhaltet sowohl die direkten Energieaufwendungen für die Erzeugung von Wärme und Kälte als auch die indirekten Aufwendungen für die Verteilung, Übergabe und Speicherung dieser Energie. **Wärmeenergiebedarf:** • **Heizung:** Dies ist die Energie, die benötigt wird, um ein Gebäude auf eine angenehme Temperatur zu bringen. Sie variiert je nach Gebäudeisolierung, Außentemperatur und gewünschter Innentemperatur. • **Warmwasserbereitung:** Dies bezieht sich auf die Energie, die benötigt wird, um Wasser für den Haushalt auf die erforderliche Temperatur zu erwärmen. • **Thermischer Aufwand für Systemkomponenten:** Dazu gehört die Energie, die für die Verteilung der Wärme (z. B. durch Rohrleitungen), für die Übergabe (z. B. durch Heizkörper oder Fußbodenheizung) und für die Speicherung (z. B. in Warmwasserspeichern) verbraucht wird. Kälteenergiebedarf: • **Raumkühlung:** Hierunter fällt die Energie, die benötigt wird, um Räume während wärmerer Monate zu kühlen. Dieser Bedarf ist abhängig von Faktoren wie der Außentemperatur, der Sonneneinstrahlung und der Isolierung des Gebäudes. • **Thermischer Aufwand für Systemkomponenten:** Ähnlich wie bei der Wärmeenergie beinhaltet dies die Energie, die für die Verteilung der Kälte (z. B. durch Klimaanlagen), für die Übergabe (z. B. durch Lüftungssysteme) und für die Speicherung (z. B. in Kältespeichern) notwendig ist.

Begriffe	Erläuterungen
	Die genaue Berechnung des Wärme- und Kälteenergiebedarfs ist komplex und hängt von vielen Faktoren ab, einschließlich der Bauweise, der Isolierung, der Effizienz der Heiz- und Kühlsysteme und des Nutzerverhaltens. Für die Planung effizienter Heiz- und Kühlsysteme, insbesondere unter Berücksichtigung von Wärmepumpentechnologien, ist das Verständnis und die genaue Ermittlung dieses Bedarfs entscheidend.
Wärme-leitfähigkeit	Die Wärmeleitfähigkeit, auch Konduktion genannt, ist eine physikalische Eigenschaft eines Materials, die angibt, wie gut es Wärme durch sich hindurchleiten kann. Sie wird in der Einheit Watt pro Meter und Kelvin (W/m·K) gemessen. Die Formel zur Berechnung der Wärmeleitung durch ein Material ist $Q = \lambda \cdot A \cdot \Delta T / d$, wobei Q die Wärmemenge ist, λ die Wärmeleitfähigkeit, A die Querschnittsfläche, durch die die Wärme fließt, ΔT der Temperaturunterschied über die Materialdicke und d die Dicke des Materials. **Temperaturabhängigkeit:** Die Wärmeleitfähigkeit eines Materials kann sich mit der Temperatur ändern. Bei manchen Materialien nimmt sie mit steigender Temperatur zu, bei anderen ab. **Einsatz in der Bautechnik:** • **Dämmstoffe:** Materialien mit geringer Wärmeleitfähigkeit, wie Polystyrol oder Mineralwolle, werden häufig als Dämmstoffe verwendet. Ihre geringe Wärmeleitfähigkeit verhindert effektiv den Wärmeaustausch zwischen dem Inneren eines Gebäudes und der Außenwelt, was zur Energieeffizienz beiträgt. • **Beurteilung von Baumaterialien:** Die Wärmeleitfähigkeit ist ein wichtiges Kriterium bei der Auswahl von Baumaterialien, insbesondere in Bezug auf Energieeffizienz und thermischen Komfort. **Verschiedene Materialien:** • **Gute Wärmeleiter:** Metalle wie Kupfer und Aluminium haben eine hohe Wärmeleitfähigkeit und werden in Anwendungen eingesetzt, bei denen eine schnelle Wärmeübertragung erwünscht ist (z. B. in Heizkörpern). • **Schlechte Wärmeleiter:** Materialien wie Holz, Kunststoffe und einige Schaumstoffe haben eine niedrige Wärmeleitfähigkeit und dienen als Isolatoren. **Anwendungen außerhalb der Bautechnik:** In vielen technischen Anwendungen ist die Wärmeleitfähigkeit ein entscheidender Faktor, beispielsweise in der Elektronik, wo eine effektive Wärmeableitung von Komponenten notwendig ist.
Wärmemenge (Q)	die insgesamt abgegebene Wärmemenge über einen bestimmten Zeitraum, typischerweise ein Jahr, ist eine wichtige Kennzahl zur Beurteilung der Anlagenleistung. Sie wird in Kilowattstunden (kWh) gemessen.
Wärmemengen-zähler	Ein Wärmemengenzähler ist ein Messgerät, das dazu dient, die Menge der durch ein Medium (häufig Wasser oder ein Wasser-Glykol-Gemisch) transportierten Wärmeenergie zu erfassen. Dies geschieht durch die Messung der Durchflussmenge des Mediums und der Temperaturdifferenz zwischen dem Zu- und Ablauf.

Begriffe	Erläuterungen
	Bei Wärmepumpenanlagen hat der **Wärmemengenzähler** eine **wichtige Funktion:** • **Energieverbrauchsmessung:** Der Wärmemengenzähler misst die Effizienz der Wärmepumpe, indem er die Menge an Wärmeenergie erfasst, die von der Wärmepumpe an das Heizsystem (z. B. Fußbodenheizung, Heizkörper) abgegeben wird. Diese Daten sind essenziell für die Überwachung und Optimierung des Energieverbrauchs. • **Abrechnung und Kontrolle:** In Mehrfamilienhäusern oder bei der Nutzung von Fernwärme ermöglicht der Wärmemengenzähler eine genaue Abrechnung der Heizkosten. Er misst, wie viel Wärme in die einzelnen Wohnungen geliefert wird. • **Fehlerdiagnose und Wartung:** Durch die regelmäßige Überprüfung der Messwerte können Unregelmäßigkeiten oder Defekte an der Wärmepumpe frühzeitig erkannt werden. Dies erleichtert die Wartung und sorgt für eine längere Lebensdauer der Anlage.
Wärmepumpe	Eine Wärmepumpe ist ein Gerät, das Wärmeenergie von einem niedrigeren Temperaturniveau (typischerweise aus der Umwelt) aufnimmt und diese auf ein höheres Temperaturniveau anhebt, um sie für Heizungszwecke, Trinkwassererwärmung oder Raumkühlung nutzbar zu machen. Dies geschieht durch einen Kältemittelkreislauf und den Einsatz eines Verdichters. Wärmepumpen stellen eine Schlüsseltechnologie im Bereich der erneuerbaren Energien dar und sind ein wesentlicher Bestandteil der Energiewende, insbesondere im Bereich des **Heizens** und **Kühlens von Gebäuden**.
Wärmepumpe, Effizienz	Wärmepumpen sind oft sehr effizient, da sie mehr Energie in Form von Wärme liefern, als sie in Form von elektrischer Energie aufnehmen. Sie tragen zur Reduktion von Treibhausgasemissionen bei, besonders, wenn der für ihren Betrieb benötigte Strom aus erneuerbaren Quellen stammt. Die Effizienz einer Wärmepumpe hängt von den lokalen klimatischen Bedingungen und der Wärmequelle ab. Beispielsweise sind Luftwärmepumpen in sehr kalten Klimazonen weniger effizient.
Wärmepumpe, Eignung und Grenzen	Wärmepumpen sind eine effiziente und umweltfreundliche Technologie zur Beheizung und teilweise auch zur Kühlung von Gebäuden. Ihre Eignung hängt von **verschiedenen Faktoren** ab: • **Klima:** In Regionen mit mäßigem Klima sind Wärmepumpen besonders effizient. Bei sehr niedrigen Außentemperaturen, vor allem bei Luft-Wasser-Wärmepumpen, kann die Effizienz sinken. • **Isolierung und Energieeffizienz des Gebäudes:** Ein gut isoliertes Gebäude mit hoher Energieeffizienz ist ideal für den Einsatz einer Wärmepumpe, da der Heizbedarf geringer ist und die Wärmepumpe effizienter arbeiten kann. • **Verfügbarkeit von Wärmequellen:** Die Verfügbarkeit und Zugänglichkeit von Wärmequellen wie Luft, Erdreich oder Grundwasser sind entscheidend für die Auswahl des Wärmepumpentyps. • **Heizsystem:** Wärmepumpen eignen sich besonders gut für Niedertemperaturheizsysteme wie Fußboden- oder Wandheizungen. Bei hohen Vorlauftemperaturen, wie sie in älteren Gebäuden mit Radiatoren üblich sind, kann die Effizienz der Wärmepumpe sinken. Grundsätzlich ist aber eine Errichtung auch in älteren Gebäuden möglich.

Begriffe	Erläuterungen
	Trotz ihrer Vorteile haben **Wärmepumpen** auch **Grenzen:** • **Hohe Anfangsinvestitionen:** Die Anschaffungs- und Installationskosten können höher sein als bei herkömmlichen Heizsystemen, insbesondere bei Erd- und Wasser-Wasser-Wärmepumpen. • **Effizienz bei Kälte**: Luft-Wasser-Wärmepumpen können bei sehr niedrigen Außentemperaturen an Effizienz verlieren. Zusätzliche Heizquellen oder ein hybrides Heizsystem können dann erforderlich sein. • **Platzbedarf:** Vor allem Erdwärme-Wärmepumpen benötigen Platz für die Verlegung der Erdkollektoren oder für Bohrungen. • **Lärmentwicklung:** Die Außeneinheit von Luft-Wasser-Wärmepumpen kann Geräusche erzeugen, was in dicht bebauten Gebieten ein Problem darstellen könnte. • **Umweltauswirkungen des Kältemittels:** Einige Kältemittel, die in Wärmepumpen verwendet werden, können umweltschädlich sein. Es gibt jedoch zunehmend umweltfreundlichere Optionen. Der Errichter sollte darauf achten und entsprechend beraten.
Wärmepumpe, Funktionsweise	Eine Wärmepumpe ist ein Gerät, das Energie aus einer Quelle (wie Luft, Wasser oder Erde) aufnimmt und sie zum Heizen oder Kühlen von Räumen oder zum Erhitzen von Wasser verwendet oder anders ausgedrückt ein Gerät, das thermische Energie (Wärme) von einem kühleren Ort (Wärmequelle) zu einem wärmeren Ort (Wärmesenke) transportiert, typischerweise unter Verwendung elektrischer Energie. Die **Funktionsweise einer Wärmepumpe** basiert auf dem Prinzip der Wärmeübertragung und ähnelt der eines Kühlschranks, nur in umgekehrter Richtung. **Grundlegenden Schritte:** • **Energieaufnahme:** Die Wärmepumpe extrahiert Wärmeenergie aus einer externen Quelle. Diese Energie wird über ein Kältemittel, das bei niedrigen Temperaturen verdampft, aufgenommen. • **Verdichtung:** Das gasförmige Kältemittel wird zu einem Kompressor geleitet, wo es verdichtet wird. Durch die Verdichtung erhöht sich die Temperatur des Kältemittels deutlich. • **Wärmeabgabe:** Das heiße Kältemittel wird dann durch einen Wärmetauscher (Verflüssiger) geleitet. Hier gibt das Kältemittel seine Wärme ab, um die Umgebung (z. B. Raumluft oder Wasser im Heizsystem) zu erwärmen. Während dieses Prozesses kondensiert das Kältemittel und wird wieder flüssig. • **Entspannung:** Das nun abgekühlte, flüssige Kältemittel fließt durch ein Expansionsventil, wo es entspannt wird. Durch die Entspannung kühlt das Kältemittel weiter ab und kehrt in den Verdampfer zurück, um den Zyklus zu wiederholen. Die Funktionsweise von Wärmepumpen lässt sich auch durch die **vier Hauptkomponenten** erläutern: Verdampfer, Kompressor, Kondensator und Expansionsventil. • **Verdampfer:** Die Wärmepumpe beginnt ihren Zyklus im Verdampfer, wo ein Kältemittel (eine Flüssigkeit mit niedrigem Siedepunkt) zirkuliert. Das Kältemittel nimmt Wärme aus der Umgebung auf, wodurch es von einem flüssigen in einen gasförmigen Zustand übergeht.

Begriffe	Erläuterungen
	• **Kompressor:** Das jetzt gasförmige Kältemittel wird zum Kompressor geleitet, wo es verdichtet wird. Durch die Verdichtung steigt der Druck, und das Kältemittel erhitzt sich weiter. • **Kondensator:** Im Kondensator gibt das heiße Kältemittel seine Wärme an die Heizungsanlage des Gebäudes ab. Während dieser Wärmeabgabe kondensiert das Kältemittel und wird wieder flüssig. • **Expansionsventil:** Nachdem das Kältemittel Wärme abgegeben hat, passiert es ein Expansionsventil. Hierbei verringert sich der Druck des Kältemittels, es kühlt ab und der Zyklus kann erneut beginnen.
Wärmepumpe, Genehmigung → *Kapitel 3 Normen*	In Deutschland müssen Wärmepumpen bei den regional zuständigen Netzbetreibern angemeldet und genehmigt werden. Dies ist notwendig, um eine sichere und effiziente Integration der Wärmepumpen in das Stromnetz zu gewährleisten. Hier sind die dazu geltenden allgemeinen Bedingungen, Richtlinien und Normen: • **Technische Anschlussbedingungen (TAB):** Jeder Netzbetreiber hat spezifische Technische Anschlussbedingungen, die eingehalten werden müssen. Diese Bedingungen umfassen Vorgaben zur elektrischen Sicherheit, Leistungsgrenzen und zum Netzschutz. • **Anmeldeprozess:** Die Anmeldung muss in der Regel vor der Installation erfolgen. Der Prozess umfasst das Einreichen technischer Daten der Wärmepumpe, Installationspläne und manchmal auch Nachweise über die Qualifikation der installierenden Fachkraft. • **Leistungsgrenzen:** Für Wärmepumpen mit einer Leistung unterhalb einer bestimmten Grenze (< 12 kW) ist der Anmeldeprozess in der Regel einfacher. Für größere Anlagen können eine detailliertere Prüfung und Genehmigung erforderlich sein. • **DIN-VDE-Normen:** Die relevanten DIN-VDE-Normen müssen eingehalten werden. Diese Normen betreffen die elektrische Sicherheit, die Qualität der Stromversorgung und die Kompatibilität mit dem Netz. • **Erneuerbare-Energien-Gesetz (EEG):** Obwohl das EEG hauptsächlich für erneuerbare Energiequellen wie Solar- und Windenergie relevant ist, können bestimmte Aspekte auch für Wärmepumpen gelten, insbesondere, wenn sie mit erneuerbaren Energien kombiniert werden. • **Energieeinsparverordnung (EnEV):** Die EnEV stellt Anforderungen an die Energieeffizienz von Gebäuden, was indirekt auch die Auswahl und Installation von Wärmepumpen beeinflussen kann. • **Netzstabilität und Lastmanagement:** Besonders in Regionen mit vielen Wärmepumpen kann der Netzbetreiber Anforderungen an das Lastmanagement stellen, um die Netzstabilität zu gewährleisten. • **Smart-Meter und Steuerung:** In einigen Fällen können Netzbetreiber den Einbau von intelligenten Messsystemen (Smart Metern) oder die Möglichkeit zur Fernsteuerung der Wärmepumpe fordern. • **Lokale Unterschiede:** Es ist wichtig zu beachten, dass die spezifischen Anforderungen je nach Netzbetreiber und Region variieren können. Eine frühzeitige Rücksprache mit dem lokalen Netzbetreiber ist daher empfehlenswert.

Begriffe	Erläuterungen
Wärmepumpe, gesteuerte	Bei gesteuerten Wärmepumpenanlagen wird der Betrieb der Wärmepumpe durch ein intelligentes Steuerungs- und Regelungssystem optimiert. Diese Systeme passen die Leistung der Wärmepumpe dynamisch an den aktuellen Wärmebedarf des Gebäudes und an die Verfügbarkeit von Strom, insbesondere bei variablen Stromtarifen oder der Integration von erneuerbaren Energien wie Photovoltaik, an. Dadurch wird die Effizienz der Anlage maximiert, und es können Energiekosten gespart werden. Gesteuerte Wärmepumpen können auch in intelligente Energiemanagementsysteme integriert werden, um den Energieverbrauch des gesamten Gebäudes zu optimieren. → *Wärmepumpe, ungesteuerte*
Wärmepumpe, Grundlagen	**Grundlagen**, die für das Verständnis und den Betrieb einer Wärmepumpe wesentlich sind: • **Thermodynamische Grundlagen:** Verständnis der Grundprinzipien der Thermodynamik, insbesondere des Zweiten Hauptsatzes der Thermodynamik, ist entscheidend. Eine Wärmepumpe transportiert Wärmeenergie von einem niedrigeren zu einem höheren Temperaturniveau. • **Wärmequellen:** Wärmepumpen nutzen verschiedene Wärmequellen wie Luft, Wasser oder Erdreich. Die Wahl der Wärmequelle beeinflusst die Effizienz und Eignung der Wärmepumpe für bestimmte Anwendungen und Standorte. • **Kältemittel:** Das Kältemittel ist der Träger der Wärmeenergie innerhalb der Wärmepumpe. Die Eigenschaften des Kältemittels, wie Druck und Temperaturverhalten, sind für den Wärmepumpenprozess essenziell. • **Komponenten einer Wärmepumpe:** Zu den Kernkomponenten gehören der Verdampfer, der Kompressor, der Kondensator und das Expansionsventil. Das Verständnis ihrer Funktionen und Zusammenspiels ist für die Installation und Wartung wichtig. • **→ *COP* und → *Jahresarbeitszahl (JAZ):*** Diese Kennzahlen beschreiben die Effizienz der Wärmepumpe. Der → *COP* gibt das Verhältnis von abgegebener Heizleistung zu aufgenommener elektrischer Leistung bei einer bestimmten Temperaturkonstellation an. Die → *Jahresarbeitszahl (JAZ)* bewertet die Effizienz über ein ganzes Jahr. • **Regelung und Steuerung:** Moderne Wärmepumpen verfügen über komplexe Steuerungs- und Regelungssysteme, um Effizienz und Komfort zu maximieren. Die Integration in Gebäudeleitsysteme und Smart-Home-Technologien ist zunehmend relevant. • **Installation und Wartung:** Kenntnisse über korrekte Installationspraktiken, regelmäßige Wartung und Fehlerbehebung sind für die Langlebigkeit und Effizienz der Wärmepumpenanlage unerlässlich. • **Umweltaspekte und Nachhaltigkeit:** Verständnis der Umweltauswirkungen, insbesondere im Hinblick auf die Reduzierung von CO_2-Emissionen und die Verwendung umweltfreundlicher Kältemittel, ist zunehmend wichtig.
Wärmepumpe, Kosten	Die Gesamtkosten für eine Wärmepumpe setzen sich aus Anschaffungs-, Installations-, Betriebs- und Wartungskosten zusammen. Diese Investition kann durch staatliche Förderungen reduziert und durch langfristige Einsparungen bei den Energiekosten ausgeglichen werden. Die Auswahl der passenden Wärmepumpe sollte sowohl finanzielle Aspekte als auch spezifische Bedürfnisse und Umweltüberlegungen berücksichtigen.

Begriffe	Erläuterungen
	Anschaffungskosten: Luft-Wasser-Wärmepumpen sind in der Regel am günstigsten, da sie weniger aufwendige Installationsarbeiten erfordern. Sole-Wasser-(Erdwärme) und Wasser-Wasser-Wärmepumpen sind teurer in der Anschaffung, vor allem wegen der notwendigen Erdarbeiten oder Brunnenbohrungen. Reversible Wärmepumpen können aufgrund der zusätzlichen Funktionalität teurer sein als Standardmodelle. Größere Wärmepumpen, die für größere Gebäude oder höhere Heizlasten ausgelegt sind, sind in der Regel teurer. Kosten für zusätzliche Elemente wie Pufferspeicher, integrierte Warmwasserbereiter oder erweiterte Steuerungssysteme müssen ebenfalls berücksichtigt werden. **Betriebskosten:** Der größte laufende Kostenfaktor ist der Stromverbrauch. Die Effizienz der Wärmepumpe, ausgedrückt durch die Leistungszahl (COP) und Jahresarbeitszahl (JAZ), spielt eine wesentliche Rolle bei der Bestimmung der Höhe der Stromkosten. Regelmäßige Wartung ist notwendig, um die Effizienz und Lebensdauer der Wärmepumpe zu erhalten. Die Kosten für Wartungsverträge oder Einzelwartungen variieren. **Förderungen und Zuschüsse:** In vielen Ländern gibt es staatliche Förderungen und Zuschüsse für die Installation von Wärmepumpen, insbesondere für solche, die erneuerbaren Energiequellen nutzen. Diese können die Anschaffungskosten erheblich reduzieren. **Einsparungen:** Wärmepumpen können langfristig Kosteneinsparungen gegenüber traditionellen Heizsystemen bieten, vor allem, wenn sie ältere, weniger effiziente Systeme ersetzen. **Nachhaltigkeit:** Wärmepumpen sind eine umweltfreundliche Heizlösung. Obwohl die Anfangsinvestitionen höher sein können, tragen sie zur Reduzierung der CO_2-Emissionen bei, was für viele Nutzer ein wichtiger Faktor ist.
Wärmepumpe, Label	Das Energielabel ist für Wärmepumpen eine wichtige **Orientierungshilfe** in Bezug auf Effizienz, Leistung und Umweltauswirkungen und ist sowohl für Endverbraucher als auch für Elektrofachkräfte im Bereich der Errichtung, Installation und Wartung von großer Bedeutung. Es hilft, verschiedene Wärmepumpenmodelle zu bewerten und zu vergleichen. Dazu einige **Schlüsselpunkte:** • **Energieeffizienz:** Das Label gibt Aufschluss über die Energieeffizienzklasse der Wärmepumpe. Diese Klassen reichen typischerweise von A+++ (höchste Effizienz) bis D (niedrigste Effizienz). Die Einstufung basiert auf dem Verhältnis von abgegebener Heizleistung zu aufgenommener Energie, gemessen an standardisierten Bedingungen. • **Jahresarbeitszahl (JAZ):** Das Label kann auch Informationen über die Jahresarbeitszahl enthalten. Diese Zahl gibt an, wie effizient die Wärmepumpe über ein ganzes Jahr hinweg arbeitet, indem sie die gesamte abgegebene Wärmemenge zur aufgenommenen elektrischen Energie ins Verhältnis setzt. • **Leistungsbereiche:** Auf dem Label sind oft auch die Leistungsbereiche angegeben, für die die Wärmepumpe ausgelegt ist. Dies hilft zu beurteilen, ob das Gerät für die spezifischen Anforderungen eines Gebäudes geeignet ist.

Begriffe	Erläuterungen
	• **Schallleistung:** Für Außeneinheiten von Luft-Wasser-Wärmepumpen ist häufig die Schallleistungspegelklasse angegeben, was ein wichtiger Faktor in Bezug auf die Lärmbelästigung und die Einhaltung von lokalen Vorschriften sein kann. **Bedeutung für Elektrofachkräfte:** • **Beratung und Auswahl:** Das Energielabel ist ein wichtiges Werkzeug für Elektrofachkräfte, um Kunden bei der Auswahl der passenden Wärmepumpe zu beraten. Es erleichtert das Verständnis der Effizienz und Leistungsfähigkeit verschiedener Modelle. • **Planung, Errichtung und Installation:** Die Informationen auf dem Label helfen bei der Planung und Installation, insbesondere im Hinblick auf die Größenbestimmung und Auslegung der Wärmepumpe für spezifische Gebäudeanforderungen. • **Umweltbewusstsein und Vorschriften:** Das Label unterstützt Fachkräfte dabei, umweltfreundliche Lösungen zu fördern und sicherzustellen, dass die installierten Systeme den gesetzlichen Anforderungen und Umweltstandards entsprechen.
Wärmepumpe, reversible	ist eine Wärmepumpe, die sowohl für Heizung als auch für Kühlung genutzt werden kann. Sie kann ihren Betriebsmodus umkehren, um je nach Bedarf Wärme aus dem Gebäudeinneren abzuleiten (im Sommer zur Kühlung) oder Wärme in das Gebäude zu leiten (im Winter zur Heizung). **Funktionsprinzip:** In der Heizfunktion arbeitet die reversible Wärmepumpe wie eine herkömmliche Wärmepumpe, indem sie Wärme von einer externen Quelle (z. B. Luft, Wasser oder Erdreich) aufnimmt und ins Gebäude leitet. Im Kühlmodus kehrt sich der Prozess um – die Wärmepumpe entzieht dem Gebäude Wärme und gibt sie an die Umgebung ab. **Komponenten:** Neben den Standardkomponenten einer Wärmepumpe (Verdampfer, Kompressor, Kondensator, Expansionsventil) benötigen reversible Wärmepumpen **zusätzliche Steuerelemente**, wie Vierwegeventile, um die Richtung des Kältemittelflusses umzukehren. **Effizienz:** Reversible Wärmepumpen sind oft sehr effizient in beiden Betriebsmodi. Sie nutzen die gleiche Hardware, um zu heizen und zu kühlen, was eine kosteneffiziente Lösung für ganzjährigen Komfort darstellt. **Installation und Wartung:** Die Installation einer reversiblen Wärmepumpe ist ähnlich wie die einer herkömmlichen Wärmepumpe, erfordert aber zusätzliche Überlegungen bezüglich des Kühlbetriebs, wie z. B. Kondensatablauf und Luftzirkulation. Die Wartung umfasst typischerweise die Überprüfung des Kältemittelkreislaufs, der elektrischen Verbindungen und der Steuerelemente. **Vielseitigkeit und Platzbedarf:** Reversible Wärmepumpen bieten eine vielseitige Lösung für Gebäude, die sowohl Heiz- als auch Kühlbedarf haben, und können Platz und Kosten im Vergleich zu separaten Heiz- und Kühlsystemen sparen.
Wärmepumpe, Stromverbrauch und Tarife	**Stromverbrauch:** Wärmepumpen benötigen Strom, um Wärme aus der Umgebung zu extrahieren und auf ein höheres Temperaturniveau zu bringen. Der Verbrauch hängt von der Effizienz der Wärmepumpe (COP und JAZ), der Außentemperatur, der Isolierung des Gebäudes und dem Heizbedarf ab.

Begriffe	Erläuterungen
	Stromtarife für Wärmepumpen: Für Wärmepumpen gibt es oft spezielle Stromtarife, die günstigere Konditionen bieten, vor allem bei höherem Verbrauch. Diese Tarife können attraktiv sein, da Wärmepumpen in der Regel einen höheren jährlichen Stromverbrauch haben. Ein Wärmepumpentarif ist ein spezieller Stromtarif, der von Energieversorgungsunternehmen (EVU) für den Betrieb von Wärmepumpen angeboten wird. Dieser Tarif ist in der Regel günstiger als der normale Stromtarif. Der günstigere Preis wird durch die Möglichkeit begründet, dass Wärmepumpen als „regelbare Verbraucher" während der Spitzenlastzeiten im Stromnetz temporär abgeschaltet werden können. Kunden, die einen Wärmepumpentarif wählen, müssen dann in der Regel die ferngesteuerte Abschaltung ihrer Wärmepumpen akzeptieren. **Optimierung des Stromverbrauchs:** Durch die Nutzung von gesteuerten Wärmepumpenanlagen kann der Stromverbrauch optimiert werden. Beispielsweise kann die Wärmepumpe zu Zeiten günstigerer Stromtarife (z. B. nachts oder bei hohem Angebot an erneuerbarer Energie) betrieben werden, um die Betriebskosten zu senken. **Integration mit erneuerbaren Energien:** Eine weitere Möglichkeit zur Optimierung des Stromverbrauchs besteht in der Integration der Wärmepumpe mit erneuerbaren Energien, wie z. B. einer Photovoltaikanlage. Dies kann den Strombezug aus dem Netz reduzieren und somit die Betriebskosten weiter senken.
Wärmepumpe, Typen	Wärmepumpen können nach verschiedenen Kriterien klassifiziert werden, wobei die Art der Wärmequelle und die Art der Wärmeabgabe die häufigsten Unterscheidungsmerkmale sind. Einige wichtige **Typen von Wärmepumpen:** • **Luft-Wasser-Wärmepumpen:** Diese nutzen die Außenluft als Wärmequelle und geben die Wärme über ein Wasserkreislaufsystem ab. Sie sind weit verbreitet, da sie relativ einfach zu installieren sind und keine aufwendigen Erdarbeiten erfordern. • **Luft-Luft-Wärmepumpen:** Diese extrahieren ebenfalls Wärme aus der Außenluft, geben die Wärme jedoch direkt als Warmluft ab. Sie sind besonders in Regionen ohne Zentralheizungssysteme beliebt. • **Sole-Wasser-Wärmepumpen:** Diese nutzen die Erdwärme als Energiequelle. Ein Gemisch aus Wasser und Frostschutzmittel (Sole) wird durch unterirdische Rohrschlangen (Erdkollektoren oder Erdsonden) gepumpt und nimmt dabei die Erdwärme auf. • **Wasser-Wasser-Wärmepumpen:** Sie nutzen Oberflächenwasser, Grundwasser oder Abwärme als Wärmequelle. Diese Systeme sind sehr effizient, erfordern aber eine konstante und ausreichende Wasserquelle. • **Hybridwärmepumpen:** Diese kombinieren verschiedene Wärmequellen, beispielsweise Luft und Erdwärme oder Luft und Gas, um die Effizienz in unterschiedlichen Betriebszuständen und Außentemperaturen zu maximieren. • **Direktverdampfungssysteme:** Bei diesen Systemen verdampft das Kältemittel direkt im Erdkollektor, was einen Wärmeübertrager überflüssig macht. Diese Systeme sind weniger verbreitet und werden vor allem bei Sole-Wasser-Wärmepumpen eingesetzt.

Begriffe	Erläuterungen
	Jeder dieser Wärmepumpentypen hat spezifische Vor- und Nachteile sowie Anforderungen hinsichtlich Installation, Wartung und Betrieb. Die Auswahl des geeigneten Typs hängt von vielen Faktoren ab, wie Klima, Verfügbarkeit von Wärmequellen, Platzverhältnissen und spezifischen Anforderungen des Gebäudes oder des Heizsystems.
Wärmepumpe, ungesteuerte	Ungesteuerte Wärmepumpenanlagen arbeiten ohne intelligente Steuerung. Sie laufen in der Regel mit einer festen Einstellung, unabhängig von Schwankungen im Wärmebedarf oder den Energiepreisen. Diese Art von Anlagen kann weniger effizient sein, da sie nicht auf Änderungen in der Wärmenachfrage oder andere externe Faktoren reagieren. Sie sind jedoch in der Regel einfacher aufgebaut und können in Situationen, in denen eine konstante Wärmeversorgung benötigt wird oder keine komplexen Steuerungssysteme gewünscht sind, angemessen sein. → *Wärmepumpe, gesteuerte*
Wärmepumpe, Wärmequelle Abwasser	Eine Abwasser-Wärmepumpe nutzt die im häuslichen oder industriellen Abwasser enthaltene Wärmeenergie als Wärmequelle. Diese Art der Wärmepumpe extrahiert die Wärme aus dem Abwasser und nutzt sie für Heizzwecke oder zur Warmwasserbereitung. **Funktionsweise:** Abwasser enthält ganzjährig eine konstante und oft überraschend hohe Wärmemenge. Mittels eines Wärmetauschers wird diese Wärme aus dem Abwasser extrahiert und an das Kältemittel in der Wärmepumpe übertragen, welches dadurch verdampft. Der Prozess folgt dann dem typischen Kreislauf einer Wärmepumpe. **Installation:** Die Installation einer Abwasser-Wärmepumpe erfordert den Zugang zu einem Abwasserkanal und die Integration eines Wärmetauschersystems. Dies kann technisch anspruchsvoll sein und erfordert eine enge Zusammenarbeit mit Wasser- und Abwasserbetrieben sowie den zuständigen Behörden. **Effizienz:** Abwasser-Wärmepumpen können sehr effizient sein, da Abwasser oft eine höhere und stabilere Temperatur als Umgebungsluft oder Erdreich hat. Dies erhöht die Leistungszahl (COP) der Wärmepumpe. **Umweltaspekte und Nachhaltigkeit:** Die Nutzung von Abwasser als Wärmequelle ist ein Beispiel für innovative und nachhaltige Energiegewinnung. Es reduziert den Bedarf an fossilen Brennstoffen und senkt die CO_2-Emissionen. **Herausforderungen und Wartung:** Zu den Herausforderungen gehören die Filterung und Reinigung des Abwassers vor dem Wärmetausch, um Verunreinigungen und Ablagerungen zu vermeiden, die die Effizienz des Systems beeinträchtigen könnten. Regelmäßige Wartung des Wärmetauschers und der Pumpen ist daher unerlässlich.
Wärmepumpe, Wärmequelle Außenluft	Eine Luft-Wasser-Wärmepumpe nutzt die Außenluft als Wärmequelle, um Wärmeenergie zu extrahieren und für Heiz- und Warmwasserzwecke in einem Gebäude verfügbar zu machen. **Funktionsprinzip:** Diese Wärmepumpen entziehen der Außenluft Wärme, selbst bei niedrigen Temperaturen. Über einen Wärmetauscher und das Kältemittelsystem wird diese Wärme auf ein höheres Temperaturniveau gebracht und dann an das Heizsystem des Gebäudes abgegeben.

Begriffe	Erläuterungen
	Installation: Luft-Wasser-Wärmepumpen sind vergleichsweise einfach zu installieren, da keine Erdarbeiten für Kollektoren oder Brunnen benötigt werden. Die Außeneinheit muss jedoch in einer geeigneten Position mit genügend Luftzirkulation und möglichst geringer Lärmbelästigung installiert werden. **Effizienz:** Die Effizienz einer Luft-Wasser-Wärmepumpe hängt stark von der Außentemperatur ab. Bei sehr niedrigen Temperaturen kann die Effizienz sinken, was bedeutet, dass sie in extrem kalten Klimazonen möglicherweise nicht die beste Lösung ist. **Wartung:** Regelmäßige Wartung ist wichtig, um eine hohe Effizienz und lange Lebensdauer zu gewährleisten. Dies umfasst die Überprüfung des Kältemittelkreislaufs, der elektrischen Komponenten sowie der Filter und Ventilatoren der Außeneinheit. **Geräuschentwicklung:** Die Außeneinheit kann Geräusche erzeugen, was bei der Planung und Positionierung berücksichtigt werden sollte, um Konflikte mit Anwohnern zu vermeiden. **Kombinationsmöglichkeiten:** In manchen Fällen kann es sinnvoll sein, Luft-Wasser-Wärmepumpen mit anderen Heizsystemen (z. B. Gasheizung) in einem hybriden Setup zu kombinieren, um Effizienz und Zuverlässigkeit zu maximieren, besonders in sehr kalten Regionen.
Wärmepumpe, Wärmequelle Erdreich	Eine Sole-Wasser-Wärmepumpe nutzt das Erdreich als Wärmequelle. Dabei wird die im Boden gespeicherte Sonnenenergie über ein in der Erde verlegtes Rohrsystem (Erdkollektor) oder Tiefenbohrungen (Erdsonden) extrahiert und für Heizzwecke sowie zur Warmwasserbereitung genutzt. **Funktionsweise:** Die Wärmepumpe zirkuliert ein Wärmeträgermedium (meist eine Wasser-Frostschutzmittel-Mischung, die als Sole bezeichnet wird) durch das Rohrsystem im Erdreich. Dieses Medium nimmt die Erdwärme auf und transportiert sie zur Wärmepumpe, wo die Wärmeenergie auf ein nutzbares Temperaturniveau erhöht wird. **Installation:** Die Installation einer Erdreich-Wärmepumpe erfordert umfangreichere Erdarbeiten als Luft-Wasser-Wärmepumpen. Es gibt zwei Hauptarten der Wärmeextraktion: Erdkollektoren, die horizontal in einer Tiefe von ca. 1,2 m bis 1,5 m verlegt werden, und Erdsonden, die vertikal bis zu mehreren 100 m Tiefe reichen können. Die Wahl hängt von den geologischen Bedingungen und dem verfügbaren Platz ab. **Effizienz:** Im Vergleich zu Luft-Wasser-Wärmepumpen bieten Erdreich-Wärmepumpen in der Regel eine höhere und stabilere Effizienz, da die Temperatur im Erdreich über das Jahr hinweg relativ konstant bleibt. **Wartung und Lebensdauer:** Solche Systeme sind wartungsarm und langlebig. Wichtig ist die Überprüfung des Solekreislaufs auf Lecks und die regelmäßige Kontrolle der Wärmepumpe. **Anfangsinvestition und Betriebskosten:** Die Anfangsinvestitionen sind aufgrund der notwendigen Erdarbeiten höher als bei Luft-Wasser-Wärmepumpen. Jedoch können die niedrigeren Betriebskosten und die höhere Effizienz über die Lebensdauer der Anlage diese Anfangsinvestitionen ausgleichen. **Umweltaspekte:** Diese Wärmepumpen sind besonders umweltfreundlich, da sie erneuerbare Energiequellen nutzen und keine direkten Emissionen erzeugen.

Begriffe	Erläuterungen
Wärmepumpe, Wärmequelle Wasser	Eine Wasser-Wasser-Wärmepumpe nutzt Oberflächenwasser, Grundwasser oder Abwärme aus wasserbasierten Quellen als Wärmequelle. Diese Art von Wärmepumpe extrahiert die in diesen Wasserquellen gespeicherte Wärme, um sie für Heiz- und Warmwasserzwecke in Gebäuden nutzbar zu machen. **Funktionsweise:** Wasser-Wasser-Wärmepumpen verwenden ein System von Rohren (Wärmetauscher), durch die Wasser gepumpt wird. Dieses Wasser, das eine relativ konstante Temperatur das ganze Jahr über aufweist, dient als Wärmequelle für die Wärmepumpe. Durch den Wärmetauschprozess wird die Wärme an das Heizsystem des Gebäudes übertragen. **Installation:** Die Installation erfordert Zugang zu einer geeigneten Wasserquelle wie einem nahe gelegenen Fluss, See oder einem Grundwasserleiter. Dies kann die Errichtung von Brunnenanlagen einschließen. Die rechtlichen und umweltbezogenen Aspekte der Wasserentnahme müssen dabei berücksichtigt werden. **Effizienz:** Aufgrund der relativ konstanten Temperatur der Wasserquellen über das Jahr hinweg bieten Wasser-Wasser-Wärmepumpen oft eine hohe und stabile Effizienz, vergleichbar oder sogar besser als Erdreich-Wärmepumpen. **Wartung und Langlebigkeit:** Die Wartung umfasst die Überprüfung der Pumpen, Rohre und des Wärmetauschers. Da Wasser korrosive Eigenschaften haben kann, ist eine regelmäßige Inspektion besonders wichtig, um die Lebensdauer der Anlage zu sichern. **Kosten und Umweltaspekte:** Obwohl die Anfangsinvestitionen durch die Brunnenbohrung und Installation höher sein können, sind die Betriebskosten aufgrund der hohen Effizienz oft niedriger. Wasser-Wasser-Wärmepumpen sind umweltfreundlich, da sie erneuerbare Energiequellen nutzen.
Wärmetauscher/ Wärmeübertrager	Ein Wärmeübertrager oder Wärmetauscher ist ein Apparat oder Bauteil, das dazu dient, thermische Energie von einem Stoffstrom (Flüssigkeit, Gas oder Dampf) auf einen anderen zu übertragen, ohne dass diese Stoffströme direkt miteinander in Kontakt kommen. Wärmeübertrager sind in vielen technischen Anwendungen zu finden, einschließlich Wärmepumpensystemen. Funktionsweise: In einem Wärmeübertrager fließen zwei Stoffströme mit unterschiedlichen Temperaturen durch separate Kanäle. Wärme wird von dem wärmeren zum kühleren Medium übertragen, wobei die Medien durch eine Wand voneinander getrennt sind, um eine Vermischung zu verhindern. **Verdampfer:** In einer Wärmepumpe fungiert der Verdampfer als Wärmeübertrager, der Wärme aus der Umgebung (Luft, Wasser oder Boden) aufnimmt und an das Kältemittel überträgt, wodurch dieses verdampft. **Verflüssiger (Kondensator):** Ein weiterer Wärmeübertrager in der Wärmepumpe, der die Wärme vom Kältemittel an das Heizsystem (z. B. Wasser des Heizkreislaufs) abgibt. Hier kondensiert das Kältemittel und gibt seine Wärme ab. **Bauarten und Materialien:** Es gibt verschiedene Bauformen von Wärmeübertragern, wie Platten Wärmeübertrager, Rohrbündel Wärmeübertrager oder Lamellen Wärmeübertrager. Die Materialwahl hängt von den Betriebsbedingungen ab, wie den Temperaturen, Drücken und den Eigenschaften der Stoffströme. → *Verflüssiger/Kondensator*

Begriffe	Erläuterungen
Zählerplätze	Bei Bedarf Installation eines zusätzlichen Stromzählers für die Wärmepumpe, um den Energieverbrauch getrennt zu erfassen. Bei Wärmepumpenanlagen gilt ab 01.2024 die EVU-Sperrfrist, daher ist ein zweiter Zähler für die Wärmepumpenanlage erforderlich.

Anhang C Häufig gestellte Fragen beantwortet von Öko-Wärme-Willi

Hallo zusammen! Auch hier mische ich mit, **Öko-Wärme-Willi***, Euer Maskottchen für freundliche Wärmepumpen mit einer Leidenschaft für grüne Energie und mollige Wärme. Ihr habt Fragen zu Wärmepumpen? Dann seid ihr hier genau richtig! Egal ob ihr Laien oder Elektro-Profis seid, ich bin hier, um Licht ins Dunkel zu bringen. Schnallt euch an und lasst uns gemeinsam in die Welt der effizienten und umweltfreundlichen Heiztechnik eintauchen. Lasst uns die Fragen aufheizen und die Antworten zum Glühen bringen!*

Anhang C.1 Allgemeine Fragen und Antworten zur Wärmepumpe auch für Laien geeignet

Frage 1: Was ist eine Wärmepumpe?

Öko-Wärme-Willi: „Eine Wärmepumpe ist ein System, das Wärmeenergie aus der Umgebungsluft, dem Boden oder dem Wasser entzieht und in Ihr Haus leitet. Sie funktioniert ähnlich wie ein Kühlschrank, aber in umgekehrter Richtung.“

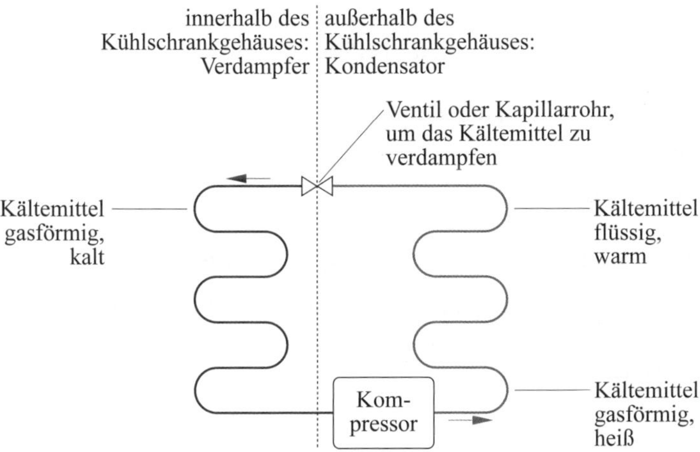

Bild C.1 Funktionsprinzip des Kühlschranks

Frage 2: Wie funktioniert eine Wärmepumpe?

Öko-Wärme-Willi: „Wärmepumpen arbeiten mit einem Kältemittel, das Wärme aufnimmt und abgibt. Dieses Kältemittel wird in einem Kreislauf verdichtet und wieder entspannt, wodurch es Wärme aus der Umgebung aufnimmt und an Ihr Heizungssystem abgibt."

Frage 3: Kann eine Wärmepumpe auch kühlen?

Öko-Wärme-Willi: „Ja, viele Wärmepumpen können im Sommer umschalten und als Klimaanlage arbeiten, indem sie Wärme aus dem Haus abführen."

Frage 4: Sind Wärmepumpen umweltfreundlich?

Öko-Wärme-Willi: „Wärmepumpen sind sehr umweltfreundlich, da sie hauptsächlich erneuerbare Energiequellen nutzen und weniger CO_2-Emissionen verursachen als herkömmliche Heizsysteme."

Frage 5: Wie effizient ist eine Wärmepumpe?

Öko-Wärme-Willi: „Die Effizienz einer Wärmepumpe wird durch den COP (Coefficient of Performance) gemessen. Ein COP von 3 bedeutet z. B., dass die Pumpe drei Einheiten Wärme für jede Einheit Strom erzeugt, die sie verbraucht."

Frage 6: Was kostet die Installation einer Wärmepumpe?

Öko-Wärme-Willi: „Die Kosten variieren je nach Art der Wärmepumpe und der Größe des Systems, aber sie liegen typischerweise zwischen 10 000 € und 20 000 €. Es gibt jedoch oft staatliche Förderungen, die helfen können, die Kosten zu senken."

Frage 7: Wie lange hält eine Wärmepumpe?

Öko-Wärme-Willi: „Wärmepumpen haben in der Regel eine Lebensdauer von 15 bis 25 Jahren, abhängig von der Wartung und Nutzung."

Frage 8: Kann eine Wärmepumpe bei sehr kaltem Wetter arbeiten?

Öko-Wärme-Willi: „Ja, moderne Wärmepumpen sind so konstruiert, dass sie auch bei niedrigen Außentemperaturen effizient arbeiten können, obwohl ihre Effizienz etwas abnimmt, je kälter es wird."

Frage 9: Was muss ich bei der Wartung einer Wärmepumpe beachten?

Öko-Wärme-Willi: „Wärmepumpen benötigen regelmäßige Wartung, um effizient zu bleiben. Dazu gehören das Überprüfen des Kältemittelstands, das Reinigen der Filter und das Sicherstellen, dass alle Teile reibungslos funktionieren."

Frage 10: Kann ich eine Wärmepumpe selbst installieren?

Öko-Wärme-Willi: „Die Installation einer Wärmepumpe sollte immer von einem Fachmann durchgeführt werden, da es viele technische und rechtliche Aspekte gibt, die berücksichtigt werden müssen."

Frage 11: Kann ich eine Wärmepumpe in jedem Haus installieren?

Öko-Wärme-Willi: „Fast jedes Haus kann mit einer Wärmepumpe ausgestattet werden, aber die Effizienz kann je nach Isolierung und Heizbedarf des Hauses variieren. Eine Vor-Ort-Bewertung durch einen Fachmann ist empfehlenswert."

Frage 12: Wie lange dauert die Installation einer Wärmepumpe?

Öko-Wärme-Willi: „Die Installation dauert in der Regel zwischen ein bis zwei Wochen, abhängig von der Art der Wärmepumpe und den spezifischen Anforderungen Ihres Hauses."

Frage 13: Kann eine Wärmepumpe mein gesamtes Haus beheizen?

Öko-Wärme-Willi: „Ja, Wärmepumpen können Ihr gesamtes Haus beheizen. Es ist jedoch wichtig, dass die Pumpe richtig dimensioniert ist, um den gesamten Wärmebedarf abzudecken."

Frage 14: Was passiert, wenn die Wärmepumpe ausfällt?

Öko-Wärme-Willi: „Wenn die Wärmepumpe ausfällt, sollte ein Fachmann gerufen werden, um das Problem zu diagnostizieren und zu beheben. Viele Systeme haben auch eine Notheizung, die in solchen Fällen einspringen kann."

Frage 15: Gibt es Geräuschprobleme mit Wärmepumpen?

Öko-Wärme-Willi: „Moderne Wärmepumpen sind in der Regel sehr leise. Es kann jedoch hilfreich sein, die Außeneinheit an einem Ort zu installieren, der den Schallpegel minimiert, besonders, wenn sie in der Nähe von Schlafzimmern platziert ist bzw. die Wohnräume eines Nachbarn betroffen sein könnten."

Anhang C.2 Spezifische Fragen zur Wärmepumpe für Elektrofachkräfte

Frage 1: Welche Arten von Wärmepumpen gibt es und wie unterscheiden sie sich?

Öko-Wärme-Willi: „Es gibt hauptsächlich drei Arten von Wärmepumpen: Luft-Wasser, Wasser-Wasser und Erd-Wasser-Wärmepumpen. Sie unterscheiden sich darin, woher sie die Wärme beziehen – aus der Luft, dem Wasser oder dem Boden."

Frage 2: Wie wird der COP einer Wärmepumpe gemessen und warum ist er wichtig?

Öko-Wärme-Willi: „Der COP → *Anhang B* wird gemessen, indem die erzeugte Wärme durch den verbrauchten Strom geteilt wird. Er ist wichtig, weil er die Effizienz der Wärmepumpe angibt und hilft, die Betriebskosten abzuschätzen."

Frage 3: Welche elektrischen Anforderungen gibt es für die Installation einer Wärmepumpe?

Öko-Wärme-Willi: „Wärmepumpen erfordern in der Regel eine dedizierte elektrische Leitung und einen eigenen RCD, um den höheren Strombedarf (Dauerlast) sicherzustellen und Überlastungen zu vermeiden." → *Kapitel 5, Kapitel 6* und *Kapitel 7*

Frage 4: Welche Rolle spielt das Kältemittel in der Wärmepumpe und welche Typen sind gebräuchlich?

Öko-Wärme-Willi: „Das Kältemittel ist entscheidend für den Wärmetransferprozess. Gebräuchliche Typen sind R410A, R32 und R134a. Die Wahl des Kältemittels beeinflusst die Effizienz und die Umweltverträglichkeit der Pumpe."

Frage 5: Wie beeinflusst die Größe des Pufferspeichers die Leistung einer Wärmepumpe?

Öko-Wärme-Willi: „Ein Pufferspeicher hilft, die Wärme gleichmäßig zu verteilen und die Anzahl der Ein- und Ausschaltzyklen zu reduzieren, was die Lebensdauer und Effizienz der Wärmepumpe verbessert."

Frage 6: Was sind die häufigsten Fehlerquellen bei Wärmepumpen?

Öko-Wärme-Willi: „Häufige Fehlerquellen sind Lecks im Kältemittelkreislauf, elektrische Probleme wie Überlastungen oder defekte Komponenten und Probleme mit der Steuerungselektronik."

Frage 7: Wie können Wärmepumpen in bestehende Heizsysteme integriert werden?

Öko-Wärme-Willi: „Wärmepumpen können in bestehende Systeme integriert werden, indem sie parallel zu oder anstelle des vorhandenen Kessels arbeiten. Eine sorgfältige Planung ist erforderlich, um die Systemkompatibilität sicherzustellen".

Frage 8: Welche gesetzlichen Anforderungen und Vorschriften sind bei der Installation einer Wärmepumpe zu beachten?

Öko-Wärme-Willi: „Die Installation/Errichtung → *Kapitel 7* muss den nationalen und lokalen Bauvorschriften entsprechen, und je nach Kältemittel sind Umweltauflagen zu beachten. Es können auch Lärmschutzvorschriften relevant sein." → *Anhang A*

Frage 9: Wie beeinflussen die Außenbedingungen die Leistung einer Wärmepumpe?

Öko-Wärme-Willi: „Die Leistung der Wärmepumpe kann stark von den Außenbedingungen beeinflusst werden. Niedrige Außentemperaturen können die Effizienz reduzieren, und hohe Feuchtigkeit kann die Wärmeübertragung beeinträchtigen." → *Kapitel 10*

Frage 10: Welche Rolle spielt die Inverter-Technologie bei Wärmepumpen?

Öko-Wärme-Willi: „Die Inverter Technologie ermöglicht eine variable Leistungsregelung der Wärmepumpe, was zu einer besseren Effizienz und einem gleichmäßigeren Betrieb führt. Sie passt die Kompressorleistung an den aktuellen Wärmebedarf an."

Frage 11: Wie wird der elektrische Anschluss einer Wärmepumpe dimensioniert?

Öko-Wärme-Willi: „Die Dimensionierung des elektrischen Anschlusses basiert auf der maximalen Leistungsaufnahme der Wärmepumpe. Eine korrekte Dimensionierung ist entscheidend, um Überlastungen und Spannungseinbrüche zu vermeiden." → *Kapitel 6*

Frage 12: Welche Bedeutung hat die Wärmepumpenregelung für den Betrieb?

Öko-Wärme-Willi: „Die Regelung steuert die Betriebsmodi der Wärmepumpe, passt die Heizleistung an den aktuellen Bedarf an und kann helfen, den Energieverbrauch zu optimieren. Eine gut eingestellte Regelung verbessert die Effizienz und den Komfort".

Frage 13: Wie kann die Leistungsfähigkeit einer Wärmepumpe überwacht werden?

Öko-Wärme-Willi: „Die Leistungsfähigkeit kann durch Überwachung des COP → *Kapitel 4*, der Stromaufnahme, der Laufzeiten und der Temperaturunterschiede im System überwacht werden. Moderne Systeme bieten oft integrierte Monitoring-Tools.“

Frage 14: Was sind die wichtigsten Installationsvorschriften für die Außeneinheit einer Wärmepumpe?

Öko-Wärme-Willi: „Die Außeneinheit sollte auf festem Boden montiert werden, gut belüftet sein und mindestens 1 m Abstand zu Wänden haben. Lärmschutzvorschriften und Frostschutz sollten ebenfalls berücksichtigt werden.“

Frage 15: Wie beeinflusst die Wahl des Verdichters die Leistung einer Wärmepumpe?

Öko-Wärme-Willi: „Der Verdichter ist das Herzstück der Wärmepumpe. Scroll-, Schrauben- und Hubkolbenverdichter bieten unterschiedliche Effizienz- und Leistungsmerkmale. Die Wahl hängt von den spezifischen Anforderungen des Heizsystems ab und muss individuell berücksichtigt werden.“

Anhang D Vorurteile über Wärmepumpen

Vorurteil „Wärmepumpen sind nur für Neubauten geeignet.“

Öko-Wärme-Willi: „Das stimmt so nicht! Wärmepumpen können sowohl in Neubauten als auch in Bestandsgebäuden eingesetzt werden. Besonders effizient sind sie in gut gedämmten Gebäuden, aber es gibt mittlerweile viele Lösungen und Systeme, die sich auch für die Modernisierung von Altbauten eignen. Die Kombination mit bestehenden Heizsystemen, wie z. B. einer Fußbodenheizung, Solaranlagen und/oder Speichern kann die Effizienz weiter steigern.“

Wärmepumpentyp	Geeignet für	Bemerkungen
Luft-Wasser-Wärmepumpe	Neubau und Altbau	einfache Installation
Sole-Wasser-Wärmepumpe	Neubau und Altbau	hohe Effizienz, Erdarbeiten nötig
Wasser-Wasser-Wärmepumpe	Neubau und Altbau	hohes Effizienzpotenzial, abhängig von Grundwasser

Tabelle D.1 Wärmepumpentypen und ihre Einsatzmöglichkeiten

Vorurteil „Wärmepumpen sind im Winter ineffizient.“

Öko-Wärme-Willi: „Auch im Winter arbeiten Wärmepumpen effizient. Zwar sinkt die Effizienz bei extrem niedrigen Außentemperaturen, aber moderne Wärmepumpen sind so konzipiert, dass sie selbst bei Frost noch ausreichend Wärme liefern können. Viele Systeme haben eine zusätzliche elektrische Heizung als Backup für sehr kalte Tage.“

Tabelle D.2 zeigt den COP (Coefficient of Performance, COP) bei verschiedenen Außentemperaturen.

Außentemperatur (°C)	Luft-Wasser-Wärmepumpe (COP)	Sole-Wasser-Wärmepumpe (COP)
10	3,5–4,0	4,0–5,0
0	3,0–3,5	3,5–4,5
–10	2,5–3,0	3,0–4,0

Tabelle D.2 COP (Coefficient of Performance, → *COP*) bei verschiedenen Außentemperaturen

Vorurteil „Wärmepumpen sind zu laut."

Öko-Wärme-Willi: „Moderne Wärmepumpen sind überraschend leise. Die meisten Modelle sind so konzipiert, dass sie den Lärmpegel von Haushaltsgeräten nicht überschreiten. Es ist jedoch wichtig, auf die richtige Platzierung der Außeneinheit zu achten und eventuell Schallschutzmaßnahmen zu ergreifen, um die Geräuschentwicklung weiter zu minimieren."

Gerät	Schallpegel (dB)
Kühlschrank	35–45
Wärmepumpe (Außeneinheit)	40–55
Waschmaschine (Schleudern)	60–80

Tabelle D.3 Schallpegel verschiedener Haushaltsgeräte im Vergleich zu Wärmepumpen

Vorurteil „Wärmepumpen sind zu teuer in der Anschaffung."

Öko-Wärme-Willi: „Die Anschaffungskosten für eine Wärmepumpe können höher sein als für konventionelle Heizsysteme, aber man muss die gesamten Lebenszykluskosten betrachten. Dank staatlicher Förderungen und der geringeren Betriebskosten amortisieren sich Wärmepumpen oft schneller, als man denkt. Zudem tragen sie zur Wertsteigerung der Immobilie bei."

Heizsystem	Anschaffungskosten in €*)	Betriebskosten pro Jahr in €*)	Gesamtkosten über 20 Jahre in €*)
Gasheizung	6000 bis 10000	1500 bis 2000	36000 bis 50000
Ölheizung	8000 bis 12000	1700 bis 2200	42000 bis 56000
Wärmepumpe	10000 bis 20000	500 bis 1000	20000 bis 40000
*) Anmerkung: abhängig von verschiedenen Einflussgrößen			

Tabelle D.4 Vergleich der Kosten (Anschaffung und Betrieb) verschiedener Heizsysteme über 20 Jahre

Vorurteil „Wärmepumpen benötigen viel Platz."

Öko-Wärme-Willi: „Es gibt verschiedene Wärmepumpensysteme, die sich an die Gegebenheiten des Gebäudes anpassen lassen. Luft-Wasser-Wärmepumpen benötigen nur Platz für eine Außeneinheit, während Erd- oder Wasserwärmepumpen mehr Raum für die Installation der Erdsonden oder Brunnen benötigen. Trotzdem sind sie oft platzsparender als traditionelle Heizkessel mit großen Brennstofftanks."

Wärmepumpentyp	Platzbedarf
Luft-Wasser-Wärmepumpe	klein bis mittel
Sole-Wasser-Wärmepumpe	mittel bis groß (je nach Bohrung)
Wasser-Wasser-Wärmepumpe	mittel (Brunnen)

Tabelle D.5 Platzbedarf verschiedener Wärmepumpensysteme

Vorurteil „Wärmepumpen sind nicht umweltfreundlich."

Öko-Wärme-Willi: „Wärmepumpen sind eine der umweltfreundlichsten Heizmethoden, da sie die natürliche Wärme aus der Umgebung nutzen. Sie erzeugen keine direkten CO_2-Emissionen und können in Kombination mit grünem Strom fast vollständig klimaneutral betrieben werden. Im Vergleich zu fossilen Brennstoffen reduzieren sie den CO_2-Ausstoß erheblich."

Heizsystem	CO_2-Emissionen in kg/Jahr
Gasheizung	3 000 bis 4 500
Ölheizung	3 500 bis 5 000
Wärmepumpe	500 bis 1 500 (je nach Strommix)

Tabelle D.6 CO_2-Emissionen verschiedener Heizsysteme pro Jahr

Vorurteil „Wärmepumpen sind nur für Heizungen geeignet, nicht für Warmwasser."

Öko-Wärme-Willi: „Wärmepumpen können sowohl zur Raumheizung als auch zur Warmwasserbereitung verwendet werden. Viele Modelle sind als sogenannte Kombigeräte (Heizungswärmepumpen) erhältlich, die beides gleichzeitig effizient erledigen. Auch die Nachrüstung in bestehenden Systemen zur Unterstützung der Warmwasserbereitung ist problemlos möglich."

Einsatzbereich	Wärmepumpentyp
Raumheizung	alle Typen
Warmwasserbereitung	Kombigeräte, separate Warmwasserwärmepumpen
Beheizung von Pools	Luft-Wasser-Wärmepumpen, Wasser-Wasser-Wärmepumpen

Tabelle D.7 Einsatzbereiche von Wärmepumpen

Vorurteil „Wärmepumpen funktionieren nur in milden Klimazonen."

Öko-Wärme-Willi: „Wärmepumpen sind für den Einsatz in verschiedenen Klimazonen konzipiert. Es gibt spezielle Modelle für kalte Regionen, die auch bei tiefen Temperaturen effizient arbeiten. Durch die technologische Weiterentwicklung können moderne Wärmepumpen selbst in skandinavischen Ländern mit sehr kalten Wintern effektiv eingesetzt werden."

Klimazone	Geeignete Wärmepumpen
mild (bis 0 °C)	alle Typen
gemäßigt (–10 °C bis 0 °C)	alle Typen, leistungsstarke Modelle
kalt (unter –10 °C)	spezielle Kälte-Modelle, z. B. Sole-Wasser, Wasser-Wasser

Tabelle D.8 Betriebsbereiche von Wärmepumpen in verschiedenen Klimazonen

Vorurteil „Wärmepumpen sind schwer zu warten."

Öko-Wärme-Willi: „Im Gegenteil, Wärmepumpen sind im Vergleich zu konventionellen Heizsystemen relativ wartungsarm. Sie haben weniger bewegliche Teile und benötigen keine regelmäßigen Brennstofflieferungen oder Kesselschornsteinreinigungen. Eine jährliche Überprüfung durch einen Fachmann reicht oft aus, um die Effizienz und Langlebigkeit zu gewährleisten."

Heizsystem	Wartungsaufwand in Stunden/Jahr
Gasheizung	2 bis 4
Ölheizung	3 bis 5
Wärmepumpe	1 bis 2

Tabelle D.9 Wartungsaufwand verschiedener Heizsysteme

Vorurteil „Wärmepumpen sind technisch kompliziert und schwer zu bedienen."

Öko-Wärme-Willi: „Moderne Wärmepumpen sind benutzerfreundlich gestaltet. Sie verfügen über intuitive Steuerungssysteme, oft mit Smart-Home-Integration, die die Bedienung erleichtern. Nach der Installation laufen sie meist automatisch und passen sich selbstständig an die Bedürfnisse des Haushalts an."

Diese Antworten und Tabellen von Öko-Wärme-Willi sollen Klarheit schaffen und die Vorurteile gegenüber Wärmepumpen entkräften. Wärmepumpen bieten viele Vorteile und sind eine ausgezeichnete Wahl für die Heizung und Warmwasserbereitung in modernen Haushalten.

Anhang E Checklisten für die Installation und die Instandhaltung/Wartung von Wärmepumpen

Bevor wir mit den Checklisten beginnen, erneut einige einführenden Worte von **Öko-Wärme-Willi**.

Liebe Technik- und Umweltfreunde,

stellen Sie sich vor, Sie sind auf einer Mission. Nein, nicht auf einer gewöhnlichen Mission – auf einer Mission für den Planeten! Ihr Auftrag, wenn Sie ihn annehmen, ist es, die Helden unserer Zeit zu sein: die Installateure und Wartungsexperten von Wärmepumpen. Warum? Weil Wärmepumpen die Superhelden unserer Energiezukunft sind!

Ich, Öko-Wärme-Willi, bin heute hier, um Sie auf diese Reise mitzunehmen. Mit unserer brandneuen Checkliste werden jede Installation und jede Wartung einer Wärmepumpe zu einem kinderleichten Abenteuer. Vergessen Sie die verwirrenden Anleitungen – wir haben alles in knackigen, einfachen Schritten für Sie zusammengefasst. Die Checklisten erheben keinen Anspruch auf Vollständigkeit, aber sie bieten Ihnen Anregungen für die kreative und aus der Praxis herauskommende Erstellung Ihrer eigenen Checklisten.

Wärmepumpen sind wie die unsichtbaren Energiewunder der Zukunft, die aus scheinbar nichts, nämlich der Umgebungsluft oder dem Boden, behagliche Wärme zaubern. Klingt fast wie Magie, oder? Aber wie bei jedem guten Zaubertrick steckt auch hier eine Menge Technik und Know-how dahinter. Und genau da kommen Sie ins Spiel.

Ihre fertig erstellten Checklisten sind Ihre geheimen Waffen, um sicherzustellen, dass jede Wärmepumpe installiert wird wie ein Meisterwerk und gewartet wie ein kostbares Erbstück. Ob es darum geht, die richtige Größe zu wählen, den besten Standort zu finden oder sicherzustellen, dass alles wie am Schnürchen läuft – Sie haben an alles gedacht.

„Warum sind diese Checklisten so wichtig?“, fragen Sie sich vielleicht. Ganz einfach: Sie helfen Ihnen nicht nur, Fehler zu vermeiden und die Effizienz zu maximieren, sondern sorgen auch dafür, dass wir alle ein bisschen grüner leben können. Und mal ehrlich, wer möchte nicht in einer Welt leben, in der man auf seine Energiehelden zählen kann?

Also bereiten Sie Ihre eigenen Checklisten auf, schnappen Sie sich Ihre Werkzeuge und machen Sie sich bereit für den nächsten Einsatz! Gemeinsam werden Sie und Ihre Fachkollegen die Welt ein bisschen wärmer und viel umweltfreundlicher machen – eine Wärmepumpe nach der anderen.

Auf gehts, Energiehelden!

Mit umweltfreundlichen Grüßen,

Ihr Öko-Wärme-Willi

Anhang E.1 Installation von Wärmepumpen

Die Installation einer Wärmepumpe ist ein komplexer Vorgang, der sorgfältige Planung und Durchführung erfordert. Eine strukturierte Checkliste hilft dabei, sicherzustellen, dass alle wichtigen Schritte beachtet werden und die Installation ordnungsgemäß durchgeführt wird.

Checkliste für die Installation:

Vorbereitung:

- Projektplanung und Zeitplan erstellen
- Genehmigungen und behördliche Auflagen prüfen
- Standortanalyse und -auswahl
- Verfügbarkeit und Anforderungen an elektrische Anschlüsse überprüfen

Materialien und Werkzeuge:

- Beschaffung aller notwendigen Materialien und Werkzeuge
- Überprüfung der Lieferungen auf Vollständigkeit und Unversehrtheit

Installationsschritte:

- Fundament und Befestigungspunkte vorbereiten
- Wärmepumpeneinheit aufstellen und fixieren
- Anschluss der Kältemittelleitungen
- Elektrische Verkabelung und Absicherung
- Installation der Steuerungs- und Regelungstechnik
- Integration in das Heizsystem (z. B. Fußbodenheizung, Radiatoren)

Inbetriebnahme:

- Dichtheitsprüfung der Kältemittelleitungen
- Funktionstest der elektrischen Anschlüsse
- Erstbefüllung und Entlüftung des Heizsystems
- Programmierung und Konfiguration der Steuerung
- Probelauf und Überprüfung der Systemfunktionen

Dokumentation und Abnahme:

- Erstellung der technischen Dokumentation
- Einweisung des Betreibers in die Bedienung und Wartung
- Abschlussbericht und Abnahmeprotokoll

Schritt	Beschreibung	Erledigt (✓/×)
Projektplanung	Projektplan und Zeitplan erstellen	
Genehmigungen prüfen	Behördliche Genehmigungen und Auflagen prüfen	
Standortanalyse	Geeigneten Standort für die Wärmepumpe auswählen	
Materialien beschaffen	alle notwendigen Materialien und Werkzeuge beschaffen	
Fundament vorbereiten	Fundament und Befestigungspunkte vorbereiten	
Wärmepumpe aufstellen	Wärmepumpeneinheit aufstellen und fixieren	
Kältemittelleitungen	Anschluss der Kältemittelleitungen	
Elektrische Verkabelung	Elektrische Anschlüsse und Absicherung	
Steuerungstechnik	Installation der Steuerungs- und Regelungstechnik	
Integration Heizsystem	Integration in das Heizsystem	
Dichtheitsprüfung	Dichtheitsprüfung der Kältemittelleitungen	
Funktionstest	Funktionstest der elektrischen Anschlüsse	
Erstbefüllung	Erstbefüllung und Entlüftung des Heizsystems	
Programmierung	Programmierung und Konfiguration der Steuerung	
Probelauf	Probelauf und Überprüfung der Systemfunktionen	
Dokumentation	Erstellung der technischen Dokumentation	
Einweisung	Einweisung des Betreibers in Bedienung und Wartung	
Abnahme	Abschlussbericht und Abnahmeprotokoll	

Tabelle E.1 Checkliste für die Installation

Anhang E.2 Instandhaltung/Wartung von Wärmepumpen

Regelmäßige Wartung und Instandhaltung von Wärmepumpen ist entscheidend für deren effizienten und störungsfreien Betrieb. Die folgende Checkliste unterstützt Fachkräfte dabei, alle relevanten Punkte zu beachten und systematisch abzuarbeiten.

Checkliste für die Instandhaltung/Wartung:

Allgemeine Inspektion:

- Sichtprüfung auf äußere Beschädigungen und Verschmutzungen
- Überprüfung der Befestigungen und Halterungen
- Kontrolle der elektrischen Anschlüsse auf festen Sitz und Beschädigungen

Kältemittelkreislauf:

- Überprüfung des Kältemittelstands
- Kontrolle auf Leckagen
- Funktionsprüfung der Kältemittelverdichter

Elektrische Komponenten:

- Überprüfung der Steuer- und Regelungstechnik
- Kontrolle der Sensoren und Aktoren
- Prüfung der elektrischen Sicherheitseinrichtungen

Wärmetauscher und Luftfilter:

- Reinigung oder Austausch der Luftfilter
- Überprüfung und Reinigung der Wärmetauscher Flächen
- Kontrolle der Luft- und Wasserkreisläufe

Systemtests:

- Durchführung von Funktionstests
- Überprüfung der Systemleistung und Effizienz
- Dokumentation der Betriebsdaten und Analyse von Abweichungen

Abschluss und Dokumentation:

- Erstellung eines Wartungsberichts
- Eintrag der durchgeführten Arbeiten ins Wartungsbuch
- Besprechung der Wartungsergebnisse mit dem Betreiber

Schritt	Beschreibung	Erledigt (✓/×)
Sichtprüfung	Sichtprüfung auf Beschädigungen und Verschmutzungen	
Befestigungen prüfen	Überprüfung der Befestigungen und Halterungen	
Elektrische Anschlüsse	Kontrolle der elektrischen Anschlüsse	
Kältemittelstand prüfen	Überprüfung des Kältemittelstands	
Leckagen kontrollieren	Kontrolle auf Leckagen	
Verdichter prüfen	Funktionsprüfung der Kältemittelverdichter	
Steuerungstechnik	Überprüfung der Steuer- und Regelungstechnik	
Sensoren/Aktoren prüfen	Kontrolle der Sensoren und Aktoren	
Sicherheitseinrichtungen	Prüfung der elektrischen Sicherheitseinrichtungen	
Luftfilter reinigen/ tauschen	Reinigung oder Austausch der Luftfilter	
Wärmetauscher reinigen	Überprüfung und Reinigung der Wärmetauscher Flächen	
Kreisläufe prüfen	Kontrolle der Luft- und Wasserkreisläufe	
Funktionstests	Durchführung von Funktionstests	
Systemleistung prüfen	Überprüfung der Systemleistung und Effizienz	
Betriebsdaten dokumentieren	Dokumentation der Betriebsdaten	
Wartungsbericht	Erstellung eines Wartungsberichts	
Wartungsbuch	Eintrag der durchgeführten Arbeiten ins Wartungsbuch	
Ergebnisbesprechung	Besprechung der Wartungsergebnisse mit dem Betreiber	

Tabelle E.2 Checkliste für die Instandhaltung/Wartung

Anhang F Richtlinien für die Entsorgung und das Recycling von Wärmepumpenkomponenten

Die umweltgerechte Entsorgung und das Recycling von Wärmepumpenkomponenten sind entscheidend für die Reduzierung der ökologischen Auswirkungen und die Schonung natürlicher Ressourcen. Diese Richtlinien sollen sicherstellen, dass alle relevanten Materialien und Komponenten fachgerecht und gesetzeskonform behandelt werden.

Richtlinien für die Entsorgung und das Recycling

Gesetzliche Vorgaben:

- Einhaltung nationaler und europäischer Richtlinien zur Entsorgung von Elektro- und Elektronikgeräten (WEEE).
- Beachtung der Verordnungen zum Umgang mit gefährlichen Stoffen, insbesondere Kältemitteln, nach der F-Gase-Verordnung (→ *Anhang A.24*).

Der Umgang mit gefährlichen Stoffen, z. B. den Kältemitteln, ist in der F-Gase-Verordnung ausführlich behandelt. Sie finden weitere Details dazu im → *Anhang A.24*.

Dann kommen wir zu einer europäischen Richtlinie, die darauf abzielt, die Menge an Elektroschrott zu reduzieren und seine umweltgerechte Entsorgung und das Recycling zu fördern. Das ist die WEEE (Waste Electrical and Electronic Equipment).

Dazu einige Hauptpunkte:

Definition: Die WEEE-Richtlinie (Richtlinie 2012/19/EU) ist ein europäisches Gesetz, das die Sammlung, Wiederverwertung und umweltfreundliche Entsorgung von Elektro- und Elektronikgeräten regelt. Sie betrifft alle Produkte, die elektrische Energie nutzen, einschließlich Wärmepumpen, Haushaltsgeräte, Computer, Unterhaltungselektronik und viele andere.

Ziele der WEEE-Richtlinie: Die Richtlinie zielt darauf ab, die Menge an Elektroschrott zu minimieren, der auf Deponien landet. Außerdem fördert sie die Rückgewinnung wertvoller Materialien und die Wiederverwendung von Komponenten aus alten Geräten. Bei konsequenter Anwendung hilft die Richtlinie, schädliche Auswirkungen auf die Umwelt durch giftige Stoffe in Elektrogeräten zu verhindern.

Verpflichtungen für Hersteller und Händler: Hersteller und Importeure müssen sich in den jeweiligen nationalen WEEE-Registrierungsstellen anmelden. Alle Elektrogeräte müssen mit dem Symbol einer durchgestrichenen Mülltonne gekennzeichnet werden, was bedeutet, dass sie nicht über den normalen Hausmüll entsorgt werden dürfen. Außerdem sind die Hersteller verpflichtet, Systeme zur Rücknahme alter Geräte einzurichten und die Recyclingziele zu erreichen.

Die Rolle der Verbraucher: Verbraucher können ihre alten Elektrogeräte kostenlos bei Sammelstellen abgeben oder über spezielle Rücknahmeprogramme entsorgen. Die Richtlinie zielt darauf ab, das Bewusstsein der Verbraucher für die Notwendigkeit der ordnungsgemäßen Entsorgung und des Recyclings zu schärfen.

Nationale Umsetzung: Die Richtlinie legt den Mitgliedstaaten die Verantwortung auf, entsprechende Gesetze und Vorschriften zu erlassen, die die Ziele der WEEE-Richtlinie in nationales Recht umsetzen. In Deutschland ist dies beispielsweise das Elektro- und Elektronikgerätegesetz (ElektroG).

Anwendung auf Wärmepumpen

Spezifische Anforderungen: Wärmepumpen enthalten verschiedene Materialien, die umweltgerecht entsorgt werden müssen, darunter Kältemittel, Metalle und Kunststoffe. Diese Materialien müssen nach den Richtlinien behandelt werden, um ihre Wiederverwendung oder umweltgerechte Entsorgung zu gewährleisten.

Besondere Herausforderungen: Wärmepumpen enthalten Kältemittel, die bei unsachgemäßer Entsorgung schädliche Auswirkungen auf die Umwelt haben können. Sie müssen fachgerecht entsorgt oder recycelt werden. Wie andere Elektrogeräte enthalten Wärmepumpen elektronische Steuerungen und Komponenten, die sorgfältig behandelt werden müssen, um die Wiederverwertung zu maximieren.

Recycling-Prozess: Die Geräte müssen zerlegt werden, um die verschiedenen Materialien zu trennen, und die getrennten Materialien werden dann entsprechend recycelt oder entsorgt.

Die WEEE-Richtlinie spielt eine zentrale Rolle bei der Förderung der nachhaltigen Nutzung von Ressourcen und dem Schutz der Umwelt. Durch die korrekte Entsorgung und das Recycling von Wärmepumpen und anderen Elektrogeräten können wertvolle Materialien zurückgewonnen und die Umweltbelastung reduziert werden.

Die **Tabelle F.1** beinhaltet eine Checkliste für das umweltgerechte Entsorgen und das Recycling von Wärmepumpenkomponenten.

Diese Richtlinien und die dazugehörige Checkliste gewährleisten eine ordnungsgemäße und umweltgerechte Entsorgung sowie das Recycling von Wärmepumpenkomponenten, wobei die gesetzlichen Anforderungen und der Schutz der Umwelt stets im Vordergrund stehen.

Schritt	Beschreibung	Erledigt (✓/×)
Gesetzliche Vorgaben	Einhaltung nationaler und europäischer Richtlinien	
Demontage	Fachgerechte Demontage der Wärmepumpe	
Materialtrennung	Trennung der Materialien nach Werkstoffen (Metalle, Kunststoffe, Elektronik)	
Rückgewinnung Kältemittel	Rückgewinnung und Entsorgung des Kältemittels durch zertifiziertes Personal	
Recycling Metall	metallische Bauteile an zertifizierte Recyclingbetriebe liefern	
Recycling Kunststoffe	Kunststoffteile sortenrein trennen und spezialisierte Recyclingunternehmen nutzen	
Recycling Elektronik	elektronische Bauteile gemäß WEEE-Richtlinien entsorgen	
Wärmetauscher recyceln	Reinigung und Rückführung in den Materialkreislauf, wenn möglich	
Dokumentation erstellen	Erstellung einer vollständigen Entsorgungsdokumentation	
Nachweisführung	Sicherstellung der Nachweisführung für ordnungsgemäße Entsorgung und Recycling	
Archivierung	Archivierung der Dokumentation für behördliche Kontrollen	

Tabelle F.1 Richtlinien für die Entsorgung und das Recycling

Anhang G Argumente-Katalog von Öko-Wärme-Willi für den Einsatz von Wärmepumpenanlagen im Neubau oder in der Bestandsanlage

Öko-Wärme-Willi meldet sich zum letzten Mal in diesem Buch *und macht die Vorteile und Einsatzmöglichkeiten von Wärmepumpen für Elektrofachkräfte und deren Kunden deutlich. Mit einer lockeren Sprache und einem Augenzwinkern zeigt Öko-Wärme-Willi, warum Wärmepumpen die beste Wahl für Neubauten und Bestandsobjekte sind.*

Argumente für Neubauten

Energieeffizienz und Nachhaltigkeit: „Haben Sie schon mal eine Heizung gesehen, die aus einem Hauch von Strom das Maximum an Wärme rausquetscht? Ja? Dann kennen Sie Wärmepumpen! Sie sind wie ein moderner Zauberer, der die Energie aus der Luft, dem Boden oder dem Wasser zaubert und Ihrem Neubau oder dem Objekt Ihres Kunden mollig warm macht – und das fast ohne CO_2*."*

Kostenersparnis: „Warum Geld fürs Heizen aus dem Fenster werfen? Mit einer Wärmepumpe und einer Prise Sonnenenergie von Ihrer PV-Anlage sparen Sie nicht nur bares Geld, sondern auch die Umwelt. Ein Neubau mit Wärmepumpe ist wie ein Sparschwein, das sich selbst füttert und das Ihrer Kunden ebenso!"

Zukunftssicherheit: „Wärmepumpen sind die Zukunft! Wer heute in eine Wärmepumpe investiert, ist morgen der König des Heizungsdschungels. Keine steigenden Öl- oder Gaspreise mehr, nur noch saubere, nachhaltige Wärme – wie ein Sonnenaufgang im Winter!"

Argumente für Bestandsobjekte

Modernisierung und Wertsteigerung: „Ihr altes Haus oder die Objekte Ihrer Kunden können mit einer Wärmepumpe so richtig aufgemotzt werden! Stellen Sie sich vor, wie das Eigenheim/Objekt an Wert gewinnt, während Sie gemütlich auf deinem Sofa sitzen und die wohlige Wärme genießen – das ist wie ein Upgrade von einem Oldtimer zu einem Elektroflitzer!"

Kompatibilität mit vorhandenen Systemen: „Keine Sorge, Ihr Haus/die Objekte der Kunden müssen nicht alles neu machen, um mit einer Wärmepumpe zu harmonieren. Sie ist flexibel wie ein Schweizer Taschenmesser und kann sich mit einem bestehenden Heizsystem anfreunden. So wird aus Alt und Neu eine harmonische Symphonie der Wärme."

Förderprogramme und staatliche Unterstützung: „Der Staat liebt Wärmepumpen! Er gibt Ihnen gerne einen fetten Zuschuss, wenn Sie sich für eine entscheiden. Das ist wie eine Belohnung dafür, dass Sie die Umwelt schützen und gleichzeitig das Zuhause auf den neuesten Stand bringen."

Schlusswort von Öko-Wärme-Willi: *„Egal ob Neubau oder altes Gemäuer, Wärmepumpen sind der Schlüssel zu einer warmen, nachhaltigen Zukunft. Also schnappen Sie die Chance, machen das Zuhause zu einem Meisterwerk der Effizienz und genießen Sie die wohlige Wärme – Öko-Wärme-Willi weiß, wovon er spricht!"*

Literatur

Arpagaus, C.: Hochtemperatur-Wärmepumpen. Berlin · Offenbach: VDE VERLAG, 2019

Behrends, P.; Maske, D.; Soboll, R.: Jahrbuch Elektrotechnik 2016–2024. München, Heidelberg: Hüthig

Blitzplaner. 4. Auflage. Firmenschrift. Neumarkt (Oberpfalz): Dehn, 2017

Bödeker, K.; Feulner, D.; Kammerhoff, U.; Kindermann, R.: Prüfung elektrischer Geräte in der betrieblichen Praxis. VDE-Schriftenreihe 62. 7. Auflage. Berlin · Offenbach: VDE VERLAG, 2014

Bödeker, K.; Lochthofen, M.: Prüfung ortsfester und ortveränderlicher Geräte. 10. Auflage. Berlin: Huss, 2022

Bödeker, K.; Lochthofen, M.; Rohlof, K.: Wiederholungsprüfungen nach DIN VDE 0105. 5. Auflage. München · Heidelberg: Hüthig, 2023

Breitunger, P.: Faszination Wärmepumpe. Selbstverlag, 2022

Cichowski, R. R. (Hrsg.): Anlagentechnik für elektrische Verteilungsnetze. Mehr als 20 Einzelbände. Frankfurt am Main: EW Medien und Kongresse; Berlin · Offenbach: VDE VERLAG, 1990–2024

Cichowski, R. R. (Hrsg.): Jahrbücher der Anlagentechnik 2008–2024. Berlin · Offenbach: VDE VERLAG.

Cichowski, R. R. (Hrsg.): Kabelhandbuch. 9. Auflage. Frankfurt am Main: EW Medien und Kongresse, 2017

Cichowski, R. R.: Baustellen-Fibel der Elektroinstallation. VDE-Schriftenreihe 142. 2. Auflage. Berlin · Offenbach: VDE VERLAG, 2019

Cichowski, R. R.: Der rote Faden durch die Gruppe 700 der DIN VDE 0100. VDE-Schriftenreihe 168. 4. Auflage. Berlin · Offenbach: VDE VERLAG, 2024

Cichowski, R. R.: Elektrische Anlagen auf Campingplätzen und in Caravans. VDE-Schriftenreihe 150. 3. Auflage. Berlin · Offenbach: VDE VERLAG, 2022

Cichowski, R. R.: Elektroinstallation und Ladeinfrastruktur der Elektromobilität. VDE-Schriftenreihe 175. 2. Auflage. Berlin · Offenbach: VDE VERLAG, 2023

Cichowski, R. R.: Erdungsanlagen für Gebäude. VDE-Schriftenreihe 202. Berlin · Offenbach: VDE VERLAG, 2024

Cichowski, R. R.: Kenngrößen für die Automatisierungstechnik. VDE-Schriftenreihe 101. 3. Auflage. Berlin · Offenbach: VDE VERLAG, 2018

Cichowski, R. R.: Kenngrößen für die Elektrofachkraft. VDE-Schriftenreihe 59. 4. Auflage. Berlin · Offenbach: VDE VERLAG, 2020

Cichowski, R. R.: Lexikon der Anlagentechnik. 2. Auflage. Berlin · Offenbach: VDE VERLAG, 2017

Cichowski, R. R.: Lexikon der Elektromobilität. VDE-Schriftenreihe 200. Berlin · Offenbach: VDE VERLAG, 2023

Cichowski, R. R.: Netzanschluss – dezentrale und regenerative Erzeugungsanlagen am Niederspannungsnetz (NS-Netz). VDE-Schriftenreihe 201. Berlin · Offenbach: VDE VERLAG, 2024

Cichowski, R. R.; Cichowski, A.: Lexikon der Elektroinstallation. VDE-Schriftenreihe 52. 5. Auflage. Berlin · Offenbach: VDE VERLAG, 2020

Fengel, M.: Die zukunftssichere Elektroinstallation. 2. Auflage. Berlin · Offenbach: VDE VERLAG, 2023

Fröse, H.-D.: Regelkonforme Installation von PV-Anlagen, 4. Auflage. München: Hüthig, 2024

Gehlen, P.; Rudnik, S.: Not-Halt oder Not-Aus? VDE-Schriftenreihe 154. 3. Auflage. Berlin · Offenbach: VDE VERLAG, 2020

Gerber, G.: Brandmeldeanlagen. 5. Auflage. München · Heidelberg: Hüthig, 2019

Häberle, H. O.; Häberle, G. D.: Einführung in die Elektroinstallation. 11. Auflage. München · Heidelberg: Hüthig, 2023

Hackensellner, T.: Wärmepumpen in Haushalt, Gewerbe und Industrie. Berlin · Offenbach: VDE VERLAG, 2023

Heigele, M.; Keller, L.: Leitfaden für Wärmepumpenanlagen. 2. Auflage. Kleinaitingen: ITM InnoTech Medien, 2023

Hennig, W.: VDE-Prüfung nach BetrSichV, TRBS und DGUV-Vorschrift 3. VDE-Schriftenreihe 43. 12. Auflage. Berlin · Offenbach: VDE VERLAG, 2019

Hirzel, Simon (Hrsg.): Energiekompendium. Ein Nachschlagewerk für Grundbegriffe, Konzepte und Technologien. 2. Auflage. Stuttgart: Fraunhofer Verlag, 2020

Hoffmann, R.; Lantwin, A.; Nied, D.; Schäfer, J. (Hrsg.): Betrieb von elektrischen Anlagen. VDE-Schriftenreihe 13. 11. Auflage. Berlin · Offenbach: VDE VERLAG, 2017

Hofheinz, W.: Fehlerstrom-Überwachung in elektrischen Anlagen. VDE-Schriftenreihe 113. 3. Auflage. Berlin · Offenbach: VDE VERLAG, 2014

Hofheinz, W.: Schutztechnik mit Isolationsüberwachung. VDE-Schriftenreihe 114. 5. Auflage. Berlin · Offenbach: VDE VERLAG, 2020

Hofheinz, W.; Haub, D.; Zeyen, M.: Elektrische Sicherheit in der Elektromobilität. VDE-Schriftenreihe 174. 2. Auflage. Berlin · Offenbach: VDE VERLAG, 2020

Hösl, A.; Ayx, R.; Busch, H.-W.: Die vorschriftsmäßige Elektroinstallation. 23. Auflage. Berlin · Offenbach: VDE VERLAG, 2022

Just, W.; Hofmann, W.: Blindstromkompensation in der Betriebspraxis. 4. Auflage. Berlin · Offenbach: VDE VERLAG, 2003

Kasikci, I.: Projektierungshilfe elektrischer Anlage in Gebäuden. VDE-Schriftenreihe 148. 9. Auflage. Berlin · Offenbach: VDE VERLAG, 2024

Kasikci, I.; Markgraf, U.: Erlaubt? Verboten? 19. Auflage. Berlin · Offenbach: VDE VERLAG, 2021

Kästner, T.; Rentz, H.: Handbuch der Energiewende. Essen: etv Energieverlag, 2013

Kern, A.; Wettingfeld, J.: Blitzschutzsysteme 1. VDE-Schriftenreihe 44. Berlin · Offenbach: VDE VERLAG, 2014

Kiefer, G.; Schmolke, H.; Callondann, K.: VDE 0100 und die Praxis. 18. Auflage. Berlin · Offenbach: VDE VERLAG, 2024

Kofler, M., Otta, T.: Wärmepumpen: Grundlagen, Planung, Betrieb. Bonn: Rheinwerk-Verlag, 2024

Kreienberg, M.: Wo steht was im VDE-Vorschriftenwerk? VDE-Schriftenreihe 1. Berlin · Offenbach: VDE VERLAG, 2024

Nachtigall, O.: Wärmepumpen, die Komplett-Anleitung für absolute Einsteiger. Selbstverlag, 2024

Neumann, T.: BetrSichV – die verantwortliche Elektrofachkraft in der Pflicht. VDE-Schriftenreihe 121. 6. Auflage. Berlin · Offenbach: VDE VERLAG, 2024

Pichler, T.: Das Wärmepumpen Handbuch für Einsteiger. Linz: RBM Publishing, 2024

Pusch, P.; Pusch, F.: Schaltberechtigung für Elektrofachkräfte und befähigte Personen. VDE-Schriftenreihe 79. 8. Auflage. Berlin · Offenbach: VDE VERLAG, 2017

Reisner, K., Reisner, T.: Fachwissen Kältetechnik, 7. Auflage. Berlin · Offenbach: VDE VERLAG, 2022

Rosa, A.: Projektierung von Ersatzstromaggregaten. VDE-Schriftenreihe 122. 3. Auflage. Berlin · Offenbach: VDE VERLAG, 2018

Rudnik, S.: EMV-Fibel für Elektroinstallateure und Planer. VDE-Schriftenreihe 55. 3. Auflage. Berlin · Offenbach: VDE VERLAG, 2015

Rudnik, S.: Errichten von Niederspannungsanlagen gemäß DIN VDE 0100-801. VDE-Schriftenreihe 169. 2. Auflage. Berlin · Offenbach: VDE VERLAG, 2019

Rudnik, S.: Erstprüfung von elektrischen Anlagen. VDE-Schriftenreihe 63. 6. Auflage. Berlin · Offenbach: VDE VERLAG, 2020

Rudnik, S.: Prüfung elektrischer Anlagen und Ausrüstungen. VDE-Schriftenreihe 163. Berlin · Offenbach: VDE VERLAG, 2021

Rudnik, S.; Pelta, R.: Der Lotse durch die DIN VDE 0100. 3. Auflage. VDE-Schriftenreihe 144. Berlin · Offenbach: VDE VERLAG, 2018

RWE-Bau-Handbuch, 15. Auflage. Frankfurt am Main: EW Medien und Kongresse, 2014

Schmiegel, A. U.: Energiespeicher für die Energiewende. 2. Auflage. München: Hanser, 2020

Schmolke, H.: Auswahl und Bemessung von Kabel und Leitungen. 7. Auflage. München: Hüthig, 2018

Schmolke, H.: Brandschutztechnische Bewertung und Prüfung elektrischer Anlagen. VDE-Schriftenreihe 173. Berlin · Offenbach: VDE VERLAG, 2018

Schmolke, H.: DIN VDE 0100 richtig angewandt. VDE-Schriftenreihe 106. 7. Auflage. Berlin · Offenbach: VDE VERLAG, 2016

Schmolke, H.: Elektroinstallation in Wohngebäuden. VDE-Schriftenreihe 45. 10. Auflage. Berlin · Offenbach: VDE VERLAG, 2021

Schmolke, H.: Potentialausgleich, Fundamenterder, Korrosionsgefährdung. VDE-Schriftenreihe 35. 8. Auflage. Berlin · Offenbach: VDE VERLAG, 2013

Schröder, B.: Wo steht was in DIN VDE 0100. VDE-Schriftenreihe 100. 5. Auflage. Berlin · Offenbach: VDE VERLAG, 2020

Schultke, H.; Fuchs, W.: ABC der Elektroinstallation. 15. Auflage. Frankfurt am Main: EW Medien und Kongresse, 2010

Seifert, H.-J.: Effizienter Betrieb von Wärmepumpenanlagen. 3. Auflage. Berlin · Offenbach: VDE VERLAG, 2024

Seifert, H.-J.: Wärmepumpen für Heizung und Warmwasser. Berlin: Stiftung Warentest, 2023

Spruth, J.: Ratgeber Heizung. 5. Auflage. Düsseldorf: Verbraucherzentrale NRW e. V., 2023

Stahl, M.: Wärmerückgewinnung in RLT-Anlagen. Berlin · Offenbach: VDE VERLAG, 2015

Waldschmidt, W.: ABC der Wärmepumpe. 2. Auflage. Frankfurt am Main: EW Medien und Kongresse, 2010

Ziegler, S.: Wärmepumpen-Komplettpaket für Einsteiger. Selbstverlag, 2023